混凝土结构耐久性学术丛书

多重环境时间相似理论及其应用

Multiple Environmental Time Similarity Theory and Its Applications

金伟良　金立兵　李志远　著

科　学　出　版　社

北　京

内 容 简 介

本书共 12 章，涉及混凝土结构耐久性的相似理论与方法，包括相似理论、相对信息理论、结构可靠度基本理论的概念，提出了混凝土结构耐久性的相似问题，构建了多重环境时间相似理论，并加以工程应用；在此基础上，构建了广义多重环境时间的相似理论，并在一般大气环境、冻融环境和海洋氯化物环境中给予理论表述与工程应用；最后将此理论应用于其他工程领域。

本书可供从事土木工程，尤其是混凝土结构耐久性方面的教学、科研和工程应用的教师、科研工作者、研究生、工程技术人员阅读和参考，对类似问题的科学研究具有一定的参考价值。

图书在版编目(CIP)数据

多重环境时间相似理论及其应用 = Multiple Environmental Time Similarity Theory and Its Applications / 金伟良，金立兵，李志远著. —北京：科学出版社，2020.1

（混凝土结构耐久性学术丛书）

ISBN 978-7-03-063076-6

Ⅰ. ①多⋯　Ⅱ. ①金⋯ ②金⋯ ③李⋯　Ⅲ. ①混凝土结构–耐用性–研究　Ⅳ. ①TU37

中国版本图书馆 CIP 数据核字(2019)第 244602 号

责任编辑：吴凡洁　王楠楠 / 责任校对：王萌萌
责任印制：吴兆东 / 封面设计：蓝正设计

科 学 出 版 社 出版
北京东黄城根北街 16 号
邮政编码：100717
http://www.sciencep.com

北京建宏印刷有限公司 印刷
科学出版社发行　各地新华书店经销

*

2020 年 1 月第 一 版　　开本：787×1092 1/16
2020 年 1 月第一次印刷　印张：24
字数：519 000

定价：198.00 元
（如有印装质量问题，我社负责调换）

前　　言

　　事物既具有相对性，又具有绝对性。相对性与绝对性在哲学意义上是一对范畴，在一定的条件下是可以相互转换的。相对性就是有条件的、受制约的、可以改变的意思。在混凝土结构耐久性研究中，如何确定结构的使用寿命是关键问题。通常的做法是通过室内的试块或试件试验，采用一定的科学方法来确定混凝土的耐久性极限状态，进而获得该试块或试件在此状态下的使用寿命。然而，实际的结构在自然环境作用下的使用寿命却都是漫长的，只有通过施加不同的环境条件或材料的种类，才能在试验环境下获得相应的耐久性状况，这就是相对性。而绝对性就是保持与相对性的统一，在"相对"的条件下实现"绝对"的一致性，这在混凝土结构耐久性研究中更是如此。因此，只有正确处理好相对与绝对的统一，才能使得混凝土结构耐久性的评估与寿命预测的研究具有理论价值和实际意义。

　　2002年前后，举世瞩目的杭州湾跨海大桥正在设计与建造当中，而这一世界级的巨大工程的设计使用年限要求达到100年，这在当时国内的土建工程中是首次提出。尽管混凝土的主体结构(如桥墩、承台、立柱)都已经过试块的耐久性试验验证，表明混凝土的耐久性将大于100年的设计年限，但缺乏类似工程的验证，这使得该工程项目指挥部对该工程的设计使用年限为100年一直持有谨慎的态度。为了更加科学地把握混凝土结构的耐久性，大桥工程项目指挥部就把100年的桥梁设计使用年限作为该工程的重大科研项目来对待，并委托浙江大学来完成。面对这一重大科研项目，我们进行了认真的思考，分析了各种可行的方法，经过苦思冥想，提出了"杭州湾跨海大桥-室内试验-乍浦港"的试验方案，来验证杭州湾跨海大桥的混凝土结构耐久性问题。在该科研方案中，我们试图构造两个环境条件相似，即将与杭州湾跨海大桥同环境条件相似的乍浦港作为真实的环境条件相似，而将乍浦港码头结构采用的混凝土材料与杭州湾跨海大桥所采用的混凝土材料在室内人工环境试验箱中进行同环境条件相似的试验，从而通过类比，可以"真实"地确定杭州湾跨海大桥混凝土构件的使用年限。这就是混凝土结构耐久性的多重环境时间相似理论产生的基本思想和工程意义。

　　目前，这一创新性的理论已得到了工程的验证，其研究成果作为"强潮海域跨海大桥建设关键技术"之一，获得了2011年度国家科学技术进步奖二等奖，并在国内类似的重大桥梁工程中得到推广和应用。

　　若要将对于给定的工程进行的多重环境时间相似理论推广到具有多个工程对象、多个参照物和多种室内试验环境条件的更为一般的情况，就需要引入相似理论、相对信息理论和可靠度理论的知识。所幸的是，作者曾于1991年获得德国洪堡基金资助，专题研究过工程结构可靠性中的不确定性问题，将相对论引入信息理论，建立了基于相对信息的可靠度不确定性分析方法。因此，将相对信息理论、相似理论与结构可靠度理论相结合，构造更为广泛的、一般意义上的多重环境时间相似理论显得更具有学术价值。应当说，多重环境时间相似理论不仅起源于混凝土结构耐久性的验证性试验和评估，还适用于土木工程中地震作用响应、动力分析和疲劳分析等工程试验与评估，具有重要的理论意义和工程应用价值。

  本书是在金立兵博士的学位论文"多重环境时间相似理论及其在沿海混凝土结构耐久性中的应用"和李志远博士的学位论文"基于相对信息多重环境时间相似理论及混凝土耐久性应用"的基础上进行整合形成的，非常感谢博士研究生张凯的认真整合和誊写。感谢浙江大学结构工程研究所的老师和研究生对此理论与应用所做出的贡献。感谢时任杭州湾跨海大桥总指挥王勇同志、副总指挥兼总工程师吕忠达同志的大力支持，他们的支持使得这一理论得以产生和应用。同时，感谢国家自然科学基金委员会重点项目"氯盐侵蚀环境的混凝土结构耐久性设计与评估基础理论研究"(50538070)的大力支持，使得该理论得以完善和发展。

  书中不当之处在所难免，谨请指正。

金伟良

2019 年 2 月于求是园

目　　录

CONTENTS

表 目 录

图 目 录

符 号 清 单

1. 英文字符

v	速度
m	质量
f	力
t	时间
$\mathrm{d}l$	质点微元运动长度
$\mathrm{d}t$	质点微元运动时间
C_l	长度的相似常数
C_t	时间的相似常数
C_v	速度的相似常数
$\bar{C}$	相似指标
[L]	长度量纲
[F]	力量纲
[M]	质量量纲
[T]	时间量纲
[Q]	热量量纲
[x]	x 坐标轴方向量纲
[y]	y 坐标轴方向量纲
[z]	z 坐标轴方向量纲
$G_{e''}$	现场环境下的目标参数
$G_{e'}$	室内环境下的目标参数
C_G	目标参数的相似常数或者相似系数
C_i	目标参数第 i 个影响因素的相似常数
U_i	复杂工程现象中的统计资料的多样性所产生的影响系数
U_e	复杂工程现象中的环境因素的复杂性所产生的影响系数
U_t	复杂工程现象中的时变性所产生的影响系数
X	随机变量
$H(X)$	随机变量 X 的信息熵
$I(X;Y)$	平均互信息量
P	输入平均功率
T'	输入限制时间上限
U	离散无记忆信源输入

C^m	信道容量
V	接收端的接收信息
$\bar{D}$	信源平均失真度
D_r	允许失真度
$R(D_r)$	信息率失真函数
R_1	1 号观察者
R_2	2 号观察者
S	系统
S/R_1	观察者 R_1 观测过程
S/R_2	观察者 R_2 观测过程
$H(S/S)$	系统 S 自身的信息熵
$H(S/R_1)$	观察者 R_1 通过观测过程 S/R_1 的相对信息熵
$H(S/R_2)$	观察者 R_2 通过观测过程 S/R_2 的相对信息熵
$\mathbb{R}$	实数空间
X_e	欧氏空间
$\mathrm{d}S_e$	欧氏空间距离
X_m	闵氏空间
$\mathrm{d}S_m$	闵氏空间距离
k	与对数函数底相关的参数
$H_i(S/S)$	在不考虑观察者的情况下，系统 S 的语法信息熵
$H_o(S/S)$	在不考虑观察者的情况下，系统 S 的语义信息熵
$H_i(S/R)$	观察者 R 观测系统 S 的语法信息熵
$H_o(S/R)$	观察者 R 观测系统 S 的语义信息熵
Z	功能函数
P_s	结构的可靠概率
P_f	结构的失效概率
P_{fQ}	P_f 的渐近值
T	结构设计基准期
N	抽样数目
$\boldsymbol{H}$	U 空间和 V 空间的转换矩阵
$|\boldsymbol{J}|$	雅可比行列式
$\tilde{A}$	模糊集合
$G(\tilde{A})$	模糊集合 $\tilde{A}$ 的模糊熵
K	模糊熵的对数底参数
R_s	结构工程师
S_{ns}	工程结构系统
$P_s(S_{ns,0})$	工程结构系统 S_{ns} 建成时的可靠概率

$P_s(S_{\text{ns},i\tau})$	工程结构系统 S_{ns} 在 $(i\tau-\tau, i\tau]$ 区间内的可靠概率
$P_s(S_{\text{ns}};T)$	工程结构系统 S_{ns} 在设计使用年限 T 内的可靠概率
$P_f(S_{\text{ns},0})$	工程结构系统 S_{ns} 建成时的失效概率
$P_f(S_{\text{ns},i\tau})$	工程结构系统 S_{ns} 在 $(i\tau-\tau, i\tau]$ 区间内的失效概率
$P_f(S_{\text{ns}};T)$	工程结构系统 S_{ns} 在设计使用年限 T 内的失效概率
$p[Z(S_{\text{ns},i\tau})]$	功能函数 $Z(S_{\text{ns},i\tau})$ 的概率密度函数
$P_{\tilde{A}}(S_{\text{ns},i\tau})$	工程结构系统 S_{ns} 在 $(i\tau-\tau, i\tau]$ 区间内"可靠"的可能性
$P_{\tilde{B}}(S_{\text{ns},i\tau})$	工程结构系统 S_{ns} 在 $(i\tau-\tau, i\tau]$ 区间内"失效"的可能性
$P_{\tilde{A}}(S_{\text{ns}};T)$	工程结构系统 S_{ns} 在设计使用年限 T 内"可靠"的可能性
$P_{\tilde{B}}(S_{\text{ns}};T)$	工程结构系统 S_{ns} 在设计使用年限 T 内"失效"的可能性
$H_i(S_{\text{ns}};T)$	工程结构系统 S_{ns} 在设计使用年限 T 内的语法信息熵
$H_o(S_{\text{ns}};T)$	工程结构系统 S_{ns} 在设计使用年限 T 内的语义信息熵
x_c	碳化深度
k_c	碳化速度系数
t_c	碳化时间
Z^{I}	一般大气环境下混凝土碳化过程的耐久性极限状态功能函数
d_{cover}	混凝土构件保护层厚度
D_{cr}	临界冻融疲劳损伤
D_E	冻融疲劳损伤
Z^{II}	冻融环境下混凝土冻融过程的耐久性极限状态功能函数
$C(d_{\text{cover}}, t)$	t 时刻钢筋表面氯离子浓度
C_{cr}	临界氯离子浓度(氯离子阈值)
Z^{III}	海洋氯化物环境下氯离子输运过程的耐久性极限状态功能函数
t_n	现场环境参照物的服役时间
y_{int_n}	现场环境参照物第 i 劣化参数在现场服役时间 t_n 的取值
$y_{int_{n0}}$	现场环境下参照物第 i 劣化参数在初始时刻 t_{n0} 的取值
$f_{in}(\cdot)$	现场条件下参照物第 i 劣化参数的时变关系
t_a	加速劣化条件下的试验时间
y_{iat_a}	加速条件下参照物(与研究对象)第 i 劣化参数在现场服役时间 t_a 的取值
$y_{iat_{a0}}$	加速条件下参照物(与研究对象)第 i 劣化参数在初始时刻 t_{a0} 的取值
$f_{ia}(\cdot)$	现场条件下参照物第 i 劣化参数的时变关系
t_{nr}	参照物在现场实际环境中的劣化时间
t_{ar}	参照物模型在实验室加速环境的劣化时间
y'_{int_n}	现场条件下参照物第 i 劣化参数在现场服役 t_n 时的取值
$g_{ian}(\cdot)$	参照物第 i 劣化参数在实验室与现场自然条件下时变关系的相似转换关系

D	氯离子扩散系数
x	距混凝土表面的深度
C_s	表面氯离子浓度
D_{app}	表观扩散系数
J	离子对流通量
Q	溶液在时间 t 内进入试样的体积
P_c	界面张力
J_i	i 离子的通量
$D_{eff,i}$	i 离子的扩散系数
$C_i(x)$	i 离子在 x 处的浓度
Z_i	i 离子化合价
F	法拉第常量
$C(x,t)$	距混凝土表面距离 $x(\mathrm{m})$，暴露时间为 t 时刻 (s) 的氯离子含量
C_0	混凝土中的初始氯离子含量
C_{sa}	扩散区表面的氯离子含量
t_{cr}	混凝土内钢筋周围氯离子达到引起初锈的氯离子临界值 C_{cr} 的时间
c	混凝土的保护层厚度
D_{eff}	有效扩散系数
$D_{RCM,0}$	在 t_0 时刻采用 RCM 方法测定的氯离子迁移系数
k_T	温度影响系数
k_w	混凝土水饱和度 w 的影响系数
n_1	不同暴露环境表观扩散系数随时间的衰减指数
t_0	参考时刻
q	活化常数
b_T	拟合系数
T_{ref}	参考温度
RH	混凝土中的相对湿度值
RH_c	临界相对湿度
n	时间衰减系数
$\%\mathrm{FA}$	粉煤灰在胶凝材料中占的百分比
$\%\mathrm{SG}$	矿渣在胶凝材料中占的百分比
d	离海岸的距离
A_c	拟合回归系数
n_{dw}	混凝土在干湿交替区域的时间衰减系数
a、b	拟合常数
T_u	氯离子扩散系数衰减的时间限值

$t_{\mathrm{un},a}$	水下区构件室内加速试验的时间
$t_{\mathrm{un},f}$	水下区构件在现场暴露环境中的时间
$t_{\mathrm{ti},a}$	潮差区区构件室内加速试验的时间
$t_{\mathrm{ti},f}$	潮差区构件在现场暴露环境中的时间
$t_{\mathrm{sp},a}$	浪溅区构件室内加速试验的时间
$t_{\mathrm{sp},f}$	浪溅区构件在现场暴露环境中的时间
S_{es}	既有结构系统
S_{ex}	试验系统
E	系统环境
E_{n}	自然环境
E_{a}	人工模拟环境
Amount[ ]	计数函数
METS$(1;1)$	通过 1 个既有结构系统 1 种人工模拟环境的 METS 路径
METS$(i;1)$	通过 i 个 $(i>1)$ 既有结构系统 1 种人工模拟环境的 METS 路径
METS$(1;j)$	通过 1 个既有结构系统 j 种 $(j>1)$ 人工模拟环境的 METS 路径
METS$(i;j)$	通过 i 个既有结构系统 j 种人工模拟环境的 METS 路径
METS$(S_{\mathrm{es},i};E_{\mathrm{a},j})$	通过既有结构系统 $S_{\mathrm{es},i}$ 与人工模拟环境 $E_{\mathrm{a},j}$ 的 METS 路径
METS$(S_{\mathrm{es},1\sim i};E_{\mathrm{a},1})$	通过既有结构系统 $S_{\mathrm{es},1\sim i}$ 与人工模拟环境 $E_{\mathrm{a},j}$ 的 METS 路径
METS$(S_{\mathrm{es},1};E_{\mathrm{a},1\sim j})$	通过既有结构系统 $S_{\mathrm{es},1}$ 与人工模拟环境 $E_{\mathrm{a},1\sim j}$ 的 METS 路径
METS$(S_{\mathrm{es},1\sim i};E_{\mathrm{a},1\sim j})$	通过既有结构系统 $S_{\mathrm{es},1\sim i}$ 与人工模拟环境 $E_{\mathrm{a},1\sim j}$ 的 METS 路径
l_{METS}	METS 路径总数
S_{ns}	拟建结构系统
S_{es}	既有结构系统
S_{ex}	试验系统
R_{g}	政府官员
R_{o}	业主
R_{c}	建造师
R_{m}	材料工程师
R_{e}	环境工程师
A_i	试验系统的第 i 个输入参数
B_j	试验系统的第 j 个输出参数
$t_{\mathrm{n},i}$	自然环境下第 i 个劣化阶段的时间终点
$t_{\mathrm{a},i}$	人工模拟环境下第 i 个劣化阶段的时间终点
$I_{\mathrm{i}}(S;R)$	观察者 R 观测系统 S 语法相对信息
$I_{\mathrm{o}}(S;R)$	观察者 R 观测系统 S 语义相对信息
$u(S/R)$	观察者效应系数
$S_{\mathrm{es},i}$	第 i 个既有结构系统
$E_{\mathrm{a},i}$	第 j 种人工模拟环境

$H_{\mathrm{i}}[S_{\mathrm{ns}}/\mathrm{METS}(S_{\mathrm{es},i};E_{\mathrm{a},j})]$ METS $(S_{\mathrm{es},i};E_{\mathrm{a},j})$ 路径观察拟建结构系统 S_{ns} 的语法信息熵

$H_{\mathrm{o}}[S_{\mathrm{ns}}/\mathrm{METS}(S_{\mathrm{es},i};E_{\mathrm{a},j})]$ METS $(S_{\mathrm{es},i};E_{\mathrm{a},j})$ 路径观察拟建结构系统 S_{ns} 的语义信息熵

$I_{\mathrm{i}}[S_{\mathrm{ns}};\mathrm{METS}(S_{\mathrm{es},i};E_{\mathrm{a},j})]$ METS $(S_{\mathrm{es},i};E_{\mathrm{a},j})$ 路径观察拟建结构系统 S_{ns} 的语法相对信息

$I_{\mathrm{o}}[S_{\mathrm{ns}};\mathrm{METS}(S_{\mathrm{es},i};E_{\mathrm{a},j})]$ METS $(S_{\mathrm{es},i};E_{\mathrm{a},j})$ 路径观察拟建结构系统 S_{ns} 的语义相对信息

$Q(\mathrm{METS}_l)$	第 l 条 METS$_l$ 路径的效用度
L_{METS}	观察者选择 l 条 METS 路径来决策的总数
S_{dc}	设计规范系统
S_{sd}	结构设计系统
$P_{\mathrm{s}}(T)$	在设计使用年限 T 内，结构的可靠概率
$P_{\mathrm{f}}(T)$	在设计使用年限 T 内，结构的失效概率
P_{f}^{*}	目标失效概率
$E_{\mathrm{n}}^{\mathrm{I}}$	一般大气环境下，工程结构系统的自然环境
$E_{\mathrm{a}}^{\mathrm{I}}$	实验室人工模拟一般大气环境
A_{i}^{I}	实验室人工模拟一般大气环境试验系统的第 i 个输入参数
B_{j}^{I}	实验室人工模拟一般大气环境试验系统的第 j 个输出参数
$x_{\mathrm{c,n}}$	自然环境下碳化深度
$k_{\mathrm{c,n}}$	自然环境下碳化速度系数
$t_{\mathrm{c,n}}$	自然环境下碳化时间
$x_{\mathrm{c,a}}$	实验室人工模拟环境下碳化深度
$k_{\mathrm{c,a}}$	实验室人工模拟环境下碳化速度系数
$t_{\mathrm{c,a}}$	实验室人工模拟环境下碳化时间
x_{hc}	部分碳化区长度
$\mathrm{METS}(S_{\mathrm{es},i};E_{\mathrm{a},j}^{\mathrm{I}})$	通过既有结构系统 $S_{\mathrm{es},i}$ 与人工模拟环境 $E_{\mathrm{a},j}^{\mathrm{I}}$ 的 METS 路径
$E_{\mathrm{n}}^{\mathrm{II}}$	冻融环境下，工程结构系统的自然环境
$E_{\mathrm{a}}^{\mathrm{II}}$	实验室人工模拟冻融环境
A_{i}^{II}	实验室人工模拟冻融环境试验系统的第 i 个输入参数
B_{j}^{II}	实验室人工模拟冻融环境试验系统的第 j 个输出参数
N_{f}	遭受冻融循环次数
$N_{\mathrm{f,n}}$	自然环境下遭受冻融循环次数
$N_{\mathrm{f,a}}$	实验室人工模拟环境下遭受冻融循环次数
$n_{\mathrm{f,n}}$	自然环境下年均冻融循环次数
$\mathrm{METS}(S_{\mathrm{es},1\sim i};E_{\mathrm{a},j}^{\mathrm{II}})$	通过既有结构系统 $S_{\mathrm{es},1\sim i}$ 与人工模拟环境 $E_{\mathrm{a},j}^{\mathrm{II}}$ 的 METS 路径
$E_{\mathrm{n}}^{\mathrm{III}}$	海洋氯化物环境下，工程结构系统的自然环境
$E_{\mathrm{a}}^{\mathrm{III}}$	实验室人工模拟海洋氯化物环境
A_{i}^{III}	实验室人工模拟海洋氯化物环境试验系统的第 i 个输入参数

B_j^{III}	实验室人工模拟海洋氯化物环境试验系统的第 j 个输出参数
$C_{\mathrm{s,n}}$	自然环境下表面氯离子浓度
$C_{\mathrm{s,a}}$	实验室人工模拟环境下表面氯离子浓度
D_{n}	自然环境下氯离子扩散系数
D_{a}	实验室人工模拟环境下氯离子扩散系数
x_{n}	自然环境下与混凝土表面的距离
x_{a}	实验室人工模拟环境下与混凝土表面的距离
t_{a}	实验室人工模拟环境下氯离子输运时间
$\mathrm{METS}(S_{\mathrm{es},1\sim i};\ E_{\mathrm{a},j}^{\mathrm{III}})$	通过既有结构系统 $S_{\mathrm{es},1\sim i}$ 与人工模拟环境 $E_{\mathrm{a},j}^{\mathrm{III}}$ 的 METS 路径

2. 希腊字符

π	相似准数
$[\Theta]$	温度量纲
ω	洛伦兹变换下观察者闵氏观察角
θ	伽利略变换下观察者欧氏观察角
Ω	信源空间
β	可靠指标
$\mu_{\tilde{A}}$	模糊集合 $\tilde{A}$ 的隶属函数
Ψ	语法空间
Ψ'	语义空间
α_i	劣化参数的影响因素
Δx	对流区深度
λ_d	参照物在实验室和现场环境劣化时间的相似率
$\phi_i(t_{\mathrm{a}}, t_{\mathrm{n0}}, t_{\mathrm{a0}})$	参照物第 i 劣化参数在实验室与现场自然条件的时间转换系数
σ	液体的表面张力
α	管壁与液体表面的接触角
$\lambda_{D_{\mathrm{app}}}^{\mathrm{R}}(t)$	第三方参照物的氯离子扩散系数相似率
$\lambda_{C_{\mathrm{s}}}^{\mathrm{R}}(t)$	第三方参照物的表面氯离子浓度相似率
$\lambda^{\mathrm{O}}(t)$	扩散系数与表面氯离子浓度的相似率
λ_D	氯离子扩散系数的相似率
λ_C	表面氯离子浓度的相似率
$\lambda_{t,\mathrm{un}}$	水下区室内加速试验相对于实际环境的相似率
$\lambda_{t,\mathrm{ti}}$	潮差区室内加速试验相对于实际环境的相似率
$\lambda_{t,\mathrm{sp}}$	浪溅区室内加速试验相对于实际环境的相似率
δ_{ts}	时间换算系数
ξ	结构抗力
η	作用效应

ξ_o	受结构尺寸误差和材料力学性能随机性等因素影响的初始抗力
$\lambda(t_i)$	第 i 个时间段的加速耐久性试验时间加速系数
$\mu_{\tilde{A}}(Z)$	功能函数 Z 隶属于模糊集 $\tilde{A}=\{$"可靠"$\}$ 的隶属函数
$\mu_{\tilde{B}}(Z)$	功能函数 Z 隶属于模糊集 $\tilde{B}=\{$"失效"$\}$ 的隶属函数
β^*	目标可靠指标
$\lambda(k_c)$	碳化速度相似率
$\lambda(x_c)$	碳化深度相似率
$\lambda(t_c)$	碳化时间相似率
π^{I}	混凝土碳化过程的相似准数
$\mu_{\tilde{A}}(Z^{I})$	功能函数 Z^{I} 隶属于模糊集 $\tilde{A}=\{$"可靠"$\}$ 的隶属函数
$\mu_{\tilde{B}}(Z^{I})$	功能函数 Z^{I} 隶属于模糊集 $\tilde{B}=\{$"失效"$\}$ 的隶属函数
ψ	衰变常数
φ_E	无量纲冻融损伤变量
ψ_n	自然环境下衰变常数
$\varphi_{E,n}$	自然环境下无量纲冻融损伤变量
ψ_a	实验室人工模拟环境下衰变常数
$\varphi_{E,a}$	实验室人工模拟环境下无量纲冻融损伤变量
$\lambda(\psi)$	衰变常数相似率
$\lambda(\varphi_E)$	无量纲冻融损伤变量相似率
$\lambda(N_f)$	冻融循环次数相似率
π^{II}	混凝土冻融过程的相似准数
$\mu_{\tilde{A}}(Z^{II})$	功能函数 Z^{II} 隶属于模糊集 $\tilde{A}=\{$"可靠"$\}$ 的隶属函数
$\mu_{\tilde{B}}(Z^{II})$	功能函数 Z^{II} 隶属于模糊集 $\tilde{B}=\{$"失效"$\}$ 的隶属函数
τ	扩散时空变量
ζ	无量纲浓度变量
κ	反余补误差无量纲浓度变量
κ_{cr}	临界余补误差无量纲浓度
κ_n	自然环境下反余补误差无量纲浓度变量
κ_a	实验室人工模拟环境下反余补误差无量纲浓度变量
$\lambda(\kappa)$	余补误差无量纲浓度相似率
$\lambda(x)$	与混凝土表面距离相似率
$\lambda(t)$	氯离子输运时间相似率
π^{III}	氯离子输运过程的相似准数
$\mu_{\tilde{A}}(Z^{III})$	功能函数 Z^{III} 隶属于模糊集 $\tilde{A}=\{$"可靠"$\}$ 的隶属函数
$\mu_{\tilde{B}}(Z^{III})$	功能函数 Z^{III} 隶属于模糊集 $\tilde{B}=\{$"失效"$\}$ 的隶属函数

第 1 章

绪　　论

本章主要阐述多重环境时间相似理论及其应用的研究背景与研究意义，通过文献调研和分析对其国内外的研究现状进行讨论，并对其未来的发展进行展望。

1.1 问题的提出

1.1.1 混凝土结构耐久性的严重性

改革开放以来，我国创造了经济增长的神话，经济总量得到了跨越式增长，基础设施建设得到了进一步巩固提升。进入 21 世纪以来，我国基础设施建设实现了快速增长，建设规模逐年攀升。从表 1-1[1-3]可以看出，我国 2000～2016 年每年的房屋施工面积、房屋竣工面积、公路里程、铁路里程、河港泊位数、海港泊位数和水库数量基本呈现不同程度的增长趋势。这里以 2000 年的各项基础设施建设数量为基准，基准值为 100，计算各项基础设施指数（见表 1-1 括号内数据）。房屋施工面积和房屋竣工面积保持高速平稳增长，房屋施工面积增长的速度最快，2016 年房屋施工面积指数达到 790 点，几乎是 2000 年的 8 倍；房屋竣工面积指数在 2014～2016 年分别达到 524 点、521 点和 523 点；公路里程指数在 2005 年大幅增长 88 点，随后增速放缓，2016 年公路里程指数达到 280 点；铁路里程指数 2008 年以前增速较慢，2009 年开始快速增长，2011 年增速略有放缓后，2012 年又回到快速增长通道，2016 年达到 180 点；河港泊位数在 2009 年有一次快速增长，首次突破了 10000 个，2013 年河港泊位数指数达到 248 点，2016 年为 231 点，较 2013 年有所降低；海港泊位数在 2005 年和 2008 年有两次较大幅度的增长，然后趋于平稳，2016 年海港泊位数指数达到 345 点；水库数量指数在 2004 年以前增长缓慢，2004～2011 年逐渐增长，2012 年大幅增长，随后增长缓慢，2016 年水库数量指数达到 118 点。上述各项基础设施建设指数柱形图见图 1-1。

表 1-1　我国基础设施建设概况

Tab. 1-1　General situation of China's infrastructure construction

年份	房屋施工面积 /亿 m²	房屋竣工面积 /亿 m²	公路里程 /万 km	铁路里程 /万 km	河港泊位数 /个	海港泊位数 /个	水库数量 /个
2000	16.01(100)	8.07(100)	167.98(100)	6.87(100)	5887(100)	1772(100)	83260(100)
2001	18.83(118)	9.77(121)	169.80(101)	7.01(102)	6306(107)	1772(100)	83542(100)
2002	21.56(135)	11.02(137)	176.52(105)	7.19(105)	6677(113)	1790(101)	83960(101)
2003	25.94(162)	12.28(152)	180.98(108)	7.30(106)	6938(118)	2562(145)	84091(101)
2004	31.10(194)	14.74(183)	187.07(111)	7.44(108)	7011(119)	2849(161)	84363(101)
2005	35.27(220)	15.94(197)	334.52(199)	7.54(110)	7044(120)	3641(205)	84577(102)
2006	41.02(256)	17.97(223)	345.70(206)	7.71(112)	7070(120)	3804(215)	85249(102)
2007	48.20(301)	20.40(253)	358.37(213)	7.80(114)	8161(139)	3970(224)	85412(103)
2008	53.05(331)	22.36(277)	373.02(222)	7.97(116)	9291(158)	4914(277)	86353(104)
2009	58.86(368)	24.54(304)	386.08(230)	8.55(124)	14719(250)	5372(303)	87151(105)
2010	70.80(442)	27.75(344)	400.82(239)	9.12(133)	14735(250)	5529(312)	87873(106)
2011	85.18(532)	31.64(392)	410.64(244)	9.32(136)	14804(251)	5612(317)	88605(106)
2012	98.64(616)	35.87(444)	423.75(252)	9.76(142)	14912(253)	5715(323)	97543(117)
2013	113.20(707)	40.15(497)	435.62(259)	10.31(150)	14618(248)	5761(325)	97721(117)
2014	125.02(781)	42.31(524)	446.39(266)	11.18(163)			
2015	123.97(774)	42.08(521)	457.73(272)	12.10(176)	14248(242)	6096(344)	97988(118)
2016	126.42(790)	42.24(523)	469.63(280)	12.40(180)	13616(231)	6115(345)	98461(118)

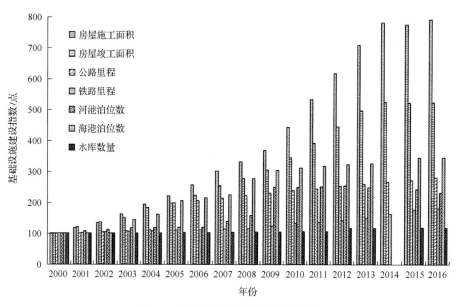

图 1-1　我国各项基础设施建设指数

Fig. 1-1　China's infrastructure construction indexes

　　建筑业是我国的支柱产业之一，建筑业总产值占国内生产总值(GDP)的比重逐年增加。表 1-2[1]统计了 2000～2016 年我国 GDP 与建筑业总产值，并计算了建筑业总产值占 GDP 比重。建筑业总产值稳步增长，近年来增速有所放缓。截止到 2016 年，建筑业总产值占 GDP 的比重已达到 26.03%，在我国 GDP 组成成分中排名第四。可以预测，我国将持续进行大规模的基础设施建设。

表 1-2　我国 GDP 与建筑业总产值

Tab. 1-2　China's GDP and total output value of construction industry

年份	GDP/亿元	建筑业总产值/亿元	建筑业总产值占 GDP 比重/%
2000	99776.3	12497.60	12.53
2001	110270.4	15361.60	13.93
2002	121002.0	18527.20	15.31
2003	136564.6	23083.90	16.90
2004	160714.4	29021.50	18.06
2005	185895.8	34552.10	18.59
2006	217656.6	41557.20	19.09
2007	268019.4	51043.71	19.04
2008	316751.7	62036.81	19.59
2009	345629.2	76807.70	22.22
2010	408903.0	96031.10	23.49
2011	484123.5	116463.30	24.06
2012	534123.0	137217.86	25.69
2013	588018.8	160366.06	27.27
2014	636139.7	176713.40	27.78
2015	689052.1	180757.47	26.23
2016	743585.5	193566.78	26.03

在世界各国已建、在建或待建的大型工程中，包括工业与民用建筑、道路桥梁、港口码头、水工结构等，混凝土结构一直是最常用的工程结构形式[4-6]。混凝土是由骨料、胶凝材料和水，按照一定比例混合搅拌而成的，必要时还可以加入外加剂和掺和料。混凝土价格低廉、原料丰富、生产工艺简单，在工程中的应用十分广泛[4,7]。

本书根据国家统计局[1]公布的数据统计了我国 2000～2016 年的钢材和水泥年产量（图 1-2）。可以发现，自 2000 年以来，我国钢材、水泥年产量基本呈线性增长态势。2014 年钢材、水泥年产量为历年最高，分别达到了 11.3 亿 t 和 24.8 亿 t。虽然在 2015 年、2016 年有所下滑，但年产量仍然较高。可以肯定的是，钢筋混凝土结构在今后很长一段时间内仍将是最主要的结构形式，混凝土材料仍将是最常用的工程结构材料之一。

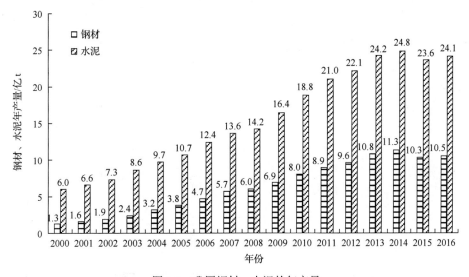

图 1-2 我国钢材、水泥的年产量

Fig. 1-2 Annual output of steel and cement in China

长期以来，人们一直认为混凝土是一种非常耐久的材料[8,9]。然而，混凝土结构未达到设计使用寿命、过早劣化的事例在国内外屡见不鲜(图 1-3～图 1-12)。世界各国每年

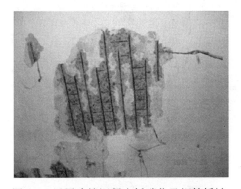

图 1-3 民用建筑混凝土板碳化及钢筋锈蚀

Fig. 1-3 Concrete carbonation and steel bar corrosion of slabs in civil buildings

图 1-4 工业建筑混凝土支撑钢筋锈蚀

Fig. 1-4 Steel bar corrosion of reinforced concrete bracings in industrial architectures

图 1-5　铁路桥梁钢筋锈蚀

Fig. 1-5　Steel bar corrosion in railway bridges

图 1-6　铁路隧道渗漏

Fig. 1-6　Leakage in railway tunnels

图 1-7　公路桥梁钢筋锈蚀混凝土剥落

Fig. 1-7　Steel bar corrosion and concrete
spalling in highway bridges

图 1-8　公路桥梁混凝土柱盐结晶腐蚀

Fig. 1-8　Salt crystallization erosion of concrete
columns in highway bridges

图 1-9　港口码头混凝土桩钢筋锈蚀

Fig. 1-9　Steel bar corrosion of concrete
piles in harbors

图 1-10　港口码头混凝土柱冻融破坏

Fig. 1-10　Freezing-thawing cyles damage
of concrete columns in harbors

图 1-11 大坝混凝土冻融破坏

Fig. 1-11 Freezing-thawing cyles damage of concrete dams

图 1-12 水闸胸墙钢筋锈蚀混凝土保护层脱落

Fig. 1-12 Steel bar corrosion and concrete spalling of the water gate's breast wall

因混凝土结构耐久性提前失效造成的维修、加固和拆除重建的费用非常巨大[9-13]。部分混凝土结构还因为耐久性问题引发了安全事故[14-18]。混凝土结构耐久性已经成为土木工程界急需解决的重大问题之一[9]。

混凝土耐久性问题主要包含混凝土碳化、氯离子渗透、钢筋锈蚀和冻融破坏等。混凝土碳化是指由大气环境中的 CO_2 侵入混凝土中，并与水泥石中的碱性物质发生反应，使混凝土中 pH 下降的过程。氯离子渗透是指氯离子以扩散、对流和毛细吸附等各种形式穿透混凝土保护层，到达钢筋表面并逐步积累至临界浓度，击穿钢筋表面的钝化膜，引起钢筋锈蚀的过程。钢筋锈蚀是由于混凝土碳化、氯离子渗透等作用，钝化膜受到破坏，锈蚀产物体积膨胀，使钢筋周围混凝土保护层胀裂甚至脱落的过程。冻融破坏是混凝土在负温和正温的交替循环作用下，从表层开始发生剥落、结构疏松、强度降低，直到破坏的一种现象[4-6]。

在我国沿海地区，处于水位变动区或受海水浸润的混凝土结构中钢筋锈蚀引起的破坏相当严重。天津港码头上部结构在使用十几年后，就出现了不同程度的锈蚀破损、保护层严重剥离或脱落等现象，破损程度非常严重[19]。冯乃谦等[20]和封孝信等[21]对我国山东沿海地区的混凝土桥梁的耐久性状况进行了调查，结果表明，其主体结构均有不同程度的损坏，钢筋严重锈蚀，混凝土严重开裂，甚至成块脱落；许多桥梁的钢筋锈蚀已经到了非常严重的程度，混凝土成片剥落，于 1989 年建成的某桥梁，由于长期受到海水的干湿交替作用，约有 10cm 厚的混凝土被腐蚀掉。浙江大学对我国浙东沿海地区的混凝土结构耐久性的调查表明[4]，某发电站在服役 26 年后，升压站的主要受力构件中，70%的混凝土柱和 25%的混凝土梁有较严重的纵向裂缝与露筋等耐久性损伤，如图 1-13(a)所示；牛腿表面普遍有混凝土剥蚀现象，部分牛腿表面露筋严重，如图 1-13(b)所示。舟山港码头直接与海水接触，潮差区的混凝土构件处于最恶劣的氯离子侵蚀环境，调查发现服役二三十年的码头普遍存在较为严重的耐久性问题，如图 1-13(c)和(d)所示。

国外的经验教训也很值得我们注意。在美国[5,22,23]，1975 年由腐蚀引起的经济损失达 700 亿美元，1985 年则达 1680 亿美元，目前整个混凝土工程的价值约为 6 万亿美元，而今后每年用于维修或重建的费用预计将高达 3000 亿美元。

(a) 箍筋暴露的混凝土梁

(b) 露筋严重的混凝土牛腿

(c) 纵裂宽度达3～5cm的混凝土梁

(d) 露筋严重的混凝土构件

图 1-13　混凝土结构耐久性破坏的工程实例

Fig. 1-13　Project examples for durability destruction of concrete structures

《2005 美国基建工程调查报告》[24]提到,因路况不好,每年用于维修的费用高达540 亿美元。在美国的 590750 座桥梁中,27.1%有缺陷或丧失功能。在 2005 年后的 20 年中,美国每年将花费 94 亿美元用于维修。从 1998 年以来,不安全的大坝占比已上升到33%,即 3500 个。在 2005 年后的 12 年内,消除非洲管辖的危坝将耗资 101 亿美元。在美国的 12000mi(1mi=1609.344m)内河航线上,257 个船闸中有近 50%失效,要更换现有的船闸系统将耗资 1250 亿美元。整个调查表明,美国基建工程的质量等级由 1998 年的C 级降到 2005 年的 D 级,基建工程 5 年内的计划需求也由 1998 年的 1 万亿美元变为1.6 万亿美元。这些高昂的维修费用需要引起高度重视。

在英国[4,22,25],许多现代公路、公用与商业用钢筋混凝土结构是 20 世纪 60～80 年代建造的,因为除冰盐透过沥青防水层和 2～3cm 厚的混凝土保护层到达钢筋一般要 10～20 年,所以英国相比美国,较晚发现钢筋锈蚀引起混凝土结构的严重破坏。但是近几年,这个问题日益突出。英格兰岛的中环线快车道上有 11 座高架桥(全长 21km),总造价(1972 年)是2800 万英镑。由于冬天撒盐除冰,两年后就发现钢筋锈蚀致使混凝土胀裂。到 1989 年的 15 年间,修补费用已高达 4500 万英镑(即已约为造价的 1.6 倍)。估计以后 15 年间的维修还要耗资 1.2 亿英镑(即接近造价的 2.5 倍)。英国环保部门最近的一份报告估计,英国建筑工业的年成交额为 500 亿英镑,而现在,因钢筋锈蚀破坏,需要更换钢筋或者重建的钢筋混凝土结构占 36%,年修补费已达 5.5 亿英镑(占其 1.1%),这已成为英国一个沉重的财政负担。

加拿大的有关调查研究[26,27]表明，1996 年城市基建工程升级的缺额为 440 亿加元，全国为 1000 亿加元，到 2006 年分别为 600 亿加元和 1250 亿加元。他们主张将 2%的基建费用于维修，否则 60 年后这种缺额将高达 1 万亿加元。

日本目前每年用于房屋结构维修的费用即达 400 亿日元，大约有 21.4%的钢筋混凝土结构损坏是钢筋锈蚀引起的。即使是让日本人引以为豪的新干线，使用不到 10 年，也已出现大面积的混凝土开裂、剥蚀现象[28]。

苏联有关资料表明[29]，仅工业厂房受钢筋锈蚀的总额就占其固定资产的 16%，有些厂房使用 10 年左右即严重破坏，经常需要维修，有些建筑维修费用已超过其原始造价。1980 年，使用了 23 年的民主德国柏林议会大厦因钢筋锈蚀造成其西南角塌陷，并引起国内外学者的极大关注。

美国学者用"五倍定律"说明了混凝土结构耐久性的重要性[4,7,25,30-33]，认为混凝土使用寿命可分为四个阶段：①设计、施工和养护阶段；②出现初始损伤，但无损伤扩展阶段；③损伤扩展阶段；④出现大量损伤与破坏阶段。如果第一阶段的耐久性设计需要消耗的费用为 1，则第二阶段出现轻微耐久性问题之后立即修复所需的费用为 5，第三阶段出现耐久性问题之后才进行修复所需的费用为 25，第四阶段出现严重耐久性问题之后再进行修复，则所需的费用为 125。这一可怕的放大效应，使得各国政府投入大量资金用于混凝土结构耐久性问题的研究。由此可见，提高混凝土结构耐久性将对社会经济发展产生不可估量的影响。

综上所述，钢筋混凝土结构耐久性问题是一个迫切需要解决的重要问题。开展对钢筋混凝土结构耐久性的研究，对于拟建项目的耐久性设计以及在役结构的耐久性评定和剩余寿命预测，都有现实意义。

1.1.2　提高混凝土结构耐久性的重要性

混凝土结构耐久性是指混凝土结构及其构件在可预见的工作环境及材料内部因素的作用下，在预期的使用年限内抵抗大气影响、化学侵蚀和其他劣化过程，而不需要花费大量资金维修，也能保持其安全性和适用性的功能[4,30,34-38]。

这个混凝土结构耐久性的定义实际上包含了三个基本要素[5,30,31]。

(1)环境：结构处于某一特定环境(包括自然环境、使用环境)中，并受其侵蚀作用。定义中的"工作环境及材料内部因素的作用"指的是物理或化学作用。根据结构工作环境情况、破损机理、形态以及国内各行业传统经验，可将混凝土结构的工作环境分成六大类[36]：①大气环境；②土壤环境；③海洋环境；④受环境水影响的环境；⑤化学物质侵蚀环境；⑥特殊工作环境。

(2)功能：结构的耐久性是一个结构多种功能(安全性、适用性等)与使用时间相关联的多维空间函数[37]，既涉及结构的承载能力，又涉及结构的正常使用以及维修等。

(3)经济：结构在正常使用过程(即设计要求的自然物理剩余寿命)中不需要大修。耐久性的经济性体现在以较小的维修成本满足混凝土结构基本功能的要求，当业主要求延长结构使用寿命时，承担适当的维修成本就可达到目的。

混凝土结构产生耐久性失效是由于混凝土或钢筋的材料物理、化学性质及几何尺寸的变化，继而引起混凝土构件外观变化，不能满足正常使用的要求，导致承载能力退化，最终影响整个结构的安全[38]。在混凝土结构的建造、使用和老化的结构生命全过程中，氯化物侵蚀引起的钢筋锈蚀、冻融破坏、硫酸盐侵蚀、混凝土碳化引起的钢筋锈蚀、碱骨料反应等都会造成混凝土结构耐久性提前失效。

事实表明，各国在设计规范和实际工程中均偏重结构的安全性，在相当程度上对结构的耐久性重视不足，从而导致如今大量钢筋混凝土结构的老化及其带来的耐久性问题，各国不得不为钢筋混凝土结构的维修加固而投入巨额资金。与发达国家相比，我国虽然大规模使用钢筋混凝土结构的时间相对较晚，但是现在已经出现了大量严重的钢筋混凝土结构耐久性问题，并有明显的加剧趋势。特别是我国目前正处在大规模的基本建设阶段，如果忽视了钢筋混凝土结构的耐久性问题，则必将重蹈发达国家的覆辙。所以对钢筋混凝土结构的耐久性进行研究具有极大的理论意义和现实意义[39]。

钢筋混凝土结构耐久性研究主要包括两部分[4,5,30,38,40]：其一，对未建混凝土结构进行耐久性设计；其二，对服役钢筋混凝土结构进行科学的耐久性评定和剩余寿命预测。我国作为一个发展中国家，正在从事着为世界瞩目的大规模的基本建设，以钢筋混凝土为主的道路、桥梁、海港等基础设施建设是国家投资的重点。这些设施投资巨大，对国民经济有着重要的影响，与民用建筑相比，要求它们有更长的使用寿命。然而，这些设施大多处于恶劣的工作环境下，有的甚至需要拆除重建；更有甚者，会引起重大的工程事故，造成极大的损失和不良影响。因此，考虑如何对这些设施进行耐久性设计，保证建筑物的使用寿命，减少因耐久性不足而引起的损失是摆在工程界面前的一个具有现实意义的研究课题。

当今我国已有大量服役数年乃至数十年的结构物，均在一定程度上存在耐久性不足的现象，其中许多已面临大修、加固甚至拆除。因此，对在役结构物的耐久性进行科学的评定和剩余寿命预测，可揭示潜在危险，为这些在役建筑物维修、加固或拆除提供依据和决策，避免重大事故的发生，而且研究成果可直接用于结构设计。通过对结构的耐久性进行预评估，一方面可以根据评估结果修改设计方案，使所建结构具有足够的耐久性，从而做到防患于未然；另一方面可以揭示影响结构寿命的内部和外部因素，从而可依据周围的环境、用途、经济条件等进行有针对性的投资，对于提高工程的设计水平和施工质量具有一定的促进作用。此外，对于基于性能的设计与生命周期宏观造价优化的设计思想，必须要求对结构的寿命进行科学的预测，剩余寿命预测与寿命设计将成为21世纪钢筋混凝土结构设计的一个至关重要的环节。

目前，世界发达国家在经过了大规模的新建之后，已将重点转向对旧建筑的维修、加固和改造上。英国1978年用于投资改造的费用为1965年的3.76倍；瑞典建筑业的首要任务是对已有建筑物进行更新改造。我国的国情和可持续发展战略决定了基建投资不能一味追求新建项目，应将眼光转向危旧房屋的扩建、改建上。我国现有房屋中20%～30%具有改建条件，改建不仅比新建投资更小，还可以更快地收回投资。

重视混凝土结构耐久性的研究是可持续发展的需要[41]。生产混凝土所需要的水泥、砂、石等原材料均需消耗大量国土资源并破坏植被与河床，水泥生产排放的二氧化碳已占人类活动排放总量的 1/6～1/5，而我国排放的二氧化碳量已居世界第二。我国现在每年生产 5 亿多吨水泥，与之相伴的是年耗 20 多亿立方米的砂石，长此以往实难以为继。延长结构使用寿命意味着节约材料，而耐久的混凝土一般又是水泥用量较低和矿物掺合料(工业废料)用量较高的混凝土，所以混凝土耐久性的研究是适应节能减排、环境保护的需要的。

由此可见，对钢筋混凝土结构进行耐久性评定和使用寿命预测，可以揭示其潜在危险，在结构性能退化的初期进行加固、修复，可以延长结构的使用寿命并降低经济损失、避免不必要的人员伤亡；同时可以完善新结构耐久性设计理论和方法，使新结构具有足够的耐久性，从而做到防患于未然，降低结构的全寿命周期成本，既可以减少巨额维修费用，也避免了结构过早失效导致拆除时大量建筑垃圾的产生，减缓耐久性失效造成的严重的能源和环境问题，从而达到节能减排、环境保护、节约资源的目的，为我国建设以人为本的资源节约型、环境友好型社会和可持续发展的和谐社会提供技术保障。因此，钢筋混凝土结构的耐久性研究具有巨大的经济效益和社会效益。

实际的工程结构是复杂的系统，影响因素众多。而且，工程结构的使用寿命一般都长达几十年。要想获得工程结构的耐久性信息是一件费时费力的工作。对于混凝土结构而言，目前国内外学者常采用耐久性理论模型[42]和加速耐久性试验来研究混凝土结构的耐久性。如果采用还原论的思想，深究每个影响因素对工程结构耐久性的作用，则所需要的理论模型是极其复杂的，所需要的实测数据是海量的。加速耐久性试验虽然可以在实验室内模拟工程结构真实环境的主要影响因素，忽略一些次要影响因素，试验数据具有一定的参考价值，然而，如果人工模拟环境与自然环境之间的相似性问题没有解决，加速耐久性试验获得的信息则不能直接用于真实结构的耐久性设计与评估[43,44]。即使考虑了相似系数(相似率)，由于工程结构的复杂性、参数的不确定性和信息的不完备性，将加速耐久性试验的信息用于真实结构中得到的结果与真实结果也有巨大差异[45,46]。因此，如何将耐久性理论模型和加速耐久性试验的信息用于真实结构中是混凝土结构耐久性研究的关键问题。

1.2　研　究　现　状

1.2.1　相似理论

1688 年，牛顿在《自然哲学的数学原理》这一著作中提出了两个力学系统相似的相似准数；1822 年，傅里叶提出了两个冷却球体温度场相似的条件，但直到 1848 年才由贝特朗以力学方程式的分析为基础，确定了相似现象的基本性质，构成了相似第一定理(正定理)[47-51]。1914 年，美国的白金汉对正定理中相似准则之间的关系进行了研究，提出相似第二定理(π 定理)[47,48,50]。1930 年，苏联科学家基尔皮契夫和古赫曼提出相似第三定理(逆定理)[47,48,50]。20 世纪 50 年代，孔纳珂夫在阐述基尔皮契夫相似定理时将表述物理体系的方程式提为"完整的方程组"，并说明在确定某一具体运动问题时必须将方程组的解和附加的单值条件相结合才能得到表现具体问题的特解，将相似定理在概念上深入提高了一步，但在实用上解决这问题仍是很复杂的。

2008 年，金伟良等[52]以经典的相似理论为基础通过引入与研究对象具有相似环境条件且具有一定服役年限的第三方参照物，提出了多重环境时间相似理论(METS)。METS 为利用加速耐久性试验结果对真实结构的耐久性设计与评估提供了研究思路。

1.2.2 信息科学

1948 年，Shannon[53]发表了《通信的数学理论》，通过数理统计方法来研究信息的处理和传递，给出了一般通信系统的模型，即"信源—编码—信道—译码—信宿"模型，从通信的角度对信息进行了规定。Shannon 信息论只关注语法空间里的语法信息熵，不考虑语义空间内的含义。1956 年，Brillouin[54]将信息论推广到物理学，类比了信息熵与热力学熵，提出了信息即负熵的概念。1965 年，Zadeh[55]提出了模糊集合的概念，并采用隶属函数来表征模糊集合。1972 年，de Luca 和 Termini[56]基于 Shannon 信息熵公式给出了模糊集合的模糊熵的计算公式，为语义信息熵提供了计算方法。

由于不同的观察者有着不同的观察能力、不同的理解能力和不同的目的性[57]，不同的观察者(认知主体)从同一个系统(事物客体)中获得的信息是不同的，即信息的相对性。1979 年，Jumarie[58]提出了相对信息理论，将语法信息熵和语义信息熵看成闵可夫斯基空间下的两个维度，采用洛伦兹变换来描述信息的相对性。自 1994 年开始，金伟良[59,60]将结构可靠度分析看作一个信息传输的过程，采用相对信息熵来处理结构可靠度中信息的相对性。METS 引入第三方参照物，将参照物的相似率作为研究对象的相似率，信息源单一，不能处理多信息源、多观察路径的情况。在 METS 的基础上，考虑信息的相对性，便可以处理多个参照物、多种加速耐久性试验、相似系数随机性的问题[61]。

1.2.3 混凝土结构耐久性试验方法

如何准确地反映出结构的实际工作环境，以使得试验的结果能真实反映混凝土的实际耐久性状况，是进行耐久性试验的关键所在。目前国内外针对钢筋混凝土所进行的耐久性试验方法[62]可分为两大类：真实试验法和模拟试验法。

1.2.3.1 真实试验法

真实试验法是对现场真实环境中的结构构件进行试验的方法。真实试验法一般包括现场检测试验、现场暴露试验和替换构件试验等方法。

1) 现场检测试验

现场检测试验是混凝土结构耐久性试验的基本手段，通常在现场进行检测(外观检测、仪器检测等)、取样、测试，并对所取试样、检测结果、测试数据等在室内进行检测、分析、计算等[63,64]。

目前的现场检测技术已有很大进展。在混凝土强度评估中，除回弹法、拉拔法、钻芯法之外，还有超声波法、超声回弹综合法、射钉法等。而更为先进的还有脉冲同波技术，在监测裂缝发生发展方面有多声道声波仪、光弹贴片法、云纹法、激光散斑法、埋置光纤法。在无损检测中，探测混凝土内部损伤的有冲击反射(同波)法、雷达仪，以及电子显微镜、工业 CT 等。湖南大学利用神经网络实现对梁、板构件和框架结构的损伤诊断[65]。随着科学的不断发展，检测技术也将不断提高。在推理方法方面，哈尔滨建筑大学的刘筏和唐岱新首次提出了房屋结构工程质量诊断逻辑推理方法[66]，包括演绎推理、证据反驳推理和概率推理等。综合运用各种技术的大型结构监测系统已在工程中有所运用，清华大学利用全球定位系统(GPS)开发的大型监测系统对香港青马大桥进行了位移实时监测。

现场检测试验是对混凝土结构进行耐久性评估与寿命预测的基础。早期的混凝土结构耐久性试验主要是指现场检测试验；甚至目前几乎所有的耐久性评估方法也都是基于现场检测试验，如中国建筑科学研究院的层次分析法[67]、长沙理工大学利用模糊神经网络对既有混凝土桥梁构件的耐久性评估[68]、浙江大学基于结构全寿命周期成本(structural life-cycle cost，SLCC)的修复性评估方法[69]等。

现场检测试验具有环境真实可靠、受力状态真实、操作较方便、结果容易被接受等优点。

混凝土结构的耐久性是一个长期的退化过程，仅仅依靠现场检测只能测定某一特定时间点混凝土结构的耐久性问题，而且混凝土结构耐久性是一个缓慢的动态演变过程，因此需要经过长期的检测、测试与数据积累，才能建立混凝土结构随时间的动态退化规律。另外，现场检测试验工作面也要根据现场条件确定，试验成本相对较高。

2) 现场暴露试验

现场暴露试验是将制作的试件放到特定的真实环境中让其进行自然劣化发展，时间一般都要在 10 年甚至 20 年以上，然后检测试件的耐久性性能的退化[70]。该方法的优点是由于试件所处的劣化环境为真实环境，其试验结果较为真实、可靠，因而具有较高的参考价值。建立现场暴露试验站，开展天然条件下长期的暴露试验研究，已成为结构耐久性专家的共识。现场暴露试验站作为研究建筑材料、构件、结构耐久性及破坏规律的室外试验设施，是将科研成果应用于工程实践、转化成生产力的极为经济有效的途径。建造现场暴露试验站，对混凝土试件进行长期现场暴露试验，是进行混凝土结构耐久性研究的重要手段[4,63,64,71]。

目前世界各国都很重视此类试验。世界上许多发达的沿海国家，如荷兰、丹麦、瑞典、美国(图 1-14)、德国和法国等，都建造了目的不同的系列海洋现场暴露试验站，其中有专门研究混凝土结构耐久性的场站，有的已经积累了 30 余年的研究数据[72]，不少成果已经反映在近年颁布的各类标准之中。我国在华南、华东、华北、东北均建有系统的现场暴露试验站，分别代表了我国海港地区的南方不冻、华东微冻、华北受冻、东北严重受冻的情况，形成全国现场暴露试验站网[73]。中国建筑科学研究院、贵州中建建筑科研设计院有限公司和青岛海洋腐蚀研究所(图 1-15)等单位都相继建立了混凝土耐久性现场暴露试验站(场)，同时建立了一批土壤试验站[74]。随着对混凝土结构耐久性研究的深入，我国近年来又在深圳赤湾港石油基地码头、上海东海大桥、杭州湾跨海大桥(图 1-16)等处建立了现场暴露试验站。

图 1-14　美国 Treat Island 现场暴露试验站

Fig. 1-14　Treat Island exposure station in USA

图 1-15　青岛海洋腐蚀研究所现场暴露试验站

Fig. 1-15　Field exposure station in Qingdao

图 1-16　杭州湾跨海大桥现场暴露试验站

Fig. 1-16　Field exposure station in HZBB

在现场暴露试验站可以专门设置一些实际结构(或构件)用以取样、检测,其环境条件和受力状态都非常真实,同时,在现场暴露试验站放置混凝土试件来模拟混凝土结构构件用以定期检测结构的耐久性,也具有现场检测和室内加速试验不可替代的作用。模拟的环境条件比室内加速试验要真实,具有对结构自身不损伤的优点,工作面好、操作方便,并且可以实现对水工结构水中区部分的试验检测。缺点是其所需的试验时间相对太长,试验成本较高,可重复性差,难以大量进行,同时由于针对性较强,难以适应广泛、多变的真实使用环境,因此目前主要限于混凝土材料试验[4,63]。

3) 替换构件试验

替换构件试验是指在条件允许的前提下,直接采用真实的退化结构中的构件,即将长期处于各种环境的实际工程的混凝土构件从工作现场拆下，进行钢筋混凝土的耐久性试验[75]。由于退化构件取自真实使用环境下的真实结构，其试验结果相对较为真实、可靠，具有较高的参考价值；同时退化构件已完成劣化发展，可直接进行试验，大大缩短试验周期。但此方法的缺点是：退化构件的获得相对较为困难，现场拆除构件费用较高，难度较大，容易造成损坏；构件的退化影响因素不明，人们无法进行预先控制，离散性大；退化构件一旦从真实结构中拆除下来其受力状态也发生了改变，对最终试验结果也将产生一定影响。

1.2.3.2　模拟试验法

模拟试验法是采取各种人工的方法对钢筋混凝土构件进行耐久性的加速退化，当达到所需的退化程度后，即可进行耐久性试验。该方法的优点是：试验的可控制程度高，可以人为控制主要影响因素，剔除次要影响因素；同时，构件的劣化发展程度也可以很方便地得到控制，试验周期可以得到较大程度缩短，试验的成本、难度与复杂程度可以不同程度地降低；试验的可重复性高，可以反复地进行与验证。但是，该方法的缺点是：合适的模拟方法选择很重要，如果方法选择不当，则会导致钢筋混凝土构件在模拟试验条件中与在真实使用环境中的劣化发展机理可能有很大差异；同时，模拟环境与实际环境存在一个相似关系，如何通过模拟环境的试验结果来推理实际环境的使用情况还有待进一步研究。

目前常用的加速模拟混凝土内钢筋锈蚀的方法具体有内掺法、浸泡法、通电法、人工气候模拟试验法等，各种方法的模拟机理都有所不同。

1) 内掺法

内掺法是在钢筋混凝土试件制作时即掺入一定比例腐蚀性介质的方法。一般来讲，腐蚀性介质掺入的比例越高，试件内钢筋的腐蚀速度越快，达到预定的锈蚀量所需的时间越短。

常用的腐蚀性介质有氯化钠、氯化钙、硫酸钠等。例如，为了在短期(3~5年)内模拟正常结构20年甚至50年后的锈蚀状态，文献[76]采用在试件中预先掺入一定比例的氯盐的加速锈蚀试验方法，放置4年后试件内钢筋的截面损失率最大可达到10.99%。此种方法用来模拟氯盐环境导致的钢筋混凝土耐久性劣化比较合适。

2) 浸泡法

浸泡法是将制作好的混凝土试件全部或部分放入一定浓度的腐蚀性介质溶液中一段时间的方法。一般来讲，腐蚀性介质溶液的浓度越高，混凝土试件的腐蚀速度越快，达到预定腐蚀量所需时间越短。

常用的腐蚀性介质溶液有各种酸、碱、盐溶液等，如文献[77]采用一定浓度的氯化钠溶液对钢筋混凝土试件进行浸泡，加速锈蚀。此种方法用来模拟外界侵蚀性环境导致的钢筋混凝土耐久性劣化比较合适。

在测定氯离子在混凝土中扩散系数的试验方法中最具说服力的是自然扩散法，1981年以前，美国测试混凝土氯离子渗透性的方法主要是盐溶液长期浸泡法，即美国最早的氯离子扩散试验标准方法[78]，后来欧洲又在此基础上做了一些变动并制定了 NT Build 443[79]，这两种方法都采用了浸泡法。

3) 通电法

通电法是利用电化学原理，将待锈蚀构件放入一定浓度的电解质溶液中，待锈蚀钢筋作为阳极，另取一根金属作为阴极，然后通入恒定的直流电流，使钢筋产生锈蚀的方法。通电法的优点是：方法简单，可以根据通入的直流电流和通电时间直接控制钢筋的锈蚀量，同时实验的时间可以大大缩短，一度曾被较多的研究者采用[80]。

但此种方法存在的问题也非常明显：由钢筋锈蚀的电化学原理可知，通电法锈蚀时整根待锈蚀钢筋完全作为阳极，另取的一根金属完全作为阴极，形成的腐蚀为完的宏电池腐蚀，且两电极之间存在一定的距离，另取的一根金属一般位于试件的外部，这样在锈蚀发生时，由于电荷的吸引作用，必然会引起铁锈向阴极移动，引起铁锈快速、大量外渗，这与真实情况不符；而在自然情况下钢筋的锈蚀为微电池腐蚀和宏电池腐蚀并存，二者所占的比重在不同的条件下有所不同，无论微电池腐蚀还是宏电池腐蚀，腐蚀的发生均是在钢筋表面，这样铁锈的生成也积聚在钢筋的表面，随着铁锈生成的增多产生膨胀应力，导致混凝土开裂，进而铁锈渗出。

因为通电法导致的锈蚀与真实锈蚀存在一定的差异，所以目前已经较少有人使用。

4) 人工气候模拟试验法

人工气候模拟试验法是通过人工方法模拟自然大气环境（日光、雨淋、二氧化碳等），同时加强某种因素或多种因素的作用来加速钢筋混凝土试件的腐蚀破坏的方法。此种方法可以用来模拟普通自然大气环境、恶劣工业大气环境、海洋大气环境等对混凝土结构劣化的作用。例如，可以模拟不同温度、湿度等辅助因素对混凝土中钢筋锈蚀发展的影响，这是前三种方法无法模拟的；同时较之前三种方法，其模拟效果更加接近自然真实情况，因此引起了众多研究者越来越多的关注。

国外在电子、国防、航天以及建筑行业等已制定了综合环境实验规范并建立了相应的实验室，用以模拟产品在严酷环境条件下的使用性能和可靠性能[23,62]，如英国皇家陆军科学研究院车辆环境实验室、美国阿伯丁实验场兵器环境实验设备、法国图鲁兹航空研究中心高空模拟设备、日本大和住宅工业公司大型建筑物环境模拟室等，以上各种环境实验室均考虑了产品的综合环境效应。

我国国防、电子、化工等行业也陆续开始建立综合环境实验室，并制定了一些相应的标准进行相应产品的抗老化性能试验。人工气候环境模拟技术在农业、林业、生物、气象、航空航天、车辆设备、电子产品以及有关材料结构等领域的试验研究中都有广泛应用[23,81-85]。

通过以上现有环境技术的应用情况可以说明，利用环境模拟技术建立大型多功能的人工气候模拟实验室可为人们提供一种摆脱自然规律、从时间到空间按主观的意愿去模拟各种理想环境的方法，服务科学试验。在实验室内模拟各种实际环境作用，研究考核材料、结构或设备等试验对象对所处的环境产生的环境效应，可获得试验对象在各种环境条件下的特性、环境适应性[86]。

目前，环境模拟技术已日趋成熟。利用单一因素的环境模拟试验，如高温、低温、湿度、气压、沙尘、盐雾、淋雨、风、太阳辐射、空间环境等气候模拟试验以及静载、振动、冲击等力学环境模拟试验，易于找出单一环境因素对结构性能的影响规律。综合环境模拟是指两个以上环境参数同时作用的模拟试验，可以真实地模拟研究对象实际经受，并且同时发生的环境，产生综合的环境效应，增加试验的真实性和可靠性。

利用环境模拟技术，建设混凝土材料、结构的环境模拟实验室是完全可行的。混凝土结构耐久性、早期特性、抗震性能、动力响应及裂缝控制研究所需要的各项环境指标，如气候环境、工业腐蚀环境、海洋侵蚀环境、动力力学环境等，都是可以实现的。

浙江大学大型多功能步入式人工环境复合模拟耐久性实验室(图 1-17)是国内最先进的人工气候加速模拟大型试验设备。实验室可以模拟盐雾、盐雨、淋雨、高温、低温、紫外灯耐腐蚀和二氧化碳等多种环境。试验过程可完全由计算机来控制，既可以模拟自然环境，也可以进行人工气候的加速试验。试验人员只需准备好相关溶液即可进行试验。

(a) 整体外形图　　　　　　　　　　　　　(b) 内部紫外线灯管布置

图 1-17　浙江大学人工气候模拟实验室

Fig. 1-17　Artificial climate chamber in Zhejiang University

在混凝土结构加速耐久性试验方法相关规范方面，由于国外对混凝土耐久性试验研究得比较早，形成了许多耐久性试验规范。在混凝土碳化方面，有欧洲规范 BS EN 13295(CO_2 浓度 1%)[87]、北欧规范 NT Build 357(CO_2 浓度 3%)[88]和葡萄牙规范 LNEC E-391(CO_2 浓度 5%)[89]。在冻融破坏方面，有美国材料与试验协会规范 ASTM C666(快冻法)[90]、俄罗斯规范 ГОСТ 10060.2—95(慢冻法)[91]、国际材料与结构研究实验联合会规范 RILEM TC 176-IDC 2002(盐冻法)[92]。在氯离子渗透方面，有美国材料与试验协会规范 ASTM C 1556—2004(体积扩散法)[93]、ASTM C 1202—2010(电量法)[94]，以及北欧标准 NT Build 355(稳态电迁移法)[95]、NT Build 443(盐溶液浸泡法)[79]、NT Build 492(RCM方法)[96]。

我国关于混凝土耐久性试验的规范有《普通混凝土长期性能和耐久性能试验方法标准》(GB/T 50082—2009)[43]、《混凝土耐久性检验评定标准》(JGJ/T 193—2009)[97]、《公路工程水泥及水泥混凝土试验规程》(JTG E30—2005)[98]、《水运工程混凝土试验检测技术规范》(JTS/T 236—2019)[99]、《水工混凝土试验规程》(SL 352—2006)[100]、《混凝土结构耐久性设计与施工指南》(CCES 01—2004)[101]等。

1.2.4 耐久性设计规范

国内外关于混凝土结构耐久性的规范，是结构工程师在没有实测数据或加速耐久性试验数据的情况下进行耐久性设计和寿命预测的重要参考依据。设计规范是一种信息源，适用于不同的工程结构、不同的自然环境，同样存在信息的相对性问题。

混凝土结构耐久性设计或使用寿命设计方法共分为三种：①指定设计法；②避免劣化法；③基于性能和可靠度的设计方法[102,103]。

在指定设计法方面：国外有欧洲规范 EN 1992-1-1[104]、美国混凝土协会规范 ACI 318[44]等；我国有《混凝土结构设计规范》（GB 50010—2010)[105]、《混凝土结构耐久性设计规范》（GB/T 50476—2008)[106]、《工业建筑防腐蚀设计标准》（GB/T 50046—2018)[107]、《公路钢筋混凝土及预应力混凝土桥涵设计规范》（JTG 3362—2018)[108]、《铁路混凝土结构耐久性设计规范》（TB 10005—2010)[109]、《水运工程混凝土结构设计规范》（JTS 151—2011)[110]、《水工混凝土结构设计规范》（SL 191—2008)[111]等。

在避免劣化法方面：国外有欧洲的 DuraCrete[112]等；我国有《混凝土结构设计规范》（GB 50010—2010)[105]、《混凝土结构耐久性设计规范》（GB/T 50476—2008)[106]、《工业建筑防腐蚀设计标准》（GB/T 50046—2018)[107]、《公路工程混凝土结构防腐蚀技术规范》（JTG/T B07-01—2006)[113]、《铁路混凝土结构耐久性设计规范》（TB 10005—2010)[109]、《水运工程混凝土结构设计规范》（JTS 151—2011)[110]、《水工混凝土结构设计规范》（SL 191—2008)[111]等。

在基于性能和可靠度的设计方法方面：美国的 Life 365[114]、欧洲的 DuraCrete[112]和 LIFECON[115]、国际结构混凝土协会规范 fib Modle Code[116,117]、国际标准化组织规范 ISO 16204[118]等。

1.3 混凝土结构耐久性相似理论与方法的发展

尽管人工气候模拟试验与现场试验(现场检测试验、现场暴露试验)用于混凝土结构耐久性研究已经有很长时间，但是目前仍然存在人工气候模拟试验结果无法与现场试验方法的检测结果联系起来的问题，如何把人工气候模拟试验的试验结果应用于现场实际并进行耐久性评估是混凝土结构耐久性研究的一个关键问题[40]。由于两种试验在外界环境条件上具有相似性，两种试验方法在破坏形态及破坏时间上也应当具有相似性。

环境模拟试验与实际环境中混凝土结构的环境行为之间的相关性，是进行环境模拟试验非常关键的基础问题，或者称为"相似理论"。目前在橡胶工业、涂料、电子产品、高分子材料、钢材等领域中，加速试验成果与自然气候实际变化情况的相关性研究已经取得了一定的成果[119-123]。对于混凝土结构，该理论的研究处于起步阶段，需要进行深入的研究[64]。

经典相似理论的理论基础是相似三大定理[124-127]。相似三大定理的实用意义在于指导模型的设计及其有关实验数据的处理和推广，并在特定情况下，根据经过处理的数据，提供建立微分方程的指示。

相似模拟和相似理论技术作为一个重要的科学技术手段，现已被广泛地应用到流体力学、电磁学、热学、医学、生物学等自然科学领域以及化工、航天、地下工程、水工等工程领域，并取得了巨大的成果，但其在混凝土耐久性问题的研究中运用尚少。要实现耐久性的加速试验，必须首先研究耐久性试验的相似理论。

模拟试验法就其实质而言为相似理论的运用，但目前的模拟试验多是根据经验方法设计，缺乏相应的理论指导。例如，当采用内掺氯盐法加速钢筋混凝土构件锈蚀时，为达到与自然状态下相同的锈蚀量或锈蚀速度，需要确定内掺氯盐的浓度、环境条件（温度、湿度等）、锈蚀时间等参数。

对于混凝土结构在两种试验环境（结构现场环境与人工气候模拟环境）的相似性研究，仅仅依靠传统的相似理论是无法解决的。首先，混凝土结构耐久性受到多种因素影响，如混凝土材料组成、胶凝材料类别、水胶比、养护条件、保护层厚度、环境条件、气象条件、诱发钢筋锈蚀的氯离子阈值、暴露时间、结构构件的受力状态等。各种影响的机理多在试验研究探讨之中，目前得到的大多是经验公式，无法导出模型试验的相似准则。其次，由于现场环境因素复杂，环境因素的统计资料通常无法全面收集，在进行环境模拟时，无法确保各种不同环境因素的相似关系相同。再次，在时间上无法实现传统的相似，环境加速的依据通常是统计意义上的平均值，并且对各因素也无法实现相似系数完全相等。最后，人工气候模拟试验无法实现对现场试验条件的完全加速模拟，通常的加速试验只是对现场试验的某些参数进行加速模拟。

然而，人工气候模拟试验研究忽视了试验环境与实际使用环境的相关性，其成果适用程度值得进一步探讨和研究[81,128]。本书将根据两种试验方法的相似性提出一种基于多重环境时间的相似性试验方法，能够在较短时间内对混凝土结构的耐久性进行有效的评估和寿命预测。

参 考 文 献

[1] 国家统计局. 国家统计局[EB/OL]. [2018-11-20]. http://www.stats.gov.cn.

[2] 中华人民共和国水利部. 2012 年全国水利发展统计公报[M]. 北京: 中国水利水电出版社, 2013.

[3] 中国水科学会. 全国历年已建成水库数量、库容和有效灌溉面积[J]. 中国防汛抗旱, 2009(S1): 180.

[4] 金伟良, 赵羽习. 混凝土结构耐久性[M]. 北京: 科学出版社, 2002.

[5] 金伟良, 赵羽习. 混凝土结构耐久性[M]. 2 版. 北京: 科学出版社, 2014.

[6] 金伟良, 赵羽习. 混凝土结构耐久性研究的回顾与展望[J]. 浙江大学学报(工学版), 2002, 36(4): 371-380.

[7] 武海荣. 混凝土结构耐久性环境区划与耐久性设计方法[D]. 杭州: 浙江大学, 2012.

[8] Mehta P K. Durability-critical issues for the future[J]. Concrete International, 1995, 19(7): 69-76.

[9] 冷发光, 周永祥, 王晶. 混凝土耐久性及其检验评价方法[M]. 北京: 中国建材工业出版社, 2012.

[10] 邓敏, 唐明述. 混凝土的耐久性与建筑业的可持续发展[J]. 混凝土, 1999(2): 8-12.

[11] 黄士元, 杨全兵. 我国寒冷地区混凝土路桥结构的耐久性问题[C]//土建结构工程的安全性与耐久性科技论坛, 北京, 2001.

[12] 林志伸. 我国工业厂房混凝土结构调研报告(耐久性宏观调研)[R]. 北京: 冶金部建筑研究总院, 1995: 10.

[13] 潘德强. 我国海港工程混凝土结构耐久性现状及对策[C]//土建结构工程的安全性与耐久性科技论坛, 北京, 2001: 176-187.

[14] 彭圣浩. 建筑工程质量通病防治手册[M]. 北京: 中国建筑工业出版社, 1987.

[15] 龚洛书, 柳春圃. 混凝土的耐久性及其防护修补[M]. 北京: 中国建筑工业出版社, 1990.

[16] 王赫, 金玉婉, 贺玉仙. 建筑工程质量事故分析[M]. 北京: 中国建筑工业出版社, 1992.

[17] 李田, 刘西拉. 混凝土结构耐久性分析与设计[M]. 北京: 科学出版社, 1999.

[18] 新浪网. 深圳1栋大楼局部垮塌致3死12伤[EB/OL]. [2014-7-19]. http://news.sina.com.cn.

[19] 邓冰, 竺存洪, 丁乃庆, 等. 天津港高桩码头锈蚀损面板残余承载力试验及估算方法的研究[J]. 港工技术, 1998(1): 25-31.

[20] 冯乃谦, 蔡军旺, 牛全林, 等. 山东沿海钢筋混凝土公路桥的劣化破坏及其对策的研究[J]. 混凝土, 2003(1): 3-6, 12.

[21] 封孝信, 冯乃谦, 张树和, 等. 沿海公路桥梁破坏的原因分析及防止对策[J]. 公路, 2002(1): 31-34.

[22] 姬永生. 自然与人工气候环境下钢筋混凝土退化过程的相关性研究[D]. 徐州: 中国矿业大学, 2007.

[23] 李云峰. 混凝土结构环境模拟试验技术及相关理论研究[D]. 南京: 河海大学, 2005.

[24] ASCE. Report card for American's infrastructure[EB/OL]. [2006-07-05]. http://www.asce.org/reportcard/2005/index.

[25] 赵卓, 蒋晓东. 受腐蚀混凝土结构耐久性检测诊断[M]. 郑州: 黄河水利出版社, 2006.

[26] 唐明述. 中国水泥混凝土工业发展现状与展望[J]. 东南大学学报(自然科学版), 2006, 36 Sup(Ⅱ): 1-6.

[27] Mirza M S. Durability and sustainability of infrastructure-a state-of-the art report[J]. Canada Journal of Civil Engineering, 2006, 33(6): 639-649.

[28] 日本土木学会. 混凝土构筑物的维护、修补与拆除[M]. 张富春译. 北京: 中国建筑工业出版社, 1986.

[29] 牛荻涛. 混凝土结构耐久性与寿命预测[M]. 北京: 科学出版社, 2003.

[30] 金伟良. 混凝土结构耐久性研究主要进展及其发展趋势[A]//国家自然科学基金委员会工程与材料学部. 建筑、环境与土木工程Ⅱ: 土木工程卷[M]. 北京: 科学出版社, 2006.

[31] 李俊毅. 论耐用100年以上海工混凝土的基本技术条件[J]. 水运工程, 2002(5): 4-7.

[32] 洪定海. 混凝土中钢筋的腐蚀与保护[M]. 北京: 中国铁道出版社, 1998.

[33] 陈驹. 氯离子侵蚀作用下混凝土构件的耐久性[D]. 杭州: 浙江大学, 2003.

[34] 刘秉京. 混凝土结构耐久性设计[M]. 北京: 人民交通出版社, 2007.

[35] 吕清芳. 混凝土结构耐久性环境区划标准的基础研究[D]. 杭州: 浙江大学, 2007.

[36] 邸小坛, 周燕. 混凝土结构的耐久性设计方法[J]. 建筑科学, 1997(1): 16-20.

[37] 覃维祖. 混凝土结构耐久性的整体论[J]. 建筑技术, 2003, 30(1): 19-22.

[38] 陈肇元. 土建结构工程的安全性与耐久性[M]. 北京: 中国建筑工业出版社, 2003.

[39] 李田, 刘西拉. 混凝土结构耐久性分析与设计[M]. 北京: 科学出版社, 1998.

[40] Jin W L, Zhang Y, Zhao Y X. State-of-the-art: Researches on durability of concrete structure in chloride ion ingress environment in China[C]//Russell M I, Basheer P A M. Concrete Platform 2007. North Ireland: Queen's University Belfast, 2007: 133-148.

[41] 陈肇元, 徐有邻, 钱稼茹. 土建结构工程的安全性与耐久性[J]. 建筑技术, 2002, 33(4): 248-253.

[42] 浙江大学结构工程研究所, 浙江省交通规划设计研究院. 沿海混凝土工程安全性关键技术与工程应用[R]. 浙江省科技重点计划项目总结报告, 2005.

[43] 中华人民共和国住房和城乡建设部. 普通混凝土长期性能和耐久性能试验方法标准: GB/T 50082—2009[S]. 北京: 中国建筑工业出版社, 2009.

[44] ACI. Building Code Requirement for structure concrete and commentary: ACI 318-11[S]. Farmington Hills: ACI, 2011.

[45] Bertolini L, Lollini F, Redaelli E. Durability design of reinforced concrete structures[J]. Proceedings of the ICE-Construction Materials, 2011, 164(6): 273-282.

[46] Lollini F, Redaelli E, Bertolini L. Analysis of the parameters affecting probabilistic predictions of initiation time for carbonation-induced corrosion of reinforced concrete structures[J]. Materials and Corrosion, 2012, 63(12): 1059-1068.

[47] 王丰. 相似理论及其在传热学中的应用[M]. 北京: 高等教育出版社, 1980.

[48] 周明华. 土木工程结构试验与检测[M]. 南京: 东南大学出版社, 2013.

[49] 王柏生. 结构试验与检测[M]. 杭州: 浙江大学出版社, 2007.

[50] 左东启. 相似理论 20 世纪的演进和 21 世纪的展望[J]. 水利水电科技进展, 1997(2): 10-15.

[51] 刘奇东. 基于相似理论的海工预应力混凝土结构耐久性试验研究及应用[D]. 镇江: 江苏大学, 2014.

[52] 金伟良, 金立兵, 王海龙, 等. 多重环境时间相似理论模型及其应用[C]//全国土木工程研究生学术论坛, 北京, 2008.

[53] Shannon C. A mathematical theory of communication[J]. The Bell System Technical Journal, 1948, 27: 379-423, 623-656.

[54] Brillouin L. Science and Information Theory[M]. New York: Academic, 1956.

[55] Zadeh L A. Fuzzy sets[J]. Information and Control, 1965, 8(3): 338-353.

[56] de Luca A, Termini S. A definition of a nonprobabilistic entropy in the setting of fuzzy sets theory[J]. Information and Control, 1972, 20(4): 301-312.

[57] 钟义信. 信息科学原理[M]. 北京: 北京邮电大学出版社, 2014.

[58] Jumarie G. Subjectivité, Information, Système: Synthèse Pour une Cybernétique Relativiste[M]. Montréal: L'Aurore/Univers, 1979.

[59] Jin W L, Luz E. Definition and measure of uncertainties in structural reliability analysis[C]//Proceedings of 6th International Conference on Structural Safety and Reliability, Innsbruck, 1994.

[60] Jin W L, Han J. Relativistic information entropy on uncertainty analysis[J]. China Ocean Engineering, 1996, 10(4): 391-400.

[61] 李志远. 基于相对信息多重环境时间相似理论及混凝土耐久性应用[D]. 杭州: 浙江大学, 2016.

[62] 李果, 戴靠山, 袁迎曙. 钢筋混凝土耐久性实验方法研究[J]. 淮海工学院学报, 2002, 11(3): 56-59.

[63] 金立兵, 金伟良, 赵羽习. 沿海混凝土结构耐久性现场试验方法的优选[J]. 东南大学学报(自然科学版), 2006, 36 Sup (Ⅱ): 61-67.

[64] Jin W L, Jin L B. Environment-based on experimental design of concrete structures[C]//2nd International Conference on Advances in Experimental Structural Engineering, Shanghai, 2007: 757-764.

[65] 易伟建, 郭国会. 结构损伤诊断和神经网络的应用[M]//吕志涛. 现代土木工程的新发展. 南京: 东南大学出版社, 1998: 82-87.

[66] 刘篯, 唐岱新. 房屋结构工程质量诊断中的推理方法及其应用[J]. 哈尔滨建筑大学学报, 1996, 29(6): 31-35.

[67] 卢木. 基于耐久性评定的钢筋混凝土结构的剩余寿命预测[J]. 建筑科学, 1999, 15(2): 23-28.

[68] 钟惠萍. 既有钢筋混凝土桥梁构件耐久性试验与可靠性评估研究[D]. 长沙: 长沙理工大学, 2004.

[69] 朱平华, 金伟良. 混凝土结构耐久性的修复性评估方法[J]. 浙江大学学报(工学版), 2006, 40(12): 2174-2179.

[70] Kalousek G L, Porter L C, Benton E J. Concrete for long-time service in sulfate environment [J]. Cement and Concrete Research, 1972, 2(1): 79-89.

[71] 金立兵, 金伟良, 等. 沿海混凝土结构的现场暴露试验站设计[J]. 水运工程, 2008(2): 14-18.

[72] 赵铁军, Wittmann F H. 海边现场钢筋混凝土耐久性试验方案[C]//中国土木工程学会高强与高性能混凝土委员会学术讨论会, 青岛, 2004.

[73] 康保慧. 中港系统东北(锦州港)建筑材料暴露试验站的设计与建造[J]. 中国港湾建设, 2004(2): 35-38.

[74] 马孝轩, 仇新刚. 混凝土及钢筋混凝土材料酸性土壤腐蚀规律的试验研究[J]. 混凝土与水泥制品, 2000(2): 9-13.

[75] 陶峰, 王林科, 王庆霖, 等. 服役钢筋混凝土构件承载力的试验研究[J]. 工业建筑, 1996, 26(4): 17-20.

[76] 惠云玲, 李荣, 林芝伸, 等. 混凝土基本构件钢筋锈蚀前后性能试验研究[J]. 工业建筑, 1997, 27(6): 14-18, 57.

[77] Ahmad S, Bhattacharjee B, Wason R. Experimental service life prediction of rebar-corroded reinforced concrete structure [J]. ACI Materials Journal, 1997, 94(4): 311-316.

[78] AASHTO. Standard method of test for resistance of concrete to chloride ion penetration: T259—80[S]. Washington: American Association of State Highway and Transportation Officials, 1904.

[79] NORDTEST. Concrete, hardened: Accelerated chloride penetration: NT Build 443[S]. Espoo: Nordtest method, 1995.

[80] 袁迎曙, 余索. 锈蚀钢筋混凝土梁的结构性能退化[J]. 建筑结构学报, 1997, 18(4): 51-57.

[81] 李云峰, 吴胜兴. 现代混凝土结构环境模拟实验室技术[J]. 中国工程科学, 2005, 7(2): 81-85, 96.

[82] Romanchik D. Space simulation needs multiple chambers[J]. Test & Measurement World, 2003, 23(3): A6-8.

[83] 吴延鹏. 建筑材料与结构耐久性实验小型人工气候室设计[J]. 建筑热能通风空调, 2001, 20(2): 63-64.

[84] Li J, Li M, Sun Z. Development of an artificial climatic complex accelerated corrosion tester and investigation of complex accelerated corrosion test methods[J]. Corrosion, 1999, 55(5): 498-502.

[85] Litsikas M. Put products through their environmental paces[J]. Quality, 1997, 36(2): 40-44.

[86] Adams L. A lookat environmental testing [J]. Quality, 2002, 44(3): 24-26.

[87] CEN. Products and systems for the protection and repair of concrete structure test methods determination of resistance to carbonation: BS EN 13295[S]. London: British Standards Institution, 2004.

[88] NORDTEST. Concrete, repairing materials and protective coating: Carbonation resistance: NT Build 357[S]. Espoo: Nordtest Method, 1989.

[89] LNEC. Concrete: Determination of carbonation resistance: LNEC E-391[S]. Lisbon: National Laboratory of Civil Engineering, 1993.

[90] ASTM. Standard test method for resistance of concrete to rapid freezing and thawing: ASTM C 666-03/C 666M—03[S]. West Conshohocken: ASTM International, 2003.

[91] MHTKC. Concretes, rapid method for the determination of frost-resistance by repeated alternated freezing and thawing: ГОСТ 10060. 2—95[S]. Moscow: Standard Press Publishing and Printing Consortion, 1995.

[92] RILEM. Recommendations of RILEM TC 176: Test methods of frost resistance of concrete: RILEM TC 176-IDC 2002[S]. Espoo: Technical Reaserch Centre of Finland, 2002.

[93] ASTM. Standard test method for determining the apparent Chloride diffusion coefficient of cementitious mixtures by bulk diffusion: ASTM C 1556—2004[S]. West Conshohocken:ASTM International, 2004.

[94] ASTM. Standard test method for electrical indication of concrete's ability to resist Chloride ion penetration: ASTM C 1202—2010[S]. West Conshohocken:ASTM International, 2010.

[95] NORDTEST. Concrete, mortar and cement based repair materials chloride diffusion coefficient from migration cell experiments: NT Build 355[S]. Espoo: Nordtest Method, 1997.

[96] NORDTEST. Concrete, mortar and cement-based repair materials: Chloride migration coefficient from non-steady-state migration experiments: NT Build 492[S]. Espoo: Nordtest Method, 1999.

[97] 中华人民共和国住房和城乡建设部. 混凝土耐久性检验评定标准: JGJ/T 193—2009[S]. 北京: 中国建筑工业出版社, 2010.

[98] 中华人民共和国交通部. 公路工程水泥及水泥混凝土试验规程: JTG E30—2005[S]. 北京: 人民交通出版社, 2005.

[99] 中华人民共和国交通部. 水运工程混凝土试验检测技术规范: JTS/T 236—2019[S]. 北京: 人民交通出版社, 2019.

[100] 中华人民共和国水利部. 水工混凝土试验规程: SL 352—2006[S]. 北京: 中国水利水电出版社, 2006.

[101] 中国土木工程学会. 混凝土结构耐久性设计与施工指南: CCES 01—2004[S]. 北京: 中国建筑工业出版社, 2005.

[102] 邢锋. 混凝土结构耐久性设计与应用[M]. 北京: 中国建筑工业出版社, 2011.

[103] 金伟良, 赵羽习. 混凝土结构耐久性设计与评估方法: 第四届混凝土结构耐久性科技论文集[M]. 北京: 机械工业出版社, 2006.

[104] CEN. Eurocode2: Design of concrete structures-part1: General rules and rules for buildings: ENV 1992-1-1[S]. Brussels: CEN, 2002.

[105] 中华人民共和国住房和城乡建设部. 混凝土结构设计规范: GB 50010—2010[S]. 北京: 中国建筑工业出版社, 2011.

[106] 中华人民共和国住房和城乡建设部. 混凝土结构耐久性设计规范: GB/T 50476—2008[S]. 北京: 中国建筑工业出版社, 2008.

[107] 中华人民共和国住房和城乡建设部. 工业建筑防腐蚀设计标准: GB/T 50046—2018[S]. 北京: 中国计划出版社, 2018.

[108] 中华人民共和国交通部. 公路钢筋混凝土及预应力混凝土桥涵设计规范: JTG 3362—2018[S]. 北京: 人民交通出版社, 2018.

[109] 中华人民共和国铁道部. 铁路混凝土结构耐久性设计规范: TB 10005—2010[S]. 北京: 中国铁道出版社, 2010.

[110] 中华人民共和国交通部. 水运工程混凝土结构设计规范: JTS 151—2011[S]. 北京: 人民交通出版社, 2011.

[111] 中华人民共和国水利部. 水工混凝土结构设计规范: SL 191—2008[S]. 北京: 中国水利水电出版社, 2008.

[112] DuraCrete. General guidelines for durability design and redesign: BRPR-CT95-0132-BE95-1347[S]. Gouda: The European Union-Brite Euram Ⅲ, 2000.

[113] 中华人民共和国交通部. 公路工程混凝土结构防腐蚀技术规范: JTG/T B07-01—2006[S]. 北京: 人民交通出版社, 2006.

[114] Thomas M D A, Bentz E C. Life 365: Computer program for predicting the service life and life cycle costs of RC exposed to chloride[DB/CD]. American Concrete Institute, Committee 365, Service Life Prediction, Detroit, Michigan, Version 2.2.1, 2013.

[115] LIFECON. Service life models, instructions on methodology and application of models for the prediction of the residual service life for classified environmental loads and types of structures in Europe[R]. Life Cycle Management of Concrete Infrastructures for Improved Sustainability, 2003.

[116] CEB-FIP. Model code for service life design: fib Bulletin 34[S]. Lausanne: International Federation for Structural Concrete （fib）, 2006.

[117] CEB-FIP. Model code 2010: fib Bulletin 55[S]. Lausanne: International Federation for Structural Concrete （fib）, 2010.

[118] ISO. Durability-Service life design of concrete structures: ISO 16204[S]. Geneva: International Organization for Standardization 2012.

[119] 刘奎芳, 陈洁. 塑料在湿热和亚湿热气候大气暴露与人工加速试验相关性探讨[J]. 环境技术, 2001, 19（4）: 8-13.

[120] 梁星才. 材料和产品大气暴露与人工加速试验相关性的探讨意见（上）[J]. 环境技术, 2001, 19（4）: 4-7.

[121] 梁星才. 材料和产品大气暴露与人工加速试验相关性的探讨意见（下）[J]. 环境技术, 2001, 19（5）: 19-23, 40.

[122] George W. 加速老化的相关性与使用寿命预测[J]. 环境技术, 2001, 19（4）: 23-26.

[123] 王振尧, 于国才, 郑逸苹, 等. 锌的加速腐蚀与大气暴露腐蚀的相关性研究[J]. 中国腐蚀与防护学报, 1999, 19（4）: 239-244.

[124] 徐挺. 相似理论与模型试验[M]. 北京: 中国农业机械出版社, 1982.

[125] 邱绪光. 实用相似理论[M]. 北京: 北京航空学院出版社, 1988.

[126] 屠兴. 相似实验的基本理论与方法[M]. 西安: 西北工业大学出版社, 1989.

[127] 徐挺. 相似方法及其应用[M]. 北京: 机械工业出版社, 1995.

[128] 李云峰, 吴胜兴. 混凝土结构加速耐久性研究策略分析[J]. 混凝土, 2005（1）: 13-15.

第 2 章

相 似 理 论

相似理论的理论基础是相似三大定理。相似三大定理的实际意义在于指导模型的设计及其有关试验数据的处理与推广,并在特定情况下,根据经过处理的数据,提供建立微分方程的暗示。对于一些复杂的物理现象,相似理论还可以将不同的相似准则组合成复合相似理论,以进一步帮助人们科学而简捷地建立一些经验性的指导方程。

2.1　第一相似定理

第一相似定理[1-4]可表述为"对相似的现象，其相似指标等于1"，或表述为"对相似的现象，其相似准则的数值相同"。这一定理实际上是对相似现象相似性质的一种概括，也是现象相似的必然结果，其数学表述如下：

以质点运动为例，质点运动具有如式(2-1)所示的运动微分方程：

$$v = \frac{\mathrm{d}l}{\mathrm{d}t} \tag{2-1}$$

对于两个相似的现象，如果分别以角标"'"和"""表示它们对应的物理量，则式(2-1)可具体表示为

$$v' = \frac{\mathrm{d}l'}{\mathrm{d}t'} \tag{2-2}$$

$$v'' = \frac{\mathrm{d}l''}{\mathrm{d}t''} \tag{2-3}$$

按照相似常数的概念，在式(2-2)、式(2-3)中

$$\begin{cases} \dfrac{l''}{l'} = C_l \text{ 或 } l'' = C_l l' \\ \dfrac{t''}{t'} = C_t \text{ 或 } t'' = C_t t' \\ \dfrac{v''}{v'} = C_v \text{ 或 } v'' = C_v v' \end{cases} \tag{2-4}$$

将式(2-4)代入式(2-3)，亦即在基本微分方程中对变量进行"相似变换"，可得

$$C_v v' = \frac{C_l \mathrm{d}l'}{C_t \mathrm{d}t'} \tag{2-5}$$

比较式(2-2)、式(2-5)，可知必定存在条件：

$$C_v = \frac{C_l}{C_t} \text{ 或 } \frac{C_v C_t}{C_l} = \bar{C} = 1 \tag{2-6}$$

式中，$\bar{C}$ 就是所说的相似指标，其意义在于说明，对于相似现象，它的数值为1。

当用第一相似定理指导模型研究时，重要的是导出相似准则，然后在模型试验中测量所有与相似准则有关的物理量，借此推断原型的性能。但这种测量与单个物理量泛泛的测量不同。由于它们均处于同一相似准则之中，在几何相似得以保证的条件下，可以找到各物理量相似常数间的倍数(或比例)关系。模型试验中的测量，就在于以有限试验点的测量结果为依据，充分利用这种倍数(或比例)关系，而不着眼于测取各物理量的大

量具体数值。

对于一些微分方程已知，且方程形式简单的物理现象，如式(2-1)所示的质点运动，要找出它们的相似准则并不困难，即其规律为 $v = \dfrac{\mathrm{d}l}{\mathrm{d}t} \Rightarrow \dfrac{vt}{l}, f = m\dfrac{\mathrm{d}v}{\mathrm{d}t} \Rightarrow \dfrac{ft}{mv}$。但当微分方程无从知道，或者微分方程已经知道，但很复杂时，就要有相应的方法导出的相似准则。

当现象的相似准则数超过 1 个时，问题的讨论便进入了第二相似定理的范畴。

2.2 第二相似定理

第二相似定理或 π 定理[1-4]可表述为"设一物理系统有 n 个物理量，其中有 k 个物理量的量纲是相互独立的，那么这 k 个物理量可表示成相似准则 $\pi_1, \pi_2, \cdots, \pi_{n-k}$ 之间的函数关系"。按此定理，亦即

$$f(\pi_1, \pi_2, \cdots, \pi_{n-k}) = 0 \qquad (2-7)$$

式(2-7)称为准则关系式或 π 关系式，把式(2-7)中的相似准则称为 π 项。这里，π 定理所指的 n 个物理量应当理解成全部有量纲和无量纲的物理量的总和。

k 是量纲相互独立的物理量的数目。但就其意义来说，应理解为能从 n 个物理量中一次提出的量纲相互独立的物理量的最大数目，故其值应等于同系统中基本量纲的数目（基本量纲具有相互独立的性质）。在一般工程系统中，基本量纲通常有三种，即长度量纲[L]、力量纲[F]（或质量量纲[M]），以及时间量纲[T]。但有时根据具体情况，可使基本量纲从范畴意义上最多发展到六个[5]。

(1)在量纲系统中再加入一个温度量纲[Θ]。根据气体动力学理论，气体的热力学温度是分子运动的平均动能，亦即温度量纲从属于其他基本量纲。但如果问题不直接涉及分子运动情况（如工程流体力学问题和一般的热力学、热工学问题），便可将温度作为基本量纲。

(2)同时采用力量纲[F]和质量量纲[M]。一般来说，基本量纲[F]和[M]由于受牛顿第二定律的约束，不是相互独立的，只能选择其一，但是，如果在所讨论的特定问题中，不需要使用牛顿第二定律或允许忽略掉重力场的影响，则[F]和[M]就相互独立了，可以同时作为基本量纲。

(3)如果在所讨论的问题中，不需要考虑热能和机械能的转换，即二者之间无须用焦耳定律联系起来，则可再增加一个热量量纲[Q]。

从通常的概念上说，温度与热是相互关联的。故有了温度量纲，便可不再选择热量作为基本量纲，反之亦然。但有时根据需要，把二者同时作为基本量纲也是可以的，并不会给结果带来任何矛盾。这是因为二者单位有显著区别，可视为相互独立。

除了以上六个基本量纲，还存在着将每个基本量纲本身加以扩充的可能性（如将长度量纲[L]扩充为三个坐标轴方向的量纲[x]、[y]、[z]），从而使总的基本量纲数超出六个。关于这个问题，可视具体情况而定。

第二相似定理是十分重要的。但是，在它的指导下，模型试验结果能否推广，关键在于是否正确地选择了与现象有关的参量，对于一些复杂的物理现象，由于缺乏微分方

程的指导，就更是如此。

2.3 第三相似定理

第三相似定理[1-4]又称为相似逆定理，可以表述为"对于同一类物理现象，如果单值量相似，而且由单值量所组成的相似准则在数值上相等，则现象相似"。以上述的质点运动为例，若现象 1 和现象 2 相似，则其数学的表述如下：

$$\frac{t''}{t'} = C_t, \quad \frac{v''}{v'} = C_v, \quad \frac{l''}{l'} = C_l \tag{2-8}$$

$$\frac{v't'}{l'} = \frac{v''t''}{l''} \tag{2-9}$$

单值量是指单值条件中的物理量，而单值条件是将一个个别现象从同类现象中区分开来，亦即将现象群的通解(由分析代表该现象群的微分方程或方程组得到)转变为特解的具体条件。单值条件包括几何条件(或空间条件)、介质条件(或物理条件)、边界条件和初始条件(或时间条件)。现象的各种物理量实际上都是由单值条件引出的。

第三相似定理由于直接与代表具体现象的单值条件相联系，并且强调了单值量的相似，就显示出了它科学上的严密性。因为，它既照顾到单值量变化的特征，又不会遗漏掉重要的物理量。

如前所述，第一相似定理是从现象已经相似的这一事实出发来考虑问题的，它说明的是相似现象的性质。设有两现象相似，它们都符合质点运动的微分方程 $v=\mathrm{d}l/\mathrm{d}t$，如果这时从三维空间找出如图 2-1 所示的两组相似曲线(实线)，便得

$$\frac{v_1't_1'}{l_1'} = \frac{v_2't_2'}{l_2'}, \quad \frac{v_1''t_1''}{l_1''} = \frac{v_2''t_2''}{l_2''} \tag{2-10}$$

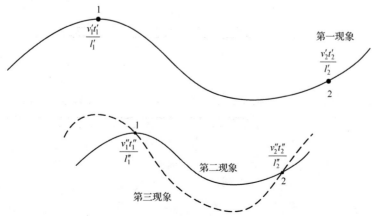

图 2-1　第三相似定理单值条件示意图

Fig. 2-1　Single-value condition of the third similarity theory

图中"1""2"为两现象的对应点(空间对应和时间对应)。

现在,设想通过第二现象的点1和点2,找出同类现象中的另一现象——第三现象,如图 2-1 中的虚线所示。显然,由于代表第二、第三现象的曲线并不重合,第三现象与第一现象并不相似,说明通过点1、点2的现象并不都是相似现象。为了使通过点1和点2的现象取得相似,必须从单值条件上加以限制。例如,在这种情况下,可以考虑加入如下初始条件:$t=0$ 时,$v=0$,$l=0$。这样有初始条件的限制,又有单值量组成的相似准则 $\left(\dfrac{vt}{l}\right)$ 值的一致,两个现象便必定走向相似。

2.4 复合相似理论

当利用相似三大定理指导模型试验时,首先应立足第三相似定理正确、全面地确定现象的参量,然后通过第一相似定理提示的原则建立起该现象的全部 π 项,最后将所得 π 项按第二相似定理的要求组成 π 关系式,用于模型设计和模型试验结果的推广[6]。

但在一些复杂现象中,往往很难确定现象的单值条件,仅能凭借经验判断何为系统最主要的参量;或者虽然知道单值量,但很难找到模型和原型由单值量组成的某些相似准则在数值上的一致性,这就使第三相似定理难以真正实行,并因而使模型试验结果带有近似的性质。

同样的道理,如果第二相似定理中各 π 项所包含的物理量并非来自某类现象的单值条件,或者说,参量的选择很可能不够全面、正确,则当将 π 关系式所得的试验结果加以推广时,自然也就难以得出准确的结论。

这个事实反过来说明,离开对参量(特别是主要参量)的正确选择,第二相似定理便失去了它存在的价值。一些复杂的物理现象就是把希望寄托在参量的正确选择上。但即使这样,也往往难以做到圆满。

考虑复杂的工程现象时,相似三大定理的运用会变得更加困难。以工程结构的相似性研究为例,如式(2-11)所示:

$$G_{e'} = G_{e'} \cdot C_G = G_{e'} \cdot f(C_1, C_2, \cdots, C_n) \cdot U_i \cdot U_e \cdot U_t \tag{2-11}$$

式中,$G_{e'}$、$G_{e'}$ 分别为现场环境和室内环境下的目标参数;C_G 为目标参数的相似常数或者相似系数;$C_i(i=1,2,\cdots,n)$ 为目标参数第 i 个影响因素的相似常数;$f(\cdot)$ 为相似常数间的函数表达式;U_i、U_e、U_t 分别为考虑复杂工程现象中的统计资料的多样性、环境因素的复杂性和时变性所产生的影响系数。

通过上述分析可知,影响因素的多样性、时变性以及环境因素的不确定性导致很难直接利用传统的相似理论,无法实现室内加速试验对现场环境试验条件的完全加速模拟。

因此本书提出了一种多重环境时间相似理论,综合考虑环境和信息的相似性,形成复合的相似理论,从而使得室内加速试验和现场环境试验能够满足时间上的相似性,以便于对结构或者构件进行寿命预测。

参 考 文 献

[1] 徐挺. 相似理论与模型试验[M]. 北京: 中国农业机械出版社, 1982.

[2] 徐挺. 相似方法及其应用[M]. 北京: 机械工业出版社, 1995.

[3] 杨俊杰. 相似理论与结构模型试验[M]. 武汉: 武汉理工大学出版社, 2005.

[4] 邱绪光. 实用相似理论[M]. 北京: 北京航空学院出版社, 1988.

[5] 屠兴. 模型实验的基本理论与方法[M]. 西安: 西北工业大学出版社, 1989.

[6] 谢多夫 Л. И. 力学中的相似方法与量纲理论[M]. 沈青, 倪锄非, 李维新译. 北京: 科学出版社, 1982.

第 3 章

相对信息理论基础

　　由于研究对象和参照物之间参数的随机性与信息的不完备性，需要考虑信息的相对性问题，这样才能将试验模拟的结果应用到现场实际工程中进行耐久性的评估。因此，有必要深入了解相对信息理论的相关知识，为后续的基于相对信息的多重环境时间相似理论提供必备的基础。

3.1　Shannon 信息理论

3.1.1　理论提出

Shannon[1]于 1948 年发表了《通信的数学理论》，奠定了现代信息论的基础。他将概率测度、随机过程和数理统计的方法引入通信理论，开辟了研究信息的新方法[2]。Shannon 信息论是一个抽象的数学模型，即"信源—编码—信道—译码—信宿"模型，从通信的角度对信息进行了规定，将信号的物理特性与其所传输的信息完全分开讨论，其基本的概念可由下面内容表示。

3.1.1.1　信息熵

Shannon 从研究通信系统传输的实质出发提出了信息熵 $H(X)$ 的概念，这是从平均意义上来表征信源的总体信息测度的一个量。他定义了信道的信息传输率，即平均互信息量 $I(X; Y)$，其具有凸状性[3]。

定理 3-1　$I(X; Y)$ 是输入信源的概率分布的上凸型泛函。

定理 3-2　$I(X; Y)$ 是信道转移概率的下凸型泛函。

3.1.1.2　信道容量

由定理 3-1 可知，对于一个固定的信道，总存在一种信源(某种概率分布)，使传输每个符号平均获得的信息量最大。定义此最大值为信道容量 C^m，它反映了信道传输信息的能力，是信道特性的参量。对于波形信道，Shannon 提出了理想的频带受限[0, W]，输入平均功率≤P(P 为信道内所传信号的平均功率)，干扰的双边功率谱密度为 $N_0/2$ 的加性高斯白噪声(AWGN)信道，若输入限制在 $0 \leqslant t \leqslant T'$，则其单位时间 $C_{T'}^m$[4]的公式为

$$C_{T'}^m = W \cdot \log_2 \left(1 + \frac{P}{WN_0} \right) \tag{3-1}$$

式中，W 为信道带宽(Hz)；N_0 为信道内部的高斯噪声功率(W)。

这就是著名的 Shannon 公式。ln2=0.69，相当于–1.6dB，这个值称作 Shannon 限，它已经成为衡量一种编码方法性能的重要参数之一。Berrou 等[5]在国际通信会议(ICC)上提出的并行级联卷积码(Turbo 码)具有近 Shannon 限的优异性能，立即引起了当时信息与编码理论界的巨大轰动。式(3-1)对于一切信息传输系统(电信息、光信息、声信息等系统)都适用，即它的指导意义是普遍的。

3.1.1.3　信息率失真函数

设离散无记忆信源输入为 U，接收端的接收信息为 V，信源平均失真度为 $\bar{D}$，允许失真度为 D_r。在信源和 D_r 固定的情况下，根据定理 3-2 可知，在所有满足保真度准则($\bar{D} \leqslant D_r$)的试验信道集合中，存在某一个信道，使 $I(U; V)$ 取到必然存在的极小值，即

信息率失真函数 $R(D_r)$，它反映了信源可以压缩的程度，是信源特性的参量。

可见，C^m 是为了提高通信的可靠性，这是一般信道编码问题。而 $R(D_r)$ 是为了提高通信的有效性，这是信源编码问题。而它们都是用平均互信息量 $I(X; Y)$ 在一定条件下的极值来定义的。由此可见，$I(X; Y)$ 是表征通信系统特性最基本的参量。

3.1.2　理论应用及发展

Shannon 三大编码定理[3,6]包括：①信源编码定理；②有噪信道编码定理；③失真度准则下信源编码定理。Shannon 对于上述定理的证明主要是基于渐近等分割性(AEP)及典型序列的思想。

这三大编码定理从理论上澄清了人们对信息传输可靠性和有效性之间矛盾不可调和的误解，并指出：对于任意给定的有噪声信道，至少存在一种复杂的编码方法，可以使信道的传输速率无限逼近信道容量而同时保证传输差错率达到任意小。这样，它们给出的编码的性能极限，对于人们寻找最佳通信系统具有极其重要的理论指导意义。

3.2　相对信息理论

3.2.1　理论提出

由 1.2.2 节可知，信息的相对性指不同的观察者(认知主体)由于自身的理解能力不同从同一个系统中获得的信息是不同的。Jumarie 提出相对信息理论，将语法信息熵和语义信息熵视为闵可夫斯基空间下的 2 个维度，并采用洛伦兹变换来描述。

图 3-1 中，观察者 R_1 与观察者 R_2 都在观察同一个系统 S，观测过程分别记为 S/R_1 和 S/R_2。在不考虑观察者的情况下，系统 S 自身的信息熵记为信息熵 $H(S/S)$；观察者 R_1 与观察者 R_2 通过观测过程 S/R_1 和 S/R_2 的相对信息熵分别记为 $H(S/R_1)$ 及 $H(S/R_2)$。

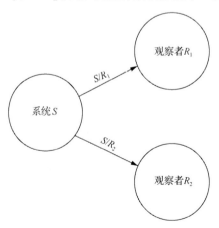

图 3-1　信息的相对性

Fig. 3-1　Information relativity

观察者本身是一种认知主体，可以看作一个智能系统。观察者的内部结构可以分为感知、认知和决策 3 部分(图 3-2)。感知是观察者从系统(事物客体)获取信息的过程,感知过程接收的是系统传输的信号,感知过程中获取的信息属于语法空间中的语法信息;认知是观察者将语法信息映射到语义空间的过程,认知过程中获取的信息属于语义空间中的语义信息;决策是观察者根据其主体目标处理语法信息、语义信息并形成控制策略的过程,决策过程中生成的信息属于语用空间的语用信息。感知、认知与决策分别反映了观察者的观察能力、理解能力和目的性[7-9]。

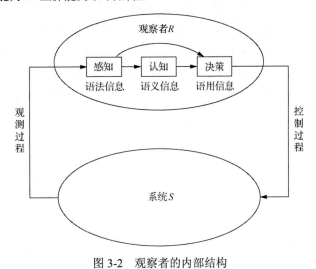

图 3-2　观察者的内部结构

Fig. 3-2　Internal structure of observer

3.2.2　理论应用及发展

自 1994 年以来,金伟良[10,11]将结构可靠度分析看作一个信息传输的过程,采用相对信息熵来处理结构可靠度中信息的相对性。多重环境时间相似理论引入第三方参照物,将参照物的相似率作为研究对象的相似率,信息源单一,不能处理多信息源、多观察路径的情况。在多重环境时间相似理论的基础上,考虑信息的相对性,便可以处理多个参照物、多种加速耐久性试验、相似系数随机性的问题。

3.3　相对信息的表示

3.3.1　Jumarie 洛伦兹变换

从数学的角度来看,不同的观察者意味着不同的参考系,不同的观察结果是因为观测过程存在坐标变换。坐标变换的规则对应着不同的时空观[12,13]。

(1)伽利略变换认为时间、空间是彼此独立的,对应着绝对时空观。伽利略变换是建立在欧几里得空间(以下简称欧氏空间)上的,满足坐标变换的欧氏距离不变性。

例如,在 2 维欧氏空间 $X_{e1} := \{x_1, y_1\} \in \mathbb{R}^2$ 里,坐标系旋转后仍为 2 维欧氏空间 $X_{e2} := \{x_2, y_2\} \in \mathbb{R}^2$,坐标变换满足:

$$\begin{cases} x_2 = x_1 \cdot \cos\theta + y_1 \cdot \sin\theta \\ y_2 = -x_1 \cdot \sin\theta + y_1 \cdot \cos\theta \end{cases} \tag{3-2}$$

式中，θ 为伽利略变换下观察者欧氏观察角。欧氏距离满足以下关系：

$$dS_e^2 = x_1^2 + y_1^2 = x_2^2 + y_2^2 = \text{constant} \tag{3-3}$$

式中，dS_e 为欧氏空间距离。

（2）洛伦兹变换认为时间、空间是相互影响的，对应着相对时空观。洛伦兹变换是建立在闵氏空间上的，满足坐标变换的闵氏距离不变性。

例如，在 2 维闵氏空间 $X_{m1} := \{x_1, y_1\} \in \mathbb{R}^2$ 里（x_1 代表空间轴，y_1 代表时间轴），坐标系旋转后仍为 2 维闵氏空间 $X_{m2} := \{x_2, y_2\} \in \mathbb{R}^2$（$x_2$ 代表空间轴，y_2 代表时间轴），坐标变换满足：

$$\begin{cases} x_2 = x_1 \cdot \cosh\omega + y_1 \cdot \sinh\omega \\ y_2 = x_1 \cdot \sinh\omega + y_1 \cdot \cosh\omega \end{cases} \tag{3-4}$$

式中，ω 为洛伦兹变换下观察者闵氏观察角。闵氏距离满足以下关系：

$$dS_m^2 = x_1^2 - y_1^2 = x_2^2 - y_2^2 = \text{constant} \tag{3-5}$$

式中，dS_m 为闵氏距离。

3.3.2　相对信息熵

1948 年，Shannon[1] 提出了信息熵的概念：可能消息集合的整体平均信息量，亦即单位消息的信息量，称为信息熵。信息熵是随机变量不确定性的度量。

一个离散型随机变量 X，其信源空间为 Ω，分布律为 $p(x)=Pr(X=x)$，$x \in \Omega$。定义离散型随机变量 X 的信息熵为

$$H(X) = -k \cdot \sum_i p = (x_i) \cdot \ln p(x_i) \tag{3-6}$$

式中，$\ln(\cdot)$ 是以 e 为底的自然对数函数，相应的信息量的单位是 nat；如果采用以 2 为底的对数函数，相应的信息量的单位是 bit；k 为与对数函数底相关的参数，$k>0$，当取 e 为底时，$k=1$，当取 2 为底时，$k=\log_2 e$，以下所有公式中 k 的含义和取值均与式（3-6）相同。

一个连续型随机变量 X，其信源空间为 Ω，其概率密度函数用 $p(x)$ 来描述，定义连续型随机变量 X 的信息熵的表达式为

$$H(X) = -k \int p(x) \ln p(x) dx \tag{3-7}$$

根据图 3-1，观察者 R_1、R_2 对系统 S 进行观测，可以认为是观察者 R_1、R_2 对系统的主观影响[7,10,11]。

　　定义语法信息熵是系统输出到观察者语法空间的相对信息熵；定义语义信息熵是系统输出到观察者语义空间的相对信息熵。语义信息熵是语法信息熵在语义空间的映射。

　　由于观察者的作用，观察者获得的信息具有相对性。在不考虑观察者的情况下，系统 S 的语法信息熵和语义信息熵分别用 $H_i(S/S)$ 和 $H_o(S/S)$ 来表示。在有观察者 R 的条件下，系统 S 的语法信息熵和语义信息熵分别表示为 $H_i(S/R)$ 和 $H_o(S/R)$。语法信息熵和语义信息熵是相对信息熵的两个维度。

　　当语法信息熵 $H_i(S/R)$ 增大或减小时，语义信息熵 $H_o(S/R)$ 也会增大或减小[8,11]。显然，只有闵氏空间下的洛伦兹变换才满足语法信息熵和语义信息熵变化趋势一致性的条件：

$$dS_m{}^2 = H_i{}^2(S/S) - H_o{}^2(S/S) = H_i{}^2(S/R) - H_o{}^2(S/R) = \text{constant} \tag{3-8}$$

参 考 文 献

[1] Shannon C E. A mathematical theory of communication[J]. The Bell System Technical Journal, 1948, 27: 379-423, 623-656.

[2] 袁聪, 张鸿燕, 王新梅. Shannon 信息论及其新发展[J]. 通信技术, 2002(10): 76-78.

[3] 傅祖芸. 信息论: 基础理论与应用[M]. 第 2 版. 北京: 电子工业出版社, 2007.

[4] 王育民, 梁传甲. 信息与编码理论[M]. 西安: 西北电讯工程学院出版社, 1986.

[5] Berrou C, Glavieux A, Thitimajshima P. Near Shannon limit error-correcting coding and decoding: Turbo-codes. 1[C]//ICC '93-IEEE International Conference on Communications, 2002,2: 1064-1070.

[6] 钟义信. 从 "统计" 到 "理解", 从 "传输" 到 "认知" [J]. 电子学报, 1998(7): 1-8.

[7] 钟义信. 信息科学原理[M]. 北京: 北京邮电大学出版社, 2014.

[8] Jumarie G. Relative Information[M]. Berlin: Springer, 1990.

[9] Jumarie G. Subjectivité, Information, Système: Synthèse Pour une Cybernétique Relativiste[M]. Montréal: L'Aurore/Univers, 1979.

[10] Jin W L, Luz E. Definition and measure of uncertainties in structural reliability analysis[C]//Proceedings of 6th International Conference on Structural Safety and Reliability, Innsbruck, 1994.

[11] Jin W L, Han J. Relativistic information entropy on uncertainty analysis [J]. China Ocean Engineering, 1996, 10(4): 391-400.

[12] Einstein A. On the electrodynamics of moving bodies[J]. Annalen der Physik, 1905, 17(891): 50.

[13] 赵展岳. 相对论导引[M]. 北京: 清华大学出版社, 2002.

第 4 章

结构可靠度基本理论

可靠性包括安全性、适用性和耐久性，是表征工程结构可靠度的重要参数，也是进行结构设计、安全性和耐久性评估以及寿命预测的基本依据。本章介绍结构可靠度的基本理论，有助于后续在实际工程结构耐久性计算和评估中建立考虑信息相对性的可靠性计算方法，从而更加准确地进行实际结构的耐久性评估和寿命预测，进而制定出科学合理的管养策略和维护方案。

4.1 结构可靠度的一般形式

4.1.1 基本概念

4.1.1.1 结构极限状态

在结构的施工和使用过程中，结构是以可靠(安全、适用、耐久)和失效(不安全、不适用、不耐久)两种状态存在的，而在结构可靠度分析和设计中，为了正确描述结构的工作状态，必须明确规定结构可靠和失效的界限(结构模糊可靠度分析除外)，这样的界限称为结构的极限状态。《建筑结构可靠性设计统一标准》(GB 50068—2018)[1]对结构极限状态的定义为：整个结构或结构的一部分超过某一特定状态就不能满足设计规定的某一功能要求，此特定状态为该功能的极限状态。

结构的极限状态实质上是结构工作状态的一个阈值，若超过这一阈值，则结构处于不安全、不耐久或不适用的状态；若没有超过这一阈值，则结构处于安全、耐久、适用的状态。例如，对于混凝土受弯构件，当荷载产生的弯矩超过构件的抵抗弯矩时，构件就会断裂；当弯矩没有超过构件的抵抗弯矩时，构件就不会断裂；而当弯矩等于抵抗弯矩时，构件即达到了承载能力极限状态。如果用 $X_1, X_2, \cdots, X_n$ 表示结构的基本随机变量，用 $Z = g(X_1, X_2, \cdots, X_n)$ 表示描述结构工作状态的函数，称为功能函数，则结构的工作状态可用式(4-1)表示：

$$Z = g(X_1, X_2, \cdots, X_n) \begin{cases} < 0, & \text{失效状态} \\ = 0, & \text{极限状态} \\ > 0, & \text{可靠状态} \end{cases} \tag{4-1}$$

极限状态时的方程 $Z = g(X_1, X_2, \cdots, X_n) = 0$，称为极限状态方程。在直角坐标系中，结构的工作状态如图 4-1 所示。

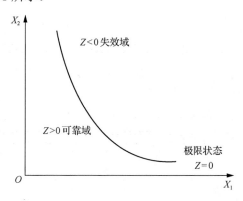

图 4-1　结构的工作状态

Fig. 4-1　Working state of structure

结构的极限状态可以是根据构件的实际状况客观规定的，也可能是根据人们的经验、需要和人为控制而由专家论证给定的(如结构构件的允许变形、结构的允许裂缝宽度等)。我国各专业的结构可靠度设计统一标准[2-6]将结构的极限状态分为两种,即承载能力极限状态和正常使用极限状态;而新近出版的《建筑结构可靠性设计统一标准》(GB 50068—2018)[1]则在原有的极限状态基础上,新增了耐久性极限状态,这将全面、客观地反映工程结构在全寿命周期内失效的实际状态。

4.1.1.2　可靠度

结构的设计、施工和维护应使结构在规定的设计使用年限内以适当的可靠度和经济的方式满足规定的各项功能要求:①能承受在施工和使用期间可能出现的各种作用;②保持良好的使用性能;③具有足够的耐久性能;④当发生火灾时,在规定的时间内可保持足够的承载力;⑤当发生爆炸、撞击、人为错误等偶然事件时,结构能保持必需的整体稳固性,不出现与起因不相称的破坏后果,防止出现结构的连续倒塌。

结构的安全性和可靠性是有区别的,如上述要求的第①、④项关系到人身财产安全,属于结构的安全性,第②项关系到结构的适用性,第③项关系到结构的耐久性。安全性、适用性和耐久性三者总称为结构的可靠性[7]。

《建筑结构可靠性设计统一标准》(GB 50068—2018)[1]中定义可靠性为结构在规定的时间内,在规定的条件下,完成预定功能的能力。可靠性是用可靠度来度量的,结构的可靠度(结构的可靠概率)定义为在规定的时间内和规定的条件下结构完成预定功能的概率,表示为 P_s。相反,如果结构不能完成预定的功能,则称相应的概率为结构的失效概率,表示为 P_f。结构的可靠与失效为两个互不相容事件,因此,结构的可靠概率 P_s 与失效概率 P_f 是互补的,即

$$P_s + P_f = 1 \tag{4-2}$$

为了计算和表达上的方便,结构可靠度分析中也常用结构的失效概率来度量结构的可靠性。结构随机可靠度分析的核心问题是根据随机变量的统计特性和结构的极限状态方程计算结构的失效概率。

按照结构可靠度的定义和概率论的基本原理,若结构中的基本随机变量为 $X_1, X_2, \cdots, X_n$,相应的概率密度函数为 $f_X(x_1, x_2, \cdots, x_n)$,由这些随机变量表示的功能函数为 $Z = g(X_1, X_2, \cdots, X_n)$,则结构的失效概率表示为

$$P_f = P(Z < 0) = \underset{Z<0}{\iint \cdots \int} f_X(x_1, x_2, \cdots, x_n) \mathrm{d}x_1 \mathrm{d}x_2 \cdots \mathrm{d}x_n \tag{4-3}$$

若随机变量 $X_1, X_2, \cdots, X_n$ 相互独立,则式(4-3)为

$$P_f = P(Z < 0) = \underset{Z<0}{\iint \cdots \int} f_{X_1}(x_1) f_{X_2}(x_2) \cdots f_{X_n}(x_n) \mathrm{d}x_1 \mathrm{d}x_2 \cdots \mathrm{d}x_n \tag{4-4}$$

4.1.1.3　可靠指标

考虑到直接应用数值积分方法计算结构的失效概率的困难性,工程中多采用近似方

法，为此这里引入了结构可靠指标的概念。

一般来说，功能函数为 $Z = g(\xi, \eta) = \xi - \eta$，假定结构抗力随机变量 ξ 和荷载效应随机变量 η 两个随机变量均服从正态分布，其平均值和标准差分别为 μ_ξ、μ_η 和 σ_ξ、σ_η，则功能函数 $Z = \xi - \eta$ 也服从正态分布，其平均值和标准差分别为 $\mu_Z = \mu_\xi - \mu_\eta$ 及 $\sigma_Z = \sqrt{\sigma_\xi^2 + \sigma_\eta^2}$。

图 4-2 表示随机变量 Z 的概率分布密度曲线，$Z<0$ 的概率为结构的失效概率，即 $P_f = P(Z < 0)$，此值等于图中阴影部分的面积。由图可见，由 O 到平均值 μ_Z 这段距离，可以用标准差去度量，即 $\mu_Z = \beta\sigma_Z$，β 为可靠指标。不难看出，β 与 P_f 之间存在一一对应的关系：β 小时，P_f 就大；β 大时，P_f 就小。因此，β 和 P_f 一样，可以作为衡量结构可靠度的一个指标。此时，结构的失效概率为

$$P_f = P(Z < 0) = F_Z(0) = \int_{-\infty}^{0} \frac{1}{\sqrt{2\pi}\sigma_Z} \exp\left[-\frac{(z - \mu_Z)^2}{2\sigma_Z^2} \right] \mathrm{d}z \tag{4-5}$$

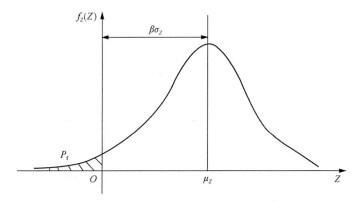

图 4-2　正态功能函数概率分布密度曲线

Fig. 4-2　Normal function probability density curve

引入标准化随机变量 t（即 $\mu_t = 0, \sigma_t = 1$），则

$$P_f = \int_{-\infty}^{-\frac{\mu_Z}{\sigma_Z}} \frac{1}{\sqrt{2\pi}} \exp\left(-\frac{t^2}{2} \right) \mathrm{d}t = \Phi(-\beta) \tag{4-6}$$

式中，$\Phi(\cdot)$ 为标准正态分布函数值。式(4-6)给出了可靠指标 β 与结构的失效概率 P_f 的函数关系。

对于功能函数 $Z = g(\xi, \eta) = \xi - \eta$，可靠指标的表达式为

$$\beta = \frac{\mu_Z}{\sigma_Z} = \frac{\mu_\xi - \mu_\eta}{\sqrt{\sigma_\xi^2 + \sigma_\eta^2}} \tag{4-7}$$

由式(4-7)定义的可靠指标是以功能函数 Z 服从正态分布为前提的。在实际工程问题

中，结构功能函数不一定服从正态分布，为计算可靠指标 β，需将 Z 近似为服从正态分布的随机变量，有关方法将在 4.2.1 节中介绍。这时，结构的失效概率 P_f 与可靠指标 β 已不再具有式(4-6)表示的精确关系，只是一种近似关系。但当结构的失效概率 P_f 较大时，如 $P_f \geqslant 10^{-3}$，结构的失效概率对功能函数 Z 的分布概型不再敏感。这时可以直接假定功能函数 Z 服从正态分布，进而直接计算可靠指标，从而避免迭代计算 β 的麻烦。

表 4-1 给出了可靠指标 β 与结构的失效概率 P_f 的对应关系，了解结构的失效概率的这些特点对结构可靠度分析和设计是有益的。

表 4-1　可靠指标 β 与结构的失效概率 P_f 的对应关系
Tab. 4-1　Correspondence between reliability index β and failure probability P_f

β	1.0	1.5	2.0	2.5	3.0	3.5	4.0	4.5	5.0
P_f	1.587×10^{-1}	6.681×10^{-2}	2.275×10^{-2}	6.210×10^{-3}	1.350×10^{-3}	2.326×10^{-4}	3.167×10^{-5}	3.398×10^{-6}	2.867×10^{-7}

4.1.2　时变可靠度

工程结构的预期使用寿命一般都较长，在设计时不仅应考虑结构在初始服役阶段的可靠性，还应考虑结构在使用及老化等各个环节抵御随机外荷载作用的能力[8]。一般的可靠度理论中并没有考虑结构抗力随时间的衰减，然而，在自然环境、使用环境和材料内部因素的作用下，随着钢筋混凝土结构进入老化期，其性能的劣化会导致结构抗力不断下降，从而使结构在规定的时间内、规定的条件下完成预定功能的能力降低，即结构的可靠度下降[9]。

图 4-3 给出了结构抗力和荷载效应随时间变化的过程[10]，图中还给出了结构抗力 ξ 和荷载效应 η 两个的概率密度函数 $f_\xi(\xi)$、$f_\eta(\eta)$ 的曲线。

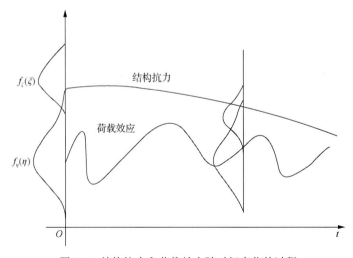

图 4-3　结构抗力和荷载效应随时间变化的过程
Fig. 4-3　Transformation of structural resistance and load effects over time

考虑结构抗力和荷载效应随时间的变化后，此时结构某一极限状态的功能函数用随机过程表示为

$$Z(t) = g[\xi(t), \eta(t)] = \xi(t) - \eta(t) \tag{4-8}$$

式中，$\xi(t)$ 为结构抗力随机过程；$\eta(t)$ 为结构荷载效应随机过程，为结构中一个荷载或多个荷载的线性或非线性函数，则结构在设计基准期 T 内可靠的概率为

$$P_s(T) = P\{Z(t) > 0, t \in [0, T]\} = P\{\xi(t) > \eta(t), t \in [0, T]\} \tag{4-9}$$

式(4-9)表示在设计基准期内当结构每一时刻 t 的抗力都大于其荷载效应时，结构才能处于可靠状态。

结构在设计基准期 T 内的失效事件为结构可靠事件的补事件，因而结构的失效概率为

$$P_f(T) = 1 - P_s(T) = P\{\xi(t) \leqslant \eta(t), t \in [0, T]\} \tag{4-10}$$

4.2　可靠度的计算

4.2.1　验算点法

这里以两个正态随机变量线性极限状态方程的情况，说明可靠指标 β 以及设计验算点的概念，并简单介绍验算点法(JC 法)的计算步骤。

两个随机变量的极限状态方程可表示为

$$Z = g(\xi, \eta) = \xi - \eta = 0$$

式中，ξ 与 η 互相独立，并服从正态分布。在 $O\eta\xi$ 坐标系中，极限状态方程是一条直线，它的倾角是 45°。

将 ξ、η 分别除以标准差 σ_ξ、σ_η，形成坐标系 $\eta' = \eta / \sigma_\eta$、$\xi' = \xi / \sigma_\xi$。当 $\sigma_\eta \neq \sigma_\xi$ 时，$O'\eta'\xi'$ 坐标系中极限状态直线 $\xi' = (\sigma_\eta / \sigma_\xi)\eta'$ 的倾角不再是 45°，而是 $\arctan(\sigma_\eta / \sigma_\xi)$。如果再将此坐标系平移，原点 O' 移到 $\overline{O}(\mu_\eta / \sigma_\eta, \mu_\xi / \sigma_\xi)$ 处，参见图 4-4，则得到新坐标系 $\overline{O\eta\xi}$：

$$\begin{cases} \overline{\eta} = \dfrac{\eta}{\sigma_\eta} - \dfrac{\mu_\eta}{\sigma_\eta} = \dfrac{\eta - \mu_\eta}{\sigma_\eta} \\[3mm] \overline{\xi} = \dfrac{\xi - \mu_\xi}{\sigma_\xi} \end{cases} \tag{4-11}$$

上述坐标系的变换，实质上是把正态分布 $N(\mu_i, \sigma_i)$ 标准化为 $N(0,1)$。

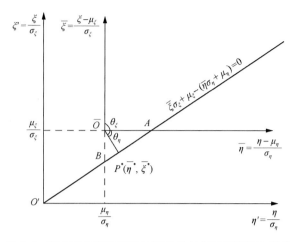

图 4-4 两个正态随机变量的极限状态方程和设计验算点

Fig. 4-4 Limit state equations and design checkpoints of two normal random variables

原坐标系 $O\eta\xi$ 与新坐标系的 $\overline{O}\overline{\eta}\overline{\xi}$ 之间的关系为

$$\begin{cases} \eta = \overline{\eta}\sigma_\eta + \mu_\eta \\ \xi = \overline{\xi}\sigma_\xi + \mu_\xi \end{cases} \tag{4-12}$$

将式(4-12)代入极限状态方程 $\xi - \eta = 0$，可得

$$(\overline{\xi}\sigma_\xi + \mu_\xi) - (\overline{\eta}\sigma_\eta + \mu_\eta) = 0$$

或

$$\overline{\xi}\sigma_\xi - \overline{\eta}\sigma_\eta + \mu_\xi - \mu_\eta = 0$$

将上式两端同时除以 $-\sqrt{\sigma_\xi^2 + \sigma_\eta^2}$，并与解析几何中的标准型法线式直线方程

$$\overline{\eta}\cos\theta_\eta + \overline{\xi}\cos\theta_\xi - \beta = 0 \tag{4-13}$$

相比较，可得

$$\begin{cases} \cos\theta_\eta = \dfrac{\sigma_\eta}{\sqrt{\sigma_\xi^2 + \sigma_\eta^2}} \\[4mm] \cos\theta_\xi = \dfrac{-\sigma_\xi}{\sqrt{\sigma_\xi^2 + \sigma_\eta^2}} \end{cases} \tag{4-14}$$

$$\beta = \frac{\mu_\xi - \mu_\eta}{\sqrt{\sigma_\xi^2 + \sigma_\eta^2}} \tag{4-15}$$

β 是坐标系 $\overline{O}\overline{\eta}\overline{\xi}$ 中原点 $\overline{O}$ 到极限状态直线的距离 $\overline{O}P^*$（其中 P^* 为垂足），而 $\cos\theta_\eta$ 和

$\cos\theta_\xi$ 是法线 $\overline{OP}^*$ 对坐标向量的方向余弦。因此，可靠指标 β 就是标准正态坐标系 $\overline{O\eta\xi}$ 中，原点 $\overline{O}$ 到极限状态直线的最短距离 $\overline{OP}^*$，这就是 β 的几何意义。在验算点法中，β 的计算就转化为求 $\overline{OP}^*$ 的长度。

P^* 是极限状态直线上的一点，称为设计验算点。由图 4-4 可知，P^* 的坐标 $\overline{\eta}^*$、$\overline{\xi}^*$ 分别为

$$\begin{cases} \overline{\eta}^* = \overline{OP}^* \cdot \cos\theta_\eta = \beta\cos\theta_\eta \\ \overline{\xi}^* = \overline{OP}^* \cdot \cos\theta_\xi = \beta\cos\theta_\xi \end{cases} \tag{4-16}$$

显然，$\overline{OP}^*$ 的方向余弦有下列关系：

$$\cos^2\theta_\xi + \cos^2\theta_\eta = \frac{\sigma_\xi^2}{\sigma_\xi^2 + \sigma_\eta^2} + \frac{\sigma_\eta^2}{\sigma_\xi^2 + \sigma_\eta^2} = 1$$

由式 (4-12) 得，坐标系 $\overline{O\eta\xi}$ 中的设计验算点 $P^*(\eta^*, \xi^*)$ 在原坐标系 $O\eta\xi$ 中的坐标为

$$\begin{cases} \eta^* = \overline{\eta}^* \sigma_\eta + \mu_\eta = \beta\cos\theta_\eta \sigma_\eta + \mu_\eta \\ \xi^* = \beta\cos\theta_\xi \sigma_\xi + \mu_\xi \end{cases} \tag{4-17}$$

因为在原坐标系 $O\eta\xi$ 中，极限状态方程为 $\xi - \eta = 0$，所以，在这条极限状态直线上的 P^* 点，其坐标 (η^*, ξ^*) 也必然满足：

$$\xi^* - \eta^* = 0 \tag{4-18}$$

如果已知 μ_ξ、μ_η、σ_ξ、σ_η，由式 (4-15) 和式 (4-17) 可求得可靠指标 β 以及设计验算点的值 ξ^* 和 η^*，从而可确定相应的结构的失效概率 $P_f = \Phi(-\beta)$。

4.2.2　二次二阶矩法

二次二阶矩法[11-13]的基本原理是将功能函数在验算点处进行二阶 Taylor 展开，并且在计算结构的失效概率过程中考虑功能函数曲面在验算点附近的曲率变化影响，在多数情况下可比一次二阶矩法有更好的计算精度。关于二次二阶矩法存在两种基本认识[14]。

(1) 认为二次二阶矩法是用二次功能函数来逼近复杂功能函数。它将可靠度分析分为两个步骤：首先构造二次功能函数；然后计算二次功能函数的失效概率。

(2) 认为二次二阶矩法是对多维积分计算式的一种渐近近似积分，即拉普拉斯渐近积分。这种渐近性表现在：当积分计算式的某个参数朝一定趋势发展时，近似计算公式将逼近精确解。这种性质可通过严格的数学推导证明，渐近近似积分的基本原理在 Breitung[15] 的文章中有详细的论述。

下面说明广义随机空间内的结构可靠度渐近分析方法[16]。

在广义随机空间内，设 $Y = (Y_1, Y_2, \cdots, Y_n)$ 是由正态随机变量 $X = (X_1, X_2, \cdots, X_n)$ 变换得

到的标准正态随机变量。在进行映射变换后，以随机变量 $\boldsymbol{Y}$ 表示的功能函数为

$$Z_Y = G(\boldsymbol{Y}) = G(Y_1, Y_2, \cdots, Y_n) \tag{4-19}$$

在 $\boldsymbol{Y}$ 空间定义函数 $I(\boldsymbol{Y}) = -0.5\boldsymbol{Y}\boldsymbol{\rho}^{-1}\boldsymbol{Y}^{\mathrm{T}}$，并记相关系数矩阵 $\boldsymbol{\rho}$ 的逆矩阵为 $\boldsymbol{D} = (d_{ij})_{n \times n} = \boldsymbol{\rho}^{-1}$。在 $\boldsymbol{Y}$ 空间内，结构的失效概率 P_f 的渐近值可写成如下形式：

$$P_{fQ} \approx \varPhi(-\beta) \frac{\beta}{[\det(\boldsymbol{\rho})]^{1/2} |\boldsymbol{J}|^{1/2}} \tag{4-20}$$

式中

$$\boldsymbol{J} = \sum_{i=1}^{n} \sum_{j=1}^{n} \frac{\partial I(\boldsymbol{y}^*)}{\partial Y_i} \frac{\partial I(\boldsymbol{y}^*)}{\partial Y_j} (-1)^{i+j} \det[\boldsymbol{B}_{ij}(\boldsymbol{y}^*)] \tag{4-21}$$

$\boldsymbol{B}_{ij}(\boldsymbol{y}^*)$ 为 n 阶矩阵：

$$\boldsymbol{B}_{ij}(\boldsymbol{y}^*) = \left[-d_{ij} - F \frac{\partial^2 G(\boldsymbol{y}^*)}{\partial Y_i \partial Y_j} \right]_{n \times n} \tag{4-22}$$

划掉其第 i 行和第 j 列后剩下的 $n-1$ 阶矩阵，其中的 F 值为

$$F = \beta \left[\sum_{i=1}^{n} \sum_{j=1}^{n} d_{ij} \frac{\partial G(\boldsymbol{y}^*)}{\partial Y_i} \frac{\partial G(\boldsymbol{y}^*)}{\partial Y_j} \right]^{-1/2} \tag{4-23}$$

综上所述，对于一般的工程结构可靠度分析问题，P_f 的渐近值 P_{fQ} 可按如下步骤计算：

(1) 按照广义随机空间内的可靠度分析方法计算可靠指标 β 和 $\boldsymbol{X}$ 空间及 $\boldsymbol{Y}$ 空间内的验算点 $\boldsymbol{x}^* = (x_1^*, x_2^*, \cdots, x_n^*)$ 及 $\boldsymbol{y}^* = (y_1^*, y_2^*, \cdots, y_n^*)$；

(2) 计算相关系数矩阵 $\boldsymbol{\rho} = (\rho_{Y_i Y_j})$ 的行列式值 $\det(\boldsymbol{\rho})$ 及逆矩阵 $\boldsymbol{D} = (d_{ij})_{n \times n} = \boldsymbol{\rho}^{-1}$，若基本随机变量相互独立，则 $\det(\boldsymbol{\rho}) = 1$，$\boldsymbol{D} = \boldsymbol{\rho}^{-1} = \boldsymbol{I}$（$\boldsymbol{I}$ 为单位矩阵）；

(3) 在验算点 $\boldsymbol{x}^*$ 及相应的 $\boldsymbol{y}^*$ 处计算 $I(\boldsymbol{Y})$ 和 $G(\boldsymbol{Y})$ 的偏导数，即

$$\frac{\partial I(\boldsymbol{y}^*)}{\partial Y_i} = \sum_{j=1}^{n} d_{ij} y_j^*$$

$$\frac{\partial G(\boldsymbol{y}^*)}{\partial Y_i} = \frac{\partial g(\boldsymbol{x}^*)}{\partial X_i} \frac{\partial X_i}{\partial Y_i}$$

$$\frac{\partial^2 G(\boldsymbol{y}^*)}{\partial Y_i \partial Y_j} = \frac{\partial^2 g(\boldsymbol{x}^*)}{\partial X_i \partial X_j} \frac{\partial X_i}{\partial Y_i} \frac{\partial X_j}{\partial Y_j} + \frac{\partial g(\boldsymbol{x}^*)}{\partial X_i} \frac{\partial^2 X_i}{\partial Y \partial Y_{ji}}$$

(4) 按式 (4-23) 计算 F 值；

(5) 形成矩阵 $C(y^*) = \left[-d_{ij} - F\dfrac{\partial^2 G(y^*)}{\partial Y_i \partial Y_j} \right]_{n \times n}$ ，并按式 (4-21) 计算 J；

(6) 按式 (4-20) 计算 P_f 的渐近值 P_{fQ}。

4.2.3　响应面法

前述结构可靠度计算的一次二阶矩法和二次二阶矩法方便应用于显式表达的结构功能函数，然而在实际工程中，功能函数通常是高度非线性隐式函数，无法给出明确的数学解析式。响应面法（RSM）为解决此类复杂结构系统的可靠度分析问题提供了一条计算途径。

响应面法[17]是数学方法和统计方法结合的产物，是利用统计学的综合实验技术解决复杂系统的输入（随机变量）与输出（系统响应）关系的方法。其实质就是对试验数据进行拟合，从而得到系统函数的近似表达式。按照响应面函数的形式，逐渐形成了以多项式响应面法[18]、人工神经网络响应面法[19-21]和支持向量机响应面法[22,23]等为代表的方法。

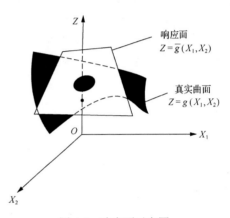

图 4-5　响应面示意图

Fig. 4-5　Diagram of response surface

以两个变量为例说明响应面的含义和计算思路[16]：Z 与变量 X_1、X_2 具有未知的函数关系 $Z=g(X_1, X_2)$，如图 4-5 所示的阴影部分即在三维空间内表示了这个真实曲面。通过响应面法可以拟合一个具有明确表达式的函数关系 $Z=\bar{g}(X_1, X_2)$。

响应面法需考虑两个方面的问题，即响应面函数的设计和函数中待定系数的估算。设计是关于如何选择响应面的形式及如何选取试验点才能使得到的响应面替代真实曲面时不产生较大的误差。估算则是关于怎样确定在响应面函数中的待定系数问题。

设计的第一步是选取响应面函数的形式，显然它应满足两方面的要求：一方面，响应面函数数学表达式在基本能够描述真实函数的前提下应尽可能简单，以避免可靠度分析过于复杂；另一方面，应在响应面函数中设计尽可能少的待定系数以减少结构分析的工作量。同时满足这两方面要求时以多项式形式为最佳。一般二次多项式形式表示的响应面函数为

$$Z = a + \sum_{i=1}^{n} b_i X_i + \sum_{i=1}^{n} c_i X_i^2 + \sum \sum_{i<j} d_{ij} X_i X_j \tag{4-24}$$

式中，$X_i\,(i=1,2,\cdots,n)$ 为基本变量；a、b_i、c_i、d_{ij} 为响应面函数中的待定系数。

确定响应面函数中待定系数时，通常选用最小二乘法。其基本思想就是使式 (4-24) 中的估计值 $\bar{Z}$ 与真实值 Z 的误差的平方和最小，即

$$\sum (\bar{Z} - Z)^2 = \min \tag{4-25}$$

4.2.4　蒙特卡罗法

4.2.4.1　一般方法

一般的蒙特卡罗法具有以下明显的特点。在结构可靠度的数值模拟中，该方法具有模拟的收敛速度与基本随机变量的维数无关，极限状态函数的复杂程度与模拟过程无关，更无须将状态函数线性化[24,25]和随机变量"当量正态"化[26]的特点，具有直接解决问题的能力；同时，数值模拟的误差也可以容易地确定，从而确定模拟的次数和精度。所以，上述特点决定了蒙特卡罗法将会在结构可靠度分析中发挥更大的作用。但是，在实际工程结构的失效概率通常在 10^{-3} 以下量级的范畴时，蒙特卡罗法的模拟数目就会相当大，占据大量的计算时间，这是该法在结构可靠度分析中面临的主要问题。随着高速计算机的发展和数值模拟方法的改进，这个问题将会得到更好的改善[27-33]。

工程结构的失效概率可以表示为

$$P_{\mathrm{f}} = P\{G(\boldsymbol{X}) < 0\} = \int_{D_{\mathrm{f}}} f(\boldsymbol{X})\mathrm{d}\boldsymbol{X} \tag{4-26}$$

其结构的可靠指标为

$$\beta = \varPhi^{-1}(1 - P_{\mathrm{f}}) \tag{4-27}$$

式中，$\boldsymbol{X} = [x_1, x_2, \cdots, x_n]^{\mathrm{T}}$ 为具有 n 维随机变量的向量；$f(\boldsymbol{X}) = f(x_1, x_2, \cdots, x_n)$ 为基本随机变量 $\boldsymbol{X}$ 的联合概率密度函数，当 $\boldsymbol{X}$ 为一组相互独立的随机变量时，有 $f(x_1, x_2, \cdots, x_n) = \prod\limits_{i=1}^{n} f(x_i)$；$G(\boldsymbol{X})$ 为一组结构的极限状态函数，当 $G(\boldsymbol{X}) < 0$ 时，就意味着结构发生破坏，反之，结构安全；D_{f} 为与 $G(\boldsymbol{X})$ 相对应的失效区域。

于是，用蒙特卡罗法表示的式(4-26)可写为

$$\hat{P}_{\mathrm{f}} = \frac{1}{N} \sum_{i=1}^{N} I\left[G(\hat{\boldsymbol{X}}_i)\right] \tag{4-28}$$

式中，N 为抽样模拟总数；当 $G(\hat{\boldsymbol{X}}_i) < 0$ 时，$I[G(\hat{\boldsymbol{X}}_i)] = 1$，反之，$I[G(\hat{\boldsymbol{X}}_i)] = 0$；冠标"＾"表示抽样值。所以式(4-28)的抽样方差为

$$\hat{\sigma}^2 = \frac{1}{N} \hat{P}_{\mathrm{f}}(1 - \hat{P}_{\mathrm{f}}) \tag{4-29}$$

当选取95%的置信度来保证蒙特卡罗模拟的抽样误差时，有

$$\left|\hat{P}_{\mathrm{f}} - P_{\mathrm{f}}\right| \leqslant z_{\alpha/2} \cdot \hat{\sigma} = 2\sqrt{\frac{\hat{P}_{\mathrm{f}}(1 - \hat{P}_{\mathrm{f}})}{N}} \tag{4-30}$$

式中，α 为显著性水平，显著性水平越高，置信度越低，假设的可靠性越低，置信度为

95%，则 $\alpha = 5\%$， $z_{\alpha/2}$ 可查表得到。

或者以相对误差 ε 来表示，有

$$\varepsilon = \frac{\left|\hat{P}_{\mathrm{f}} - P_{\mathrm{f}}\right|}{P_{\mathrm{f}}} < 2\sqrt{\frac{1 - \hat{P}_{\mathrm{f}}}{N\hat{P}_{\mathrm{f}}}}$$

考虑到 $\hat{P}_{\mathrm{f}}$ 通常是一个小量，则上式可以近似地表示为

$$\varepsilon = \frac{2}{\sqrt{N\hat{P}_{\mathrm{f}}}} \ \text{及} \ N = \frac{4}{\hat{P}_{\mathrm{f}} \cdot \varepsilon^2}$$

当给定 $\varepsilon = 0.2$ 时，抽样数目就必须满足：

$$N = 100 / \hat{P}_{\mathrm{f}} \tag{4-31}$$

这就意味着抽样数目 N 是与 $\hat{P}_{\mathrm{f}}$ 成反比；当 $\hat{P}_{\mathrm{f}}$ 是一个小量，即 $\hat{P}_{\mathrm{f}} = 10^{-3}$ 时， $N=10^5$ 才能获得对 $\hat{P}_{\mathrm{f}}$ 的足够可靠的估计；而工程结构的失效概率通常是较小的，这说明 N 必须足够大才能给出正确的估计。很明显，这样直接的蒙特卡罗法是很难应用于实际的工程结构可靠分析之中的，只有利用方差减缩技术，降低抽样模拟数目 N，才能使蒙特卡罗法在可靠性分析中得以应用。

4.2.4.2　复合的蒙特卡罗法

为了提高采用蒙特卡罗法计算结构可靠度的效率和精度，本书通过对结构极限状态方程中某一变量或变量表达式的解析求解，将抽样点投影到结构失效面上，提出了一种部分解析的失效面上的 V 空间的复合蒙特卡罗法[34]，相关推导过程如下。

1) V 空间的方法推导

设 X 为原始基本随机变量空间，则由 Rosenblatt 变换可以得到标准正态分布 U 空间，表示这种变换的表达式为

$$U = \Phi^{-1}[F(X)] \tag{4-32}$$

式中， $F(X)$ 为变量 X 的分布函数； $\Phi^{-1}[\cdot]$ 为标准正态分布的逆变换。为了使分离变量的分布函数与失效概率具有更加明确的联系，构造一个新的正交坐标空间 V[35]，使验算点 U^* 在 V 空间中的坐标为 $V = [\beta^*, 0, \cdots, 0]^T$，空间转换的表达式为

$$V = HU \tag{4-33}$$

式中，转换矩阵 H 的第一行的行向量 $H_1 = -G_U(U^*) / \left|G_U(U^*)\right|$。以 H_1 为基础，可以构造一个满秩矩阵，通过标准的 Gram-Schmidt 正交化方程得到 H。在 V 空间中，令 $V = [v_1, v_2, \cdots, v_n]$， $\bar{V} = [v_2, v_3, \cdots, v_n]$， v_1 为被分离的变量，则结构的失效概率为

$$P_{\mathrm{f}} = \begin{cases} \displaystyle\int_{G(X)<0} f(X)\mathrm{d}X = \int_{G(U)<0} f(U)\mathrm{d}U = \int_{G(V)<0} f(V)|J|\mathrm{d}V \\ \displaystyle\int_{G(V)<0} f_1(v_1)f(\bar{V})\mathrm{d}\bar{V} = \int \Phi(-\beta)f(\bar{V})\mathrm{d}\bar{V} \end{cases} \tag{4-34}$$

式中，$|J|$ 为雅可比行列式。构造的 V 空间仍然为标准正态空间，当积分在两个标准正态空间变换时，$|J|=1$。

式（4-34）失效概率的无偏估计为

$$\hat{P}_{\mathrm{f}} = \frac{1}{N}\sum_{i=1}^{N} \Phi(-\beta_i) \tag{4-35}$$

对于式（4-33）引入重要抽样密度函数 $h(\bar{V})$，则

$$P_{\mathrm{f}} = \int \Phi(-\beta)f(\bar{V})\mathrm{d}\bar{V} = \int \Phi(-\beta)\frac{f(\bar{V})}{h(\bar{V})}h(\bar{V})\mathrm{d}\bar{V} \tag{4-36}$$

式（4-36）失效概率的无偏估计为

$$\hat{P}_{\mathrm{f}} = \frac{1}{N}\sum_{i=1}^{N} \frac{\phi(\bar{V}_i)}{h(\bar{V}_i)}\Phi(-\beta_i) \tag{4-37}$$

在式（4-33）～式（4-36）中，$\bar{V}=[v_2,v_3,\cdots,v_n]$，第 i 个抽样 $\bar{V}_i=[v_{i,2},v_{i,3},\cdots,v_{i,n}]^{\mathrm{T}}$。$V_i=[\beta_i,v_{i,2},v_{i,3},\cdots,v_{i,n}]^{\mathrm{T}}$，则 β_i 为下述方程的根：

$$G\left\{F^{-1}[\Phi(H^{-1}V_i)]\right\} = 0 \tag{4-38}$$

V 空间失效面上的复合蒙特卡罗法在两个变量的情况下的示意图如图 4-6 所示。可

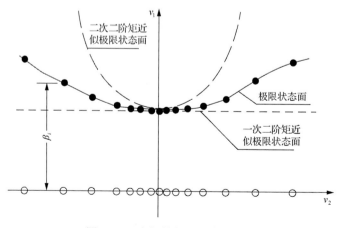

图 4-6　V 空间的复合蒙特卡罗法

Fig. 4-6　Composite Monte-Carlo method in V-space

以看出：①将抽样点向失效面上投影，保证了抽样的有效性，同时提高了抽样中心点附件抽样对失效概率的贡献；②相对一次二阶矩和二次二阶矩法，该方法对非线性、不规则的极限状态面具有更好的适应性。

2) V 空间的求解步骤和技巧

采用 V 空间失效面上的复合蒙特卡罗法进行结构可靠度计算的基本步骤如下：

(1) 采用一次二阶矩法计算设计点和可靠指标；

(2) 构造 U 空间到 V 空间的转换矩阵 H；

(3) 抽样函数采用正态分布函数，抽样中心取坐标原点，抽样方差取 0.7～1.4 中的某一经验数值，进行抽样计算；

(4) 运用 Newton-Raphson 方法或一维搜索算法求解式(4-38)，得到 β_i；

(5) 按式(4-37)计算结构的失效概率。

向极限状态面的投影计算可以采用一次二阶矩法推求的可靠指标 β_0 为搜索起点，采用 Newton-Raphson 方法求解。由于采用 Newton-Raphson 方法需要进行求导计算，对于高度非线性极限状态方程和非正态变量，计算比较复杂。采用黄金分割法、Fibonacci 法等一维搜索算法，可以避免求导计算，并具有较好的求解效率。

4.2.5　时变可靠度计算

按照文献[36]进行时变可靠度的计算，考虑结构在服役期的抗力与荷载时变性，在服役期内的任意时刻的功能函数为

$$Z(t) = \xi(t) - Q(t) - G_0 \tag{4-39}$$

式(4-39)中各变量含义如下：

(1) 根据文献[37]的方法，将服役期内任意时刻的结构抗力简化为 $\xi(t) = \xi_0 \cdot g(t)$，$\xi_0$ 为受结构尺寸误差和材料力学性能随机性等因素影响的初始抗力，为随机变量，$g(t)$ 为抗力退化和修理导致的抗力变化系数，当不进行修理时，它是从 1 开始单调递减的。对于处在腐蚀环境中的钢筋混凝土结构，可取下列多项式来描述[38,39]：

$$g(t) = \begin{cases} 1, & t \leqslant 5 \\ 1 - 0.005(t-5), & t > 5 \end{cases} \tag{4-40}$$

式中，t 为结构服役的时间(年)。

(2) $Q(t)$ 为任意时刻作用在结构上的活载，是一个随机变量，活载效应也是随机变量。

(3) G_0 为作用在结构上的恒载，是一个随机变量，因此恒载效应也是随机变量。

若在服役期$(0,T]$内 $Z(t)>0$ 恒成立，则认为结构在服役期内可靠。反之，只要在服役期内任意时刻出现 $Z(t)\leqslant 0$，则说明结构在该时刻发生失效，即结构在服役期内不可靠，令其概率为 $P_f(0,T)$。此外，还有一种情况是结构还没有投入使用就发生失效，此时结构也是不可靠的，令结构在该阶段发生失效的概率为 P_{f0}。因为结构在不同阶段发生失效是两两互不相容事件，根据概率的有限可加性，可知结构从建成到服役期结束发生失效的概率为

$$P_f[0,T] = P_{f0} + P_f(0,T) \tag{4-41}$$

从而可得结构在服役期$[0,T]$内的可靠度为

$$P_{\mathrm{s}}(0,T)=1-P_{\mathrm{f0}}-P_{\mathrm{f}}[0,T] \tag{4-42}$$

在投入使用前，可认为活载（如桥梁结构中的汽车荷载和列车荷载）出现的概率为 0。假设随机变量ξ_0与G_0是相互独立的，则该阶段结构发生失效的概率为

$$P_{\mathrm{f0}}=\iint\limits_{Z(0)\leqslant 0}f_1(\xi_0)f_2(G_0)\mathrm{d}\xi_0\mathrm{d}G_0 \tag{4-43}$$

现将服役期$[0,T]$均分为 n 个时段$[t_i,t_{i+1}]$，$i=0,1,2,\cdots,n-1$，每段长为 1 年，取每个时段末的抗力作为该时段的抗力。若结构在服役期$[0,T]$内发生失效，显然需要满足 $Z(0)$ >0，则根据串联事件原理可得结构在每一年发生失效的概率为

$$P_{\mathrm{f}}(t_i,t_{i+1})=\begin{cases}\iint\limits_{Z(0)>0}\left\{1-P_{\mathrm{Q}}\cdot F_3[\xi_0 g(t_1)-G_0]\right\}\cdot f_1(\xi_0)f_2(G_0)\mathrm{d}\xi_0\mathrm{d}G_0,\quad i=0\\[2mm]\iint\limits_{Z(0)>0}\prod\limits_{j=0}^{i-1}\left\{P_{\mathrm{Q}}\cdot F_3[\xi_0 g(t_{j+1})-G_0]\right\}\cdot\left\{1-P_{\mathrm{Q}}\cdot F_3[\xi_0 g(t_{i+1})-G_0]\right\}\\[2mm]\times f_1(\xi_0)f_2(G_0)\mathrm{d}\xi_0\mathrm{d}G_0,\quad i\geqslant 0\end{cases} \tag{4-44}$$

式中，P_{Q} 为活载出现的概率。根据概率有限可加性，可得结构在服役期$[0,T]$内发生失效的概率为

$$P_{\mathrm{f}}(0,T)=\begin{cases}\iint\limits_{Z(0)>0}\left\{1-P_{\mathrm{Q}}\cdot F_3[\xi_0 g(t_1)-G_0]\right\}\cdot f_1(\xi_0)f_2(G_0)\mathrm{d}\xi_0\mathrm{d}G_0\\[2mm]+\sum\limits_{i=1}^{n-1}\iint\limits_{Z(0)>0}\prod\limits_{j=0}^{i-1}\left\{P_{\mathrm{Q}}\cdot F_3[\xi_0 g(t_{j+1})-G_0]\right\}\cdot\left\{1-P_{\mathrm{Q}}\cdot F_3[\xi_0 g(t_{i+1})-G_0]\right\}\\[2mm]\times f_1(\xi_0)f_2(G_0)\mathrm{d}\xi_0\mathrm{d}G_0\end{cases} \tag{4-45}$$

联立式(4-41)～式(4-44)得结构在服役期$[0,T]$内的可靠概率为

$$\begin{aligned}P_{\mathrm{s}}(0,T)=1&-\iint\limits_{Z(0)\leqslant 0}f_1(\xi_0)f_2(G_0)\mathrm{d}\xi_0\mathrm{d}G_0\\&-\iint\limits_{Z(0)>0}\left\{1-P_{\mathrm{Q}}\cdot F_3[\xi_0 g(t_1)-G_0]\right\}\cdot f_1(\xi_0)f_2(G_0)\mathrm{d}\xi_0\mathrm{d}G_0\\&-\sum\limits_{i=1}^{n-1}\iint\limits_{Z(0)>0}\prod\limits_{j=0}^{i-1}\left\{P_{\mathrm{Q}}\cdot F_3[\xi_0 g(t_{j+1})-G_0]\right\}\cdot\left\{1-P_{\mathrm{Q}}\cdot F_3[\xi_0 g(t_{i+1})-G_0]\right\}\\&\times f_1(\xi_0)f_2(G_0)\mathrm{d}\xi_0\mathrm{d}G_0\end{aligned} \tag{4-46}$$

4.3　不确定性的表现形式

一般要求工程结构具有一定的可靠性，是因为工程结构在设计、施工、使用过程中具有种种影响结构安全、适用、耐久的不确定性。这些不确定性大致有以下几个方面[40]。

4.3.1　事物的随机性

事物的随机性，是事件发生的条件不充分，使得在条件与事件之间不能出现必然的因果关系，从而事件的出现与否表现出不确定性，这种不确定性称为随机性。例如，掷一枚硬币，事先不能肯定出现的是正面还是反面，是随机的。但掷后出现的是正面或是反面，则是明确而不含糊的，不是正面就是反面，"非此即彼"。又例如，混凝土试块的强度试验中，事先不能决定该试块出现什么强度数值，是随机的。但一经试验，这次试验的强度值就是明确而不含糊的。研究事物随机性问题的数学方法主要有概率论、数理统计和随机过程。

4.3.2　事物的模糊性

事物本身的概念是模糊的，即一个对象是否符合这个概念是难以确定的，也就是说一个集合到底包含哪些事物是模糊而非明确的，主要表现在客观事物差异的中间过渡中的"不分明性"，即"模糊性"。例如，"高个与矮个""多云与少云""冷与热"等都难以客观明确地划定界限。又如，工程结构中的"正常与不正常""适用与不适用""耐久与不耐久""安全与危险"等也都没有客观和明确的界限。日常事务中存在着大量模糊性事件。

研究和处理模糊性的数学方法主要是 1965 年美国自动控制专家 Zadeh 教授提出的"模糊数学"。

4.3.3　事物知识的不完善性

事物是由若干相互联系、相互作用的要素所构成的具有特定功能的有机整体。人们常用颜色来简单地描述掌握事物知识的完善程度。按照掌握知识的完善程度把事物(或称系统)分为三类：白色系统、黑色系统和灰色系统。

白色系统是指完全掌握其知识的系统，如一批钢筋是一个系统，它有多少根，钢筋的外形尺寸及其屈服强度、极限强度等，可以通过检验和试验清楚地了解。

黑色系统是指人们毫无知识的系统。例如，人类已可乘坐宇宙飞船到达月球。但是，在现有的科学技术条件下，如欲在月球上建造住宅，则人们对"月球建筑"的设计和施工是毫无所知的。

灰色系统是指部分掌握其知识、部分未掌握其知识的系统，系统中既有白色参数，又有黑色参数。例如，对于地震，准确地掌握何时何地发生地震，在现时的科学技术条件下，还是做不到的。但是，地震发生后的震级或烈度，人们还是可以评定的，尽管震级或烈度的评定带有一定的模糊性。

白色系统、灰色系统、黑色系统都与人的认识水平有关，随着科学技术的进步，过去认为不可知的事物(黑色系统)可以转变为灰色系统。灰色系统也可能变为白色系统。

工程结构中知识的不完善性可分为两种：一种是客观信息的不完善性，是由于客观条件的限制而造成的，如由于量测的困难，不能获得所需要的足够的资料；另一种是主观知识的不完善性，主要是人对客观事物的认识不清晰，如由于科学技术发展水平的限制，人们对"待建"桥梁未来承受的车辆荷载的情况不能完全掌握。

对知识不完善性的描述还没有成熟的数学方法，但若在工程实践中必须考虑，目前只能由有经验的专家对这种不确定性进行评估，引入经验参数。

4.4　基于相对信息的可靠度计算方法

基于第 3 章相对信息理论提出的相对信息熵的概念和本章概述的结构可靠度的基本计算方法，本节提出一种基于相对信息来计算可靠度的思路和方法。

4.4.1　基本概念

4.4.1.1　模糊熵

1965 年，Zadeh[41]提出了模糊集合。模糊集合中的元素可以在某种程度上属于一个集合，属于的程度用区间[0,1]中的一个实数来表示，这个数称为隶属度。

模糊集合 $\tilde{A}$ 采用隶属函数[41-43]来表征：

$$\mu_{\tilde{A}}:U_s \rightarrow [0,1] \tag{4-47}$$

对于任意 $u \in U_s$，有 $u \rightarrow \mu_{\tilde{A}}(u)$，$\mu_{\tilde{A}}(u) \in [0,1]$。将 $\mu_{\tilde{A}}(u)$ 称为元素 u 对于模糊集合 $\tilde{A}$ 的隶属度。

通常用 $\tilde{A}$ 表示模糊集合，用 $\mu_{\tilde{A}}(u)$ 描述 $\tilde{A}$ 的隶属函数，两者在含义上虽有区别，但它们一一对应。模糊集合可以采用式(4-48)表示：

$$\tilde{A} = \left\{ \frac{\mu_{\tilde{A}}(u_1)}{u_1}, \frac{\mu_{\tilde{A}}(u_2)}{u_2}, \cdots, \frac{\mu_{\tilde{A}}(u_n)}{u_n} \right\} \tag{4-48}$$

1972 年，de Luca 和 Termini[44]基于 Shannon 信息熵公式给出了模糊集合的模糊熵计算公式：

$$G(\tilde{A}) = -K \sum_{i=1}^{n} \left\{ \mu_{\tilde{A}}(u_i) \cdot \ln \mu_{\tilde{A}}(u_i) + [1 - \mu_{\tilde{A}}(u_i)] \cdot \ln[1 - \mu_{\tilde{A}}(u_i)] \right\} \tag{4-49}$$

式中，K 为模糊熵的对数底参数。为了保持与 Shannon 信息熵的一致性，可以取 $K=k/n$，其中 k 为与对数函数底数相关的参数。

对于二元模糊集，取 $K=k/2$，其模糊熵 $G(\tilde{A})$ 的曲面如图 4-7 所示。模糊熵 $G(\tilde{A})$ 曲面与平面 $G(\tilde{A})=0$ 有 4 个交点。模糊熵 $G(\tilde{A})$ 曲面在 $\mu_{\tilde{A}}(u_1)=0.5$、$\mu_{\tilde{A}}(u_2)=0.5$ 处取极值 1。模糊熵 $G(\tilde{A})$ 曲面与平面 $\mu_{\tilde{A}}(u_1)+\mu_{\tilde{A}}(u_2)=1$ 的相交曲线为二元 Shannon 信息熵函数曲线。

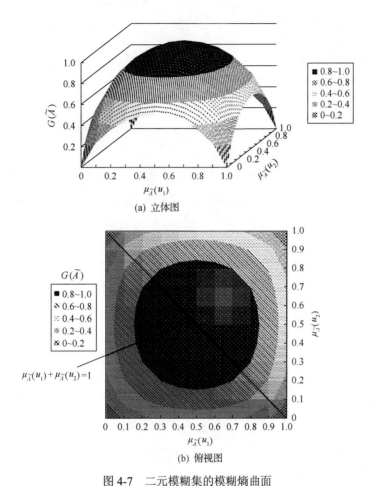

(a) 立体图

(b) 俯视图

图 4-7　二元模糊集的模糊熵曲面

Fig. 4-7　Fuzzy entropy curved surface of binary fuzzy set

4.4.1.2　系统与信息熵

由前述可知，一般用结构功能函数 Z[7,38,45]来表征工程结构状态。结构功能函数由 $Z=\xi-\eta$ 表示，其中 ξ 为结构抗力，η 为作用效应。

结构功能函数 Z 是结构工程师 R_S 表征工程结构系统 S 可靠性的随机变量，则工程结构系统 S 输出到结构工程师 R_S 的语法信息熵就是结构功能函数 Z 在语法空间 $\Psi \in \mathbb{R}$ 中的 Shannon 信息熵，$\mathbb{R}$ 为实数空间；工程结构系统 S 输出到结构工程师 R_S 的语义信息熵就是结构功能函数 Z 语法信息熵映射在语义空间 $\Psi' := \{$"可靠"，"失效"$\}$ 中的模糊熵（图 4-8）。

拟建结构系统 S_{ns} 在时间轴上可以看作一组串联的系统[46-52]。将设计使用年限 T 分为 m 个相等的时间段（图 4-9），每个时间段的长度为 $\tau = T / m$，用 $S_{ns,0}, S_{ns,\tau}, \cdots, S_{ns,i\tau}, \cdots, S_{ns,T}$ 分别来表示不同时刻的拟建结构系统。

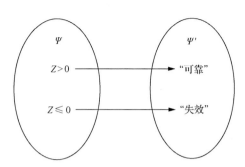

图 4-8　语法空间与语义空间

Fig. 4-8　Syntax space and semantic space

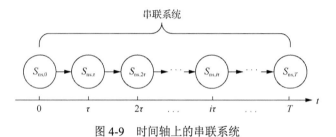

图 4-9　时间轴上的串联系统

Fig. 4-9　Series system on time axis

4.4.2　计算思路

定义 $P_s(S_{ns,0})$ 为拟建结构系统 S_{ns} 建成时的可靠概率；定义 $P_s(S_{ns,i\tau})$ 为拟建结构系统 S_{ns} 在 $(i\tau-\tau,i\tau]$ 区间内的可靠概率。那么，拟建结构系统 S_{ns} 在设计使用年限 T 内的可靠概率为

$$
\begin{aligned}
P_s(S_{ns};T) &= P[Z(S_{ns,0})>0\bigcap Z(S_{ns,\tau})>0\bigcap Z(S_{ns,i\tau})>0\bigcap\cdots\bigcap Z(S_{ns,m\tau})>0] \\
&= \prod_{i=0}^{m} P[Z(S_{ns,i\tau})>0] \\
&= \prod_{i=0}^{m} P_s(S_{ns,i\tau})
\end{aligned}
\tag{4-50}
$$

对于不考虑建设期的人为错误(如使用海砂)的情况，可以取 $P_s(S_{ns,0})=1$。

定义 $P_f(S_{ns,0})$ 为拟建结构系统 S_{ns} 建成时的失效概率；定义 $P_f(S_{ns,i\tau})$ 为拟建结构系统 S_{ns} 在 $(i\tau-\tau,i\tau]$ 区间内的失效概率。那么，拟建结构系统 S_{ns} 在设计使用年限 T 内的失效概率为

$$
\begin{aligned}
P_f(S_{ns};T) &= P[Z(S_{ns,0})\leqslant0\bigcup Z(S_{ns,\tau})\leqslant0\bigcup Z(S_{ns,i\tau})\leqslant0\bigcup\cdots\bigcup Z(S_{ns,T})\leqslant0] \\
&= P_f(S_{ns,0})+\sum_{i=1}^{m}P_f(S_{ns,i\tau})\cdot\prod_{i=1}^{m}P_s(S_{ns,i\tau-\tau}) \\
&= 1-P_s(S_{ns};T)
\end{aligned}
\tag{4-51}
$$

对于不考虑建设期的人为错误(如使用海砂)的情况，可以取 $P_f(S_{ns,0})=0$。

可以采用 Shannon 信息熵来表征拟建结构系统 S_{ns} 在设计使用年限 T 内的语法信息熵：

$$H_i(S_{ns};T)=-P_s(S_{ns};T)\cdot\log_2 P_s(S_{ns};T)-P_f(S_{ns};T)\cdot\log_2 P_f(S_{ns};T) \tag{4-52}$$

由于知识背景的不同，结构工程师 R_s 的语义空间 Ψ' 可能为{"可靠"，"失效"}[46,53]、{"可靠"，"中介"，"失效"}[54]等，且语义具有模糊集的特性。这里均采用二元语义空间 $\Psi':=$ {"可靠"，"失效"}。

定义功能函数 Z 隶属于模糊集 $\tilde{A}=$ {"可靠"}的隶属函数为 $\mu_{\tilde{A}}(Z)$，功能函数 Z 隶属于模糊集 $\tilde{B}=$ {"失效"}的隶属函数为 $\mu_{\tilde{B}}(Z)$。

将设计使用年限 T 分为 m 个相等的时间段(图 4-9)，每个时间段的长度为 $\tau=T/m$，那么拟建结构系统 S_{ns} 在 $(i\tau-\tau,i\tau]$ 区间内"可靠"的可能性为

$$P_{\tilde{A}}(S_{ns,i\tau})=\int P[Z(S_{ns,i\tau})]\cdot\mu_{\tilde{A}}(Z)\cdot dZ \tag{4-53}$$

式中，$P[Z(S_{ns,i\tau})]$ 为功能函数 $Z(S_{ns,i\tau})$ 的概率密度函数。

同理，拟建结构系统 S_{ns} 在 $(i\tau-\tau,i\tau]$ 区间内"失效"的可能性为

$$P_{\tilde{B}}(S_{ns,i\tau})=\int P[Z(S_{ns,i\tau})]\cdot\mu_{\tilde{B}}(Z)\cdot dZ \tag{4-54}$$

拟建结构系统 S_{ns} 在设计使用年限 T 内"可靠"的可能性为

$$P_{\tilde{A}}(S_{ns};T)=\prod_{i=0}^{m}P_{\tilde{A}}(S_{ns,i\tau}) \tag{4-55}$$

同理，拟建结构系统 S_{ns} 在设计使用年限 T 内"失效"的可能性为

$$P_{\tilde{B}}(S_{ns};T)=P_{\tilde{B}}(S_{ns,0})+\sum_{i=1}^{m}P_{\tilde{B}}(S_{ns,i\tau})\cdot\prod_{i=1}^{m}P_{\tilde{A}}(S_{ns,i\tau-\tau}) \tag{4-56}$$

根据式(4-49)，拟建结构系统 S_{ns} 在设计使用年限 T 内的语义信息熵为

$$\begin{aligned}H_o(S_{ns};T)=-\{&P_{\tilde{A}}(S_{ns};T)\cdot\log_2 P_{\tilde{A}}(S_{ns};T)+[1-P_{\tilde{A}}(S_{ns};T)]\cdot\log_2[1-P_{\tilde{A}}(S_{ns};T)]\\&+P_{\tilde{B}}(S_{ns};T)\cdot\log_2 P_{\tilde{B}}(S_{ns};T)+[1-P_{\tilde{B}}(S_{ns};T)]\cdot\log_2[1-P_{\tilde{B}}(S_{ns};T)]\}/2\end{aligned} \tag{4-57}$$

特别地，当不考虑观察者的模糊性时，语法信息熵和语义信息熵完全相等：

$$H_i(S_{ns};T)=H_o(S_{ns};T) \tag{4-58}$$

参 考 文 献

[1] 中华人民共和国住房和城乡建设部. 建筑结构可靠性设计统一标准: GB 50068—2018[S]. 北京: 中国建筑工业出版社, 2018.

[2] 中华人民共和国住房和城乡建设部. 工程结构可靠性设计统一标准: GB 50153—2008[S]. 北京: 中国建筑工业出版社, 2008.

[3] 中华人民共和国住房和城乡建设部. 水利水电工程结构可靠性设计统一标准: GB 50199—2013[S]. 北京: 中国计划出版社, 2013.

[4] 中华人民共和国住房和城乡建设部. 铁路工程结构可靠度设计统一标准: GB 50216—1994[S]. 北京: 中国计划出版社, 1994.

[5] 中华人民共和国住房和城乡建设部. 港口工程结构可靠性设计统一标准: GB 50158—2010[S]. 北京: 中国计划出版社, 2010.

[6] 中华人民共和国住房和城乡建设部. 公路工程结构可靠度设计统一标准: GB/T 50283—1999[S]. 北京: 中国计划出版社, 1999.

[7] 赵国藩, 曹居易, 张宽权. 工程结构可靠度[M]. 北京: 水利电力出版社, 1984.

[8] 金伟良, 牛荻涛. 工程结构耐久性与全寿命设计理论[J]. 工程力学, 2011(s2): 31-37.

[9] 裴永刚, 谭文辉. 工程结构时变可靠度理论的发展与应用[J]. 工业建筑, 2005, 35(S1): 135-138.

[10] Kameda H, Koike T. Reliability theory of deteriorating structures[J]. Journal of the Structural Division-ASCE, 1975, 101: 295-310.

[11] Fiessler B. Quadratic limit states in structural reliability[J]. Journal of Engineering Mechanics Division-ASCE, 1979, 105(4): 661-676.

[12] Tvedt L. The distribution of quadratic forms in normal space-An application to structural reliability[J]. Journal of Engineering Mechanics, 1990, 116(6): 1183-1197.

[13] Kiureghian A. Second-order reliability approximations[J]. Journal of Engineering Mechanics, 1987, 113(8): 1208-1225.

[14] 秦权, 林道锦, 梅刚. 结构可靠度随机有限元[M]. 北京: 清华大学出版社, 2006.

[15] Breitung K. Asymptotic approximations for probability integrals[J]. Probabilistic Engineering Mechanics, 1989, 4(4): 187-190.

[16] 赵国藩, 金伟良, 贡金鑫. 结构可靠度理论[M]. 北京: 中国建筑工业出版社, 2000.

[17] 桂劲松, 康海贵. 结构可靠度分析的响应面法及其 Matlab 实现[J]. 计算力学学报, 2004, 21(6): 683-687.

[18] 余大胜, 康海贵. 响应面法计算结构可靠度的回顾[J]. 工业建筑, 2006, 36(S1): 238-242.

[19] 孙道恒, 胡悄. 弹性力学的实时神经计算原理与数值仿真[J]. 力学学报, 1998, 30(3): 348-352.

[20] Topping B H V, Bahreininejad A. Neural Computing for Structural Mechanics[M]. Kippen Stirling: Saxe-Coburg Publications, 1997.

[21] 梁艳春. 计算智能与力学反问题中的若干问题[J]. 力学进展, 2000, 30(3): 321-331.

[22] Vapnik V N. The nature of statistical learning theory[J]. Technometrics, 2002, 8(6): 1564-1564.

[23] Vapnik V N. Statistical learning theory[J]. Annals of the Institute of Statistical Mathematics, 2003, 55(2): 371-389.

[24] Lind N C. Consistent partial safety factors[J]. Journal of the Structural Division, 1971, 97(6): 1651-1669.

[25] Melchers R E. Structural Reliability Analysis and Prediction[M]. New York: Wiley, 1987.

[26] Rackwitz R, Flessler B. Structural reliability under combined random load sequences[J]. Computers & Structures, 1978, 9(5): 489-494.

[27] Ayyub B M, Haldar A. Practical structural reliability techniques[J]. Journal of Structural Engineering, 1984, 110(8): 1707-1724.

[28] Bjerager P. On computation methods for structural reliability analysis[J]. Structural Safety, 1990, 9(2): 79-96.

[29] Engelund S, Rackwitz R. A benchmark study on importance sampling techniques in structural reliability[J]. Structural Safety, 1993, 12(4): 255-276.

[30] Harbitz A. An efficient sampling method for probability of failure calculation[J]. Structural Safety, 1986, 3(2): 109-115.

[31] Schuëller G I, Stix R. A critical appraisal of methods to determine failure probabilities[J]. Structural Safety, 1987, 4(4): 293-309.

[32] Schuëller G I, Bucher C G, Bourgund U, et al. On Efficient Computational Schemes to Calculate Structural Failure Probabilities[M]//Lin Y K, Schuëller G I, Spanos P. Stochastic Structural Mechanics. Berlin: Springer, 1987: 10-18.

[33] Shinozuka M. Basic analysis of structural safety[J]. Journal of Structural Engineering, 1983, 109(3): 721-740.

[34] 唐纯喜, 金伟良, 陈进. 结构失效面上的复合蒙特卡罗方法[J]. 浙江大学学报(工学版), 2007, 41(6): 1012-1016.

[35] Jin W L. Importance sampling method in V-space[J]. China Ocean Engineering, 1997, 11(2): 127-150.

[36] 项正良, 申永江, 马菲, 等. 工程结构时变可靠度方法及 Monte Carlo 实现[J]. 铁道科学与工程学报, 2017, 14(5): 1029-1036.

[37] Sommer A M, Nowak A S. Thoft-Christensen P.Probability-based bridge inspection strategy[J]. Journal of Structural Engineering, 1994, 119(12): 3520-3536.

[38] Enright M P, Dan M F. Probabilistic analysis of resistance degradation of reinforced concrete bridge beams under corrosion[J]. Engineering Structures, 1998, 20(11): 960-971.

[39] Enright M P, Dan M F. Condition prediction of deteriorating concrete bridges using bayesian updating[J]. Journal of Structural Engineering, 2001, 127(5): 1118-1125.

[40] 贡金鑫. 工程结构可靠度计算方法[M]. 大连: 大连理工大学出版社, 2003.

[41] Zadeh L A. Fuzzy sets[J]. Information and Control, 1965, 8(3): 338-353.

[42] Ross T J. Fuzzy Logic with Engineering Applications[M]. London: John Wiley & Sons, 2004.

[43] 林育梁. 岩土与结构工程中不确定性问题及其分析方法[M]. 北京: 科学出版社, 2009.

[44] de Luca A, Termini S. A definition of a non-probabilistic entropy in the setting of fuzzy sets theory[J]. Information and Control, 1972, 20(4): 301-312.

[45] Nowark A S, Collins K R. Reliability of Structures[M]. Boca Raton: CRC Press, 2012.

[46] 贡金鑫. 钢筋混凝土结构基于可靠度的耐久性分析[D]. 大连: 大连理工大学, 1999.

[47] Mori Y, Ellingwood B R. Reliability-based service-life assessment of aging concrete structures[J]. Journal of Structural Engineering, ASCE, 1993, 119(5): 1600-1621.

[48] Ellingwood B R, Mori Y. Probabilistic methods for condition assessment and life prediction of concrete structures in nuclear power plants[J]. Nuclear Engineering and Design, 1993, 142(2): 155-166.

[49] 秦权, 杨小刚. 退化结构时变可靠度分析[J]. 清华大学学报(自然科学版), 2005, 45(6): 733-736.

[50] 张建仁, 秦权. 现有混凝土桥梁的时变可靠度分析[J]. 工程力学, 2005, 22(4): 90-95.

[51] 李桂青, 李秋胜. 工程结构时变可靠度理论及其应用[M]. 北京: 科学出版社, 2001.

[52] 彭建新, 邵旭东. 混凝土桥梁结构性能退化可靠性评估及全寿命设计方法[M]. 北京: 人民交通出版社, 2014.

[53] 赵国藩, 贡金鑫, 赵尚传. 工程结构生命全过程可靠度[M]. 北京: 人民铁道出版社, 2004.

[54] 王光远, 张鹏, 陈艳艳, 等. 工程结构及系统的模糊可靠性分析[M]. 南京: 东南大学出版社, 2001.

第 5 章

结构耐久性的相似问题

　　本章首先介绍几种基本环境中的结构耐久性问题，包括碳化环境、冻融环境、氯盐环境和硫酸盐环境等，介绍了相关的耐久性的影响因素和劣化机理等基本理论知识；之后讨论混凝土结构耐久性研究中涉及的相对性问题，为后续利用基于信息相对性的多重环境时间相似理论解决相应环境中结构的耐久性问题提供计算思路和基础。

5.1 结构耐久性的基本问题

混凝土结构是应用非常广泛的一种结构形式。但是，由于其材料自身和使用环境的特点，混凝土结构存在严重的耐久性问题，特别是沿海及近海地区的混凝土结构[1]，由于海洋环境对混凝土的侵蚀，钢筋锈蚀而使结构发生早期损坏，结构的耐久性能丧失了，这需要花费大量的财力进行维修补强，给各国带来了巨大的经济损失和财政负担。

通过对钢筋混凝土结构耐久性的研究，一方面能对在役的建筑结构物进行科学的耐久性评定和剩余寿命预测，以选择正确的处理方法；另一方面也可对新建工程项目进行耐久性设计与研究，揭示影响结构寿命的内部因素与外部因素，从而提高工程的设计水平和施工质量，确保混凝土结构生命全过程的正常工作。

混凝土结构耐久性是指混凝土结构及其构件在可预见的工作环境及材料内部因素的作用下，在预期的使用年限内抵抗大气影响、化学侵蚀和其他劣化过程，而不需要花费大量资金维修，也能保持其安全性和适用性的功能[2]。混凝土结构根据所处环境的不同可以划分为一般大气环境、冻融环境、海洋环境、土壤环境及工业环境等。混凝土结构材料内部因素的作用指的是材料的物理和化学作用，如混凝土的碳化、钢筋的锈蚀等。混凝土结构的耐久性病害首先是混凝土或钢筋材料物理、化学性质及几何尺寸的变化，继而引起混凝土构件承载力衰减，最终会影响整个结构的安全[3]。因此，混凝土结构的耐久性可分为环境、材料、构件和结构四个层次。本书着重对大气环境、氯盐环境、冻融环境和有害化学离子侵蚀环境中的耐久性影响因素与损伤机理进行讨论。

5.1.1 碳化侵蚀

混凝土在空气中的碳化是其中性化最常见的一种形式。混凝土是一种多孔的结构材料，内部存在大量的孔隙，这些孔隙大多通过直接或间接的方式相连通，当混凝土暴露在空气中时，空气中的 CO_2 渗入混凝土的表面以及孔隙中，与混凝土中的 $Ca(OH)_2$ 溶液和水泥石中的碱性物质相互作用，使其成分、组织和性能发生变化，使用机能下降的一种非常复杂的物理化学过程。

混凝土碳化的主要化学反应式如下[4]：

$$CO_2 + H_2O \longrightarrow H_2CO_3 \tag{5-1}$$

$$Ca(OH)_2 + CO_2 \longrightarrow CaCO_3 + H_2O \tag{5-2}$$

$$(3CaO \cdot SiO_2 \cdot 3H_2O) + 3CO_2 \longrightarrow (3CaCO_3 \cdot 2SiO_2 \cdot 3H_2O) \tag{5-3}$$

$$3CaO \cdot SiO_2 + 3CO_2 + \gamma H_2O \longrightarrow SiO_2 \cdot \gamma H_2O + 3CaCO_3 \tag{5-4}$$

$$2CaO \cdot SiO_2 + 2CO_2 + \gamma H_2O \longrightarrow SiO_2 \cdot \gamma H_2O + 2CaCO_3 \tag{5-5}$$

当混凝土未发生碳化时，混凝土中的 $Ca(OH)_2$ 饱和液的 pH 为 12～13，呈强碱性。一旦 CO_2 渗入混凝土中，与 $Ca(OH)_2$ 溶液发生反应，逐渐生成 $CaCO_3$ 晶体，则混凝土

pH 降低，混凝土发生中和现象，随着 pH 的降低，$Ca(OH)_2$ 晶体的溶解速度也将减慢，碳化速度相应降低[5]。

由上述化学反应式和分析可知，碳化会降低混凝土的碱度，破坏钢筋表面的钝化膜，使混凝土失去对钢筋的保护作用，给混凝土中钢筋锈蚀带来不利的影响。同时，混凝土碳化还会加剧混凝土的收缩，引起混凝土表面产生拉应力而出现微细裂缝，从而降低混凝土的抗拉、抗折强度及抗渗能力，这些都可能导致混凝土的裂缝和结构的破坏，从而降低混凝土构件的服役寿命。

根据以上分析，影响混凝土碳化的因素可归纳为材料因素、环境因素和施工因素[6]。材料因素包括水灰比、水泥品种与用量、掺合料、外加剂等，它们主要通过影响混凝土的碱度和密实性来影响混凝土碳化速度。

5.1.2　冻融破坏

混凝土的冻融破坏是指在负温和正温的交替循环作用下，混凝土从表层开始发生剥落、结构疏松、强度降低，直到破坏的一种现象。

混凝土是由水泥砂浆和粗骨料组成的毛细孔多孔体。在拌制混凝土时，为了得到必要的和易性，加入的拌和水总要多于水泥的水化水，这部分多余的水便以游离水的形式滞留于混凝土中形成连通的毛细孔，并占有一定的体积。这种毛细孔的自由水就是导致混凝土遭受冻害的主要因素，因为水遇冷结冰会发生体积膨胀，引起混凝土内部结构的破坏。

应该指出的是，在正常情况下，毛细孔中的水结冰并不至于使混凝土内部结构遭到严重破坏。当处于饱和水状态时，混凝土的毛细孔中水结冰，胶凝孔中的水处于过冷状态。因为混凝土孔隙中水的冰点随孔径的减小而降低，胶凝孔中形成冰核的温度在 −78℃以下。胶凝孔中处于过冷状态的水分子因为其蒸汽压高于同温度下冰的蒸汽压而向压力毛细孔中冰的界面处渗透，于是在毛细孔中又产生一种渗透压力。此外胶凝水向毛细孔渗透必然使毛细孔中的冰进一步膨胀。由此可见，处于饱和状态的混凝土受冻时，其毛细孔壁同时承受膨胀压和渗透压两种压力。当这两种压力超过混凝土的抗拉强度时，混凝土就会开裂。在反复冻融循环后，混凝土中的裂缝会互相贯通，其强度也会逐渐降低，最后甚至完全丧失，使混凝土由表及里遭受破坏。

混凝土的抗冻性与其内部孔结构、水饱和程度、受冻龄期、混凝土的强度等许多因素有关，其中最主要的因素是它的孔结构。而混凝土的孔结构及强度又取决于混凝土的水灰比、有无外加剂和养护方法等。

5.1.3　氯盐侵蚀

在沿海地区，海洋中的氯离子常常以海水、海雾等形式渗入混凝土中，而在冬季，北方地区经常向道路、桥梁及城市立交桥等撒盐或盐水，以达到化雪和防冰的目的，这些自然或人为的因素，使氯离子进入混凝土结构内部。氯离子是一种高效的活化剂，在较低的浓度下(混凝土重量的 0.014%～0.022%[7])就可以有效地破坏钢筋表面的钝化膜，进而在一定的环境条件共同作用下引起混凝土内钢筋锈蚀。同时，氯离子的存在将使混凝土内部保持湿润并减小混凝土的电阻率，这些因素都会导致混凝土内钢筋锈蚀速度的提高。因而，氯离子导致混凝土内钢筋锈蚀的速率往往要高于碳化所引起的混凝土内钢筋锈蚀的速率。

氯离子侵入混凝土腐蚀钢筋的机理[8]可表示如下：

(1)破坏钢筋表面的钝化膜。氯离子是极强的去钝化剂，氯离子进入混凝土到达钢筋表面，吸附于局部钝化膜处时，可使该处的 pH 迅速降低，使钢筋表面 pH 降低到 4 以下，破坏了钢筋表面的钝化膜。

(2)形成腐蚀电池。在不均质的混凝土中，常见的局部腐蚀对钢筋表面钝化膜的破坏发生在局部，使这些部位露出了铁基体，与尚完好的钝化膜区域形成电位差，铁基体作为阳极而受腐蚀，大面积钝化膜区域作为阴极。腐蚀电池作用的结果使得钢筋表面产生蚀坑；同时，由于大阴极对应于小阳极，蚀坑的发展会十分迅速。

(3)形成去极化作用。氯离子不仅促成了钢筋表面的腐蚀电池，还加速了电池的作用。氯离子将阳极产物及时地搬运走，使阳极过程顺利进行甚至加速进行。氯离子起到了搬运的作用，却并不被消耗，也就是说，凡是进入混凝土中的氯离子，会周而复始地起到破坏作用，这也是氯离子危害的特点之一。

(4)形成导电作用。腐蚀电池的要素之一是要有离子通路，混凝土中氯离子的存在，强化了离子通路，降低了阴阳极之间的电阻，提高了腐蚀电池的效率，从而加速了电化学腐蚀过程[9]。

根据上述分析可知，影响氯离子侵蚀的因素包括内部因素和外部因素。内部因素包括混凝土保护层厚度、水灰比、孔隙率等。

氯离子侵入混凝土的过程是一个复杂的物理化学过程。通常，氯离子的侵入是以几种侵入方式的组合而作用的，如毛细作用、扩散作用、对流作用、电化学迁移作用等，另外还受到氯离子与混凝土材料之间的化学结合、物理黏结、吸附等作用的影响。而对应特定的条件，其中一种侵蚀方式是主要的。在许多情况下，扩散被认为是一种主要的传输方式[10]。对于现有的没有开裂且水灰比不太低的结构，大量的检测结果表明可以认为氯离子的扩散是一个线性的扩散过程，这个扩散过程一般满足 Fick 第二定律。

5.1.4　硫酸盐侵蚀

硫酸盐侵蚀引起的混凝土结构劣化破坏，表现为侵蚀性离子通过与混凝土中水化产物发生反应，生成膨胀性物质，造成混凝土开裂、剥落，使更多的侵蚀性介质进入混凝土内部，导致钢筋锈蚀，进一步造成结构劣化和承载力降低[11]。

硫酸盐侵蚀破坏过程是一个复杂的物理化学力学变化过程[12]。事实上，在自然环境中，特别是盐湖和盐渍土地区、寒冷地区以及海洋工程浪溅区，硫酸盐对混凝土结构的物理侵蚀破坏很普遍。关于混凝土硫酸盐的物理侵蚀，主要存在三种观点：固相体积膨胀理论[13]、结晶水压力理论[14,15]和盐结晶压力理论[15-20]。硫酸盐的化学侵蚀主要是硫酸盐与混凝土中水化产物发生化学反应，按照侵蚀产物的不同可将硫酸盐化学侵蚀类型分为石膏型侵蚀[21]、钙矾石型侵蚀[22]和碳硫硅钙石型侵蚀[23,24]。

硫酸盐侵蚀的影响因素包括混凝土自身影响和外界环境影响。混凝土自身影响因素包括水泥组分、水胶比和掺合料。水泥组分决定了混凝土和其他水泥基材料的抗硫酸盐性能。水泥中 C_3A 是形成钙矾石的主要原料，而水泥中 C_3S 在水化过程中生成的 $Ca(OH)_2$，将会直接参与硫酸盐侵蚀反应，因此水泥中 C_3A 和 C_3S 的含量对混凝土抗硫酸盐侵蚀性能具有重要影响[25-29]。水胶比与混凝土密实性和渗透性有直接关系，抗渗性也是影响混凝土抗硫酸盐侵蚀能力的重要因素，渗透性越强，侵蚀离子越容易进入混凝土内部，提高侵蚀速率[31-33]。

5.2　耐久性的相对性

尽管人工气候模拟试验与现场试验(现场检测试验、现场暴露试验)用于混凝土结构耐久性研究已经很长时间，但是目前仍然存在人工气候模拟试验结果无法与现场试验方法的检测结果联系起来的问题，如何把人工气候模拟试验的试验结果应用于现场实际并进行耐久性评估是混凝土结构耐久性研究的一个关键问题[34]。由于两种试验在外界环境条件上具有相似性，两种试验方法在破坏形态及破坏时间上也应当具有相似性。

环境模拟试验与实际环境中混凝土结构的环境行为之间的相关性，是进行环境模拟试验非常关键的基础问题，或者称之为相似理论。要实现耐久性的加速试验，必须首先研究耐久性试验的相似理论。

5.2.1　环境的相似性

首先，混凝土结构耐久性受到多种因素影响，如混凝土材料组成，胶凝材料类别，水胶比，养护条件，保护层厚度，环境条件，气象条件，诱发钢筋锈蚀的氯离子阈值、暴露时间、结构构件的受力状态等，人工气候模拟试验无法实现与现场试验条件的完全加速模拟，通常的加速试验只是对现场试验的某些参数进行加速模拟[35]，而且环境加速的依据通常是统计意义上的平均值，并且对各因素也无法实现相似系数完全相等。其次，虽然模拟试验法就其实质而言为相似理论的运用，但目前的模拟试验多是根据经验方法设计的，缺乏相应的理论指导。例如，当采用内掺氯盐法加速钢筋混凝土构件锈蚀时，为达到与自然状态下相同的锈蚀量或锈蚀速度，需要确定内掺氯盐的浓度、环境条件(温度、湿度等)、锈蚀时间等参数；人工环境加速方法与实际环境中钢筋锈蚀的电化学原理和钢筋表面锈蚀特征必然存在着差异[36]。各种影响的机理多在试验研究探讨之中，目前得到的大多是经验公式，无法导出模型试验的相似准则。因此，由于实验室人工模拟环境与现场环境之间的相对性，目前的两种环境的结果并不能有效地关联并加以应用[37]。

5.2.2　信息的相对性

现场环境因素复杂，环境因素的统计资料通常无法全面收集，因此人工气候模拟试验设计时存在大量随机的、模糊的以及不完善的信息[38]，在进行环境模拟时，尚无法确保各种不同环境因素的相似关系相同，这将会导致预测结果的不准确性。因此，需要采用概率统计方法，来弥补由室内加速试验的参数随机性和信息的不完备性带来的预测结果的不准确性，使寿命预测结果更加真实可信[39]。李志远[40]提出在 METS 的基础上，考虑信息的相对性，便可以处理多个参照物、多种加速耐久性试验、相似系数随机性的问题。

5.2.3　时间的相似性

环境相似性是试验建立的基础，时间相似性是试验建立的结果。实验室加速模拟试验的根本目的就是通过与服役环境中相似构件的试验结果对实际服役构件或者结构进行耐久性能评估和寿命预测。卢振永[35]采用室内人工气候模拟加速试验方法，虽能模拟现场暴露环境的作用效应，但由于研究对象现场劣化数据较少甚至没有，仍然无法可靠地建立两个环境之间的加速劣化时间关系。金伟良等[41]通过引入与研究对象具有相同使用年限和处于相近环境的第三方参照物，根据第三方参照物试验数据建立室内试验和现场的时间相似性，很好地解决了时间相似性的问题，这将会在第 6 章中具体阐述。

5.3　常规耐久性问题的求解

5.3.1　一般大气环境

一般大气环境主要指混凝土碳化引起的钢筋锈蚀环境，不存在冻融和盐、酸等化学物质的作用[42-44]。一般大气环境下，影响混凝土结构耐久性的因素众多。混凝土碳化是造成一般大气环境下钢筋锈蚀的主要原因。

5.3.1.1　耐久性极限状态

由前述分析可知，从材料学的角度来看，一般大气环境下混凝土的碳化是 CO_2 气体扩散到混凝土的孔结构中，并与混凝土中的水泥水化产物发生化学反应的一个物理化学过程[45,46]。混凝土碳化的详细分解步骤如下[47-49]：①大气中 CO_2 扩散；②CO_2 气体在混凝土孔隙内渗透；③CO_2 气体在孔隙液中溶解为游离 CO_3^{2-}；④游离 CO_3^{2-} 与水分子反应生成 H_2CO_3；⑤H_2CO_3 与水泥水化产物 C-S-H 凝胶、$Ca(OH)_2$ 反应生成 $CaCO_3$。虽然混凝土碳化有利于改善混凝土孔结构、提高混凝土材料的密实性[49-52]，但是混凝土碳化的负面作用是降低了混凝土孔隙液的 pH。当 pH 下降到 11.5 时钢筋锈蚀，钢筋表面的钝化膜不再稳定；当 pH 降至 9～10 时，钝化膜的作用完全被破坏，钢筋处于脱钝状态，钢筋发生锈蚀[53]。

从工程的角度来看，混凝土碳化使混凝土材料的强度有所提高，进而提高了混凝土构件的承载力，这是有利的一面。但是，当混凝土构件的碳化深度达到钢筋表面时，钢筋开始脱钝锈蚀，进而钢筋截面积减小、强度降低、钢筋与混凝土的黏结力降低。随着钢筋锈蚀的发展，锈蚀产物体积膨胀使得混凝土表面胀裂、剥落，最终导致混凝土构件承载力的降低[2,47]。

因此，一般选择混凝土结构碳化深度达到混凝土构件保护层厚度作为一般大气环境下的耐久性极限状态。

5.3.1.2　可靠度计算

根据国内外学者的研究成果，混凝土结构的碳化深度与碳化时间的平方根成正比的关系已经得到公认：

$$x_c = k_c \sqrt{t_c} \tag{5-6}$$

式中，t_c 为碳化时间；x_c 为碳化深度；k_c 为碳化速度系数。

由上述给定的一般大气环境下的耐久性极限状态可得

$$Z^{\mathrm{I}} = d_{\mathrm{cover}} - x_c \tag{5-7}$$

式中，Z^{I} 为一般大气环境下混凝土碳化过程的耐久性极限状态功能函数，当 $Z^{\mathrm{I}} > 0$ 时，为可靠状态，当 $Z^{\mathrm{I}} \leqslant 0$ 时，为失效状态；d_{cover} 为混凝土构件保护层厚度。该耐久性极限状态仅针对成分为碳钢的普通钢筋。

在混凝土构件保护层厚度已知的情况下，碳化速度系数是确定碳化时间的关键参数，一般通过快速碳化试验、室外暴露试验和实际工程调研等方式来确定。确定碳化速度系数之后，便可以通过式(5-6)来确定构件的预期使用寿命，用于结构的耐久性评估。

5.3.2 冻融环境

冻融环境主要指混凝土可能遭受冻蚀的环境[42,43]。冻融循环作用是引起寒冷地区混凝土损伤破坏的主要原因之一[45,54]。冻融环境下，影响混凝土结构耐久性的因素众多，冻融循环作用是混凝土疲劳损伤的主要原因[47]。

5.3.2.1 耐久性极限状态

由前述分析可知，从材料学的角度来看，冻融环境下混凝土的损伤是在一定饱和水[55-58]情况下，由温度作用导致孔隙中水发生相变、浓度差和孔隙蒸汽压差[59-62]，进而产生水的流动对混凝土施加静水压[63-64]和渗透压[65-66]所造成的。多次的冻融循环使损伤累积，犹如疲劳作用，使微裂纹不断扩大，发展成相互连通的大裂缝，使得混凝土性能逐渐降低而破坏。

从工程的角度来看，冻融环境下混凝土的抗拉强度、抗压强度、弹性模量随冻融循环次数的增加而降低[67,68]，混凝土表层混凝土逐渐破坏脱落[69]，混凝土与钢筋的黏结性能则随冻融循环次数的增加而降低[70]，最终导致混凝土构件的承载力降低[71-73]。

因此，一般选择混凝土结构遭受到的冻融疲劳损伤达到临界冻融疲劳损伤作为冻融环境下的耐久性极限状态。

5.3.2.2 可靠度计算

由上述给定的冻融环境下的耐久性极限状态可得

$$Z^{\mathrm{II}} = D_{\mathrm{cr}} - D_{\mathrm{E}} \tag{5-8}$$

式中，Z^{II} 为冻融环境下混凝土冻融过程的耐久性极限状态功能函数，当 $Z^{\mathrm{II}} > 0$ 时，为可靠状态，当 $Z^{\mathrm{II}} \leqslant 0$ 时，为失效状态；D_{cr} 为临界冻融疲劳损伤；D_{E} 为冻融疲劳损伤。

5.3.3　海洋氯化物环境

海洋氯化物环境主要指来自海水的氯盐引起的钢筋锈蚀的环境[42,43]。海洋氯化物环境下，影响混凝土结构耐久性的因素众多。钢筋表面的混凝土孔隙液中的氯离子浓度超过一定限值时，钢筋表面钝化膜被破坏，钢筋就会发生锈蚀。

5.3.3.1　耐久性极限状态

由前述可知，从材料学的角度来看，海洋氯化物环境下氯离子在混凝土中的输运过程是带电粒子在多孔介质孔隙液中的传质过程。氯离子的输运过程中包括扩散、对流、渗透、绑定等一系列物理化学过程[47]。随着氯离子的输运，混凝土中氯离子含量不断增加，当钢筋表面的混凝土孔隙液中的氯离子浓度超过一定限值时，即使在碱度较高，pH大于 11.5 时，氯离子也能破坏钢筋钝化膜，从而使钢筋发生锈蚀[74]。

从工程的角度来看，当混凝土构件中钢筋表面的氯离子浓度超过一定限值时，钢筋开始脱钝锈蚀，钢筋截面积减小、强度降低、钢筋与混凝土的黏结力降低。随着钢筋锈蚀的发展，锈蚀产物体积膨胀使得混凝土表面胀裂、剥落，最终导致混凝土构件的承载力降低[47,75]。

因此，一般选择钢筋表面氯离子浓度[76-79]达到临界氯离子浓度的状态作为海洋氯化物环境下的耐久性极限状态。

5.3.3.2　可靠度计算

由上述给定的海洋氯化物环境下的耐久性极限状态可得

$$Z^{\mathrm{III}} = C_{\mathrm{cr}} - C(d_{\mathrm{cover}}, t) \tag{5-9}$$

式中，Z^{III} 为海洋氯化物环境下氯离子输运过程的耐久性极限状态功能函数，当 $Z^{\mathrm{III}} > 0$ 时，为可靠状态，当 $Z^{\mathrm{III}} \leqslant 0$ 时，为失效状态；C_{cr} 为临界氯离子浓度；d_{cover} 为混凝土构件保护层厚度；$C(d_{\mathrm{cover}}, t)$ 为 t 时刻钢筋表面氯离子浓度。当采用其他指标，如电通量等间接表征氯离子输运过程时，应采用相应合适的耐久性极限状态。

5.4　沿海结构耐久性问题

5.4.1　沿海混凝土结构耐久性的特点

海洋是一种复杂的天然平衡体系，海水具有较高的含盐量、导电性、生物活性[80]。海水中含有丰富的氯离子，主要以氯化钠的形式存在，其占含盐总量的 80% 左右。沿海混凝土结构直接遭受着海水侵蚀，当海水中的氯离子侵入混凝土或浇注混凝土时由原材料带入氯离子时，受氯离子侵蚀诱发的钢筋锈蚀要远快于碳化引起的钢筋锈蚀，氯离子侵蚀引发钢筋锈蚀被公认为是导致沿海工程混凝土结构破坏的主要原因[81]。

氯离子通过混凝土内部的孔隙和微裂缝体系从周围环境向混凝土内部传递，氯离子的传输过程是一个复杂的过程，涉及许多机理。目前已经了解的氯离子侵入混凝土的方式主要有以下几种[47,77,82]：毛细管作用、渗透作用、扩散作用、电化学迁移、热迁移。当混凝土内外湿度梯度较大时，氯离子以毛细管作用渗入混凝土中；当混凝土内外的压力梯度较大时，渗透作用为氯离子渗入混凝土的主要方式；当混凝土内浓度梯度较大时，扩散作用是氯离子的主要渗入方式；当混凝土内有较大的电位差时，会发生电化学迁移；而当混凝土内部存在温度差时，氯离子将以热迁移的方式渗入混凝土。通常，氯离子的侵入是几种方式的组合，而对应特定的条件，其中的一种侵入方式是主要的。例如，干湿循环氯离子渗入是毛细管作用和扩散作用的组合，当干透了的混凝土表层接触海水时，靠毛细管作用吸收海水，一直吸到饱和的程度。如果外界环境又变得干燥，则混凝土中水流方向会逆转，纯水从毛细孔对大气开放的那些端头向外蒸发，使混凝土表层孔隙液中盐分浓度增高，这样在混凝土表层与内部之间形成氯离子浓差，它驱使混凝土孔隙液中的盐分靠扩散机理向混凝土内部扩散。

在海水作用下，海洋环境中的混凝土结构中，氯离子主要依靠扩散作用侵入混凝土，然而在海水干湿交替区域(海洋环境的潮差区与浪溅区)，氯离子在混凝土表层的侵蚀机理较复杂，主要依靠混凝土表层的毛细管吸附作用、渗透作用、扩散作用等，而在深层仍以扩散作用为主。表层干湿交替作用的深度与混凝土材料的配合比、胶凝材料类型、浇筑质量等有关，还与环境条件(如干湿比例等)有密切联系。表层机理复杂的部分通常称为对流扩散区域，简称为对流区，对流区深度通常用 Δx 表示，如图 5-1 所示。对流区深度值可以通过试验测定。

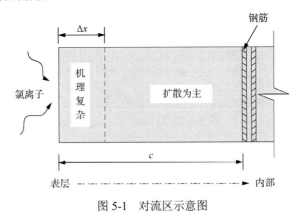

图 5-1 对流区示意图

Fig. 5-1 Schematic of zone coupling convection and diffusion

5.4.2 氯离子在混凝土中的传输机理

在海洋环境的干湿交替区域，混凝土表面浅层的对流区范围内，氯离子主要以对流和扩散耦合的方式侵蚀。目前用于计算干湿交替区域下氯离子侵蚀的简化方法较多采用欧洲混凝土结构耐久性 DuraCrete[76]提出的经验方法，该方法认为 $0\sim\Delta x$ 范围内的对流区中主要发生由孔隙液流动造成的氯离子对流，而其余区域内以氯离子浓度扩散作为主要渗透方式，如图 5-2 所示。

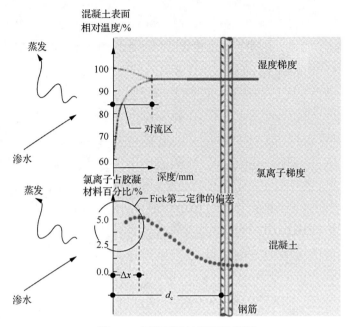

图 5-2　氯离子侵蚀机理示意图

Fig. 5-2　Schematic of erosion mechanism of chloride on concrete

5.4.2.1　扩散过程

在混凝土孔隙为孔隙液所饱和，孔隙水没有发生整体迁移，并且假定混凝土为化学惰性的条件下，氯离子依靠混凝土内外浓度梯度向内部迁移的过程可以认为是纯粹的扩散过程。

扩散是指溶液中的离子在化学位梯度的作用下所发生的定向迁移。假设氯离子只在 x 方向进行扩散，也就是说化学物质的浓度在 y 和 z 方向上不变，只在 x 方向上有所变化。若在 x_i 和 x_j 处的浓度分别为 C_i、C_j，且 $C_i > C_j$，则其扩散过程如图 5-3 所示，阴影所表示的截面为等浓度面。

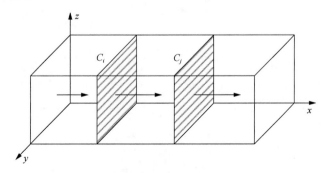

图 5-3　溶液中化学物质的等浓度面

Fig. 5-3　Equal-concentration plane in the solution

在稳定的条件下，可用 Fick 第一定律来描述扩散现象，但在混凝土结构中很少能达到稳定状态。因而，随时间变化的氯离子流量遵循 Fick 第二定律[47,77,83,84]。Fick 第二定律可以很方便地将氯离子的扩散浓度、扩散系数与扩散时间联系起来，Fick 第二定律可以表示为

$$\frac{\partial C}{\partial t} = \frac{\partial}{\partial x}\left(D\frac{\partial C}{\partial x}\right) \tag{5-10}$$

式中，C 为氯离子浓度(%，一般以氯离子占水泥或混凝土质量的百分比表示)；t 为暴露时间(s)；x 为距混凝土表面的深度(m)；D 为氯离子扩散系数(m^2/s)。

在一维状态下，假定混凝土表面扩散的氯离子浓度等于常数 C_s(即在任何时候，x=0 时，$C|_{x=0} = C_s$)，初始不含氯离子($C|_{x=0}^{t=0} = C_0, C|_{x=\infty} = C_0$)，且混凝土质量均匀，扩散系数 D 不随距混凝土表面的深度、暴露/试验时间变化，通过对式(5-10)做 Laplace 变换，求得其解析解为[84]

$$C(x,t) = C_0 + (C_s - C_0)\cdot\left[1 - \mathrm{erf}\left(\frac{x}{2\sqrt{Dt}}\right)\right] \tag{5-11}$$

式中，erf(z) 为高斯误差函数，有

$$\mathrm{erf}(z) = \Phi(2z) = \frac{2}{\sqrt{\pi}}\int_0^z \exp(-z^2)\mathrm{d}z = \frac{2}{\sqrt{\pi}}\left[x - \frac{x^3}{1!3} + \frac{x^5}{2!5} - \cdots + \frac{(-1)^n x^{2n+1}}{n!(2n+1)}\right] \tag{5-12}$$

目前式(5-11)广泛应用于氯盐环境中混凝土结构中氯离子扩散分布的计算，其结果作为混凝土结构耐久性寿命预测的基础依据。

然而混凝土材料实际并不满足 Fick 第二定律应用的前提条件，氯离子并不是在均质溶液中扩散，混凝土是一种具有固相和液相的多孔基体，通过固相基体时的扩散速度与通过孔隙结构时的速度相比是微不足道的。因而，扩散速度不仅与氯离子通过孔隙结构的扩散系数有关，还与毛细孔的物理特性有关，这种效果通常暗含在其中，氯离子进入混凝土被整体考虑为表观扩散系数，用 D_{app} 表示。

5.4.2.2 对流过程

对流是指离子随着载体溶液发生整体迁移的现象。单位时间内通过垂直于溶液渗流方向参考平面的离子对流通量 J 可以表示为[85]

$$J = C\cdot v \tag{5-13}$$

式中，v 为混凝土孔隙液渗流速度(m/s)。

氯离子在混凝土中发生的对流主要是由于孔隙液在压力、毛细吸附力以及电场作用力下发生的定向渗流。

1)压力渗透

如果混凝土表面的溶液中含有氯化物并且存在静水压力，氯离子将会随溶液在压力

梯度的作用下渗透进入混凝土。在外界压力作用下混凝土中孔隙液发生的渗流现象实质上是液体在压力差作用下在多孔介质中发生的定向流动,其过程符合达西定律(Darcy's law)[77,86]:

$$\frac{Q}{t} = \frac{kA}{\mu} \cdot \frac{\Delta h}{L} \tag{5-14}$$

式中,Q 为溶液在时间 t 内进入试样的体积(m^3); t 为进入试样溶液体积为 Q 的时间(s); k 为渗透系数或液体的流动系数(m/s); A 为混凝土试样的横截面积(m^2); μ 为液体的黏滞性系数(Pa·s); Δh 为液体渗透距离 L 的压力差(m); L 为液体渗透进入混凝土试样的深度(m)。

2) 毛细作用

由于液体表面张力的存在,为了达到毛细管道内液面两侧压力的平衡而发生液体整体流动的现象称为毛细作用。毛细管的表面张力是毛细管半径的函数,可表示为式(5-15)[77]:

$$P_c = \frac{\sigma}{r}\cos\alpha \tag{5-15}$$

式中,P_c 为界面张力(kg/m^2); σ 为液体的表面张力(kg/m); r 为毛细管的半径(m); α 为管壁与液体表面的接触角。

这种传输机制通常局限于混凝土保护层的表层部分,除非混凝土质量极差或者保护层厚度太薄,否则仅靠毛细作用一般不会把氯离子带到钢筋表面。然而,它可以使氯离子快速地侵入混凝土一定深度,从而减少了必须依靠扩散渗透到钢筋的距离,氯离子进一步的传输主要依靠扩散作用。

3) 电渗作用

当有电场存在时,离子将会在溶液中向相反电极运动,因而,氯离子向阳极运动。氯离子在混凝土中迁移的加速试验方法就是利用这个原理,混凝土的脱盐(去氯离子)也是依据这个原理。当离子在外加电压下运动时,也会导致这些离子产生浓度差,这就意味着将要产生扩散。数学上,对具体离子的电化学迁移可描述为式[77]:

$$-J_i(x) = D_{\text{eff},i} \cdot \frac{\partial C_i(x)}{\partial x} + \frac{Z_i F}{RT} D_{\text{eff},i} \cdot C_i \frac{\partial E(x)}{\partial x} \tag{5-16}$$

式中,J_i 为 i 离子的通量; $D_{\text{eff},i}$ 为 i 离子的扩散系数; $C_i(x)$ 为 i 离子在 x 处的浓度; Z_i 为 i 离子化合价; F 为法拉第常量; R 为通用气体常数; T 为温度; $E(x)$ 为与 x 相关的外加电压。

5.4.3　主要影响因素

如前所述,沿海混凝土结构的耐久性问题主要表现为氯盐侵蚀引起的钢筋锈蚀。水下区(水中区)部分氯离子侵蚀以扩散为主;其他部分,如水位变动区、浪溅区、大气区等,在混凝土表面浅层的对流区范围内,氯离子主要以对流和扩散耦合的方式侵蚀,内部以扩散为主的方式侵蚀，如图 5-1、图 5-2 所示。

在对流区 $0 \sim \Delta x$ 范围内，氯离子的分布规律不明显，氯离子含量有随深度的增加而增加的趋势。许多情况下，在距离表面一定深度处，存在一个氯离子含量平稳的区段，该区段氯离子浓度较高，在区段末逐渐降低。氯离子含量平稳区段和区段之前部分为对流区，平稳段之后的部分为扩散区。由于试验测试的精细程度不够，大多试验很难发现氯离子含量的平稳段，但多数试验可以发现氯离子含量随深度的增加呈现先增加后减小的趋势，这时氯离子含量最大值对应的点可认为是对流区与扩散区的分界点。

根据上述分析，由 Fick 第二定律[式(5-10)、式(5-11)]，可得氯离子在纯扩散区的扩散模型可以转变为

$$\frac{\partial C}{\partial t} = \frac{\partial}{\partial x}\left(D\frac{\partial C}{\partial x} \right)$$

及

$$C(x,t) = C_0 + (C_{sa} - C_0) \cdot \left[1 - \mathrm{erf}\left(\frac{x - \Delta x}{2\sqrt{D_{app}t}} \right) \right] \tag{5-17}$$

令 $C(x,t) = C_{cr}$，$x = c$，则 $t = t_{cr}$ 为

$$t_{cr} = \frac{(c - \Delta x)^2}{4 \cdot D_{app}} \cdot \left[\mathrm{erf}^{-1}\left(\frac{C_{sa} - C_{cr}}{C_{sa} - C_0} \right) \right] \tag{5-18}$$

式中，$C(x,t)$ 为距混凝土表面距离为 x(m)、暴露时间为 t(s) 的氯离子含量(%)；C_0 为混凝土中的初始氯离子含量(%)；C_{sa} 为扩散区表面的氯离子含量(%)；Δx 为对流区深度(m)；D_{app} 为氯离子的表观扩散系数(m²/s)；t_{cr} 为混凝土内钢筋周围氯离子含量达到引起初锈的氯离子含量临界值 C_{cr} 的时间；c 为混凝土的保护层厚度。

注意，氯离子的表观扩散系数 D_{app} 与式(5-16)中的有效扩散系数 D_{eff} 不同。有效扩散系数 D_{eff} 用于描述氯离子在稳态条件下的扩散速度，亦即根据 Fick 第一定律计算得到，其大小与混凝土的孔隙结构有关；而氯离子的表观扩散系数 D_{app} 用于描述氯离子在非稳态条件下的扩散速度，可以通过自然浸泡试验或结构取样的方法根据 Fick 第二定律得到，它不仅与混凝土的孔隙结构有关，还与水泥砂浆的水化程度、氯离子浓度、龄期、绑定效应等有关。

5.4.3.1 氯离子扩散系数

氯离子扩散系数是反映混凝土耐久性的重要指标。一般通过扩散深度和实测浓度的关系，根据 Fick 定律拟合氯离子的扩散系数。通过拟合得到的扩散系数通常称为表观扩散系数，不仅和混凝土材料的组成、内部孔结构的数量和特征、水化程度等内在因素有关，也常受到外界因素，包括温度、湿度、养护龄期、掺合料的种类和数量、诱导钢筋腐蚀的氯离子的类型等的影响。氯离子的表观扩散系数也可以根据式(5-19)[77]得到

$$D_{\text{app}}(t) = \frac{\int_0^t \left[D_{\text{RCM},0}(t) \cdot k_T \cdot k_w \cdot \left(\dfrac{t_0}{t} \right)^{n_1} \right] \mathrm{d}t^*}{t - t_0} \tag{5-19}$$

式中，$D_{\text{RCM},0}$ 为 t_0 时刻采用 RCM 方法测定的氯离子迁移系数(m^2/s)；k_T 为温度影响系数；k_w 为混凝土水饱和度 w 的影响系数；n_1 为不同暴露环境表观扩散系数随时间的衰减指数；t_0 为参考时刻(s)，通常取 28 天。

1) $D_{\text{RCM},0}(t)$

我国的《混凝土结构耐久性设计与施工指南》（CCES 01—2004)[43] 与欧洲的 DuraCrete[76] 均推荐将非稳态快速氯离子电迁移(RCM)方法作为测定氯离子扩散系数的标准试验方法，设备如图 5-4 所示。多个规范、规程推荐采用本方法测定氯离子的扩散系数，主要是基于以下原因：①对于组分相同的混凝土试件，用 RCM 方法测得的氯离子迁移系数 $D_{\text{RCM},0}(t)$ 与费时的自然浸泡试验测得的氯离子的表观扩散系数 D_{app} 具有统计意义上很好的相关性[77]；②RCM 方法试验的周期较短；③RCM 方法是一个规范采用的精确的试验方法。

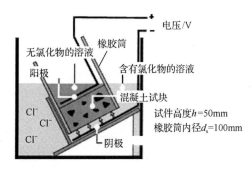

图 5-4　RCM 设备

Fig. 5-4　Experimental devices of RCM

RCM 方法的详细介绍参见《混凝土结构耐久性设计与施工指南》(CCES 01—2004)。

2) 温度影响系数 k_T

温度对混凝土的耐久性有双重影响：一方面，温度升高使水分蒸发加快，造成表面的孔隙率增大，渗透性增加；另一方面，温度升高可以使内部混凝土的水化速度加快，混凝土致密性增加，渗透性降低。从长远来看，温度升高会显著增大氯离子的扩散系数，根据 Nernst-Einstein 方程，若温度从 20℃上升到 30℃，则扩散系数可增加一倍；若温度从 20℃下降到 10℃，则扩散系数可减少一半。

Stephen 等建立了氯离子扩散系数与环境温度之间的关系：

$$D_{\text{Cl},T} = D_{\text{Cl},T_0} \cdot \frac{T}{T_0} \cdot \mathrm{e}^{q\left(\frac{1}{T_0} - \frac{1}{T} \right)} \tag{5-20}$$

式中，$D_{Cl,T}$、D_{Cl,T_0} 温度分别为 T、T_0 时氯离子的扩散系数；q 为活化常数，其值与水灰比有关，水灰比为 0.4、0.5、0.6 时 q 值分别相应地取为 6000、5450、3850。

DuraCrete[76]、LIFECON[77]采用 Gehlen 提出的温度对氯离子扩散系数的影响系数表达式：

$$k_T = \exp\left[b_T\left(\frac{1}{T_{ref}} - \frac{1}{T}\right)\right] \tag{5-21}$$

式中，k_T 为温度影响参数；b_T 为拟合系数(正态分布：$\mu=4800$；$\sigma=700$)(K)；T_{ref} 为参考温度(K)；T 为环境温度(K)。

美国 Life-365 标准设计程序[87]中，温度对氯离子扩散系数的影响表达式与 DuraCrete 的大同小异：

$$k_T = \exp\left[\frac{U}{R}\left(\frac{1}{T_{ref}} - \frac{1}{T}\right)\right] \tag{5-22}$$

式中，U 为扩散过程的活化能(35000J/mol)；R 为气体常数。Life-365 常用的 $t_{ref}=28$ 天时，$T_{ref}=293K$(20℃)。

3) 水饱和度影响系数 k_w

尽管 Climent[88]曾经提出了测定混凝土试件水饱和度的方法，不过很少有人直接测定，人们通常用相对湿度来取代水饱和度的影响。

环境相对湿度在氯离子侵蚀中也起着不可忽视的作用。因为混凝土的湿度是影响扩散系数的一个重要因素，构件表面氯离子通过吸收、扩散、渗透等途径向混凝土内部传输的过程都需要孔隙水作为载体。Anna 等[89]通过研究部分饱和的混凝土内氯离子的扩散，提出湿度变化对氯离子扩散系数的影响：

$$k_w = \left[1 + \frac{(1-RH)^4}{(1-RH_c)^4}\right]^{-1} \tag{5-23}$$

式中，RH 为混凝土中的相对湿度值；RH_c 为临界相对湿度，一般取为 75%。

但实际在暴露环境中，混凝土的水分饱和度还在很大程度上受到降水的影响，在寿命预测模型中具体地表述相对湿度还比较困难。好在近海和海洋环境中，大气的相对湿度由于受海洋气候影响，差异并不显著。因此从环境区划的角度来看，上述两类环境中氯离子的扩散可以不考虑空气相对湿度的差异带来的影响[90]。

4) 时间衰减系数 n

由式(5-19)可以发现氯离子表观扩散系数 D_{app} 是一个与时间有关的变量，并且 D_{app} 随时间的增加而衰减，这是由于：①在参考时间 t_0 以后，随着水化作用的持续进行混凝土的孔隙结构将会更加密实；②孔隙结构中水泥浆体的膨胀及沉淀作用；③孔隙中阴离子对氯离子的排斥作用导致氯离子扩散系数的降低；④氯离子自身的绑定/结合能力；⑤某些假定过于简化，如扩散区的表面氯离子含量为定值等。

氯盐暴露环境下混凝土中氯离子表观扩散系数会随着暴露时间的增加而减小，甚至会呈数量级降低，其关系式可描述为

$$D_{\mathrm{app},2} = D_{\mathrm{app},1} \cdot \left(\frac{t_1}{t_2} \right)^n \tag{5-24}$$

式中，$D_{\mathrm{app},i}$ 为对应暴露时间 t_i 的表观扩散系数($\mathrm{m^2/s}$)；t_i 为暴露时间(s)；n 为时间衰减系数。

根据式(5-24)，如果已知两个暴露时间对应的表观扩散系数，则时间衰减系数 n 便可由式(5-25)计算得到：

$$n = \frac{\ln \left(D_{\mathrm{app},2} / D_{\mathrm{app},1} \right)}{\ln(t_1 / t_2)} \tag{5-25}$$

需要指出的是，经过氯离子侵蚀曲线拟合得到的表观扩散系数是在暴露时间段内扩散系数的平均值。

氯离子表观扩散系数随时间的衰减不但与材料组成有关(水泥与掺合料类型)，而且与结构具体的暴露环境有关。因此，时间衰减系数 n 的取值应由混凝土的不同配合比与暴露条件共同决定。

LIFECON[77]对海洋环境条件不同混凝土胶凝材料在水下区、浪溅区和潮差区的时间衰减系数 n 的统计结果见表 5-1。

表 5-1　海洋环境条件下不同混凝土材料的时间衰减系数 n

Tab. 5-1　Result of the statistical quantification of age exponent n in marine exposure zone

胶凝材料类型	时间衰减系数 n
普通混凝土	Beta (μ=0.30; σ=0.12; a=0; b=1)
粉煤灰混凝土*	Beta (μ=0.60; σ=0.15; a=0; b=1)
高炉矿渣混凝土	Beta (μ=0.45; σ=0.20; a=0; b=1)

*粉煤灰含量 FA≥25%。

欧洲 DuraCrete[76]的文件中，指出时间衰减系数 n 与胶凝材料种类和环境条件有关(表 5-2)，对某一配比混凝土，可按不同胶凝材料比例算出 n 值。

表 5-2　DuraCrete 中时间衰减系数 n 的取值

Tab. 5-2　Provisions age exponent n in DuraCrete

海洋环境	胶凝材料			
	硅酸盐水泥	粉煤灰	矿渣	硅粉
水下区	0.30	0.69	0.71	0.62
潮汐、浪溅区	0.37	0.93	0.60	0.39
大气区	0.65	0.66	0.85	0.79

文献[91]指出对于普通水泥混凝土氯离子表观扩散系数的时间衰减系数按照式(5-26)

考虑：

$$n=2.5\cdot w/c-0.60 \tag{5-26}$$

美国 Life-365 标准设计程序[87]中，对于掺有矿渣与粉煤灰的混凝土，假定其 28 天龄期的氯离子表观扩散系数与不加掺合料的普通硅酸盐水泥混凝土相等，但加了矿物掺合料以后，时间衰减系数 n 增加，有

$$n=0.2+0.4(\%FA/50+\%SG/70) \tag{5-27}$$

式中，%FA 为粉煤灰在胶凝材料中的百分比；%SG 为矿渣在胶凝材料中的百分比。

5.4.3.2　表面氯离子浓度

氯离子的扩散是由氯离子的浓度差引起的。表面氯离子浓度越高，内外部氯离子浓度差就越大，扩散至混凝土内部的氯离子就会越多。

影响混凝土表面氯离子浓度的最重要的环境变量是混凝土表面接触水中的氯离子含量与接触混凝土表面的频率，它还与混凝土组分的胶凝材料类型、水胶比、孔隙率等有关。

Val 和 Stewart[92]建议不同环境条件下表面氯离子浓度参数 C_s 按表 5-3 取值，其概率分布取为对数正态分布；McGee[93]对 1158 座桥梁结构进行了研究，结果表明近海大气环境下表面氯离子浓度 C_s 与离海岸的距离 d 有关，如式(5-28)所示：

$$\begin{cases} C_s(d)=2.95, & d<0.1\text{km} \\ C_s(d)=1.15-1.81\cdot\lg d, & 0.1\text{km}<d<2.84\text{km} \\ C_s(d)=0.03, & d>2.84\text{km} \end{cases} \tag{5-28}$$

表 5-3　Val 和 Stewart[94]建议的表面氯离子浓度取值
Tab. 5-3　Surface chloride content suggested by Val and Stewart[94] （单位：kg/m³）

环境条件	平均值	变异系数
浪溅区	7.35	0.70
近海大气环境 0.1km	2.95	0.70
离海岸 1km	1.15	0.50

Liu 和 Weyers[94]从混凝土桥梁的实测结果发现，表面氯离子浓度的增长接近于时间的平方根函数，即

$$C_s(x=0,t)=k\sqrt{t} \tag{5-29}$$

式中，k 为表面氯离子浓度经验常数。经验常数 k 在 3～12kg/(m³·$\sqrt{a}$) 范围内取值。

欧洲 DuraCrete 文件[83]认为表面氯离子浓度与环境条件、混凝土的水胶比及胶凝材料种类有关，其平均值 C_{sa} 采用式(5-30)表示：

$$C_{sa}=A_c\cdot(W/B) \tag{5-30}$$

式中，A_c 为拟合回归系数，单位用混凝土胶凝材料的百分比表示，具体见表 5-4；W/B 为水胶比。这里的表面氯离子浓度用混凝土中胶凝材料质量的相对比值表示。

表 5-4　DuraCrete 中的拟合系数 A_c 的取值

Tab. 5-4　Value of fitting coefficient A_c in DuraCrete

海洋环境	胶凝材料			
	硅酸盐水泥	粉煤灰	矿渣	硅灰
水下区	10.3	10.8	5.06	12.5
潮汐、浪溅区	7.76	7.45	6.77	8.96
大气区	2.57	4.42	3.05	3.23

2007 年出版的日本土木学会混凝土标准中，提出近海大气区混凝土表面的氯离子浓度如表 5-5 所示[95]。美国的 Life-365 标准设计程序中则取近海大气区的混凝土表面氯离子浓度，如表 5-6 所示[87]。

表 5-5　近海大气区混凝土表面的氯离子浓度（日本土木学会标准）

Tab. 5-5　Surface chloride concentration for offshore structures in JSCE

区域	浪溅区	离海岸距离/km				
		岸线附近	0.1	0.25	0.5	1.0
数值	0.65%	0.45%	0.225%	0.15%	0.1%	0.075%

注：表中浓度用每方混凝土质量（约 2300kg）的相对比值表示。

表 5-6　Life-365 近海大气区混凝土表面的氯离子浓度

Tab. 5-6　Surface chloride concentration for offshore structures in Life-365

C_s	累计速度 C_s/年	最终定值	C_s	累计速度 C_s/年	最终定值
潮汐浪溅区	瞬时到定值	0.8%	离海岸 800m 内	0.04%	0.6%
海上盐雾区	0.10%	1.0%	离海岸 1.5km 内	0.02%	0.6%

注：表中浓度用每方混凝土质量（约 2300kg）的相对比值表示。

Bamforth[96]建议，用于设计的表面氯离子浓度 C_s 值可按表 5-7 取值，如果近似取每方混凝土的胶凝材料质量为 400kg，则按胶凝材料质量表示的 C_s 值见表中括号内的数值。

表 5-7　用于设计的表面氯离子浓度 C_s（混凝土中氯离子与混凝土质量的比值）

Tab. 5-7　Surface chloride concentration C_s for design（wt.-% of concrete）

混凝土	海洋浪溅区	海洋浪雾区	海洋大气区
硅酸盐水泥混凝土	0.75%（4.5%）	0.5%（3%）	0.25%（1.5%）
加有掺合料的水泥混凝土	0.9%（5.4%）	0.6%（3.6%）	0.3%（1.8%）

5.4.3.3　保护层厚度 c

混凝土保护层厚度为钢筋免于腐蚀提供了一道坚实的屏障。混凝土保护层厚度越大，则外界腐蚀介质到达钢筋表面所需的时间越长，混凝土结构就越耐久。

混凝土结构中钢筋的保护层厚度是决定混凝土结构使用寿命的关键性因素，混凝土保护层厚度越大，则氯离子从混凝土表面扩散到钢筋位置并引起钢筋锈蚀的时间越长。在基于 Fick 第二定律的氯离子扩散模型中，如果不考虑扩散系数随时间的降低，则使用寿命与保护层厚度的平方成正比；但扩散系数实际上会随年限的增长而降低，因此增加保护层厚度的作用变得更为巨大[43]。余红发等[97]的研究结果表明，随着保护层厚度的增加，混凝土使用寿命增长很快，高性能混凝土的使用寿命增长比普通混凝土更快。

除上述内容外，骨料品种与粒径、养护方法与龄期、水泥品种、外加剂等也都对氯离子的扩散速度有一定影响[74,77,78]。

理论上混凝土保护层越厚，混凝土结构耐久性就越好。但实际上，过厚的保护层在硬化过程中的收缩应力和温度应力得不到钢筋的控制，很容易产生裂缝，裂缝的产生会大大削弱混凝土保护层的作用。一般情况下，混凝土保护层厚度不应超过 80~100mm，具体尺寸应根据结构设计而定[47]。

统计资料表明，混凝土的保护层厚度通常服从正态分布[98]，其变异系数主要与施工质量有关。

5.4.3.4 对流区深度 Δx

对流区深度是指混凝土表层发生纯扩散临界面的外部部分的深度，由于氯离子含量的最大值通常在可测定的混凝土保护层内，影响深度可以通过氯离子侵蚀曲线得到。对流区深度取决于混凝土表面的位置以及氯离子的来源，局部气候环境对对流区深度有很大影响，干湿循环是对流区深度增加的一个重要原因，对流区深度增加可以导致混凝土芯样内部氯离子含量的增加。

Gehlen[99]在未考虑距氯离子源的距离时通过对 127 条海洋环境的氯离子侵蚀曲线的分析发现，对流区深度 Δx 符合 Beta 分布 $B(\mu=8.9mm；\sigma=63\%；a=0；b=50)$。国内通常认为对流区深度为 10mm 左右[100]。de Rincón[101]等则认为对流区深度应为 20mm 左右。欧洲 LIFECON[77]报告通过对不同组分混凝土材料的对流区深度进行总结得到以下结论：混凝土水胶比每增加 0.1 会导致对流区深度增加 2~4mm；即便水胶比低到 0.3，据推算其对流区深度也在 2~3mm；掺入硅粉、粉煤灰或高炉矿渣可以使混凝土材料的对流区深度增加 60%左右。

欧洲 DuraCrete[76]中对流区深度 Δx 的取值，与设计时为减轻锈蚀风险所付出的费用和今后修理费用的相对比值有关。如果修理费用不高，则设计时的可靠指标或保证率就可以取得低些，设计时分三个等级选用，见表 5-8。

表 5-8 DuraCrete 中关于 Δx 取值的规定
Tab. 5-8 Specification of Δx in DuraCrete

维修费用相对于减少风险所需的费用	高	一般	低
Δx/mm	20	14	8

5.4.3.5　氯离子阈值[Cl⁻]

尚不致引起钢筋去钝化的钢筋周围混凝土孔隙液的游离氯离子的最高浓度,称为混凝土氯化物的临界浓度[47],即氯离子阈值,通常用[Cl⁻]或 C_{cr} 表示,这是一个十分重要的指标。它是正确预测钢筋初锈时间的关键参数之一。激发钢筋腐蚀的氯离子阈值[Cl⁻]不是一个唯一确定的值,它受到许多因素的影响,如混凝土的配合比、水泥的类型、水泥成分含量、混凝土材料、水灰比、温度、相对湿度、碳化程度、钢筋表面状况以及其他有关氯离子渗透的来源等。

一般认为游离氯离子,而并非氯离子总量,是引起钢筋锈蚀的主要因素,也就是钢筋锈蚀始发时间的长短在很大程度上取决于混凝土孔溶液中游离氯离子浓度。混凝土具有结合氯离子的能力,渗入混凝土中的氯离子一部分被水化产物中的 CSH 凝胶吸附,而另一部分氯离子则与水化铝酸钙化学结合形成 F 盐,从而有效降低钢筋混凝土中的游离氯离子量,大大延缓了钢筋锈蚀时间,提高了混凝土的使用寿命。但是目前人们对采用混凝土孔溶液中游离氯离子含量与采用较多使用的总氯离子含量哪个更为准确尚存在一定的分歧。一方面由于结合氯离子作为钢筋与混凝土界面可供应氯离子源而具有潜在的腐蚀风险,这部分结合形态的氯离子在条件具备时会转化为游离氯离子,因此有人担心以游离氯离子作为钢筋锈蚀临界值存在较大风险;另一方面,当混凝土中总氯离子含量一定时,混凝土中游离氯离子含量主要取决于水泥中 C_3A 含量、碱含量以及辅助性胶凝材料的种类和用量,提高水泥中 C_3A 含量或掺加大掺量的工业废渣均有利于氯离子的结合,使孔溶液中游离氯离子含量降低,如研究表明[102]当 C_3A 含量由 2%提高到 14%时,对于同样的 1.2%的总氯离子含量,氯离子结合能力和钢筋锈蚀始发时间分别提高 2.43 倍和 2.45 倍。如果以氯离子总量作为临界值就无法区分不同水泥、工业废渣的差别,不利于大掺量工业废渣高性能混凝土的发展。此外,除了上述因素,水泥碱含量、硫酸盐含量、环境温度、碳化程度等都是影响氯离子结合的因素,从这个角度看采用游离氯离子含量作为临界值指标包含了胶凝材料系统以及环境中的许多信息,比用总氯离子含量作为钢筋锈蚀的阈值指标更加科学。

尽管氯离子对钢筋锈蚀起主导作用,但混凝土孔溶液的氢氧根离子作为钢筋的钝化剂对抑制钢筋锈蚀也起着重要作用,实际上钢筋锈蚀的始发时间在很大程度上取决于二者之间的竞争,大气环境中混凝土孔溶液的碱度是钢筋锈蚀发生与否的关键因素已为人们所熟知,但在氯盐环境中混凝土碱度这个因素常常被忽略,事实上较高的混凝土碱度可以使钢筋在较高的氯离子含量下不生锈,而混凝土碱度降低则会使钢筋在极少的氯离子含量下开始生锈,因此人们有理由相信控制钢筋锈蚀始发的不仅仅是氯离子含量一个因素,混凝土碱度也是一个不容忽视的重要因素。氯离子与氢氧根浓度比值作为钢筋锈蚀临界值的提法由来已久,对此国内外学者曾进行过大量研究。根据 Glass 和 Buenfeld[103]以及 Alonso 等[104]对暴露在不同环境中钢筋锈蚀临界值的分析,本书对钢筋脱钝临界值进行总结与归纳,结果见表 5-9。

表 5-9　引起钢筋锈蚀的氯离子阈值[103,104]

Tab. 5-9　Critical chloride levels required to initiate the corrosion of the steel bar

作者及年代	总氯离子(占水泥质量的百分比)	游离氯离子(mol/kg)	[Cl⁻]/[OH⁻]	暴露条件	试样类型	检测方法
Stratful 等[105](1975)	0.17～1.4			室外	结构	
Vassie[106](1984)	0.2～1.5			室外	结构	
Elsener 和 Bhöni[107](1986)	0.25～0.5			实验室	砂浆	
Henriksen[108](1993)	0.3～0.7			室外	结构	
Treadaway 等[109](1989)	0.32～1.9			室外	混凝土	
Bamforth 等[110](1994)	0.4			室外	混凝土	
Page 等[111](1986)	0.4	0.11	0.22	实验室	净浆	
Andrade 和 Page[112](1986)			0.15～0.69 0.12～0.44	掺氯盐	普通水泥 矿渣水泥	腐蚀速度
Hansson 和 Sorenson[113](1990)	0.4～1.6			实验室	砂浆	
Schiessl 和 Raupach[114](1990)	0.5～2			实验室	混凝土	宏观电流
Thomas 等[115](1990)	0.2～0.7			海水	混凝土	质量减少
Tuutti[116](1993)	0.5～1.4			实验室	混凝土	
Locke 和 Siman[117](1980)	0.6			实验室	混凝土	
Lambert 等[118](1991)	1.6～2.5		3～20	实验室	混凝土	腐蚀速度
Lukas[119](1985)	1.8～2.2			室外	结构	
Pettersson(1993)		0.14～0.18	2.5～6	实验室	净浆/溶液	腐蚀速度
Goni 和 Andrade[120](1990)			0.26～0.8	实验室	溶液	腐蚀速度
Diamond[121](1986)			0.3	实验室	净浆/溶液	线性极化
Hausmann[122](1967)			0.6	实验室	模拟孔液	电位变化
Yonezawa 等[123](1988)			1～40	实验室	砂浆/溶液	
Gouda[124](1970)			0.35	实验室	模拟孔液	阴极极化
Gouda 和 Halaka[125](1970)	1.21～2.42			实验室	砂浆	阴极极化

Stewart 建议[Cl⁻]值服从均值为水泥质量 0.95%(约 3.35kg/m³)、变异系数为 0.375 的正态分布。Matsushima 建议的[Cl⁻]均值为 3.07kg/m³，变异系数为 0.41。日本土木学会标准在预测使用寿命时认为[Cl⁻]一般在 0.3～2.4kg/m³，对于耐久性要求较高的钢筋混凝土，氯离子含量不超过 0.3kg/m³。实际环境中测得的[Cl⁻]要比实验室条件下大，达 1.2～2.4kg/m³，所以计算中通常取[Cl⁻]为 1.2kg/m³(相当于与混凝土质量的比值为 0.05%，或每方混凝土的胶凝材料为 400kg 时，相当于胶凝材料重的 0.3%)。目前限制钢筋周围酸溶性氯离子含量占胶凝材料质量 0.40%与占胶凝材料质量 0.15%的水溶性氯离子分别被欧洲和北美接受[126]。美国 ACI 201、ACI 222、英国 BS 8110 及其他人建议的氯离子阈值[127]见表 5-10。欧洲 DuraCrete[76]认为对处于不同环境下的硅酸盐水泥混凝土结构，其氯离子阈值服从正态分布，见表 5-11。

需要特别注意的是，即使钢筋表面附近的氯离子浓度达到了上述值，也并不意味着钢筋一定出现初锈，它仅仅意味着钢筋发生初锈具有较高的可性。Glass 和 Buenfeld[133]给出了用灰度表示的钢筋初锈风险图，如图 5-5 所示。

表 5-10　不同标准或研究者报道的氯离子阈值
Tab. 5-10　Chloride threshold in various specifications

资料来源	氯离子阈值（占水泥质量的百分比）	
	游离氯离子（水溶性氯离子）	总氯离子（酸溶性氯离子）
ACI 201[128]	0.10～0.15	
ACI 222[129]		0.20
BS 8110[130]		0.40
Hope 等[131]		0.10～0.20
Everett 等		0.40
Thomas 等[115]		0.50
Page 等[132]	0.54	1.00

注：ACI 201、ACI 222、BS 8110 标准规定的氯离子含量限制，钢筋锈蚀始发值不是阈值，即标准考虑了一定安全系数。

表 5-11　DuraCrete 规定的氯离子阈值（%，与胶凝材料质量的比值）
Tab. 5-11　Chloride threshold in DuraCrete（wt. % of binder）

W/B	0.3	0.4	0.5	W/B	0.3	0.4	0.5
水下区	N(2.3; 0.2)	N(2.1; 0.2)	N(1.6; 0.2)	潮汐与浪溅区	N(0.9; 0.15)	N(0.8; 0.1)	N(0.5; 0.1)

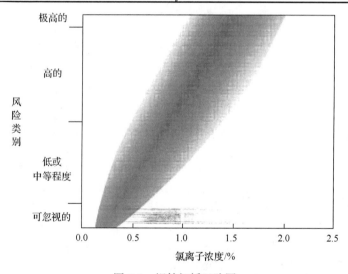

图 5-5　钢筋初锈风险图
Fig. 5-5　Risk of corrosion initiation

参 考 文 献

[1] 金伟良, 赵羽习. 混凝土结构耐久性研究的回顾与展望[J]. 浙江大学学报（工学版）, 2002, 36(4): 371-380.

[2] 牛荻涛. 混凝土结构耐久性与寿命预测[M]. 北京: 科学出版社, 2003.

[3] 贡金鑫, 赵国藩. 钢筋混凝土结构耐久性研究的进展[J]. 工业建筑, 2000, 30(5): 1-5.

[4] Papadakis V G, Vayenas C G, Fardis M N. Fundamental modeling and experimental investigation of concrete carbonation[J]. ACI Materials Journal, 1991, 88(4): 363-373.

[5] 裴雪君. 混凝土碳化及预测模型研究进展[J]. 中国水泥, 2016 (3): 78-81.

[6] 陈立亭. 混凝土碳化模型及其参数研究[D]. 西安: 西安建筑科技大学, 2007.

[7] Hope B B, Ip A K C. Chloride corrosion threshold in concrete [J]. ACI Materials Journal, 1987, 84 (4): 306-314.

[8] 金伟良. 氯盐环境下混凝土结构耐久性理论与方法[M]. 北京: 科学出版社, 2011.

[9] 王伟. 氯离子环境下混凝土结构耐久性设计研究[D]. 合肥: 合肥工业大学, 2006.

[10] 刘文军, 王军强. 氯离子对钢筋混凝土结构的侵蚀分析[J]. 混凝土, 2007 (4): 20-22.

[11] 姜磊. 硫酸盐侵蚀环境下混凝土劣化规律研究[D]. 西安: 西安建筑科技大学, 2014.

[12] Ferraris C F, Stutzman P E, Snyder K A. Sulfate resistance of concrete: A new approach[R]. Skokie: PCA, 2006.

[13] Thaulow N, Sahu S. Mechanism of concrete deterioration due to salt crystallization[J]. Materials Characterization, 2004, 53 (2-4): 123-128.

[14] Flatt R J, Schutter G W. Hydration and crystallization pressure of sodium sulfate: A critical review [J]. Materials Research Society Symposium Proceedings, 2002, 712: 29-34.

[15] Navarro C R, Doehne E, Sebastian E. How does sodium sulfate crystallize? Implications for the decay and testing of building materials[J]. Cement and Concrete Research, 2000, 30: 1527-1534.

[16] Mehta P K. Evaluation of sulfate-resisting cements by a new test method[J]. Journal of ACI, 1975, 72 (10): 573-575.

[17] Theoulakis P, Moropoulou A. Salt crystal growth as weathering mechanism of porous stone on historic masonry[J]. Journal of Porous Materials, 1999, 6 (4): 345-358.

[18] Navarro C R, Doehne E. Salt weathering: Influence of evaporation rate, supersaturation and crystallization pattern[J]. Earth Surface Processes and Landforms, 1999, 24 (2-3): 191-209.

[19] Winkler E M, Wilhelm E J. Salt burst by hydration pressures in architectural stone in urban atmosphere[J]. The Geological Society of America, 1970, 81 (2): 567-572.

[20] Sperling C H B, Cooke R U. Laboratory simulation of rock weathering by salt crystallization and hydration processes in hot, arid environments[J]. Earth Surf Processes Landforms, 1985, (10) 6: 541-555.

[21] Bellmann F, Möser B, Stark J. Influence of sulfate solution concentration on the formation of gypsum in sulfate resistance test specimen[J]. Cement and Concrete Research, 2006, 36 (2): 358-363.

[22] Skalny J P, Odler I, Marchand J. Sulfate Attack on Concrete[M]. London: Spon, 2001.

[23] 邓德华, 肖佳, 元强. 水泥基材料中的碳硫硅钙石[J]. 建筑材料学报, 2005 (4): 400-409.

[24] Bensted J. Thaumasite-direct, woodfordite and other possible formation routes[J]. Cement and Concrete Composites, 2003, 25 (8): 873-77.

[25] Kurtis K E, Shomglin K, Monteiro P J M, et al. Accelerated test for measuring sulfate resistance of calcium sulf-aluminate, calcium aluminate, and portland cements[J]. Journal of Materials in Civil Engineering, 2001, 13 (3): 216-221.

[26] 高礼雄, 荣辉, 刘金革. 坝盐对混凝土抗硫酸盐侵蚀的有效性研究[J]. 混凝土, 2007, (3): 17-18, 21.

[27] Gollop R S, Taylor H F W. Microstructural and microanalytical studies of sulfate attack Ⅱ. Sulfate-resisting portland cement: Ferrite composition and hydration chemistry[J]. Cement and Concrete Research, 1994, 24 (7): 1347-1358.

[28] Rasheeduzzafar. Influence of cement composition on concrete durability[J]. ACI Materials Journal, 1992, 89 (6): 574-586.

[29] 亢景富. 混凝土硫酸盐侵蚀研究中的几个基本问题[J]. 混凝土, 1995 (3): 9-18.

[30] Al-Amoudi O S B. Attack on plain and blended cements exposed to aggressive sulfate environments[J]. Cement Concrete Composites, 2002, 24 (3-4): 305-316.

[31] Monteiro P J M, Kurtis K E. Time to failure for concrete exposed to severe sulfate attack[J]. Cement and Concrete Research, 2003, 33 (7): 987-993.

[32] Shah P, Wang K, Weiss W J. Mix proportioning for durable concrete[J]. Concrete International, 2000, 2 (9): 73-78.

[33] Naik N N, Jupe A C, Stock S R. Sulfate attack monitored by micro CT and EDXRD: Influence of concrete type, water-to-cement ratio, and aggregate[J]. Cement and Concrete Research, 2006, 36 (1): 148-159.

[34] Jin W L, Zhang Y, Zhao Y X. State-of-the-art: Researches on durability of concrete structure in chloride ion ingress environment in China[C]//Mark I, Russell P A M. Basheer, Concrete Platform 2007, North Ireland: Queen's University Belfast, 2007: 133-148.

[35] 卢振永, 金伟良, 王海龙, 等. 人工气候模拟加速试验的相似性设计[J]. 浙江大学学报（工学版）, 2009, 43(6): 1071-1076.

[36] 卢振永. 氯盐腐蚀环境的人工模拟试验方法[D]. 杭州: 浙江大学, 2007.

[37] 金立兵. 多重环境时间相似理论及其在沿海混凝土结构耐久性中的应用[D]. 杭州: 浙江大学, 2008.

[38] 金伟良, 吕清芳, 赵羽习, 等. 混凝土结构耐久性设计方法与寿命预测研究进展[J]. 建筑结构学报, 2007, 28(1): 7-13.

[39] 金伟良, 李志远, 许晨. 基于相对信息熵的混凝土结构寿命预测方法[J]. 浙江大学学报（工学版）, 2012, 46(11): 60-66.

[40] 李志远. 基于相对信息多重环境时间相似理论及混凝土耐久性应用[D]. 杭州: 浙江大学, 2016.

[41] 金伟良, 金立兵, 王海龙, 等. 多重环境时间相似理论模型及其应用[C]//全国土木工程研究生学术论坛, 北京, 2008.

[42] 中华人民共和国住房和城乡建设部. 混凝土结构耐久性设计规范: GB/T 50476—2008[S]. 北京: 中国建筑工业出版社, 2008.

[43] 中国土木工程学会. 混凝土结构耐久性设计与施工指南: CCES 01—2004[S]. 北京: 中国建筑工业出版社, 2005.

[44] 武海荣. 混凝土结构耐久性环境区划与耐久性设计方法[D]. 杭州: 浙江大学, 2012.

[45] 金伟良. 腐蚀混凝土结构学[M]. 北京: 科学出版社, 2011.

[46] Neves R, Branco F, de Brito J. Field assessment of the relationship between natural and accelerated concrete carbonation resistance[J]. Cement & Concrete Composites, 2013, 41: 9-15.

[47] 金伟良, 赵羽习. 混凝土结构耐久性[M]. 北京: 科学出版社, 2002.

[48] Maries A. The activation of Portland cement by carbon dioxide[C]//Proceedings of Conference in Cement and Concrete Science, Oxford, 1985.

[49] Fernández B M, Simons S J R, Hills C D, et al. A review of accelerated carbonation technology in the treatment of cement-based materials and sequestration of CO_2[J]. Journal of Hazardous Materials, 2004, 112(3): 193-205.

[50] Xiao J Z, Li J, Zhu B L, et al. Experimental study on strength and ductility of carbonated concrete elements[J]. Construction and Building Materials, 2002, 16(3): 187-192.

[51] Jerga J. Physico-mechenical properties of carbonated concrete[J]. Construction and building Materials, 2004, 18(4): 645-652.

[52] Chi J M, Huang R, Yang C C. Effects of carbonation on mechanical properties and durability of concrete using accelerated testing method[J]. Journal of Marine Science and Technology, 2002, 10(1): 14-20.

[53] 张誉, 蒋利学. 基于碳化机理的混凝土碳化深度实用数学模型[J]. 工业建筑, 1998, 28(1): 16-19.

[54] Mehta P K. Concrete durability: Fifty year's progress[C]//Proceeding of 2nd International Conference on Concrete Durability, ACI SPl26-1, 1991: 1-33.

[55] Fagerlund G. The Signifcance of critical degrees of saturation at freezing of porous and brittle materials[J]. ACI Special Publication, 1975, 47: 13-66.

[56] Fagerland G. The critical degree of saturation method of assessing the freeze/thaw resistance of concrete[J]. Materials and Structures, 1977, 10(4): 217-229.

[57] Fagerlund G. The international cooperative test of the critical degree of saturation method of assessing the freeze/thaw resistance of concrete[J]. Matériaux et Construction, 1977, 10(4): 231-253.

[58] Fagerlund G. Predicting the service life of concrete exposed to frost action through a modelling of the water absorption process in the air-pore system[J]. The Modeling of Microstructure and its Protential for Studying Transport Properties and Durability, 1996: 304, 503-537.

[59] Litvan G G. Phase transitions of adsorbates: IV, mechanism of frost action in hardened cement paste[J]. Journal of the American Ceramic Society, 1972, 55(1): 38-42.

[60] Litvan G G. Frost action in cement paste[J]. Materiaux et Constructions, 1973, 34: 1-8.

[61] Litvan G G. Phase Transitions of adsorbates: Ⅵ, effect of deicing agents on the freezing of cement paste[J]. Journal of the American Ceramic Society, 1975, 58(1-2): 26-30.

[62] Litvan G G. Freeze-thaw durability of porous building materials[J]. ASTM Special Technical Publication, 1980, 691: 455-463.

[63] Powers T C. A working hypothesis for further studies of frost resistance of concrete[J]. ACI Journal, 1945, 16(4): 245-272.

[64] Powers T C, Willis T F. The air requirement of frost resistant concrete[J]. Proceedings of the Highway Research Board, 1949, 29: 184-211.

[65] Powers T C, Helmuth R A. Theory of volume changes in hardened Portland cement pastes during freezing [J]. Proceedings of the Highway Research Board, 1953, 32: 285-297.

[66] Powers T C. Freezing effects in concrete[C]//Durability of Concrete, ACI Special Publication, Detroit, 1975: 1-11.

[67] 施士升. 冻融循环对混凝土力学性能的影响[J]. 土木工程学报, 1997(4): 35-42.

[68] 段安. 受冻融混凝土本构关系研究和冻融过程数值模拟[D]. 北京: 清华大学, 2009.

[69] 李金玉, 曹建国. 水工混凝土耐久性的研究和应用[M]. 北京: 中国电力出版社, 2004.

[70] 冀晓东. 冻融后混凝土力学性能及钢筋混凝土粘结性能的研究[D]. 大连: 大连理工大学, 2007.

[71] Hassanzadeh M, Fagerlund G. Residual strength of the forst-damaged reinforced concrete beams[C]//Ⅲ European Conference on Computational, Lisbon, 2006.

[72] Petersen L, Lohaus L, Polak M A. Influence of freezing-and-thawing damage on behavior of reinforced concrete elements[J]. ACI Materials Journal, 2007, 104(4): 369-378.

[73] Diao B, Zhang J, Ye Y, et al. Effects of freeze-thaw cycles and seawater corrosion on the behavior of reinforced air-entrained concrete beams with persistent loads[J]. Journal of Cold Regions Engineering. 2012, 27(1): 44-53.

[74] 张誉, 蒋利学, 张伟平, 等. 混凝土结构耐久性概论[M]. 上海: 上海科学技术出版社, 2003.

[75] 夏晋. 锈蚀钢筋混凝土构件力学性能研究[D]. 杭州: 浙江大学, 2010.

[76] DuraCrete. General guidelines for durability design and redesign: BRPR-CT95-0132-BE95-1347[S]. Gouda: The European Union-Brite Euram III, 2000.

[77] LIFECON. Service life models, instructions on methodology and application of models for the prediction of the residual service life for classified environmental loads and types of structures in Europe[R]. Life Cycle Management of Concrete Infrastructures for Improved Sustainability, 2003.

[78] CEB-FIP. Model code for service life design: fib bulletin 34[S]. Lausanne: International Federation for Structural Concrete (fib), 2006.

[79] Thomas M DA, Bentz E C. Life 365: Computer program for predicting the service life and life cycle costs of RC exposed to chloride[DB/CD]. American Concrete Institute, Committee 365, Service Life Prediction, Detroit, Michigan, Version 2.2.1, 2013.

[80] 潘琳, 吕平, 赵铁军, 等. 海工钢筋混凝土的腐蚀与防护[J]. 全面腐蚀控制, 2006, 20(1): 13-16.

[81] 田俊峰, 王胜年, 黄君哲, 等. 海港工程混凝土耐久性设计与寿命预测[J]. 中国港湾建设, 2004(6): 1-3, 44.

[82] 姚昌建. 沿海码头混凝土设施受氯离子侵蚀的规律研究[D]. 杭州: 浙江大学, 2007.

[83] 金立兵, 金伟良, 赵羽习. 沿海混凝土结构耐久性现场试验方法的优选[J]. 东南大学学报(自然科学版), 2006, 36 Sup (Ⅱ): 61-67.

[84] 姚诗伟. 氯离子扩散理论[J]. 港工技术与管理, 2003(5): 1-4.

[85] 张奕. 氯离子在混凝土中的输运机理研究[D]. 杭州: 浙江大学, 2008.

[86] Maekawa K, Chaube R, Kishi T. Modeling of Concrete Performance[M]. London: E&FN Spon, 1999.

[87] Life-365. Computer program for predicting the service life and life cycle costs of RC exposed to chloride [R]. American Concrete Institute, Committee 365, 2000: 1-87.

[88] Climent M A, de Vera G, Lope Z. Transport of chlorides through non saturated concrete after an initial limited chloride supply [C]//Proceedings of 2nd RILEM Workshop Testing and Modelling the Chloride Ingress into Concrete, Paris, 2000.

[89] Anna V S, Roberto V S, Renato V V. Analysis of chloride diffusion into partially saturated concrete[J]. ACI Material Journal, 1993, 90(5): 441-451.

[90] 吕清芳. 混凝土结构耐久性环境区划标准的基础研究[D]. 杭州: 浙江大学, 2007.

[91] Mangat P S, Molloy B T. Prediction of long term chloride concentration in concrete [J]. Materials and Structures, 1994, 27(6): 338-346.

[92] Val D V, Stewart M G. Life-cycle cost analysis of reinforced concrete structures in marine environments [J]. Structural Safety, 2003, 25(4): 343-362.

[93] McGee R. Modelling of durability performance of Tasmanian bridges[C]//Melchers R E, Stewart M G. ICASP8 Applications of Statistics and Probability in Civil Engineering, Sydney, 1999, 1: 297-306.

[94] Liu T, Weyers R W. Modeling the dynamic corrosion process in chloride contaminated concrete structures [J]. Cement and Concrete Research, 1998, 28(3): 365-379.

[95] JSCE. Standard Specification for Concrete Structures[S]. Tokyo, Japan Society of Civil Engineers, 2007.

[96] Bamforth P B. Spreadsheet model for reinforcement corrosion in structures exposed to chlorides[J]. Concrete under severe conditions, 1998, 2: 64-75.

[97] 余红发, 孙伟, 麻海燕, 等. 混凝土使用寿命预测方法的研究III——混凝土使用寿命的影响因素及混凝土寿命评价[J]. 硅酸盐学报, 2002, 30(6): 696-701.

[98] Amey L, Johnson D A, Miltenberger M A, et al. Predicting the service life of concrete marine structures: An environmental methodology[J]. ACI Structural Journal, 1998, 95(2): 205-214.

[99] Gehlen Ch. Probabilistische Lebensdauerbemessung von Stahlbeton-bauwerken. Zuverlässigkeitsbetrachtungen zurwirksamen Vermeidung von Bewehrungskorrosion[J]. Deustscher Ausschuss für Stahlbeton, Helft 510, 2000.

[100] 陈伟, 许宏发. 考虑干湿交替影响的氯离子侵入混凝土模型[J]. 哈尔滨工业大学学报, 2006, 38(12): 2191-2193.

[101] de Rincón O T, Castro P, Moreno E I, et al. Chloride profiles in two marine structures-meaning and some predictions[J]. Building and Environment, 2004, 39(9): 1065-1070.

[102] 刘志勇. 基于环境的海工混凝土耐久性试验与寿命预测方法研究[D]. 南京: 东南大学, 2006.

[103] Glass G K, Buenfeld N R.The presentation of the chloride threshold level for corrosion of steel in concrete [J]. Corrosion Science, 1997, 39(5): 1001-1013.

[104] Alonso C, Andrade C, Castellote M, et al. Chloride threshold values to depassivate reinforcing bars embedded in a standardized OPC mortar[J]. Cement and Concrete Research, 2000, 30(7): 1047-1055.

[105] Stratful R F, Jurkovich W J, Spell D L. Transportation Research Record 539[J]. Transportation Research Record, 1975: 50.

[106] Vassie P. Reinforcement corrosion and the durability of concrete bridge[C]//Institution of Civil Engineers, Proceedings, Pt1, Washington D C, 1984, 76: 713-723.

[107] Elsener B, Böhni H. Corrosion of steel in motor studied by impendance measurements[J]. Materials Science Forum, 1986, 8: 363-372.

[108] Henriksen C F. Chloride penetration into concrete structures[J]. Chalmers-Tekniska Högskola, Göteborg, 1993: 166.

[109] Treadway K W J, Cox R N, Brown B J. Durability of corrosion resisting steels in concrete[C]//Proceedings of the Institution of Civil Engineers, Washington D C, 1989, 86: 305-331.

[110] Bamforth P B, Chapman-Andrws J F. Corrosion and corrosion protection of steel concrete[M]. Sheffield, Sheffield Academic Press, 1994.

[111] Page C L, Short N R, Holden W R. The influence of different cements on chloride-induced corrosion of reinforcing steel[J]. Cement and Concrete Research, 1986, 16(1): 79-86.

[112] Andrade C, Page C L. Pore solution chemistry and corrosion in hydrated cement systems containing chloride salts. A study of cation specific effects[J]. Cement and Concrete Research, 1986, 21: 49-53.

[113] Hansson M, Sorenson B. The threshold concentration of chloride in concrete for the initiation of reinforcement corrosion[J]. Corrosion rates of steel in concrete, ASTM International, 1990: 3.

[114] Schiessal P, Raupach M. Influence of concrete composition and microclimate on the critical chloride content[J]. Corrosion of Reinforcement in Concrete, 1990: 49.

[115] Thomas M D A, Matthews J D, Haynes C A. Chloride diffusion and reinforcement corrosion in marine exposed concretes containing PFA[J]. Corrosion Reinforcement in Concrete, 1990: 198-212.

[116] Tuutti K. Effect of cement type and different additions on service live[J]. Concrete 2000, 1993, 2: 1285-1295.

[117] Locke C E, Siman A. Electrochemistry of reinforcement steel in salt-contaminated concrete[J]. Corrosion of Reinforcing Steel in Concrete, ASTM International, 1980, 713: 3-16.

[118] Lambert P, Page C L, Vassie P R W. Investigation of reinforcement corrosion.2.Electrochemical monitoring of steel in chloride-contaminated concrete[J]. Materials And Structures, 1991, 24 (5): 351-358.

[119] Lukas W. Relationship between chloride content in concrete and corrosion in untensioned reinforcement on Austrian bridges and concrete road surfacing[J]. Betonwerk and Fertigteil-Technik, 1985, 51 (11): 730-734.

[120] Goni S, Andrade C. Synthetic concrete pore solution chemistry and rebar corrosion rate in the presence of chloride[J]. Cement and Concrete Research, 1990, 20 (4): 525-539.

[121] Diamond S. Chloride concentrations in concrete pore solutions resulting from calcium and sodium chloride admixtures[J]. Cement, Concrete and Aggregates, 1986, 8 (2): 97-102.

[122] Hausmann D A. Steel corrosion in concrete-How does it occur[J]. Material Protection, 1967, 6 (11): 19-23.

[123] Yonezawa T, Ashworth V, Procter R P M. Pore solution composition and chloride effects on the corrosion of steel in concrete[J]. Corrosion, 1988, 44 (7): 489-499.

[124] Gouda V K. Corrosion and corrosion inhibition of reinforced steel[J]. British Corrosion Journal, 1970, 5: 198-203.

[125] Gouda V K, Halaka W Y. Corrosion and corrosion inhibition of reinforced steel[J]. British Corrosion Journal, 1970, 5: 204-208.

[126] Thomas M. Chloride thresholds in marine concrete[J]. Cement and Concrete Research, 1996, 26 (4): 513-519.

[127] Hussain S E, Al-GahtaniA S, Rasheeduzzafar. Chloride threshold for corrosion of reinforcement in concrete[J]. ACI Materials Journal, 1996, 93 (6): 534-538.

[128] ACI Committee 201. Guide to durable concrete: ACI 201.2R-16[S]. Farmington Hills MI 48331, American Concrete Institute, 2016.

[129] ACI Committee 222. Guide to protection of metals in concrete against corrosion: ACI 222R-19[S]. Farmington Hills MI 48331, American Concrete Institute, 2019.

[130] British Standard. Structural use of concrete, Part 2: Code of practice for special circumstances: BS 8110-1997[S]. London: British Standard Institution, 1997.

[131] Hope B B, Ip A K C. Chloride corrosion threshold in concrete[J]. ACI Material Journal, 1987, 84 (4): 306-314.

[132] Page C L, Vennesland O. Pore solution composition and chloride binding capacity of silica-fume cement pastes[J]. Materiaux Construction, 1983, 16 (1): 19-25.

[133] Glass G K, Buenfeld N R. Chloride-induced corrosion of steel in concrete[J]. Progress in Structural Engineering and Materials, 2000, 2 (4): 448-458.

第 6 章

多重环境时间相似理论

本章将集中阐述多重环境时间相似理论(METS 理论)的基本思想和应用思路,通过介绍 METS 方法在沿海混凝土结构耐久性中的应用过程和步骤具体地阐明 METS 理论在实际工程问题中的应用。

6.1 一 般 问 题

基于前面几章的讨论，可以发现：对于一些复杂的现象，现象的单值条件无法确定时，第三相似定理就难以实行，使得模型试验的结果出现误差。而对于某些更为复杂的现象，相似三大定理更是难以直接应用。例如，对于沿海混凝土结构在现场与室内加速试验的相似性研究上，很难直接利用传统的相似理论，这是因为结构耐久性的相似性研究中存在耐久性的相对性问题，包括环境、信息和时间的相对性，如第 5 章所述。因此，有必要采用一种全新的思路与方式来体现和描述这种相对性，从而能够建立室内加速试验结果与现场检测结果的有效联系，实现对研究对象在现场环境中的耐久性评价。

6.1.1 METS

基于以上考虑，本书提出一种 METS 方法来研究不同环境之间研究对象性能劣化的相似性，以便于对结构进行耐久性评定和寿命预测。

由于影响结构寿命的因素较多，并且大多具有时变性的特点，仅仅通过对实际结构物的现场检测与室内加速试验一般无法建立不同劣化参数的相似关系。因此，选取与研究对象具有相同或相似环境且具有一定使用年限的参照物，而参照物和研究对象的环境条件具有相似性，进而研究对象和参照物的性能劣化亦具有相似性；通过对参照物进行现场检测试验以及与参照物对应的模型进行内加速试验研究，建立参照物在现场与室内加速环境劣化的时间相似关系；利用该时间相似关系与研究对象模型的室内加速试验结果便可得到研究对象在现场实际环境中各劣化参数的时变规律，进而对研究对象进行性能预测。这就是 METS 理论对结构进行性能预测的基本原理，如图 6-1 所示。

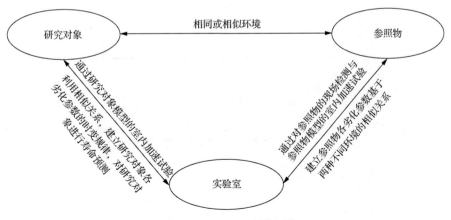

图 6-1 METS 理论原理图

Fig.6-1 Principle of multiple environmental time similarity theory

根据图 6-1，利用 METS 理论对结构进行性能预测的基本步骤如下。

(1) 分析影响结构使用寿命的主要劣化参数，如结构材料性能参数、外界侵蚀介质的侵蚀速度、结构上荷载作用参数等，为方便描述，这里假设各劣化参数的影响因素为 $\alpha_1, \alpha_2, \alpha_3, \cdots, \alpha_i, \cdots$。

(2) 选取与研究对象具有相同或相似环境条件的具有一定使用年限的参照物。

(3) 收集研究对象与参照物各劣化参数的影响因素的有关设计资料、施工验收资料，即各劣化参数时变关系的初始条件。

(4) 收集研究对象、参照物的荷载作用与环境、气象、水文资料，并运用力学数学方法对各参数进行分析、计算，得到现场条件下研究对象和参照物荷载作用、环境作用的主要参数资料。

(5) 根据主要参数劣化机理的研究，对步骤(4)中得到的主要参数资料进行人工气候加速模拟，得到实验室试验的主要控制参数。

(6) 制作与研究对象、参照物相同材料组成和结构组成的模型(参照物模型与研究对象模型的相似率相同)，并在实验室进行室内加速试验。

(7) 通过对参照物进行现场实测，得到参照物各劣化参数在现场环境条件下的时变关系，如式(6-1)所示：

$$y_{int_n} = y_{int_{n0}} \cdot f_{in}(\alpha_1, \alpha_2, \alpha_3, \cdots, t_n) \tag{6-1}$$

式中，$\alpha_i (i=1,2,3,\cdots)$ 为参照物劣化参数的影响因素；y_{int_n} 为现场环境参照物第 i 劣化参数在现场服役时间 t_n 的取值；$y_{int_{n0}}$ 为现场环境下参照物第 i 劣化参数在初始时刻 t_{n0} 的取值；t_n 为现场环境参照物的服役时间；$f_{in}(\cdot)$ 为现场条件下参照物第 i 劣化参数的时变关系。

(8) 通过对实验室中参照物模型与研究对象模型的试验研究，得到参照物与研究对象各劣化参数在室内加速模拟环境中的时变关系，如式(6-2)所示：

$$y_{iat_a} = y_{iat_{n0}} \cdot f_{ia}(\alpha_1, \alpha_2, \alpha_3, \cdots, t_a) \tag{6-2}$$

式中，y_{iat_a} 为加速条件下参照物(与研究对象)第 i 劣化参数在试验时间 t_a 的取值；$y_{iat_{n0}}$ 为加速条件下参照物(与研究对象)第 i 劣化参数在初始时刻 t_{a0} 的取值；t_a 为加速劣化条件下的试验时间；$f_{ia}(\cdot)$ 为加速条件下参照物第 i 劣化参数的时变关系。

(9) 根据参照物在现场环境下和参照物模型在实验室各劣化参数的时变关系，式(6-1)、式(6-2)经过计算或数值模拟可以得到参照物在实验室和现场环境的劣化时间(如使用寿命)，从而建立参照物在实验室和现场环境劣化的时间相似关系，如式(6-3)所示：

$$\lambda_d = \frac{t_{nr}}{t_{ar}} \tag{6-3}$$

式中，λ_d 为参照物在实验室和现场环境劣化时间的相似率；t_{nr} 为参照物在现场实际环境中的劣化时间；t_{ar} 为参照物模型在实验室加速环境的劣化时间。

(10)根据研究对象的边界条件与研究对象模型的实验室试验研究结果，计算得到研究对象模型在实验室条件的劣化时间 t_a；利用两种环境下参照物劣化时间的相似率［式(6-3)］，得到研究对象在现场实际环境中的劣化时间 $t_n = t_a \times \lambda_d$（即研究对象在现场实际环境的使用寿命）。

利用 METS 方法对结构进行寿命预测时，有时会根据实际情况将其实现过程略作调整。例如，步骤(9)中有时会先通过参照物各劣化参数在现场实际结构与实验室环境中时变关系的分析研究，得到同一劣化参数在两个不同环境中的相似关系，如式(6-4)所示：

$$y'_{int_n} = \varphi_i(t_a, t_{n0}, t_{a0}) \cdot g_{ian}(\alpha_1, \alpha_2, \alpha_3, \cdots, t_n, t_a) \tag{6-4}$$

式中，y'_{int_n} 为现场条件下参照物第 i 劣化参数在现场服役 t_n 时的取值；$g_{ian}(\cdot)$ 为参照物第 i 劣化参数在实验室与现场自然条件下时变关系的相似转换关系；$\varphi_i(t_a, t_{n0}, t_{a0})$ 为参照物第 i 劣化参数在实验室与现场自然条件的时间转换系数。由于研究对象与参照物的环境相似性，根据研究对象模型的实验室试验结果，利用式(6-4)可以得到研究对象各劣化参数在现场实际环境的时变关系，进而可以对研究对象实际结构进行劣化分析与性能预测。

6.1.2　METS 理论的参数选取

METS 理论是基于对结构，尤其是新建结构进行性能预测而提出的，因而保留了环境、时间的概念。事实上，METS 理论不仅可以用于结构的寿命预测，它还有着更加广泛的应用范围，既可以用于结构的寿命与预测，又可以用于结构抵抗台风的风险分析，还可以用于输电线路覆冰后的安全性研究、结构在地震作用下的动力响应、卫星在发射阶段的动力特性分析、汽车在各种灾害天气下的使用性能分析、导弹的使用寿命研究等。

因此，METS 理论中环境、时间、参照物都是广义的概念。

6.1.2.1　环境的广义化

狭义的环境作用通常是指结构的六类工作环境[1]。

(1)大气环境。在大气环境中，混凝土结构的耐久性主要问题是保护层碳化后钢筋的锈蚀问题。该环境中的结构是指：①地面以上的混凝土结构或构件；②在海水浪溅区以上的沿海结构或构件；③在河流或湖泊等淡水区域平均年最高水位 1m 以上的混凝土结构或构件。

(2)土壤环境。土壤环境中的结构是指与土壤有直接接触的混凝土结构或构件。在考虑土壤环境作用效应时，应考虑不同土壤的差别，如盐渍土、淤泥泥炭质土、含石膏土壤等，还应考虑地下水位变动及冻融的影响。

(3)海洋环境。海洋环境中的结构包括：①在海水中的结构和构件；②在海平面之上的结构和构件；③在海水浪溅区之内和受潮汐影响的结构或构件。海洋环境中的混凝土结构除了有钢筋锈蚀问题，还有海水侵蚀和海水影响下的冻融等问题。

(4)受环境水影响的环境。受环境水影响的混凝土结构包括：①结构在河流、湖泊等淡水平均年最高水位 1m 以下的部分；②常年受地下水影响的构件和结构；③受水流冲蚀影响的结构。环境水对混凝土结构的作用效应通常由水的流动性、水中硫酸根离子、镁离子等物质的含量和 pH 决定。

(5)化学物质侵蚀环境。化学物质侵蚀环境是指有人为化学物质污染的环境，包括下述结构：①在化学物质污染空气中的结构或构件；②在化学物质污染土壤中的结构或构件；③受化学物质污染水影响的结构或构件。在考虑这种环境对混凝土结构的作用效应时，宜按侵蚀性物质的种类、浓度等因素分别处理。

(6)特殊工作环境。特殊工作环境是指有高温、蒸汽、辐射、冲撞及其他硬性损伤等因素的工作环境，以及使用除冰剂的环境中的结构。除了按环境类别确定环境作用效应，有些影响混凝土结构耐久性的问题需要通过环境改造或者控制原材料中有害物质的含量来解决。

METS 理论中的环境是指对结构内部效应产生作用的各种外界作用。除了包含狭义的环境因素，还包含了更加广义的气象(强风、地震、暴风雪)、力学(静态、动态荷载作用)、空间环境(粒子辐射、光电作用)等外界的作用。

6.1.2.2　时间的广义化

METS 理论中的时间是指对研究对象进行相似性分析的目标。对结构进行性能预测的目标是结构的劣化时间，即 METS 理论中时间的最初涵义。

然而 METS 理论不只是用于对结构进行寿命预测，还有更加广泛的应用范围。例如，用 METS 理论对结构进行抵抗台风风险分析时，其目标为台风作用下结构的风险系数，利用 METS 理论可以对结构在各种强度风载条件下与实际预计风力作用下的安全性进行相似性研究，此时 METS 理论中"时间"的含义则为风险系数；对输电线路覆冰后的安全性进行研究时，其目标是研究输电线路覆冰后的各杆件是否满足材料强度和稳定性要求，利用 METS 理论可以对不同自然环境下输电线路覆冰后的力学响应与灾害天气下输电线路最不利覆冰后的力学响应进行相似性研究，此时 METS 理论中"时间"的含义则为输电线覆冰后的力学响应；在对导弹的使用寿命进行分析时，其目标为导弹在正常使用环境中的使用寿命(贮存年限)，利用 METS 理论可以通过导弹的加速老化试验对导弹寿命进行相似性研究，此时 METS 理论中"时间"的含义又为导弹的使用寿命；同样 METS 理论还可以用于汽车工业中对汽车在各种灾害天气下的使用性能(如动力性能、安全性能、制动性能等)进行相似性研究，此时试验的目标是汽车在各种不同灾害天气条件下的使用性能，METS 理论中"时间"的含义则可转变为汽车的使用性能(如动力性能、安全性能、制动性能等)。

6.1.2.3　参照物的广义化

METS 理论的参照物指的是与研究对象具有相同或相似环境且具有一定服役时间的

同类结构物。参照物的选取是 METS 理论区别于其他相似性试验方法的特点，参照物为研究对象现场环境和室内模拟环境之间的桥梁。

　　METS 理论中参照物的概念包括三个方面的含义：一是选取的参照物与研究对象的环境条件具有相似性，此时的环境为广义的环境；二是参照物具有一定的服役时间，目的是可以在参照物中检测到环境作用下的各种时间参数，此时的时间仍具有广义性；三是参照物必须和研究对象属于同类结构物，这样在参照物检测得到的各类时间参数用于研究对象才具有相似性。

　　METS 理论的参照物应根据定义选取，有时也可以是研究对象本身。当研究对象具有一定的服役时间并且便于进行现场检测得到时间参数的规律时，可以选取研究对象自身作为参照物，这时 METS 理论的应用将更加方便。

6.1.3　基于 METS 方法的沿海混凝土结构寿命预测

　　沿海混凝土结构耐久性主要表现为氯盐侵蚀引起的钢筋锈蚀。影响氯盐侵蚀的主要因素包括氯离子扩散系数、时间衰减系数、表面氯离子浓度、保护层厚度、对流区深度、氯离子阈值、暴露时间，混凝土材料的组成、外加掺合料、水胶比，环境温度、湿度，海水中氯离子含量、盐雾氯离子含量等，而且各影响因素之间是相互作用的，因此，影响机理相当复杂。

　　根据 5.4.3 节对沿海混凝土结构耐久性主要影响因素的分析，利用 METS 方法对混凝土结构在不同环境条件耐久性寿命进行研究时，第一，选取第三方参照物(为与其他模型相区别，对沿海混凝土结构耐久性寿命预测选取的参照物称为第三方参照物)；第二，对同一环境中(现场实际环境或室内加速试验环境)不同结构部位的氯离子扩散系数、时间衰减系数、表面氯离子浓度、保护层厚度、对流区深度、氯离子阈值等具体参数的取值进行试验研究；第三，根据第三方参照物在现场和室内加速试验的试验结果建立各影响参数基于不同环境的相似关系；第四，利用相似关系通过研究对象对应混凝土试件的室内试验结果计算研究对象各耐久性参数在现场环境中的取值；第五，根据氯离子侵蚀模型预测不同结构研究对象氯离子达到阈值的时间，即研究对象在现场实际环境中耐久性寿命的预测结果，如图 6-2 所示。

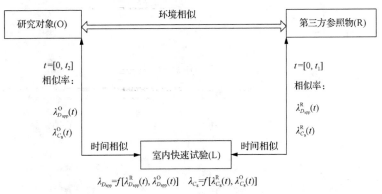

图 6-2　METS 在沿海混凝土结构耐久性寿命预测中的应用

Fig. 6-2　Application of METS in life prediction of concrete structural durability

根据以上分析，利用 METS 方法对沿海混凝土结构进行耐久性寿命预测研究时的实现过程如下：

(1) 选取与研究对象现场具有相同或相似环境条件的已服役多年的沿海混凝土结构作为第三方参照物。

(2) 收集研究对象与第三方参照物在服役初始时刻(即暴露时间 $t=t_0$ 时)影响氯盐侵蚀的各因素的相关参数资料：表面氯离子浓度 C_s、氯离子表观扩散系数 D_{app} 等，以及设计资料，如混凝土材料的组分、掺合料类型、水胶比 W/B、混凝土保护层厚度 c、钢筋类型等。

(3) 收集研究对象的现场环境、气象资料、水文统计资料，并运用数学统计方法对现场自然环境条件进行数值模拟，计算温度、湿度、环境氯离子浓度的平均值与不同高程处的海水浸润时间比例。

(4) 根据氯离子的侵蚀机理，对自然环境条件进行人工气候加速模拟，确定不同环境分区(如水下区、潮差区、浪溅区、大气区等)结构典型部位对应的人工气候加速模拟实验室的控制参数。

(5) 设计并制作与研究对象、第三方参照物相同配合比组成的混凝土试件，并置于人工气候加速模拟实验室进行室内加速试验，同时，对于研究对象对应的混凝土试件进行现场暴露试验。

(6) 定期对第三方参照物的混凝土结构/构件的现场检测和对应混凝土试件室内加速试验的取样检测进行分析，经过化学分析与氯离子侵蚀曲线拟合，得到混凝土结构在现场环境与室内加速环境的耐久性主要参数：表观氯离子扩散系数 $D_{app}^R(t)$ 与 $D_{app}^{R'}(t)$、时间衰减系数 n^R(认为现场环境与室内加速环境的时间衰减系数相等)、表面氯离子浓度 $C_s^R(t)$ 与 $C_s^{R'}(t)$、对流区深度 Δx^R 与 $\Delta x^{R'}$(上标"R"表示第三方参照物，其中室内加速环境的参数加"'"表示)等，则可得到各耐久性参数的相似率 $\lambda^R(t)$，如式(6-5)所示：

$$\lambda_{D_{app}}^R(t) = \frac{D_{app}^R(t)}{D_{app}^{R'}(t)}, \quad \lambda_{C_s}^R(t) = \frac{C_s^R(t)}{C_s^{R'}(t)} \tag{6-5}$$

式中，$\lambda_{D_{app}}^R(t)$、$\lambda_{C_s}^R(t)$ 分别为第三方参照物的氯离子扩散系数与表面氯离子浓度基于现场和试验环境的相似率。

(7) 通过定期对研究对象不同结构部位对应的混凝土试件的现场暴露试验与室内加速试验进行分析，得到对应不同结构部位的混凝土试件在不同室内加速条件下的各耐久性主要参数：表观氯离子扩散系数 $D_{app}^O(t)$ 与 $D_{app}^{O'}(t)$、时间衰减系数 n^O、表面氯离子浓度 $C_s^O(t)$ 与 $C_s^{O'}(t)$、对流区深度 Δx^O 与 $\Delta x^{O'}$(上标"O"表示研究对象)，根据式(6-5)分别计算氯离子扩散系数与表面氯离子浓度的相似率 $\lambda^O(t)$。

(8) 用步骤(7)中计算得到的各耐久性参数的相似率对步骤(6)中计算得到的对应参数的相似率进行修正，得到研究对象沿海混凝土结构各耐久性参数基于现场与试验环境的相似率，如式(6-6)所示。

$$\lambda_{D_{app}} = f[\lambda_{D_{app}}^R(t), \lambda_{D_{app}}^O(t)], \quad \lambda_{C_s} = g[\lambda_{C_s}^R(t), \lambda_{C_s}^O(t)] \tag{6-6}$$

(9)根据研究对象混凝土试件的室内试验结果,利用步骤(8)中得到的各耐久性参数的相似率,计算得到研究对象的混凝土结构耐久性各参数在现场环境中的取值,通过式(5-10)对沿海混凝土各结构部位氯离子的侵蚀过程进行数值模拟,并根据研究对象各结构部位的保护层厚度和氯离子阈值的取值对不同环境分区各结构构件进行寿命预测。

6.2　METS 试验方法与设计

经过上述讨论,可知钢筋混凝土的耐久性受到很多因素的影响,有抗渗、抗冻、抗侵蚀、抗碳化、抗磨蚀、抗钢筋锈蚀及防止碱骨料反应等多项指标,这些因素不仅包括与混凝土结构自身相关的因素,也包括与结构所处的工作条件相关的各种环境因素,而混凝土结构的老化过程是由这些因素相互作用、相互影响所导致的一系列复杂的物理、化学过程。基于已有的试验研究、工程实践和理论成果,研究人员已经获得混凝土结构耐久性的很多理论模型和耐久性防护措施,但任何模型都需要经过试验和实践来检验其准确性,以获得更多的数据来进行检验,并进一步提出更为精确的理论模型[2,3]。如何准确地反映出结构在实际工作环境中的性能退化规律,使得试验结果能真实反映混凝土的实际耐久性状况,是进行耐久性试验的关键所在。

6.2.1　METS 试验方法研究

混凝土结构耐久性 METS 试验的特点是引入了与研究对象具有相似环境条件并具有一定服役年限的第三方参照物,因而,对研究对象的混凝土结构耐久性进行寿命评估时,除了对研究对象进行现场暴露试验和室内加速试验,还需要对第三方参照物结构进行现场检测试验和室内加速试验[4,5]。

6.2.1.1　现场检测试验研究

现场检测[6-8]包括环境条件的检测、混凝土材料物理参数的检测、混凝土结构参数的检测与耐久性损伤的检测等。

1)环境条件的检测

结构所处的环境条件是影响结构耐久性的主要因素之一。在对混凝土结构进行耐久性现场检测时,应首先对构件周边环境的温度、湿度及腐蚀性介质情况进行调查与检测。环境条件检测的主要内容如下:

(1)气象环境的调查。混凝土材料的耐久性劣化机理分析和工程实践表明,环境湿度、温度以及风向、风速都对混凝土碳化、钢筋锈蚀、碱骨料反应、冻融循环等耐久性问题的发生与发展有显著影响,因此应当通过当地气象部门了解结构所在地区的气象资料,主要包括:①年平均气温、年平均最高和最低气温;②年平均空气相对湿度、年平均最高和最低湿度;③年降雨量及雨季时间;④年降雪量及冰冻、积雪时间;⑤结构所处位置的常年风向、风速特征。

(2)工作环境的调查与检测。混凝土结构所处的工作环境可分为一般大气环境、工业建筑环境和海洋环境三大类。前两种环境又可以分为室内环境和室外环境。室外构件又可分为室外淋雨或渗漏、室外不淋雨构件、室外靠近建筑物通风口构件等。低温环境下，还需掌握所处环境温度变化规律，水流或气流环境下还需了解混凝土构件表面承受的冲刷、磨耗、空蚀、扫流等作用。因此，根据结构实际所处环境的不同，工作环境的调查与检测主要包括以下全部或部分内容：①侵蚀性气体，CO_2、SO_2、H_2S、HCl、酸雾等百分比含量和扩散范围；②侵蚀性液体，天然气中的 pH、氯化物、硫酸盐、硫化物等，油类、酸、碱、盐、有机酸、工业废液等的成分、浓度、流经路线或影响范围；③侵蚀性固体，硫酸盐、氯盐、硝酸盐以及有机侵蚀性灰尘成分及影响范围；④工作环境的平均温度、相对湿度以及受干湿交替影响的情况；⑤受冻融交替影响的情况；⑥承受冲刷情况。

2)混凝土材料物理参数的检测

(1)表层混凝土抗渗性的检测。混凝土的耐久性损伤除碱骨料反应外，可以说都是腐蚀介质由表及里向混凝土内渗透、扩散的过程[7]。表层混凝土的抗渗性能直接影响混凝土构件的耐久性能。

我国国家标准中规定的是用抗渗等级法确定混凝土的渗透性，具体方法详见《普通混凝土长期性能和耐久性能试验方法标准》(GB/T 50082—2009)[9]。国际上较为先进的是英国贝尔法斯特女王大学研发的自动渗透性测试仪 AUTOCLAM[10]，如图 6-3 所示，能在现场自动检测渗水性、透水性和透气性三项指标。丹麦的 GWT(Germann Water Permeability Test)仪器对混凝土渗透性的检测评价在国内外的应用也较广泛。

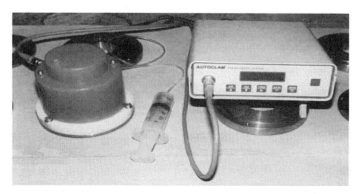

图 6-3　AUTOCLAM 自动渗透测试仪

Fig. 6-3　Automatic permeability testing system

(2)混凝土吸水率的检测。吸水率通常指以烘干重量为基准的饱和面干吸水率，是衡量混凝土抗冻融能力的一项重要指标。混凝土吸水率的检测应按照国家有关标准进行。

(3)混凝土强度的检测。钢筋锈蚀引起的混凝土保护层胀裂，碱骨料反应、硫酸盐侵蚀等引起的膨胀破坏作用都与混凝土的抗拉强度直接相关，冻融破坏则与混凝土疲劳强度相关，但由于实际工程中抗拉强度、疲劳强度难以测定，一般可以通过检测混凝土抗压强度来推定其抗拉强度和疲劳强度。

混凝土抗压强度的检测宜采用回弹法、超声回弹综合法等非破损方法或后装拔出法、钻芯法等半破损方法。

3) 混凝土结构参数的检测

(1) 结构物使用情况的调查。结构物使用情况的调查内容主要包括：①结构物的设计和变更、施工及竣工验收情况；②历年来使用、管理、维护、加固情况；③用途或功能的变化情况；④改建或扩建、增建情况；⑤水灾、火灾、爆破和地震等作用情况；⑥事故处理和修复情况；⑦是否出现其他异常情况。

(2) 结构上作用的调查和取值。结构上的作用包括荷载及温度、不均匀沉降等外部作用。

根据作用随时间的变异情况的分类，结构上的作用可以分为永久作用、可变作用和偶然作用。其中永久作用和可变作用可按照《建筑结构荷载规范》(GB 50009—2012)[11] 取值，但是该规范中可变荷载的标准值是在假定建筑结构的设计基准期为 50 年前提下统计制定的，但在耐久性评估时，设计基准期应改为目标使用期或剩余使用寿命。耐久性评估时要考虑的偶然作用主要指的是地震作用，耐久性评估时可以根据建筑物所在地区、场地土类别、结构类型、结构重要性等确定抗震设防基本烈度，然后根据目标使用期的影响进行调整。

(3) 结构几何参数的检测。混凝土结构几何参数的检测应包括主要轴线尺寸、楼层标高、主要结构构件截面尺寸、构件垂直度、表面平整度以及预制构件或预埋构件的安装偏差等项目。

(4) 钢筋位置和混凝土保护层厚度的检测。混凝土中钢筋位置和保护层厚度的检测可采用非破损检测方法，再用半破损检测方法进行修正。半破损检测时，选择有顺筋裂缝部位或其他对结构受力影响较少的部位，可以采用钻芯法，也可以凿除混凝土保护层后直接量取保护层厚度并确定钢筋实际位置。钢筋位于角部时宜量取双向的保护层厚度。

4) 耐久性损伤的检测

(1) 混凝土碳化深度的检测。混凝土碳化深度是大气环境下混凝土结构耐久性评估和寿命预测时的重要参数，也是回弹法检测混凝土强度时必不可少的参数。混凝土碳化深度检测方法有 X 射线法和化学试剂法，现场常用的检测方法有酚酞试剂法和彩虹试剂法，测试程序可参照《回弹法检测混凝土抗压强度技术规程》(JGJ/T 23—2011)[12] 的相关规定。

(2) 混凝土中氯离子含量及侵入深度的检测。氯盐是引起混凝土中钢筋锈蚀的重要原因之一。混凝土中氯盐可能来自骨料(海砂)、外加剂、搅拌用水(海水)等混凝土原材料，也可能来自道路除冰盐和海洋环境。混凝土中氯离子含量及侵入深度的检测，通常采用现场取芯或钻孔取粉的方式。

钻孔取粉一般采用直径为 5～15mm 的冲击钻头，对于每一个测试点钻取 3 个孔，在每一个钻孔按照每 5～10mm 的深度分层取粉，取样深度根据现场情况通常在 50～70mm。然后通过 RCT(rapid chloride test)氯离子含量测试仪或滴定法等检测实物混凝土结构的氯离子含量和侵入深度的关系曲线，通过曲线拟合得到氯离子在混凝土中的表观扩散系数，进而预测在继续使用期内混凝土中氯离子侵入深度和侵入量的发展速度以及氯离子含量分布的变化。

(3)混凝土中硫酸盐浓度及侵入深度的检测。为了正确评价混凝土的硫酸盐腐蚀程度以及硫酸盐腐蚀后混凝土的力学性能，必须先知道混凝土中硫酸盐浓度(通常按 SO_3 百分含量计)的分布情况。混凝土中硫酸盐含量可用硫酸钡重量法测定。

混凝土中硫酸盐的含量及侵入深度的测试，与氯离子的检测类似。

(4)混凝土中钢筋锈蚀程度的检测。钢筋锈蚀程度一般用反映锈蚀状况的钢筋失重率或局部锈蚀状态的截面损失率表示。钢筋锈蚀程度的检测可以采用非破损检测法或局部破损检测法，目前国内常用的非破损检测法有自然电位法、交流阻抗谱法、线形极化法和恒电量法等。局部破损检测时，从混凝土构件上选择保护层空鼓、胀裂或剥落等钢筋锈蚀较严重的部位，凿开混凝土保护层，直接观察钢筋锈蚀情况。如果条件允许，也可以从构件上截取锈蚀钢筋样品送实验室采用称重法测定钢筋的锈蚀程度。

现场检测时，一般应先进行外观检查，根据不同外观损伤情况采取相应方法进行钢筋锈蚀程度的检测，如图 6-4 所示。

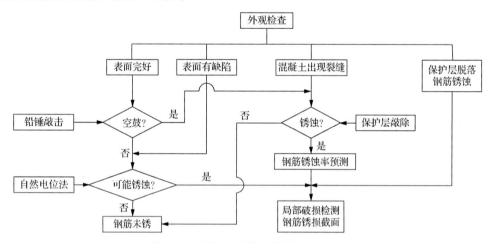

图 6-4　混凝土中钢筋锈蚀的检测流程

Fig. 6-4　Inspection process of reinforced steel corrosion

6.2.1.2　现场暴露试验研究

建立现场暴露试验站，开展天然条件下长期的暴露试验研究已成为结构耐久性专家的共识[2,13]。建立耐久性暴露试验站，对混凝土结构进行现场试验研究是进行沿海混凝土结构耐久性研究的重要手段[6,13]。

世界上许多发达的沿海国家，如荷兰、丹麦、瑞典、美国、德国和法国等，都建造了目的不同的系列海洋暴露试验站，其中有专门研究混凝土结构耐久性的场站，有的已经积累了 30 余年的研究数据[14]，不少成果已经反映在近年颁布的各类标准之中。

我国在华南、华东、华北、东北均建有系统的暴露试验站，分别代表了我国海港地区的南方不冻、华东微冻、华北受冻、东北严重受冻的情况，形成全国暴露试验站网[15]。

随着对混凝土结构耐久性研究的深入，我国分别在深圳、青岛、东海大桥、杭州湾跨海大桥等处建立了多处暴露试验站。

通过对国内外现场暴露试验站设计与选址的对比分析，参考《河港工程总体设计规范》(JTJ 212—2006)[16]及相关文献资料，可知现场暴露试验站作为沿海混凝土结构耐久性的永久性试验基地，在选址时应遵循以下原则。

(1)河床稳定。这是现场暴露试验站建站的基本要求。现场暴露试验站应选在河床稳定少变，河宽、水深、流速、流态适宜的河段，另外，试验站宜选在对抗震相对有利的地段，未经充分论证，不得在危险地段选址。

(2)具有较好的代表性。现场暴露试验站能够代表试验区段的气象、水文、波浪、潮汐等条件，只有这样现场暴露试验站的试验结果才具有可信性和说服力。

(3)施工方便，具有良好的经济性。现场暴露试验站能够方便施工，在保证施工质量及结构功能的前提下，应当节约资源，做到技术上可行，经济效益、社会效益和环境效益良好。

(4)交通便利、使用方便。现场暴露试验站建成后为方便试件摆放、现场测试、取样、检测等，必须具有较好的交通条件。

(5)不得影响沿海工程建设与运行。现场暴露试验站建站选址时，应考虑到港区的长远规划，避免与现有的规划相冲突，造成不必要的经济损失。

(6)易于管理。现场暴露试验站建成后，在条件允许时应当有专人负责看守，防止人为原因对现场暴露试验造成不利影响。应根据设计要求按期对试验站进行必要的保养、检修、维护等。

(7)现场试验操作方便。现场暴露试验站场地或附近能够提供现场试验用的自来水、电源等，有利于在现场展开试验工作。

现场暴露试验站选址原则的确立，为现场暴露试验站的选址提供了理论依据。

钢铁容易在水、蒸汽、化学侵蚀性气体、酸碱盐溶液的作用下，发生电化学腐蚀。钢铁表面上分布着很多的杂质，这些杂质由于电位较高相对金属本体来讲成为阴极，而金属则成为阳极。在整个金属表面上存在着许多微小的阴极和阳极，也就形成很多微小的原电池，这些微小的原电池称为微电池。电池不断发生反应生成腐蚀产物,即电化学腐蚀现象[17]。

现场暴露试验站应首先保证试验站自身结构的耐久性，严格按照《混凝土结构耐久性设计与施工指南》(CCES 01—2004)[18]的要求设计。对于混凝土结构，耐久性设计主要包括以下内容：①确定结构的设计使用年限、环境类别及作用等级；②选用有利于减轻环境作用的结构类型、布置和构造；③提出混凝土材料与钢筋的耐久性质量要求；④确定构件的混凝土保护层厚度；⑤提出混凝土构件裂缝控制的要求；⑥落实有效的防水、排水构造措施；⑦提出适宜的耐久性防护策略，在严重环境作用下，采取防腐蚀附加措施或多重防护策略；⑧提出满足耐久性需要的施工、养护措施与质量验收要求；⑨提出结构使用阶段维护与检测的要求。

对于钢结构，也应注意相应的耐久性设计问题：①确定结构的设计使用年限、环境类别及作用等级；②选用有利于减轻环境作用的结构类型、布置和构造；③选用合适的钢材；④落实有效的防水、排水构造措施；⑤选用合适的耐久性防护措施，在严重环境作用下，采取防腐蚀附加措施或多重防护策略；⑥提出满足耐久性需要的施工、养护措施与质量验收要求；⑦提出结构使用阶段维护与检测的要求。

对于沿海恶劣的环境条件，因为海水中含有大量的氯离子，所以混凝土结构耐久性主要表现为氯盐侵蚀引起的钢筋锈蚀。为确保现场暴露试验站的长期使用，必须采取相应的耐久性防腐措施，如在混凝土表面涂防腐涂层，提高混凝土保护层厚度和质量，在混凝土中掺入高效减水剂、优质掺合料、钢筋阻锈剂等措施。对钢结构而言，选用适当的防腐涂层至关重要[19]，如无机富锌、环氧云铁、镀锌、不锈钢等；在腐蚀严重区域根据需要可采用阴极保护措施。

试验站的结构设计主要包括各类作用与荷载分析、内力分析与计算、荷载组合，最后进行结构设计。对混凝土结构而言，结构设计主要表现为结构形式的确定、混凝土强度的选择、钢筋类型的选取、截面选择与钢筋配置；对钢结构而言，结构设计主要表现为结构形式的确立、钢材强度的选择、钢结构截面类型的选取与截面尺寸的计算。

沿海现场暴露试验站的设计荷载应分别考虑结构自重、摆放试件的重量、波浪荷载、水流力、人群荷载、风荷载、雪荷载、施工荷载、地震作用等，并根据规范[20]进行荷载组合，与普通混凝土结构设计的主要区别在于波浪荷载、水流力的计算，有时波浪荷载会起到控制作用，因此应特别注意波浪荷载的计算。另外，由于沿海环境条件恶劣，现场暴露试验站设计时应给予足够的重视，从设计初期就应引入耐久性设计理念。

6.2.1.3 室内加速试验研究

混凝土结构耐久性 METS 试验方法的目标是通过室内加速试验实现对现场实际结构的耐久性定量评估与剩余寿命预测。因此，对现场实际环境进行人工气候加速设计是 METS 方法的基础，也是 METS 试验方法的关键之一。无论引入的是第三方参照物，还是研究对象本身，都要进行室内加速试验。

然而，加速环境的非真实性的缺陷是无法避免的，人工室内加速方法与实际环境中氯离子的侵蚀过程、碳化程度、钢筋锈蚀的电化学原理和钢筋表面锈蚀特征必然存在着差异，因而在进行加速试验之前，必须掌握混凝土结构耐久性机理在加速条件与实际环境之间的区别及联系，建立二者之间的关系，这是利用人工气候加速试验结果进行混凝土结构耐久性评估的关键。该方法可以适用于任何混凝土结构，包括已建结构、待建结构或在建结构。

在进行室内加速试验之前，首先要分析混凝土结构耐久性存在的主要问题(碳化、氯盐侵蚀、冻融循环等)与耐久性的机理，然后确定影响耐久性的主要因素，进而对各影响因素进行人工气候加速模拟。进行室内加速时，切忌使混凝土结构耐久性的机理发生变化，例如，在对混凝土结构受氯盐侵蚀的耐久性问题进行加速试验时，可以通过提高外界温度来加速氯离子的渗透，但温度不能过高，否则过高的温度会对混凝土的孔隙结构造成损伤，降低混凝土的强度，降低混凝土结构的受力性能，无法达到预期目的。

浙江大学大型多功能步入式人工环境复合模拟耐久性实验室[21,22]是国内最先进的人工气候加速模拟大型实验设备，试验室室体分别与控制器、CO_2 系统、喷雾系统、盐雾系统、喷淋系统、加湿系统、制冷机组相连，制冷机组与水泵、水池相连。实验室可以模拟盐雾、盐雨、淋雨、高温、低温、紫外灯耐腐蚀和二氧化碳等多种试验的环境，试验过程可完全由计算机来控制，既可以模拟自然环境，也可以进行人工气候的加速试验，试验人员只需准备好相关溶液即可进行试验。

1）主要技术指标

(1) 工作室尺寸：2950mm×5200mm×2000mm（深×宽×高）。

(2) 温度范围：−18～+50℃。

(3) 温度偏差：±3℃。

(4) 温度波动度：≤±1℃。

(5) 盐水浓度：3%～5%。

(6) 雾粒大小：5～10μm。

(7) 盐水流量：150～250L/h。

(8) 人工雨方向：垂直向下。

(9) 承重：2t/车×2 辆。

(10) 试件尺寸：2500mm×600mm×500mm。

(11) 试件数量：两件。

(12) 制冷系统冷却方式：风冷式。

(13) 温度控制方式：PID 控制方式。

(14) 光源：紫外灯管。

(15) 灯管距试件距离：50mm。

(16) 灯管间距：70mm。

(17) CO_2 气体碳化试验：通过流量、时间控制浓度。

(18) 电源：（380±38）V，50Hz，120kW。

2）实验室室体结构

试验箱采用组合拼装式库板结构，直接构成一个密闭的试验空间。内胆材料选用 SUS316L 不锈钢板，外壁选用 SUS304B 不锈钢板。根据实验室尺寸，预先制作并填充发泡。保温库板各关键部位尺寸均符合国家标准，严格控制，以方便运输，现场快速组装，见图 6-5。

图 6-5　人工气候加速模拟实验室结构示意图

Fig. 6-5　Structural schematic of artificial climate accelerating simulation chamber

在实验室上装有三块 400mm×600mm 防凝露玻璃观察窗。在库板上还装有压力平衡窗，以平衡库内外压力。大门密封采用双层硅橡胶密封材料。实验室内的送风方式为上送风下回风方式。在实验室上留有一个 CO_2 气体接入口，通过流量计控制进入的气体浓度。

3)试验系统组成

(1)温度试验系统：采用传统的温度实验室的结构，利用空气调节器进行温度变化模拟。

(2)盐雾试验系统：由供气、喷雾单元、盐水补给单元、加热单元、压力平衡及排雾排水单元组成，用于模拟盐雾环境。

(3)气体试验系统：配置有 CO_2 气体接口。

(4)人工雨试验系统：由水箱、高压泵、流量计、压力表、电磁阀、连接管道、喷嘴、水处理装置等组成。

(5)模拟太阳辐射系统：用紫外灯作为光源，模拟太阳对试件的光辐射。

(6)控制系统：采用德国西门子 PLC 及台湾"Easyview"液晶显示触摸屏组成一套控制器；所有程序都实现了计算机控制。

人工气候加速模拟实验室既可以实现现场实际自然环境的室内再现，又可以进行人工气候的加速模拟，是进行室内加速模拟等混凝土结构耐久性试验必需的试验设备。

6.2.2 沿海混凝土结构耐久性 METS 试验设计

6.2.2.1 现场检测试验设计

根据 6.2.1 节分析，沿海混凝土结构的现场检测试验主要包括环境条件的调查与检测、混凝土材料物理参数和结构参数的调查与检测、混凝土结构耐久性损伤的现场检测等。

1)环境条件的调查与检测

对于沿海混凝土结构，除进行必要的气象条件调查与检测外，重点应对海洋环境条件进行调查与检测，包括如下内容。

(1)海水中各类侵蚀物质(如氯离子)的含量。

(2)结构所处位置的水位变化规律。

(3)结构所处海区的年平均波高、年最大波高与年最小波高。

(4)结构所处位置的常年波浪方向。

(5)结构所处海区的海水的年平均流速、年最大流速与年最小流速。

(6)结构所处位置近年来的潮汐资料等。

2)混凝土材料物理参数和结构参数的调查与检测

混凝土材料物理参数和结构参数的调查与检测主要是通过对结构设计、施工及验收资料进行调查与现场检测了解混凝土材料的基本物理性能以及结构的使用性能。主要包括以下内容。

(1) 调查结构物的设计和变更、施工及竣工验收情况。

(2) 调查混凝土的材料组成、掺合料、配合比等资料。

(3) 调查历年来使用、管理、维护、加固情况。

(4) 调查事故处理及修复情况。

(5) 调查是否出现异常情况。

(6) 调查结构上的作用。

(7) 现场检测对混凝土材料的抗渗性能。

(8) 混凝土基体材料强度的现场检测等。

3) 混凝土结构耐久性损伤的现场检测

沿海混凝土结构耐久性损伤的现场检测，主要检测氯离子在混凝土中的含量与侵蚀深度。

混凝土中氯离子含量及侵入深度的检测，通常采用现场取芯或钻孔取粉的方式。钻孔取粉的具体实施步骤见 6.2.1.1 节，最后通过对不同侵入深度的氯离子含量进行曲线拟合得到氯离子表观扩散系数，进而预测在继续使用期内氯离子侵入深度、速度和含量分布的变化。

另外，通常还要进行混凝土结构不同结构部位碳化深度的现场检测。

6.2.2.2　现场暴露试验设计

对于大型重要的或恶劣环境中的沿海混凝土结构工程，有时会为工程建设要求建造自己的现场暴露试验站，如湛江港、东海大桥、杭州湾跨海大桥等都建有专为工程服务的现场暴露试验站。

现场暴露试验设计是对研究对象的不同结构部位、不同类型的混凝土材料、不同受力状态等的混凝土结构进行分析，得出研究对象不同结构部位典型的配合比与受力性能，进而根据相似理论，制作不同配比的混凝土试件/构件以对应于研究对象的不同部位。通过对混凝土试件/构件的现场暴露试验，模拟研究对象混凝土结构在现场实际工作环境中的性能退化，根据对现场暴露试件/构件的检测、分析，研究并预测研究对象混凝土结构的耐久性能，其设计流程如图 6-6 所示。

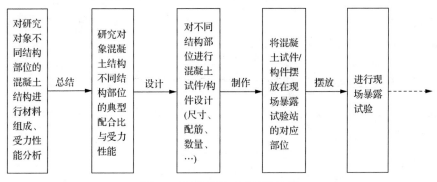

图 6-6　现场暴露试验设计流程

Fig. 6-6　Design process of field exposure test

6.2.2.3　室内加速试验设计

沿海混凝土结构室内加速试验设计包括两个问题：①对现场实际环境进行人工气候加速模拟；②对现场加速试验所需的混凝土试件/构件进行设计。后者的设计过程同6.2.2.2 小节，但混凝土试件/构件的数量会略有不同。

沿海混凝土结构由于外界环境不同而导致氯离子侵蚀机理不同，钢筋锈蚀程度也不一样。目前大多数研究认为沿海混凝土结构的外界环境可以分为四个区域：大气区、浪溅区、潮差区(水位变动区)和水下区。尽管《海港工程混凝土结构防腐蚀技术规范》(JTJ 275—2000)[23]对海水环境混凝土部位划分进行了规定，如表 6-1 所示，但对于各个区域只能给出环境条件和氯离子侵蚀机理上的描述，还不能简单地从海拔上对各个区域加以区分。

表 6-1　海水环境混凝土部位划分
Tab. 6-1　Spot division of coastal concrete structures

掩护条件	划分类别	大气区	浪溅区	水位变动区	水下区
有掩护条件	按港工设计水位	设计高水位加 1.5m	大气区下界至设计高水位减 1.0m 之间	浪溅区下界至设计低水位减 1.0m 之间	水位变动区以下
无掩护条件	按港工设计水位	设计高水位加 (η_0+1.0m)	大气区下界至设计高水位减 η_0 之间	浪溅区下界至设计低水位减 1.0m 之间	水位变动区以下
	按天文潮位	最高天文潮位加 70%的百年一遇有效波高 $H_{1/3}$ 以上	大气区下界至天文潮位减百年一遇有效波高 $H_{1/3}$ 之间	浪溅区下界至最低天文潮位减 20%的百年一遇有效波高 $H_{1/3}$ 之间	水位变动区以下

注：①η_0 值为设计高水位时的重现期 50 年 $H_{1\%}$(波列累积频率为 1%的波高)波峰面高度。
　　②当浪溅区上界计算值低于码头面高程时，应取码头面高程为浪溅区上界。
　　③当无掩护条件的海港工程混凝土结构无法按港工有关规范计算设计水位时，可按天文潮位确定混凝土的部分。

现场影响氯离子侵蚀的环境因素很多，在对现场实际环境进行人工气候加速模拟时通常采取忽略对侵蚀影响较小的次要因素(如波浪力、雨水等)，重点对溶液/海水浓度、温度和干湿循环过程进行模拟的方法，按照现场自然环境下主要环境参数的变化规律进行模拟，为沿海混凝土结构人工气候加速模拟试验做前期准备。

对沿海现场实际环境进行人工气候加速模拟一般是针对不同结构分区(水下区、潮差区、浪溅区、大气区)氯离子在混凝土中的不同传输机理与主要影响因素进行人工气候加速模拟。

1) 水下区

氯离子在水下区混凝土结构中的传输以扩散作用为主。根据经典的 Fick 扩散方程可知，影响扩散的主要因素是表面氯离子含量与扩散系数，因而对水下区混凝土结构现场环境的加速模拟主要途径如下：

(1)通过提高溶液浓度来提高混凝土表面的氯离子含量，以达到对氯离子侵蚀加速的作用。

(2) 通过提高环境温度增大氯离子在混凝土中的扩散系数,以达到加速侵蚀的目的。提高环境温度可以通过控制溶液温度来实现。为了模拟现场实际环境中温度随时间的变化情况,提高加速试验和现场环境作用的相关性,建议采用现场环境的月平均气温,而不采用年平均温度。

因此,对水下区混凝土结构室内加速试验,通常采用提高溶液浓度和温度的方式实现氯离子对混凝土结构的加速侵蚀作用。

2) 潮差区

氯离子在潮差区混凝土中的传输表现为在表层对流区以对流作用和扩散作用为主,在对流区深度以内则表现为纯扩散作用。根据本书的分析,影响潮差区氯离子传输的主要因素有环境温度、相对湿度、干湿循环比例、溶液浓度等。

在对潮差区环境进行人工气候加速模拟时,可将现场实际潮差环境的各月温度、湿度和干湿循环的平均值作为依据,对环境参数相近的月份可合并考虑以简化模拟结果并方便试验操作。

模拟过程采用提高溶液浓度和温度的方式,湿的过程可采用加温的溶液浸泡实现,干的过程采用将溶液抽干后用电风扇吹干或空调机烘干来实现,相对湿度的大小可以采用人工气候模拟实验室来调节实现。

3) 浪溅区

氯离子在浪溅区的传输机理与潮差区接近,区别是干湿循环比例与潮差区不同。有时会将潮差区和浪溅区统称为干湿交替区域,其实浪溅区湿的过程是由于海洋波浪的拍打,而潮差区湿的过程是海洋水位变动(潮汐作用)的结果。影响浪溅区氯离子传输的主要因素有环境温度、相对湿度、干湿循环比例、溶液浓度等。

与潮差区类似,对浪溅区环境进行人工气候加速模拟时,也可将现场实际潮差环境的各月温度、湿度和干湿循环的平均值作为依据,对环境参数相近的月份可合并考虑以简化模拟。

模拟过程采用提高溶液浓度的方式,环境温度可采用人工气候模拟实验室的空调器控制,湿的过程可采用喷淋氯盐溶液实现,干的过程采用空调机烘干来实现,相对湿度的大小可以采用人工气候模拟实验室来调节实现。

4) 大气区

大气区氯离子是通过盐雾附着在混凝土表面,然后通过表层的毛细作用和内部的扩散作用传输到混凝土内部的。大气区混凝土也有一个表层对流区,但通常比浪溅区和潮差区的对流区深度要小。

自然大气条件下,混凝土结构表面上由雨、雾等形成的液膜有一个由厚变薄、由湿变干的周期性循环过程。大气区现场实际环境的人工气候加速模拟试验设计参数主要有盐雾含量、盐雾沉降量、温湿度、盐雾试验程序时间比例。

大气区的模拟试验通常在盐雾腐蚀试验箱内进行,试验过程中的关键是必须保证喷雾质量。

设计的盐雾试验过程首先暴露于恒定盐雾试验过程,接着暴露于高温湿试验过程,最后进行入燥过程[24,25],这种带有干燥过程并周期性地喷盐雾的复合试验方法与单纯盐雾试验相比,可更好地模拟和加速大气腐蚀,能较真实地再现自然环境,更接近材料在自然大气环境中的腐蚀情况。

文献[26]研究表明,适当的雾粒尺寸能够达到腐蚀的最佳效果;但雾粒尺寸难以测量,常采用控制盐雾沉降量的方法来控制雾粒尺寸。各国标准在选定盐雾沉降量时,根据本海域自然沉降量的情况,考虑加速作用,进行理论修正来确定。

需要说明的是,室内加速试验通常需要在试验过程中对各设计参数进行不断的调节,以满足试验的需要。室内加速试验在混凝土结构中的应用时间并不很长,对各参数的设定仍需进行不断的探索和深入的研究。

6.3　沿海混凝土结构耐久性 METS 试验的结果与分析

根据本书对沿海混凝土结构基于 METS 的试验方法,欲对沿海混凝土结构进行耐久性剩余寿命的定量评估,可以将第三方参照物作为现场实际环境与室内加速模拟环境的桥梁,通过对第三方参照物的现场检测与室内加速试验、研究对象的现场暴露试验和室内加速试验来进行。

根据 6.2 节阐述的混凝土结构耐久性 METS 试验设计的原理,本节分别介绍了第三方参照物(乍浦港)的环境气象条件的调查、检测和现场检测试验结果,研究对象(杭州湾跨海大桥)的现场暴露试验站的设计和现场暴露试验的检测结果,室内加速试验的试验参数设计、混凝土试件设计和试验检测结果。通过对试验结果的分析,得出了部分结论,为后续进行基于不同环境混凝土结构耐久性的相似参数研究与寿命预测奠定了基础。

6.3.1　第三方参照物的现场检测试验结果与分析

根据沿海混凝土结构耐久性 METS 试验[4,5]的设计方法,试验选取嘉兴港乍浦港区(以下简称乍浦港)作为第三方参照物。

6.3.1.1　环境条件的调查与检测

1)海水中各类侵蚀物质的含量

资料表明,各地海水的成分几乎都是一样的,含量最多的是氯化物,几乎占总盐分的90%[27],天然大洋海水(全世界 77 个海水样品)所含各种盐量见表 6-2。但海水表层的盐度在各地有差别,即使在同一地区也会随季节的变化而有差异。现场试验检测处海水的平均盐度为 10.787(最高盐度为 12.394,最低盐度为 8.982)[28],根据表 6-2,可得到本海域的氯离子含量为:10.787×19.103/34.477=5.977(g/kg)。

表 6-2　天然大洋海水(全世界 77 个海水样品)盐含量成分表[27]

Tab. 6-2　Seawater salinity in the natural seawater

盐类	含量/(g/kg)	氯离子含量/(g/kg)
NaCl	23.476	14.25
MgCl$_2$	4.981	3.72
Na$_2$SO$_4$	3.917	
CaCl$_2$	1.102	0.80
KCl	0.66	0.32
NaHCO$_3$	0.192	
KBr	0.096	
H$_3$BO$_3$	0.026	
SrCl$_2$	0.024	0.013
NaF	0.003	
含量总和	34.477	19.103

由于所处海域的自然环境复杂,腐蚀环境恶劣,经过检测,海水水质如表 6-3 所示[29]。

表 6-3　海水水质分析表

Tab. 6-3　Analytical results of seawater quality

项目	取值	项目	取值
pH	7.8~8.1	铁离子浓度/10^{-6}	35~90
Ca 硬度/10^{-6}	2000~2500(CaCO$_3$)	化学耗氧量/10^{-6}	3~11(100℃、10min)
Cl 浓度/10^{-6}	5602~5864	电阻率/($\Omega \cdot$ cm)	40~100
游离氧/10^{-6}	0~0.13		

2) 水文情况

根据 1971~2000 年的统计资料(历年特征值包括 1971 年以前的年份),高程采用 1985 国家高程基准(吴淞基准以上 1.84m,下同)。

(1)潮位。潮汐属于非正规半日潮,有明显的日夜潮不等现象,即夏半年(春分—秋分)日潮小、夜潮大,冬半年(秋分—春分)日潮大、夜潮小[29,30],其分潮的平均振幅比为 0.26,日夜潮不等现象主要表现在高潮不等。潮位特征值如表 6-4 所示。

表 6-4　潮位特征值(1985 国家高程基准)

Tab. 6-4　Characteristic values of tidal level

项目	取值	项目	取值
历年最高潮位/m	5.54(1997 年 8 月 18 日)	最大潮位/m	7.73
历年最低潮位/m	−4.01(1930 年 9 月 24 日)	最小潮位/m	1.06
历年平均高潮位/m	2.62	平均海平面/m	0.36
历年平均低潮位/m	−2.14	历年平均潮差/m	4.76

(2)波浪。结构处于半封闭海区,偏东向有舟山群岛作为屏障。全年常浪向为 NW 向,

出现频率为 20.93%，平均波高为 0.1m，最大波高为 0.7m；次常浪向为 E 向，出现频率为 20.39%，平均波高为 0.2m，实测最大波高为 3.0m；强浪向为 ENE—ESE 向。

就时间分布来讲，5～8 月份波高较大，其中 8 月份为最甚，月平均波高为 0.4m，年平均波高为 0.2m；波浪以风浪为主，占全部观测量的 99.5%；年内约 98% 的波高小于 0.6m；年平均波周期为 1.4s。

受台风影响时，会产生大浪。最大实测波高为 3.5m（ESE 向，1997 年 8 月 18 日，对应波周期为 7.2s）和 3.0m（E 向，1992 年 8 月 31 日，对应波周期为 5.4s）。受 1972 年 9 月 17 日台风影响，目测最大波高为 6.0m，而当时最大风速为 24.7m/s，根据研究分析，此目测最大波高有误差需要进行修正，修正后最大波高为 4.8m。

（3）潮流。结构处于强潮海湾，其流向为往复流，湾口潮流一股来自东向，另一股来自东南向，两股流汇合后成为涨潮主流。

据实测资料分析，测区最大流速的极值出现在大潮涨急时段面层，达 2.27m/s，流向为 249°；而落潮的最大流速极值则出现在中潮面层，为 2022.27m/s，流向为 56°。无论涨潮流还是落潮流，其垂直结构分布均基本上呈现出面层流速相对较大、自上而下逐层减小、底层流速最小的特征。

3）气象资料

结构地处我国东部沿海，属亚热带季风湿润气候区，季风显著，全年四季分明，气候温和、湿润、多雨。根据 1971～2000 年的气象资料，乍浦港气象特征统计如表 6-5 所示。

6.3.1.2　材料物理参数的调查与检测

1）结构概况

乍浦港[31]从陈山码头到杭州湾跨海大桥，海岸线全长 12km，与浦东这个长江龙头的核心区同属一个地理单元，是上海国家航运中心的配套港，也是浙江乃至长江三角洲地区最具开发潜力的一个重要的地区性港口。

由于杭州湾跨海大桥与乍浦港同属杭州湾海域，且二者相距不远，环境条件极为相似，为研究杭州湾跨海大桥的混凝土结构耐久性，本书选取乍浦港为第三方参照物。目前乍浦港主要包括陈山码头、一期工程、二期工程、三期工程等。

1986 年 12 月 12 日，在纪念孙中山先生诞辰 120 周年之际，嘉兴市嘉兴港工程指挥部在一期工程现场举行了隆重的海堤工程开工典礼；1991 年 7 月 1 日，乍浦港一期工程万吨级泊位外海码头举行了隆重的首航仪式；1992 年 7 月 4 日，乍浦港一期工程顺利通过竣工验收。乍浦港二期工程位于一期工程西侧，于 2001 年 6 月 8 日开工建设，2003 年 2 月 20 日工程通过交工验收后投入试生产。二期四、五泊位工程于 2004 年 4 月 8 日开工建设，2005 年 4 月 8 日竣工，现作为杭州湾跨海大桥施工期间专用码头为大桥施工服务。乍浦港三期工程位于乍浦镇以西，东接乍浦港二期工程，西邻杭州湾跨海大桥，三期一、二泊位于 2004 年 3 月 10 日开工，2005 年 4 月 30 日竣工。陈山原油码头于 1975 年 8 月建成并投入生产[29]。

表 6-5 乍浦港气象特征统计表

Tab. 6-5 Meteorological characteristic statistics in Zhapu Port

气象条件	项目	取值
气温	极端最高气温/℃	38.4
	极端最低气温/℃	−10.6
	年平均气温/℃	15.8
	最冷月平均气温/℃	3.7(1 月)
	最热月平均气温/℃	28.2(7 月)
	≥35℃平均日数/天	5.4
	≤0℃平均日数/天	40
降水	年平均降水量/mm	1220.3
	月最大降水量/mm	468.3(6 月)
	≥50mm 年降水日数/天	2.7
	最长连续降水日数/天	20
风	最大风速/(m/s)	20.3
	极大风速/(m/s)	32.2
	年平均风速/(m/s)	3.2
	常风向	SE
	强风向	NW
	≥8 级大风日数/天	16.3
	台风影响月份	5～11 月
	年平均台风影响次数/次	2.56
雾日	年平均/天	40.6
	年最多/天	53(1983 年)
	年最少/天	28(1971 年)
相对湿度	年平均/%	82
	月最大/%	85(6 月)
	月最小/%	79(12 月)
雷暴日	年平均/天	32.1
	年最多/天	56
降雪	年平均降雪日数/天	7.2
	年最大积雪深度/cm	15
	年最多降雪日数/天	19

2) 检测部位的混凝土材料

通过进行资料查询，获取到的现场检测取样部位的混凝土配合比资料如下：

(1) 乍浦港一期二泊位。现场检测试验在乍浦港一期二泊位的南北岸进行取样，根据现场实际条件，不同区域的取样部位不同，其配合比如表 6-6 所示。

表 6-6　乍浦港一期二泊位混凝土配合比

Tab. 6-6　Concrete mixture of Berth No. 1-2, Zhapu Port

方位	区域	构件	混凝土标号	水泥标号	配合比				
					水	水泥	砂	石	外加剂
南岸	大气区	立柱	C25	P.S 42.5	0.45	1	1.62	2.43	
	浪溅区	立柱	C25	P.S 42.5	0.45	1	1.62	2.43	
	潮差区	立柱	C25	P.S 42.5	0.45	1	1.62	2.43	
北岸	大气区	立柱	C25	P.S 42.5	0.45	1	1.62	2.43	
	浪溅区	立柱	C25	P.S 42.5	0.45	1	1.62	2.43	
	潮差区	下横梁	C25	P.O 52.5	0.45	1	1.68	2.75	

注：砂选用中砂，在Ⅱ级级配区；粗骨料最大粒径不超过 20mm。

(2)乍浦港二期一泊位。根据现场环境条件，乍浦港二期一泊位现场取样在北岸进行，不同取样部位的配合比如表 6-7 所示。

表 6-7　乍浦港二期一泊位混凝土配合比

Tab. 6-7　Concrete mixture of Berth No. 2-1, Zhapu Port

方位	区域	构件	混凝土标号	水泥标号	配合比					备注
					水	水泥	砂	石	外加剂	
北岸	大气区	上纵梁	C40	P.O 42.5	0.40	1	1.55	2.33	0.3%*	**
	浪溅区	立柱	C40	P.O 42.5	0.40	1	1.55	2.33	0.3%*	
	潮差区	柱帽	C40	P.O 42.5	0.40	1	1.55	2.33	0.3%*	

注：砂选用中砂，在Ⅱ级级配区；粗骨料最大粒径不超过 20mm。

*外加剂为 P621-C，掺量为 0.3%。

**掺有 19mm 混凝土增强纤维，掺量为 1kg/m³。

(3)乍浦港二期四泊位。根据现场环境条件，乍浦港二期四泊位现场取样在南岸进行，不同取样部位的配合比如表 6-8 所示。

表 6-8　乍浦港二期四泊位混凝土配合比

Tab. 6-8　Concrete mixture of Berth No. 2-4, Zhapu Port

方位	区域	构件	混凝土标号	水泥标号	配合比					备注
					水	水泥	砂	石	外加剂	
北岸	大气区	立柱	C40	P.O 42.5	0.55	1	2.12	2.92	0.5%*	**
	浪溅区	立柱	C40	P.O 42.5	0.55	1	2.12	2.92	0.5%*	**
	潮差区	立柱	C40	P.O 42.5	0.55	1	2.12	2.92	0.5%*	**

注：砂选用中砂，在Ⅱ级级配区；粗骨料最大粒径不超过 20mm。

*外加剂为 P621-C，掺量为 0.5%。

**增强纤维掺量为 0.9kg/m³。

(4)乍浦港三期一泊位。根据现场环境条件，乍浦港三期一泊位在南岸进行现场取样，取样部位混凝土的配合比如表 6-9 所示。

表 6-9　乍浦港三期一泊位混凝土配合比

Tab. 6-9　Concrete mixture of Berth No. 3-1, Zhapu Port

| 方位 | 区域 | 构件 | 混凝土标号 | 水泥标号 | 配合比 | | | | | 备注 |
					水	水泥	砂	石	外加剂	
北岸	大气区	立柱	C40	P.Ⅱ42.5	0.52	1	1.95	2.77	0.5%*	0.25**
	浪溅区	立柱	C40	P.Ⅱ42.5	0.48	1	1.71	2.52	0.6%*	0.27**
	潮差区	横梁	C40	P.Ⅱ42.5	0.48	1	1.71	2.52	0.6%*	0.27**

注：砂选用中砂，在Ⅱ级级配区；粗骨料最大粒径不超过20mm。

*外加剂为 P621-C。

**掺合料为粉煤灰。

6.3.1.3　耐久性损伤的现场检测结果与分析

1）碳化深度的检测

由于氯化物的浓度通常受混凝土碳化作用的影响，取样时需先测试混凝土的碳化深度，直到钻至非碳化区才能开始取样。

根据相关试验规程[32]，在现场检测中，使用酚酞示剂喷洒在现场取样洞口周围，洞口四周指示剂均没有变色，如图 6-7 所示，可以认为现场混凝土结构几乎没有发生碳化，或碳化对混凝土的影响可以不予考虑。

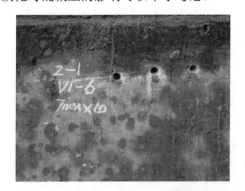

图 6-7　现场碳化深度检测

Fig. 6-7　Carbonization depth examination in the field

2）氯离子含量与侵蚀深度的检测结果和分析

本书利用 RCT 进行水溶性氯离子含量检测，以氯离子占混凝土质量的百分比表示（下同）。RCT 是丹麦的 Germann Instruments A/S 公司生产的快速检测混凝土中氯离子含量的仪器，通过使用不同的萃取液，既可检测混凝土中酸溶性氯离子，即全部氯离子的含量，也可以检测水溶性氯离子，即游离氯离子的含量，是一种快捷有效的检测手段。对用冲击钻钻取的混凝土粉末取 1.5g 与 RCT 氯化物萃取液相混合，振荡 5min。萃取液用于萃取样本中的水溶性氯离子，将标定过的氯电极浸入溶液测出氯离子含量，RCT 检测过程如图 6-8 所示。

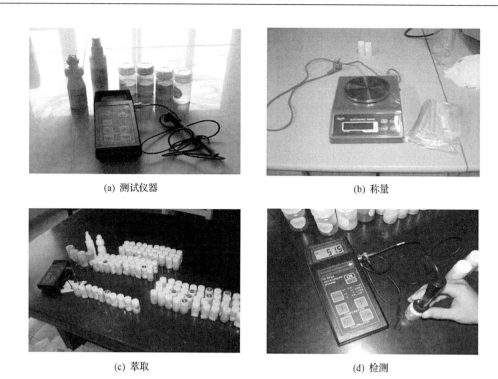

(a) 测试仪器　　　　　　　　　　　　　　　　(b) 称量

(c) 萃取　　　　　　　　　　　　　　　　(d) 检测

图 6-8　RCT 检测过程

Fig. 6-8　Examination process of RCT

乍浦港不同码头泊位混凝土结构的暴露时间不同，因而氯离子侵蚀深度也不相同。考虑到现场检测无法对水下区结构进行检测，根据现场具体环境条件，分别在 2006 年 3 月份、6 月份、10 月份对现场结构潮差区、浪溅区、大气区部分的氯离子含量与侵蚀深度进行检测。

（1）大气区。在乍浦港二期工程和三期工程高程为 7.600m 处（浙江吴淞高程，下同）进行现场检测、分析。现场钻孔取粉时采用 5mm×10=50mm 的取样深度，经过对取样粉样进行 RCT 分析，得到各深度处的水溶性氯离子含量，用 Origin 等软件绘出水溶性氯离子含量（%，相对混凝土质量的百分比，下同）与深度（与混凝土表面的距离，下同）的关系曲线。如图 6-9 所示，图中编号前四位表示现场检测的时间，最后一位表示曲线序号；如 "06031" 表示 2006 年 3 月份检测得到的曲线 1，"06064" 表示 2006 年 6 月份检测得到的曲线 4。

由图 6-9 可以发现：①在大气区氯离子对混凝土侵蚀深度都不超过 30mm，这是由于沿海大气盐雾的氯离子含量远远低于海水；②6 月份检测得到的表层氯离子含量高于其他月份，说明夏季氯离子对混凝土的侵蚀最严重。

（2）浪溅区。除 2006 年 3 月在乍浦港一期工程取样的高程为 5.600～5.800m 外，其余在乍浦港各个码头浪溅区的取样均在高程为 5.150～5.250m 处进行现场检测、分析。现场钻孔取粉时对一期二泊位和二期一泊位采用 7mm×10=70mm 的取样深度，而对于现场暴露时间较短的二期四泊位和三期一泊位采用 5mm×10 =50mm 的取样深度。经过对取样粉样进行 RCT 分析，得到水溶性氯离子含量与深度的关系曲线，如图 6-10 所示。

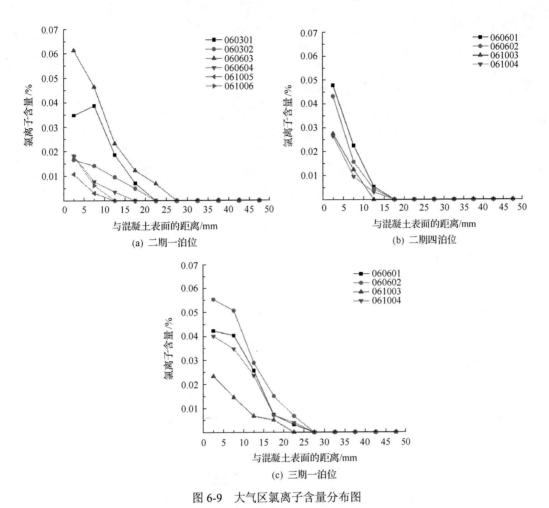

图 6-9　大气区氯离子含量分布图

Fig. 6-9　Chloride distribution with depth from concrete surface in atmospheric zone

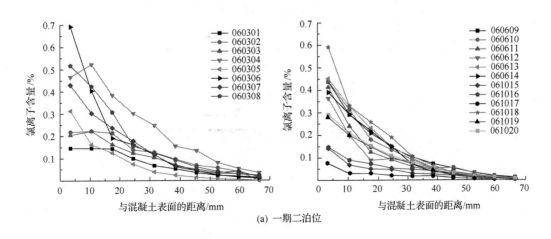

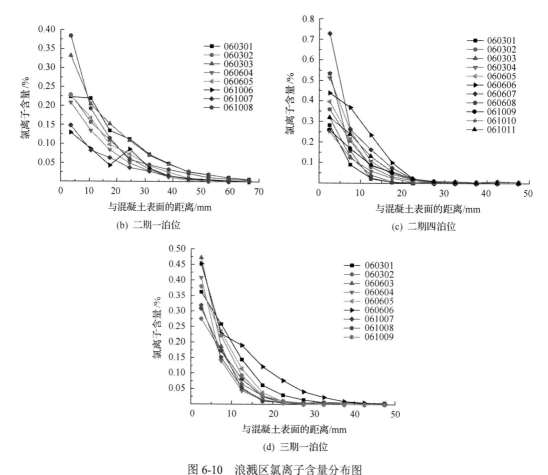

图 6-10　浪溅区氯离子含量分布图

Fig. 6-10　Chloride distribution with depth from concrete surface in splash zone

由图 6-10 可以发现：①氯离子在浪溅区对混凝土的侵蚀明显比大气区严重得多，第一点(指每条曲线上的起始最高点，也是距离混凝土表面最近的点)的氯离子含量比大气区高一个数量级，并且氯离子的侵蚀深度明显大于大气区；②氯离子对混凝土的侵蚀作用随暴露时间的增长而加剧，在不考虑混凝土强度因素的前提下，从图 6-10 明显看出氯离子的侵蚀作用与暴露时间的关系，即一期工程比二期工程严重，二期一泊位比四泊位和三期工程严重；③和大气区类似，6 月份检测得到的表层氯离子含量高于其他月份，说明夏季(6 月份)氯离子对混凝土的侵蚀最严重。

(3)潮差区。对乍浦港码头潮差区混凝土结构的现场取样大多集中在高程为 2.3m 处，由于现场取样条件的限制，个别的取样点高程为 3.3m 和 3.9m，且无法对乍浦港三期工程进行潮差区的现场取样。现场钻孔取粉时对一期二泊位和二期一泊位采用 7mm×10=70mm 的取样深度，而对于二期四泊位采用 5mm×10=50mm 的取样深度。通过对粉样进行 RCT 分析，得到氯离子含量与深度的关系曲线，如图 6-11 所示。

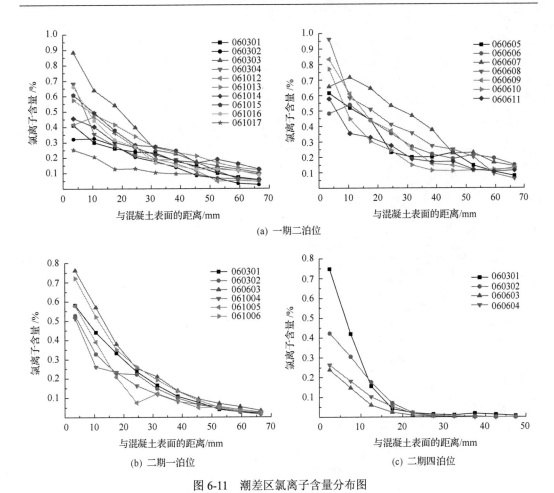

(a) 一期二泊位

(b) 二期一泊位

(c) 二期四泊位

图 6-11 潮差区氯离子含量分布图

Fig. 6-11 Chloride distribution with depth from concrete surface in tidal zone

由图 6-11 可以发现：①和浪溅区相类似，氯离子在潮差区对混凝土的侵蚀明显比大气区严重得多，第一点的氯离子含量比大气区高一个数量级，并且氯离子的侵蚀深度明显大于大气区；②和浪溅区相比，潮差区氯离子对混凝土的侵蚀作用更为严重，对应结构不同深度处的氯离子含量总体上比浪溅区要大；③氯离子对混凝土的侵蚀作用随暴露时间的增长而加剧，在不考虑混凝土强度因素的前提下，由图 6-11 明显看出氯离子的侵蚀作用与暴露时间的关系，即一期工程比二期工程严重，二期一泊位比四泊位严重；④和大气区、浪溅区相类似，6 月份检测得到混凝土表层的氯离子含量高于其他月份，说明夏季(6 月份)氯离子对混凝土的侵蚀最严重。

综上所述，可以发现氯离子含量和侵蚀深度在潮差区和浪溅区较严重，并且侵蚀程度与高程有密切关系，为此对氯离子在干湿交替区域(潮差区与浪溅区)对混凝土的侵蚀进行现场检测。

(4)氯离子在干湿交替区域随高程变化的现场检测结果。为了得到海水交替区域氯离子对混凝土的侵蚀规律，分别在 2006 年 6 月和 10 月分两次进行现场取样。根据现场具体情况，取样部位的选取略有不同，大致沿竖向以 0.5m 的间距进行，一期二泊位从 1.80m

到 5.30m，二期一泊位从 1.30m 到 5.80m（图 6-12）。现场检测采用钻孔取粉方式，对混凝土构件取粉采用 10 个深度，每个深度值选为 7mm，总计深度为 70mm。经过对粉样进行 RCT 分析，得到水溶性氯离子含量与深度的关系曲线，如图 6-13 所示，2006 年 6 月份检测得到一期二泊位、二期一泊位的氯离子含量如图 6-13(a) 和 (b) 所示，其中 2006 年 10 月分别在距离边缘 40cm 和 90cm 检测得到的一期二泊位的氯离子含量侵蚀曲线如图 6-13(c) 和 (d) 所示，在二期一泊位距离边缘 50cm 和 100cm 检测得到的氯离子侵蚀曲线分别如图 6-13(e) 和 (f) 所示。

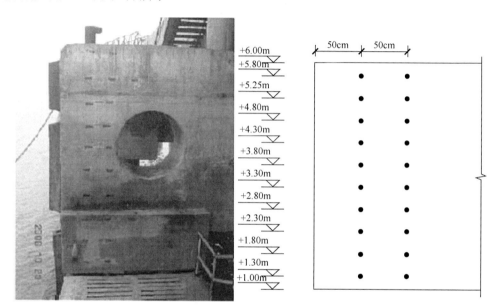

图 6-12　干湿交替区域取样点随高程的分布示意图

Fig. 6-12　Distribution of sampling site in dry-wet cycling zone

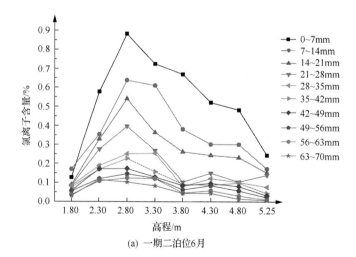

(a) 一期二泊位6月

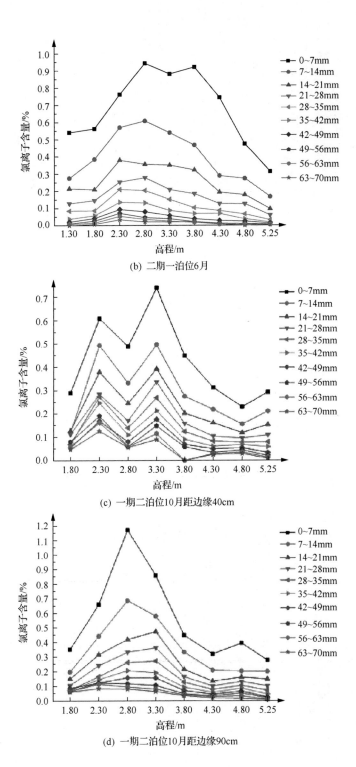

(b) 二期一泊位6月

(c) 一期二泊位10月距边缘40cm

(d) 一期二泊位10月距边缘90cm

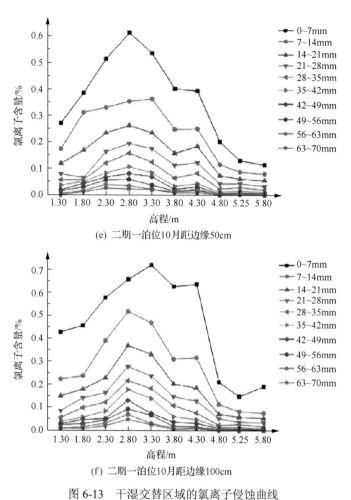

(e) 二期一泊位10月距边缘50cm

(f) 二期一泊位10月距边缘100cm

图 6-13　干湿交替区域的氯离子侵蚀曲线

Fig. 6-13　Chloride profiles in dry-wet cycling zone

　　由图 6-13 可以发现[33]：①通过对 6 个竖向分布曲线族进行整体观察可以看出，除去表层第一点的对流区，不同高程处混凝土同一区段内的氯离子含量带有明显的分布规律，在高程位置+2.30m、+2.80m、+3.30m 处的氯离子含量明显大于其他高程位置处；②氯离子在一期二泊位各深度的含量总体上比二期一泊位要高，说明氯离子的侵蚀作用随着暴露时间的增长而加剧。

　　以 2006 年潮汐资料[34]为基准，通过对结构高程与海洋基准面的转换，得到各检测高程处的海水浸润时间比例，如表 6-10 所示。

　　由图 6-13 与表 6-10 可知，在高程为+2.30～+3.30m，即干湿循环比例为 0.3～0.5 时，氯离子对混凝土的侵蚀最严重。因此，在混凝土保护层厚度及钢筋初锈的氯离子阈值等相同的条件下混凝土内部的钢筋最先发生锈蚀。

表 6-10　各高程处海水浸润时间比例

Tab. 6-10　Soakage-time of seawater to total time ratio in different altitudes

月份	不同高程的海水浸润时间/h									
	1.30m	1.80m	2.30m	2.80m	3.30m	3.80m	4.30m	4.80m	5.25m	5.80m
1 月	433.5	376.9	320.7	260.1	185.2	103.4	46.8	16.1	0.6	0
2 月	394.9	342.5	290.8	232.2	173.0	109.7	40.0	9.5	0.9	0
3 月	444.0	387.3	331.7	270.6	209.1	144.6	78.8	15.9	0.5	0
4 月	437.2	381.7	327.9	269.2	206.3	142.2	76.4	16.5	0	0
5 月	455.6	399.4	345.1	288.3	223.3	148.7	75.8	33.9	4.5	0
6 月	445.6	392.0	340.4	287.6	228.4	152.7	73.2	39.3	10.8	0
7 月	468.9	413.7	361.3	308.3	250.0	177.1	108.6	48.8	19.5	0
8 月	480.7	423.5	370.8	317.7	256.7	198.2	135.4	68.4	22.6	3.6
9 月	470.9	412.6	360.1	306.8	247.3	193.4	135.8	74.9	28.1	3.1
10 月	472.3	411.6	356.0	298.0	232.6	177.2	112.6	59.3	22.6	0
11 月	436.3	381.6	328.9	273.5	208.8	139.5	78.6	37.9	6.4	0
12 月	437.7	381.7	326.7	268.6	197.0	109.0	54.5	21.4	0	0
总计	5377.6	4704.5	4060.4	3380.9	2617.7	1795.7	1016.5	441.9	116.5	6.7
年浸润时间比例	0.612	0.537	0.464	0.386	0.299	0.205	0.116	0.050	0.013	0.001

　　影响干湿交替区域氯离子对混凝土侵蚀的外部因素包括潮水位和波浪的变化规律、环境温度、环境湿度和风速等。这些因素联合作用构成了对混凝土内部孔隙饱和度、混凝土表面蒸发速率、海水的年浸润时间比例等的影响机制,从而决定了干湿交替区域氯离子侵蚀分布的规律[35]。

　　对于干湿交替区域的混凝土结构,其下部结构长期处于水中,因此内部孔隙水趋于饱和;而上部结构阶段性处于干燥状态,孔隙内部水分向混凝土表面迁移蒸发,因此内部孔隙饱和度趋于降低。干湿交替区域自水面向上的环境变量的变化为风速逐步加大,空气湿度逐步减小,从而导致处于该区域的混凝土表面蒸发速率逐步增大,表面孔隙负压力逐步增强,干湿交替过程中海水在混凝土中的非饱和输运现象逐步明显。

　　随着海水年浸润时间比例的减小,浅层混凝土干燥过程孔隙液排空深度增加,表层混凝土的毛细孔负压力增强,湿润条件下氯离子随孔隙液的渗入速度增加,即对流现象趋于明显从而导致混凝土的表面氯离子含量增加;但是随着海水年浸润时间比例的进一步减小,混凝土表面接触海水的时间也相应缩短,造成进入混凝土的氯离子总量降低,导致混凝土的表面氯离子含量降低[33]。因此,海水干湿交替区域氯离子侵蚀分布随高程的变化规律为:随高程增加(海水年浸润时间比例的减少),氯离子侵蚀程度呈先加剧后缓解的趋势,在某一高程,相应的海水年浸润时间比例处,氯离子侵蚀达到极值。这与本书的现场检测结果,即在高程+2.30~+3.30m,即海水年浸润时间比例为 0.3~0.5 时氯离子对混凝土结构的侵蚀最严重相吻合。应将该区域应作为混凝土结构耐久性设计和维护的关键部位。

　　由于氯离子对混凝土侵蚀的影响因素较多、机理复杂及人工检测的操作误差等,结构相同的部位在不同时间进行现场检测测得的氯离子在相同深度的含量与侵蚀深度都有一定的波动性。

6.3.2 现场暴露试验设计

现场暴露试验是将与研究对象相同组分的海工高性能耐久混凝土(以下简称海工混凝土)试件和普通混凝土对比试件摆放在大桥现场暴露试验站进行现场暴露。对摆放在暴露试验站各平台上的混凝土试件均按要求进行定期取样、测试,以获取混凝土试件在现场实际海洋环境中的长期腐蚀规律,用于长期监测大桥各部位混凝土结构性能随时间的动态退化情况,一方面可以对海工混凝土及各耐久性补充措施的增强效果进行评价,另一方面可以对大桥在使用过程中各部位的性能进行动态监测,对大桥的正常维护、维修提供决策依据。

现场暴露试验包括现场暴露试验站的设计、现场暴露试件的设计等。

6.3.2.1 现场暴露试验站的设计

杭州湾跨海大桥现场暴露试验站位于我国东部沿海,水域盐度较高,氯离子浓度为 $5.54 \sim 15.91 \mathrm{g/L}$,并且潮流急、含砂高、潮差大,其使用环境条件恶劣。

1)站址选择

基于本书提出的选址原则,经过对备选站点进行比对,最终确定现场暴露试验站选址在跨海大桥海中平台的下方。海中平台选址河床稳定,有利于现场暴露试验站建造;环境代表性好;可以利用海中平台底部空间建造试验平台,施工相对方便,并且可以在海中平台施工的同时建造试验站平台,节省了施工费用;海中平台直接与道路相连,试验工作开展后交通运输和技术人员出入较为便利,有利于现场暴露试验站的日后管理;水、电设施齐全,方便现场试验的操作;平台设有检修口通道,便于工作人员进入现场暴露试验站平台;现场暴露试验站可以和平台同步建造,可以确保现场暴露试验站工程质量。

2)试验站平台的确定

根据海中平台下部钢管桩的布置、平台下部附属设施的设置及耐久性试验要求,现场暴露试验站设置大气区、浪溅区、潮差区和水下区四个分区、五个试验平台。各层平台顶面高程确定的原则是能够充分代表海洋环境不同垂直区域对结构的不同影响因素,使置放于该层试件的试验结果充分代表典型环境分区试验条件的要求。按照水文地质勘测统计资料,设计高水位为 $6.150\mathrm{m}$(1985 国家高程基准,下同;$P=0.33\%$)、$5.800\mathrm{m}$($P=1\%$),设计低水位为$-3.580\mathrm{m}$($P=1\%$),按照文献[23]3.0.4 条海水环境混凝土部位划分标准,以无掩护条件确定试验站大气区应在$+10.210\mathrm{m}$ 以上,浪溅区应为$+1.880 \sim +10.210\mathrm{m}$,潮差区为$-4.560 \sim +1.880\mathrm{m}$,水下区为$-4.560\mathrm{m}$ 以下。

根据现场暴露试验站的环境分区,在不影响平台主体结构和辅助设施的前提下,根据平台的设计方案,利用平台 $1.60\mathrm{m}$ 的竖直钢管桩作为现场暴露试验站的承载构件。根据钢管桩的布置形式,可以确定各结构层的高程和规模[13],如图 1-16、图 6-14 所示。

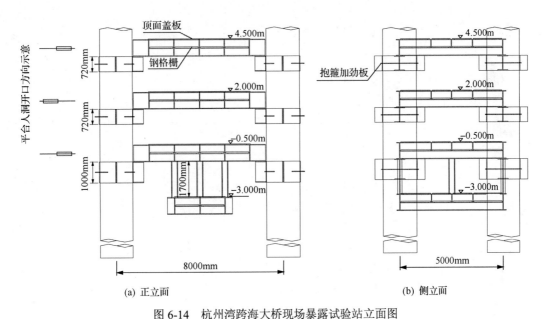

图 6-14 杭州湾跨海大桥现场暴露试验站立面图

Fig. 6-14 Field exposure station（FES）elevation of Hangzhou bay bridge（HZBB）

(1)水下区：根据环境分区，统计资料表明平均低潮位为–2.190m、海中平台的设计低水位取–2.750m，考虑到方便施工及日后取样的原则，确定现场暴露试验站水下区平台顶面高程为–3.000m(高程以平台顶面高程为准，下同)。根据海中平台钢管桩布置与摆放试件的数量，确定水下区规模(以轴线计，下同)为 2.4m×5.0m＝12m²。

(2)潮差区：根据环境分区，考虑到工作人员的现场作业，两层平台之间应有一定的高度，以方便人员操作，根据海中平台的布置情况，确定现场暴露试验站设置 1 个潮差区平台，其顶部高程为–0.500m，这样既能满足现场暴露试验站的潮差区要求，又能考虑到潮差区沿高度的变化规律，可以连续考虑潮差区与浪溅区混凝土试件在海洋环境条件下随时间的变化情况，对于研究混凝土结构沿高度方向随时间的劣化情况是至关重要的。根据平台码头钢管桩的布置情况，潮差区平台的规模为 5.0m×4.8m＝24m²。

(3)潮差区与浪溅区的交界处：为研究潮差区与浪溅区对混凝土结构耐久性劣化机理的影响作用，特在顶面高程为+2.000m 处设置 1 个试验平台(根据结构设计，试件底面为+1.600m)，故试件顶面高程在+1.750～1.850m(个别试件高度为 250mm)，基本放置在潮差区与浪溅区的交界处。根据平台码头钢管桩的布置情况，潮差区平台的规模为 5.0m×4.8m＝24m²。

(4)根据暴露试验站计划摆放的混凝土试件数量，结合海中平台的方案设计，确定现场暴露试验站浪溅区设置 1 个平台，顶部高程为+4.500m，可以连续考虑潮差区与浪溅区混凝土试件在海洋环境条件下随时间的变化情况，这对于研究混凝土结构沿高度方向随时间的劣化情况是至关重要的。根据平台码头钢管桩的布置，可以得到浪溅区平台的规模为 5.0m×4.8m＝24m²。

(5)根据环境分区，大气区高程应在+10.210m 以上，根据现场暴露试验站计划摆放的混凝土试件数量及长远规划，结合海中平台的设计情况，在海中平台下方设置大气层是无法实现的。因此，大气区的试验场地选址在海中平台匝道桥起始混凝土小箱梁上。

3）试验站结构设计

由于海中平台设计使用年限为 50 年，现场暴露试验站的设计使用年限应取为 50 年。现场暴露试验站设计使用年限 50 年，是指主梁、抱箍、次梁等主要不可替换或不易替换构件按使用年限 50 年设计，而对于可替换或宜替换构件，如钢格栅、爬梯、栏杆按使用年限 15 年设计。

根据站址条件，并考虑到施工因素，现场暴露试验站采用钢结构设计。结构施工采用先分层安装成型而后装配的形式，具体施工顺序为：首先安装带有牛腿的加劲抱箍，接着分层组装各层试验平台（根据现场施工条件，水下区和潮差区试验平台组装在一起），然后按照从下至上的原则分层安装就位各层试验平台。

根据有关规范[20]，设计主要考虑结构自重、摆放试件的自重、波浪荷载、水流力、人群荷载、雪荷载及地震作用等，由于环境条件恶劣，在构件截面尺寸设计时应考虑一定的腐蚀余量。在杭州湾跨海大桥现场暴露试验站中，所有构件钢材的厚度均取 30mm；抱箍采用高 720mm（底层高度为 1000mm）的钢板，另外用 200mm 宽钢板加劲；牛腿采用高 720mm（底层高为 1000mm）、翼缘宽度为 300mm 的焊接 H 型钢，牛腿与抱箍采用焊接方式连接。各层试验平台钢结构四周主梁选用焊接 H 钢型号，$h\times b\times t_w\times t_f=800\text{mm}\times 300\text{mm}\times 30\text{mm}\times 30\text{mm}$（$b$、$h$、$t_w$、$t_f$ 分别为 H 型钢翼缘宽、H 型钢高度、翼缘厚度、腹板厚度，下同），并在其上放置厚度为 50mm 的钢格栅；下部采用 $h\times b\times t_w\times t_f=400\text{mm}\times 300\text{mm}\times 30\text{mm}\times 30\text{mm}$ 的焊接 H 型钢，顶面盖板采用厚度为 30mm 的钢格栅。水下区与潮差区试验平台之间采用 6 个 $h\times b\times t_w\times t_f=300\text{mm}\times 200\text{mm}\times 30\text{mm}\times 30\text{mm}$ 的焊接 H 型钢焊接连接；各层试验平台与牛腿之间用高强螺栓连接。

4）防腐

钢结构防腐涂装是钢结构工程的重要一环，随着技术的进步，钢结构防腐涂料种类也越来越多，施工工艺也不尽相同。在满足钢结构防腐保护技术特性要求的前提下，根据试验站钢结构形式和所处不同环境、不同用途及施工的可行性，现场暴露试验站钢结构构件采用如表 6-11 所示的防腐涂装方案[13]。钢格栅在进行如下防腐处理之前，应先进行一层热浸镀锌处理。

表 6-11　现场暴露试验站钢格栅及连接件涂装方案

Tab. 6-11　Coating scheme of steel grid and connection in field exposure station

涂层	道数	干膜厚度/μm	备注
无机富锌底漆（或无机磷酸盐富锌底漆）	2	80	每道干膜厚度为 40μm
环氧封闭漆	2	50	每道干膜厚度为 25μm
环氧云铁中间漆	1	100	
氟碳树脂面漆	2	70	每道干膜厚度为 35μm
总干膜厚度	7	300	

6.3.2.2　现场暴露试件的设计

1)试验规划

(1)根据杭州湾跨海大桥各结构部位的混凝土组成、配合比、保护层厚度、耐久性补充措施等,设计对应于不同环境分区大桥结构的海工混凝土试件。

(2)为了验证海工混凝土的耐久性能,在不同环境分区制作对应强度的普通混凝土对比试件。

(3)为保证混凝土试件的单面(一维)渗透,对各混凝土试件除渗透面外均用防护涂层涂装。

(4)按照不同环境分区,将海工混凝土试件与普通混凝土试件摆放到相应平台。

(5)按照试验规范要求,对现场暴露试验站上的混凝土试块和混凝土构件分阶段进行取样、测试、分析。

2)取样规划

(1)根据现场暴露试验站的设计使用年限,海工混凝土试件与普通混凝土试件设计暴露试验时间为 50 年。

(2)现场暴露试验在前 5 年计划以每年 4 次的频率进行取样与分析,而后根据试验结果将取样次数逐步减少至每年 1 次甚至更少。

(3)大桥投入使用后,亦应考虑定期取样,以监测与检测大桥的耐久性参数,为大桥性能和寿命的预测提供可靠的数据支持。

3)试件尺寸

现场暴露试验混凝土试件的尺寸主要如下:

(1)A 类试件。150mm×150mm×550mm,未设置钢筋的混凝土试件采用该尺寸,大小适中,可以方便搬运,且与抗震试验标准试件尺寸一致。保护层厚度不大于 70mm 的混凝土试件也采用本类试件。

(2)B 类试件。250mm×250mm×500mm,设置钢筋且保护层厚度大于 70mm 的混凝土试件采用该尺寸,可以在内部设置一根钢筋并采用多种耐久性防护措施,试块尺寸大小适中,搬运方便。

为了研究混凝土结构中钢筋脱钝与周围氯离子浓度的关系,以及钢筋锈蚀的速度与钢筋周围氯离子浓度的关系,进而对混凝土结构进行耐久性评估和寿命预测,在该试验中专门设计了混凝土保护层厚度为 20mm 和 40mm,且布置有 3 根纵向钢筋(不考虑耐久性补充措施)的混凝土 C 类试件(150mm×150mm×300mm)和 D 类试件(150mm×250mm×300mm)。

4)试件数量

为验证海工混凝土的耐久性增强作用,在不同环境分区制作对应强度的普通混凝土对比试件;同时考虑跨海大桥混凝土各结构部位海工混凝土材料组成、配合比与保护层厚度的不同,以及大桥采用的混凝土结构耐久性补充措施(如环氧涂层钢筋、钢筋阻锈剂、纤维混凝土与硅烷浸渍、混凝土表面防腐涂层等)的增强效果。现场暴露试验的试件数量总计 718 件，其中普通混凝土试件 202 件，海工混凝土试件 516 件，详见表 6-12。

表 6-12　现场暴露试验混凝土试件数量汇总表

Tab. 6-12　Amount of concrete specimens on field exposure test　（单位：件）

分区	普通混凝土试块				海工混凝土试块			
	A	B	C	D	A	B	C	D
大气区	28	2	24	0	76	4	32	0
浪溅区	20	0	16	16	108	0	32	32
潮差区	24	6	24	24	120	30	40	24
水下区	8	2	8	0	8	2	8	0
总计	80	10	72	40	312	36	112	56

5) 试件配合比

海工混凝土试件严格按照跨海大桥工程采用的配合比，在施工现场制作并按照施工要求养护，以确保与实际工程混凝土的组分、配合比相同，不同结构部位海工混凝土试件的配合比如表 6-13 所示；普通混凝土在浙江大学混凝土结构耐久性实验室严格按照要求制作，并进行标准养护，试件配合比如表 6-14 所示。

表 6-13　海工混凝土典型配合比

Tab. 6-13　Typical mixture ratio of marine concretes

部位	强度等级	水胶比	每方混凝土各种材料用量/kg							
			水泥	矿粉	粉煤灰	砂	石子	水	外加剂	阻锈剂
海上桩基	C30	0.36	165	124	124	754	960	149	4.13	
陆上承台	C30	0.36	170	85	170	742	1024	153	4.25	
海上承台	C40	0.333	162	81	162	779	1032	134	4.86	8.1
湿接头(墩座)	C40	0.333	135	180	90	759	1032	135	5.4	9.0
海上现浇墩身	C40	0.345	126	168	126	735	1068	145	5.04	8 4
海上预制墩身	C40	0.311	170	135	135	774	981	140	5.6	9.0
箱梁	C50	0.318	212	212	47	724	1041	150	1.0	

表 6-14　普通混凝土试件配合比

Tab. 6-14　Mixture ratio of ordinary concrete specimens

混凝土强度等级	水泥标号	石子种类	砂类别	砂率/%	水灰比	材料用量/(kg/m³)				配制强度
						水泥	砂	石	水	
C30	42.5	碎石	中砂	36	0.56	351	650	1157	195	38.2
C40	42.5	碎石	中砂	33	0.44	439	571	1161	195	49.9
C50	42.5	碎石	中砂	30	0.37	528	498	1161	195	59.9

6.3.3　现场暴露试验的耐久性检测结果与分析

杭州湾跨海大桥为在建工程，现场暴露试验站于 2007 年 8 月初竣工。考虑到氯盐侵蚀引起混凝土结构的耐久性问题，这一过程需要较长时间来完成，因此，仅仅依靠现场暴露试验站进行现场暴露试验是无法实现的。作者根据工程实际，结合环境特点，在现场暴露试验站建成之前对大气区和水下区结构部位进行现场试件原位试验，即将与大气区和水下区相对应的混凝土试件摆放到试验现场进行原位试验，以测定氯离子对混凝土试件的侵蚀性能。另外，由于跨海大桥施工现场气象、潮汐条件恶劣，无法对潮差区和浪溅区进行现场原位试验，本书在对大桥主体结构进行涂装之前进行了现场取粉检测试验。

大气区现场暴露试验包括现场原位摆放的混凝土试件与对大桥的现场取样分析。现场原位摆放的混凝土试件有模拟跨海大桥箱梁、墩身、陆上承台等部位的海工混凝土试件与对应的普通混凝土试件，具体编号详见 6.3.4.3 小节；根据现场条件，本书对大桥的陆上现浇墩身(cast-in-place piers)和箱梁(box girders)等部位进行了现场取样检测。大气区的现场暴露试验分别于 2006 年 10 月与 2007 年 4 月进行了两次(后因现场施工的原因无法继续取样)，各试件、结构部位每次取样的暴露时间如表 6-15 所示，大气区现场试验的氯离子侵蚀曲线如图 6-15、图 6-16 所示。图 6-15 的编号说明：第一位字母中 Q 表示桥墩，X 表示箱梁，C 表示承台；第二位字母中 H 表示海工混凝土，P 表示普通混凝土；第三位字母中 S 表示水下区，C 表示潮差区，L 表示浪溅区，D 表示大气区；第四位字母的 A/B/C/D 分别表示试件类别；最后用 0、1、2、3、4、5 表示试件采用的耐久性补充措施，其中 0 表示无耐久性补充措施，1 表示采用环氧涂层钢筋，2 表示采用钢筋阻锈剂，3 表示纤维混凝土与硅烷浸渍，4 表示混凝土防腐涂层，5 表示综合措施，0.1 表示仅有 1 号措施。

表 6-15　现场暴露试验不同取样部位的暴露时间表

Tab. 6-15　Exposure time of different inspection spots in field exposure test

取样部位	开始时间	暴露时间/天		备注
		第一次	第二次	
大气区试件	2006 年 1 月 14 日	289	453	
水下区试件	2006 年 7 月 23 日	100	263	
现浇墩身 19#	2004 年 5 月 28 日	886		陆上墩身
现浇墩身 24#	2005 年 7 月 21 日		630	陆上墩身
预制墩身	2005 年 1 月 12 日	657	820	C87#下游
湿接头	2005 年 2 月 21 日	617	780	C87#下游
承台	2004 年 10 月 30 日	730	894	C87#下游
箱梁	2005 年 7 月 23 日	465	628	第一次未检测到氯离子
试验站试件	2007 年 8 月 15 日	154		取样时间：2008 年 1 月 16 日

注：①第一次取样时间为 2006 年 10 月 31 日，第二次取样时间为 2007 年 4 月 12 日。
　　②箱梁的取样位置为 C35—36 下游。

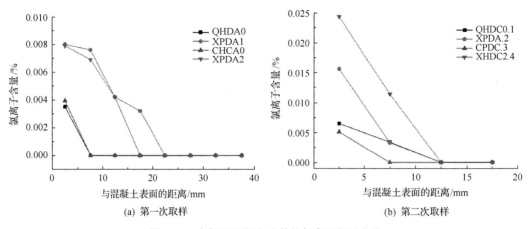

(a) 第一次取样　　　　　　　　(b) 第二次取样

图 6-15　大气区混凝土试件的氯离子侵蚀曲线

Fig. 6-15　Chloride profiles of concrete specimens in atmospheric zone

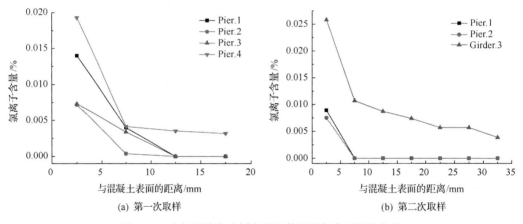

(a) 第一次取样　　　　　　　　(b) 第二次取样

图 6-16　大气区跨海大桥各部位检测的氯离子侵蚀曲线

Fig. 6-16　Chloride profiles in atmospheric zone of HZBB

Pier 表示墩身，Girder 表示梁，后面的数字为取样编号

　　由于在干湿交替区域(潮差区、浪溅区)难以进行现场试件原位试验，对本区域的现场暴露试验包括对大桥实际结构部位的现场取样和混凝土试件的现场暴露试验。根据现场施工条件与试验的可操作性，分别对大桥 C87# 下游的承台(pile caps)、湿接头(joints)和预制墩身(precast piers)进行现场取样检测；混凝土试件的现场暴露试验是对摆放在现场暴露试验站的混凝土试件进行现场检测，包括模拟墩身、承台、湿接头的海工混凝土试件与普通混凝土对比试件。现场取样时间与不同检测部位的现场暴露时间如表 6-15 所示，干湿交替区域现场试验检测得到的氯离子侵蚀曲线如图 6-17、图 6-18 所示。

　　水下区的现场暴露试验是对现场原位摆放的混凝土试件进行的现场检测，混凝土试件包括模拟跨海大桥桩的海工混凝土不同检测部位的试件和普通混凝土对比试件。对水下区混凝土试件进行了两次取样检测，现场取样时间和现场暴露时间详见表 6-15，水下区现场检测得到的氯离子侵蚀曲线如图 6-19 所示。

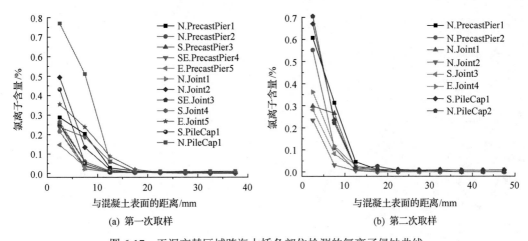

(a) 第一次取样   (b) 第二次取样

图 6-17 干湿交替区域跨海大桥各部位检测的氯离子侵蚀曲线

Fig. 6-17 Chloride profiles under alternate drying and wetting of HZBB

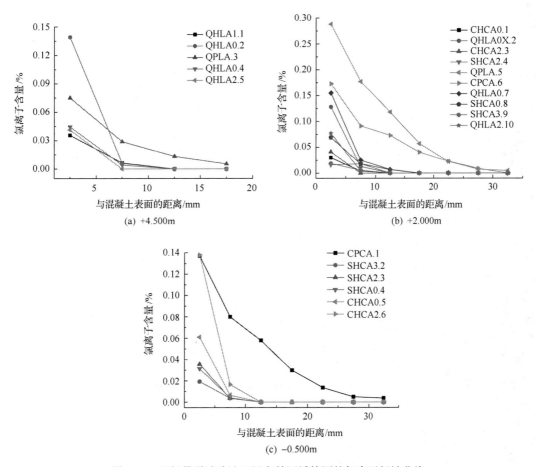

(a) +4.500m   (b) +2.000m

(c) −0.500m

图 6-18 现场暴露试验站干湿交替区域检测的氯离子侵蚀曲线

Fig. 6-18 Chloride profiles under alternate drying and wetting in FES of HZBB

+4.500m、+2.000m 与−0.500m 为现场暴露试验站平台的高程(1985 国家高程基准)

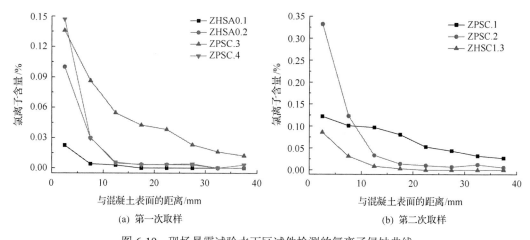

图 6-19　现场暴露试验水下区试件检测的氯离子侵蚀曲线

Fig. 6-19　Chloride profiles of concrete specimens in underwater zone

　　由以上氯离子检测曲线(图 6-15～图 6-19)，结合各混凝土试件的配合比等，可以得到以下结论：

　　(1)从各条氯离子侵蚀曲线可以明显看出，海工混凝土试件的氯离子侵蚀深度与各深度处的氯离子含量均小于普通混凝土试件，说明海工混凝土抵抗氯离子侵蚀的能力优于普通混凝土。

　　(2)从各环境区域的氯离子侵蚀曲线对比可以发现，无论从表层氯离子的含量，还是氯离子的侵蚀深度来看，干湿交替区域受干湿循环影响，氯离子侵蚀最为严重，由于海水的直接侵蚀，水下区混凝土试件的氯离子含量和侵蚀深度也比较严重，大气区由于海洋盐雾中氯离子含量较低，虽受到氯离子的侵蚀，但侵蚀深度和各深度处的氯离子含量较低。

　　(3)从干湿交替区域各结构部位检测的氯离子侵蚀曲线可以发现，由于受到潮汐、波浪、水流、风向等作用的影响，不同方位氯离子对结构的影响也不相同，但由于检测数据有限，并且现场暴露时间较短，目前尚无法得到不同方位的侵蚀规律。

　　(4)由于现场暴露试验的暴露时间较短，尚无法得到氯离子对不同环境区域不同结构部位侵蚀的定量规律，因此仅仅依靠短期的现场暴露试验无法实现对跨海大桥混凝土结构的耐久性寿命的定量评估。因此，本书提出基于 METS 理论，通过引入第三方参照物实现在短期内对研究对象的耐久性寿命的定量评估。

6.3.4　室内加速试验结果与分析

　　混凝土结构耐久性 METS 试验方法最终是通过室内加速试验的结果对现场实际结构的耐久性进行定量评估与剩余寿命预测。如果说第三方参照物是现场实际环境与室内加速环境之间的桥梁，那么室内加速试验就是现场实际结构与第三方参照物不同混凝土材料之间的纽带。因此，对第三方参照物与现场实际结构对应的混凝土试件进行室内加速试验是利用 METS 方法对实际结构进行耐久性评估的关键。本节重点介绍 METS 试验中室内加速试验的试验设计、试件设计与试验结果分析。

6.3.4.1 室内人工加速模拟试验设计

杭州湾跨海大桥遭受氯离子侵蚀，以对流和扩散作用侵蚀为主。不同环境分区，氯离子对混凝土的侵蚀机理不尽相同，除水下区部分以扩散为主外，其他区域通常简化为混凝土表层以对流和扩散作用为主，内部以扩散作用为主。现场环境影响氯离子侵蚀的因素很多，在设计人工气候加速模拟试验时通常采取忽略对侵蚀影响程度小的因素(如波浪力、雨水等)，对现场环境进行简单化处理，重点模拟浓度、温度和干湿循环过程的室内加速模拟，按照自然环境下主要环境参数的变化规律进行模拟，为杭州湾跨海大桥人工气候加速环境设计奠定基础[22]。各环境分区氯离子的侵蚀机理与主要环境因素如表 6-16 所示。

表 6-16　各环境分区的氯离子侵蚀机理和主要环境因素表
Tab. 6-16　Chloride ingress mechanism and main factor in different environmental zones

环境分区	主要侵蚀机理	主要环境因素
水下区	扩散	浓度、温度
潮差区	表面对流与扩散，内部扩散	浓度、温度、干湿时间
浪溅区	表面对流与扩散，内部扩散	浓度、温度、相对湿度、干湿时间
大气区	表面对流与扩散，内部扩散	盐雾含量、沉降量、温度、湿度

现场自然环境下水下区、潮差区和浪溅区混凝土结构受到同一海水浓度的侵蚀作用，因此人工气候模拟试验对这三个区域模拟时选用同一浓度值。在大气区模拟试验中，考虑到位于大气区的桥梁部分距离海面较近，盐雾中氯离子浓度与海水溶液中氯离子浓度接近，也采用 6 倍于杭州湾海水浓度的 NaCl 溶液，一方面和模拟水下区、潮差区和浪溅区试验溶液浓度一致，简化试验溶液的配制，另一方面和国内外常用的中性盐雾试验(NSS)[36,37]中采用的盐溶液浓度 5%±1%接近。为了得到最好的加速腐蚀效果，试验实际采用的 NaCl 溶液浓度为 5%。

温度主要影响扩散系数，同时加快了电化学反应速率。主要体现在以下两方面：首先，混凝土孔隙液中游离氯离子含量会增加，从而改变了混凝土中自由氯离子的活化能，影响其扩散能力；其次，物理与化学过程在较高温度下都会加快。因此，提高温度能够提高氯离子扩散系数，达到人工气候模拟试验加速氯离子侵蚀的效果。根据分析，本书采用对月平均气温进行加速模拟的方式进行温度模拟。

这里通过对杭州湾跨海大桥处的潮汐波浪资料进行分析，计算不同高程的干湿循环比例，根据实验室的具体试验条件及可操作性对现场暴露试件对应的干湿循环比例进行加速模拟。

下面为对不同环境分区的人工气候加速模拟结果[22,38]。

1)水下区

水下区试验如图 6-20 所示。模拟水下区试验只考虑温度对加速氯离子侵蚀的影响。为了模拟自然环境中温度随时间的变化情况，提高加速试验和现场环境作用的相关性，不采用年平均温度，而采用表 6-17 中的实验室控制温度，水下区室内加速试验温度随时间的变化如图 6-21 所示，这里按照这个变化趋势循环进行试验。

图 6-20　水下区试验

Fig. 6-20　Underwater zone test

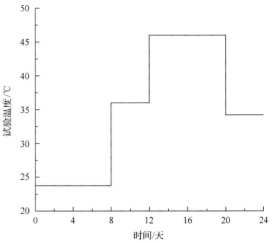

图 6-21　水下区室内加速试验温度变化图

Fig. 6-21　Temperature of indoor accelerated test in underwater zone

表 6-17　水下区室内加速模拟试验的控制温度

Tab. 6-17　Control temperature in underwater zone of indoor accelerated simulation test

温度	4 月、5 月	6～9 月	10 月、11 月	12 月～来年 3 月
平均气温/℃	16.7	25.75	15.0	5.8
试验温度/℃	36	46	34.2	23.75

2) 潮差区

潮差区试验如图 6-22 所示。潮差区室内加速模拟试验中，采用 5%左右浓度的 NaCl 溶液，温度、相对湿度和干湿循环按照气象特征接近的几个月的平均值分为四个阶段。根据室内试验条件，试验每两天模拟一次干湿循环过程，结果如表 6-18 所示。表中每个阶段的干湿循环次数不同，按照次数设计的室内试验干湿循环过程的温度变化如图 6-23 所示。

图 6-22　潮差区试验

Fig. 6-22　Tidal zone test

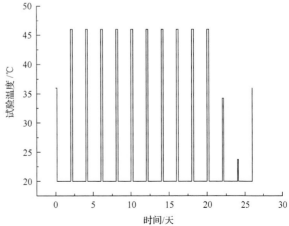

图 6-23　潮差区室内加速试验温度变化图

Fig. 6-23　Temperature of indoor accelerated test in tidal zone

表 6-18　室内加速试验潮差区环境参数模拟结果
Tab. 6-18　Simulation results of environmental parameter in tidal zone of indoor accelerated test

项目	4 月、5 月	7～10 月	6 月、11 月	12 月～来年 3 月
环境干湿比例	11:1	6.6:1	11:1	19:1
干湿循环次数/次	10	95	10	12.5
室内试验干湿比例(h∶h)	44∶4	42∶6	44∶4	45.5∶2.5
试验温度/℃	36	46(7～9 月)、34.2(10 月)	46(6 月)、34.2(11 月)	23.75

为模拟现场实际环境条件，室内加速模拟试验采用湿时对溶液加温，每阶段循环过程采用不同阶段的温度值，风干时假设室内温度为 20℃，由于相对湿度比较大，忽略相对湿度对潮差区试验的影响。

3) 浪溅区

浪溅区试验如图 6-24 所示。浪溅区的加速模拟试验中，采用 5%左右浓度的 NaCl 溶液，温度、相对湿度和干湿循环同样按照气象特征平均值接近的几个月分为四个阶段变化，室内试验每三天模拟一次浪溅区的干湿循环，结果如表 6-19 所示，表中每个阶段的干湿循环次数不同，按照次数设计室内试验干湿循环过程的温度变化如图 6-25 所示。烘干时采用中等试验温度，浪溅喷淋时温度有所降低，根据不同的循环过程设定为 25℃和 10℃；同时该过程中相对湿度可认为等于 1.0，烘干时在一定时间内把相对湿度降低到人工气候模拟实验室的控制湿度，试验过程相对湿度变化如图 6-26 所示。

图 6-24　浪溅区试验
Fig. 6-24　Splash zone test

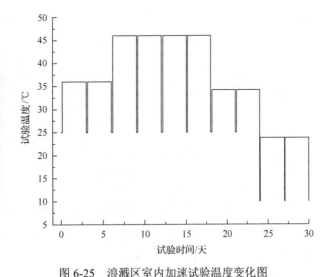

图 6-25　浪溅区室内加速试验温度变化图
Fig. 6-25　Temperature of indoor accelerated test in splash zone

表 6-19 室内加速试验浪溅区环境参数模拟结果

Tab. 6-19 Simulation results of environment parameter in splash zone of indoor accelerated test

项目	4 月、5 月	7～10 月	6 月、11 月	12 月～来年 3 月
环境干湿比例	17:1	17:1	16:1	46:1
干湿循环次数/次	3.5	7.0	3.7	2.6
室内试验干湿比例(h：h)	68：4	68：4	68：4	70.5：1.5
试验温度/℃	36	46(7～9 月)、34.2(10 月)	46(6 月)、34.2(11 月)	23.75

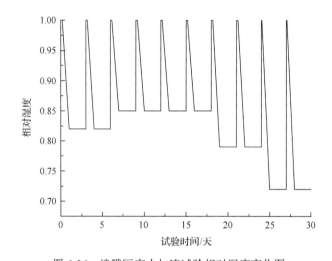

图 6-26 浪溅区室内加速试验相对湿度变化图

Fig. 6-26 Relative humidity of indoor acceleration test in splash zone

4) 大气区

在盐雾腐蚀试验箱内进行大气区试验模拟,如图 6-27 所示。使用过程中的关键问题是必须保证喷雾质量。文献[39]研究表明,适当的雾粒尺寸能够达到腐蚀的最佳效果;但雾粒尺寸比较难测量,常采用控制盐雾沉降量的方法来控制雾粒尺寸。各国标准根据海域自然沉降量的情况,考虑加速作用,进行理论修正来确定盐雾沉降量。室内试验喷雾阶段盐雾中氯离子浓度采用设计的统一浓度值,沉降量值为 $1.0～2.0mL/(80cm^2 \cdot h)$。温湿阶段温度为 $(35\pm2)℃$,相对湿度有所降低,但大于 90%。最后通过打开箱盖风干 3h 来进行干燥。

6.3.4.2 室内加速试验的试件设计

室内加速试验的试件有两大类,分别对应于研究对象实际结构与第三方参照物现场检测结构部位。设计过程与现场暴露试件相似,与研究对象相对应的混凝土试件设计共计 578 件,其中海工混凝土试件 396 件,普通混凝土试件 182 件,详见表 6-20,试件配合比详见表 6-13、表 6-14;与现场检测部位相对应的混凝土试件共计 46 件,尺寸均为 150mm×150mm×300mm,详见表 6-21。

图 6-27 大气区试验
Fig. 6-27 Atmospheric zone test

表 6-20 研究对象对应的室内加速试验混凝土试件数量汇表
Tab. 6-20 Amount of concrete specimens on indoor accelerated test equivalent to the study object

（单位：件）

环境分区	普通混凝土试块				海工混凝土试块			
	A	B	C	D	A	B	C	D
大气区	36	4	30	0	6	4	10	0
浪溅区	10	0	10	16	58	0	20	26
潮差区	16	4	10	26	66	20	20	26
水下区	10	0	10	0	92	8	40	0
总计	72	8	60	42	222	32	90	52

注：A、B、C、D 试件的尺寸分别为 150mm×150mm×550mm、250mm×250mm×250mm、150mm×150mm×300mm、150mm×250mm×300mm。

表 6-21 现场检测部位对应的室内试验混凝土试件数量统计表
Tab. 6-21 Amount of concrete specimens on indoor test equivalent to the field inspection

组别	数量/件	混凝土标号	水泥标号	配合比					
				水	水泥	砂	石	外加剂	掺合料
1	10	C25	P.S 42.5	0.45	1	1.62	2.43		
2	4	C25	P.O 52.5	0.45	1	1.68	2.75		
3	4	C40	P.O 42.5	0.4	1	1.55	2.33	0.3%*	☆
4	7	C40	P.O 42.5	0.4	1	1.55	2.33	0.3%*	
5	10	C40	P.O 42.5	0.55	1	2.12	2.92	0.5%*	★
6	4	C40	P.II 42.5	0.52	1	1.95	2.77	0.5%*	0.25**
7	7	C40	P.II 42.5	1	1.71	2.52	0.6%*	0.27**	

注：砂选用中砂，在II级配区；粗骨料最大粒径不超过 20mm。☆表示掺合料为 19mm 增强纤维，掺量为 1kg/m³；★表示纤维掺量为 0.9kg/m³。
*外加剂为 P621-C。
**掺合料为粉煤灰。

6.3.4.3　室内加速试验结果与分析

1)第三方参照物对应的混凝土试件的室内加速试验结果与分析

(1)混凝土试件的编号。对应于乍浦港现场检测各部位的混凝土试件(以下简称乍浦港混凝土试件)室内加速试验包括浪溅区和潮差区共计 8 类。为方便表述,对不同区域的乍浦港混凝土试件进行编号,编号采用英文字母加数字的形式,基本形式为"字母+数字(+字母)":前面字母表示环境分区,用 T(tide)与 S(splash)分别表示潮差区和浪溅区;中间为两个数字,表示泊位,如 12 表示一期二泊位,21 表示二期一泊位,以此类推;最后一个字母表示取样位置,用 S(south)和 N(north)分别表示南岸和北岸;但当取样只在一侧或两侧取样时,可以省略,如"T12S"表示对应于一期二泊位南岸潮差区的混凝土试件,而二期一泊位由于只在一侧取样,浪溅区的混凝土试件通常表示为"S21"。

(2)试验结果与分析。乍浦港混凝土试件的室内加速试验中,待测混凝土试件标准养护 28 天后于 2006 年 10 月 20 日放入人工气候加速模拟试验箱进行加速试验。由于对大气区进行加速试验的盐雾箱尺寸较小,对乍浦港混凝土试件的室内加速试验只进行潮差区和浪溅区试验。根据试验开始时间可以得到每次取样的混凝土试件的室内加速试验时间,如表 6-22 所示。乍浦港混凝土试件的室内加速试验结果详见图 6-28。

表 6-22　乍浦港混凝土试件取样时间与加速试验时间对照表
Tab. 6-22　Sampling and accelerated test time on concrete specimens of Zhapu Port

试验次数/次	取样时间	加速时间/天	试验次数/次	取样时间	加速时间/天
1	2006 年 12 月 06 日	76	6	2007 年 05 月 23 日	244
2	2007 年 01 月 08 日	109	7	2007 年 06 月 23 日	275
3	2007 年 02 月 04 日	136	8	2007 年 08 月 23 日	336
4	2007 年 03 月 10 日	170	9	2007 年 10 月 23 日	397
5	2007 年 04 月 27 日	218	10	2008 年 01 月 23 日	469

注:加速试验开始时间为 2006 年 9 月 21 日。

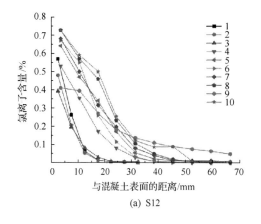

(a) S12

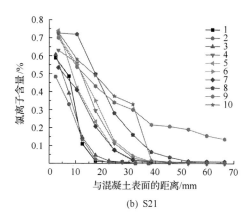

(b) S21

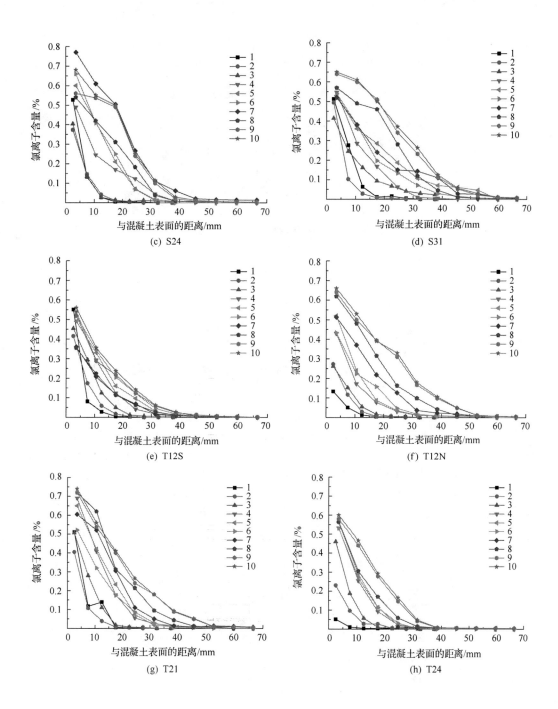

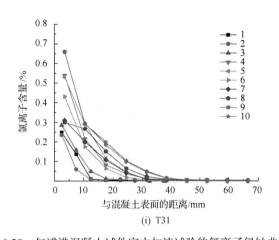

(i) T31

图 6-28　乍浦港混凝土试件室内加速试验的氯离子侵蚀曲线

Fig. 6-28　Chloride profiles for specimens of Zhapu Port in indoor accelerated chamber

由图 6-28 的检测曲线，结合各混凝土试件的材料组成、配合比等，可以发现以下规律。

(1)通过对各组氯离子侵蚀曲线对比可知，氯离子对混凝土试件的侵蚀作用随着加速试验时间的增加而日趋严重。

(2)通过对比 T12S 与 T12N(二者设计强度、水灰比相同，但水泥类别不同)的氯离子侵蚀曲线，可以发现在相同氯离子侵蚀条件下，相比普通硅酸盐水泥，采用矿渣硅酸盐水泥更能有效地抵抗氯离子的侵蚀。

(3)通过对比 T12N 与 T21(二者水泥类型相同，水灰比、强度不同)的氯离子侵蚀曲线，可以发现随着水灰比的降低、设计强度的提高，混凝土抵抗氯离子侵蚀的能力增强。

(4)通过对比 T21/S21 与 T24/S24(两组试件水泥品种、设计强度相同，但水灰比不同，且 T24/S24 掺有纤维)的氯离子侵蚀曲线，可以发现，掺加纤维对混凝土抵抗氯离子的侵蚀具有一定的增强作用。

(5)通过对比 T21 与 T31(二者的设计强度相同，但水灰比、水泥品种不同，且 T31 中掺有粉煤灰)的氯离子侵蚀曲线，可以发现，粉煤灰的掺入能有效地改善混凝土抵抗氯离子侵蚀的能力。

2)研究对象对应的混凝土试件的室内加速试验结果与分析

(1)混凝土试件的编号原则。与杭州湾跨海大桥相对应的混凝土试件包括海工混凝土试件和普通混凝土试件，数量种类较多，为表述方便，对试件进行统一编号，采用英文大写字母表示。

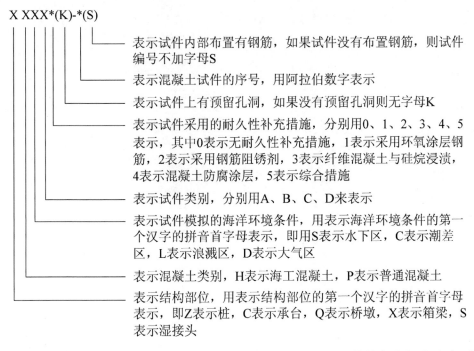

X XXX*(K)-*(S)

表示试件内部布置有钢筋，如果试件没有布置钢筋，则试件编号不加字母S

表示混凝土试件的序号，用阿拉伯数字表示

表示试件上有预留孔洞，如果没有预留孔洞则无字母K

表示试件采用的耐久性补充措施，分别用0、1、2、3、4、5表示，其中0表示无耐久性补充措施，1表示采用环氧涂层钢筋，2表示采用钢筋阻锈剂，3表示纤维混凝土与硅烷浸渍，4表示混凝土防腐涂层，5表示综合措施

表示试件类别，分别用A、B、C、D来表示

表示试件模拟的海洋环境条件，用表示海洋环境条件的第一个汉字的拼音首字母表示，即用S表示水下区，C表示潮差区，L表示浪溅区，D表示大气区

表示混凝土类别，H表示海工混凝土，P表示普通混凝土

表示结构部位，用表示结构部位的第一个汉字的拼音首字母表示，即Z表示桩，C表示承台，Q表示桥墩，X表示箱梁，S表示湿接头

(2)试验结果与分析。进行与杭州湾跨海大桥对应混凝土试件的室内加速试验，待试验养护完成后，放入人工气候加速模拟试验室进行加速试验。不同环境区域开始的时间不同，由于盐雾箱尺寸较小且设备损耗较大，试验进行的时间较短。不同环境区域混凝土试件试验的开始时间、加速时间、取样次数汇总如表 6-23 所示。不同环境区域室内加速试验的结果如图 6-23 所示。

表 6-23 杭州湾跨海大桥混凝土试件取样时间与加速试验时间表
Tab. 6-23 Sampling and accelerated test time on concrete specimens of HZBB

次数/次	水下区（开始时间：2006 年 7 月 27 日）		潮差区（开始时间：2006 年 9 月 5 日）		浪溅区（开始时间：2006 年 6 月 13 日）		大气区（开始时间：2006 年 7 月 31 日）	
	取样时间	试验时间/天	取样时间	试验时间/天	取样时间	试验时间/天	取样时间	试验时间/天
1	2006 年 9 月 2 日	35	2006 年 10 月 12 日	37	2006 年 7 月 14 日	31	2006 年 9 月 1 日	32
2	2006 年 10 月 12 日	75	2006 年 12 月 8 日	63	2006 年 9 月 2 日	79	2006 年 10 月 12 日	66
3	2006 年 12 月 8 日	131	2007 年 1 月 25 日	110	2006 年 10 月 12 日	119	2006 年 12 月 14 日	111
4	2007 年 1 月 25 日	178	2007 年 3 月 10 日	155	2006 年 12 月 14 日	181		
5	2007 年 3 月 10 日	223	2007 年 4 月 16 日	191	2007 年 1 月 25 日	221		
6	2007 年 4 月 16 日	259	2007 年 5 月 20 日	225	2007 年 3 月 10 日	266		
7	2007 年 5 月 20 日	293	2007 年 6 月 23 日	258	2007 年 4 月 16 日	302		
8	2007 年 6 月 23 日	326	2007 年 7 月 20 日	285	2007 年 5 月 20 日	336		
9	2007 年 7 月 28 日	361	2007 年 9 月 1 日	326	2007 年 6 月 23 日	369		
10	2007 年 9 月 1 日	394	2007 年 10 月 10 日	365	2007 年 7 月 20 日	396		
11	2007 年 10 月 10 日	433	2007 年 11 月 14 日	399	2007 年 9 月 1 日	437		
12	2007 年 11 月 14 日	467			2007 年 10 月 10 日	476		
13					2007 年 11 月 14 日	510		

由图 6-29 的氯离子侵蚀曲线，可以发现以下规律：

(1)通过对比不同环境区域的氯离子侵蚀曲线，可以发现海工混凝土抵抗氯离子侵蚀的能力明显优于普通混凝土。

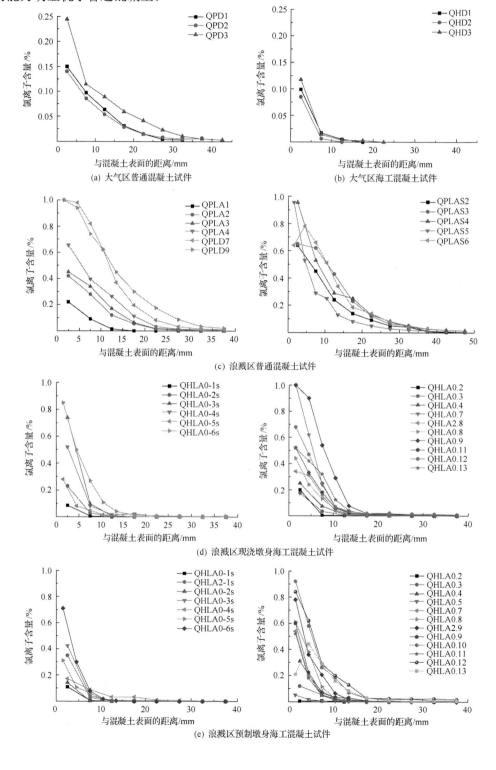

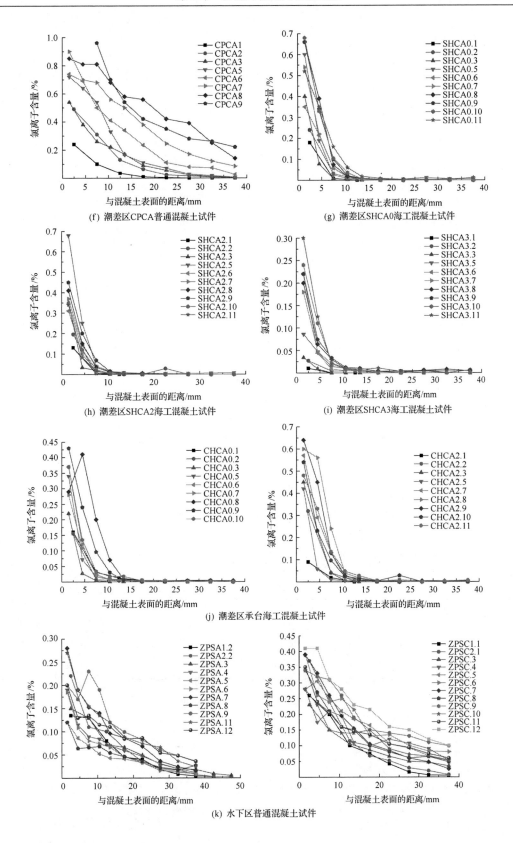

(f) 潮差区CPCA普通混凝土试件

(g) 潮差区SHCA0海工混凝土试件

(h) 潮差区SHCA2海工混凝土试件

(i) 潮差区SHCA3海工混凝土试件

(j) 潮差区承台海工混凝土试件

(k) 水下区普通混凝土试件

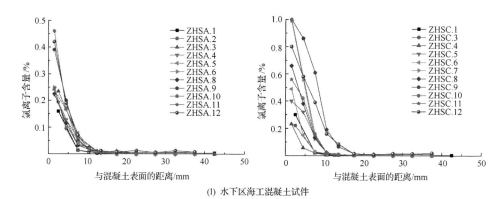

(l) 水下区海工混凝土试件

图 6-29　杭州湾混凝土试件室内加速试验的氯离子侵蚀曲线

Fig. 6-29　Chloride profiles for specimens of HZBB in accelerated chamber

试件编号的最后一位数字表示室内加速试验的取样次数

(2) 氯离子对各类混凝土试件的侵蚀深度及各深度处的氯离子含量都有随着加速时间的增加而增大的趋势。

(3) 通过比较不同环境分区氯离子对杭州湾混凝土试件的侵蚀曲线，可以发现氯离子在潮差区的侵蚀能力最强，浪溅区次之，再者是水下区，最弱的是大气区，这是由于干湿交替条件下氯离子对混凝土的侵蚀严重，水下区表面氯离子含量相对稳定，而大气区的盐雾浓度较低。

(4) 通过对比潮差区湿接头各类混凝土试件 (SHCA0、SHCA2、SHCA3) 的氯离子侵蚀曲线，可以发现纤维混凝土与硅烷浸渍能有效地抵抗氯离子的侵蚀，钢筋阻锈剂对氯离子侵蚀也起到一定的阻碍作用，而无耐久性补充措施的海工混凝土试件抵抗氯离子侵蚀的能力也明显优于普通混凝土试件。

(5) 通过对浪溅区预制墩身和现浇墩身的海工混凝土试件的氯离子侵蚀曲线进行对比，可以发现预制墩身抵抗氯离子侵蚀的能力优于现浇墩身，这与施工质量有关，说明预制构件在浇筑与养护中更能保证质量。

(6) 通过对比配置钢筋与不配钢筋的相同类型混凝土试件的侵蚀曲线，可以发现配有钢筋的混凝土试件抵抗氯离子侵蚀的能力总体上不如不配钢筋的同类混凝土试件，这可能是由于时间尺寸较小，配置钢筋后混凝土浇筑振捣不密实。

(7) 通过观察同种组分的水下区普通混凝土试件 ZPSA、ZPSC 的氯离子侵蚀曲线，可以发现相同浸泡时间、相同深度 C 类试件的氯离子含量总体上大于 A 类试件，这是由于 C 类试件配有钢筋且试件尺寸较小，施工质量难以保证，另外 C 类试件不同取样点之间的距离较小，尽管取样后取粉洞口用环氧密封，但有时难免会有溶液进入洞口而引起氯离子在时间内部的二维扩散，因此氯离子含量和侵蚀深度会大于 A 类试件。

6.4　沿海混凝土结构耐久性 METS 相关参数的研究

METS 试验方法对沿海混凝土结构耐久性进行寿命评估的前提是必须进行大量的现场试验和室内加速试验，通过对不同环境条件的耐久性影响因素进行分析，找出不同环境条件下各耐久性参数的比例关系，进而通过室内加速试验对现场实际环境中的研究对象的混凝土结构进行耐久性寿命预测与评估[4,5]。

本节根据沿海混凝土结构 METS 试验的检测结果，对影响沿海混凝土结构耐久性的主要因素，如氯离子扩散系数、时间衰减系数、对流区深度、表面氯离子浓度等进行研究；对 METS 试验中混凝土氯离子扩散系数与表面氯离子含量进行定量分析，进而对不同混凝土材料及两种不同环境中氯离子扩散系数、表面氯离子浓度、表面对流区深度、时间衰减系数等的相似性进行研究。

通过本节的研究，可得出不同混凝土材料之间的相似性与不同环境作用对混凝土表面氯离子含量和扩散系数的影响，为对现场实际环境中混凝土结构进行耐久性的定量评估奠定基础。

6.4.1　METS 试验的氯离子扩散系数研究

氯离子扩散系数是反映混凝土耐久性的重要指标。氯离子的扩散系数不仅和混凝土材料的组成、内部孔结构的数量和特征、水化程度等内在因素有关系，也受到外界因素的影响，包括温度、养护龄期、掺合料的种类和数量、诱导钢筋腐蚀的氯离子的类型等[2,6,7,40-42]。

氯离子在混凝土表层的渗透机理复杂，表现为扩散、毛细管吸附和渗透等作用。扩散是孔体系内不能移动的水中的氯化物浓度梯度的结果；毛细管吸附是氯化物随着水一起迁移进入开口孔体系；渗透是氯化物和水在压力下一起迁移入混凝土。对于沿海混凝土结构，除水下区的对流作用不明显外，不同环境区域中三种迁移机制均对混凝土表层有影响，但和速度最快的毛细管吸附相比，渗透的迁移可以忽略[33,41]。

在对流区内部，氯离子对混凝土的渗透以扩散为主。Fick 第二定律[6]可以很方便地将氯离子的扩散浓度与扩散系数和扩散时间联系起来，直观地反映结构的耐久性。假定混凝土中的孔隙分布是均匀的，氯离子在混凝土中的扩散是一维扩散，浓度梯度仅沿着对流层内部到钢筋表面的方向变化，混凝土表面氯离子含量恒定，并且混凝土为半无限介质。设 t 时刻深度为 x 处的氯离子含量为 $C(x,t)$，C_s 为混凝土表面氯离子浓度，C_0 为混凝土中的初始氯离子浓度，t 为暴露时间，x 为深度，D_{app} 为氯离子表观扩散系数，表面对流层的深度为 Δx，由 Fick 第二定律可得

$$C(x,t) = C_0 + (C_s - C_0)\left[1 - \mathrm{erf}\left(\frac{x - \Delta x}{2 \cdot \sqrt{D_{app} \cdot t}}\right)\right] \tag{6-7}$$

式中，$\mathrm{erf}(\cdot)$ 为高斯误差函数。

根据 6.3 节给出的氯离子侵蚀曲线，可以发现，各条曲线内部较深处的氯离子含量小于混凝土质量的 0.003%，可近似为 0，故本书假定混凝土中的初始氯离子含量应为 0，即 C_0=0，由此，式(6-7)可简化为

$$C(x,t) = C_s \cdot \left[1 - \mathrm{erf}\left(\frac{x - \Delta x}{2 \cdot \sqrt{D_{app} \cdot t}}\right)\right] \tag{6-8}$$

根据式(6-8)，可以将测试分析的氯离子含量随深度的变化曲线通过最小二乘最优化拟合，得到混凝土表面氯离子含量和扩散系数。

根据式(6-8)，本书利用 MATLAB 7.5.0(R2007b)程序中的"Curve Fitting"模块对各曲线进行拟合，得到混凝土的氯离子表观扩散系数 D_{app} 及表面氯离子含量。

6.4.1.1　第三方参照物混凝土的氯离子扩散系数

选取乍浦港码头为第三方参照物，根据式(6-8)，通过对第三方参照物现场检测得到的氯离子侵蚀曲线进行拟合，可以得到不同环境分区各码头混凝土的氯离子表观扩散系数。第三方参照物现场取样暴露时间如表 6-24 所示。

表 6-24　第三方参照物现场取样暴露时间对照表

Tab. 6-24　Inspection exposure time of the third reference site　（单位：月）

检测部位	现场检测时间			开始时间
	2006 年 3 月	2006 年 6 月	2006 年 10 月	
一期二泊位	194	197	201	1990 年 1 月
二期一泊位	48	45	55	2002 年 3 月
二期四泊位	15	18	22	2004 年 10 月
三期一泊位	15	18	22	2004 年 10 月

1) 大气区

本书在乍浦港二期工程(一泊位、四泊位)和三期工程(一泊位)高程为 7.600m(浙江吴淞高程，下同)处大气区进行了现场检测、取样。现场钻孔取粉时采用 5mm×10=50mm 的取样深度，经过对粉样进行 RCT 分析，得到各深度处的自由氯离子含量(水溶性氯离子含量，下同)，用 MATLAB 程序对氯离子侵蚀曲线进行拟合得到各点的氯离子扩散系数如表 6-25 所示(曲线编号与上节相同，下同)。

表 6-25　第三方参照物大气区混凝土的氯离子扩散系数表

Tab. 6-25　Chloride diffusion coefficient of atmospheric zone concrete in the third site

泊位	检测时间	曲线编号	扩散系数/(10^{-6}mm²/s)	备注
二期一泊位	2006 年 3 月	06031	0.2852	
		06032	0.6036	
	2006 年 6 月	06063	0.3792	
		06064	0.1830	
	2006 年 10 月	06105	0.0767	
		06106	0.0952	
二期四泊位	2006 年 6 月	06061	0.4419	
		06062	0.3175	
	2006 年 10 月	06103	0.3497	
		06104	0.2689	
三期一泊位	2006 年 6 月	06061	1.1250	
		06062	1.3550	
	2006 年 10 月	06103	0.7449	
		06104	1.0410	

2) 浪溅区

除 2006 年 3 月在乍浦港一期工程取样的高程为 5.600～5.800m 外，其余时间均统一在高程为 5.150～5.250m 处进行第三方参照物的浪溅区现场检测、取样。现场钻孔取粉时对一期二泊位和二期一泊位采用 7mm×10=70mm 的取样深度，而对于现场暴露时间较短的二期四泊位和三期一泊位采用 5mm×10=50mm 的取样深度。经过对粉样进行 RCT 分析，得到各深度处的水溶性氯离子含量，利用式(6-8)，通过对氯离子侵蚀曲线进行最小二乘法最优化拟合得到各点的氯离子扩散系数，如表 6-26 所示。

表 6-26　第三方参照物浪溅区混凝土的氯离子扩散系数表

Tab. 6-26　Chloride diffusion coefficient of splash zone concrete in the third site

泊位	曲线编号	扩散系数/$(10^{-6}mm^2/s)$	泊位	曲线编号	扩散系数/$(10^{-6}mm^2/s)$
一期二泊位	20060301	0.7709		2006065	1.3010
	20060302	1.0810		2006106	1.7910
	20060303	0.8241		2006107	1.4760
	20060304	0.8369		2006108	1.2740
	20060305	0.3638		20060301	0.4085
	20060306	0.3868		20060302	0.3324
	20060307	0.6115		20060303	0.4577
	20060308	0.5245	二期四泊位	20060304	0.3982
	20060609	0.5709		20060605	0.2052
	20060610	0.4077		20060606	0.1188
	20060611	0.3587		20060607	0.1040
	20060612	0.6397		20060608	0.1244
	20060613	0.4147		20061009	0.4133
	20060614	0.3662		20061010	0.3867
	20061015	0.9841		20061011	0.4549
	20061016	0.8314		2006031	0.7403
	20061017	0.8824		2006032	0.7042
	20061018	0.4747		2006063	0.3407
	20061019	0.5457		2006064	0.4161
	20061020	0.5674	三期一泊位	2006065	0.5614
二期一泊位	2006031	2.0390		2006066	1.7030
	2006032	1.1380		2006107	0.4959
	2006033	2.1670		2006108	0.3662
	2006064	0.9783		2006109	0.4744

3) 潮差区

乍浦港码头潮差区混凝土结构的现场取样大多集中在高程为 2.300m 处，由于现场取样条件的限制，个别的取样点高程为 3.300m 和 3.900m。由于现场取样条件的限制，无法对乍浦港三期工程进行潮差区的现场取样。现场钻孔取粉时对一期二泊位和二期一泊位采用 7mm×10=70mm 的取样深度，而对于二期四泊位采用 5mm×10=50mm 的取样深度。

经过对粉样进行 RCT 分析，得到各深度处的水溶性氯离子含量，利用式(6-8)，通过对氯离子侵蚀曲线进行最小二乘法最优化拟合得到各点的氯离子扩散系数，如表 6-27 所示。

表 6-27 第三方参照物潮差区混凝土的氯离子扩散系数表

Tab. 6-27 Chloride diffusion coefficient of tidal zone concrete in the third site

泊位	曲线编号	扩散系数/(10^{-6}mm²/s)	泊位	曲线编号	扩散系数/(10^{-6}mm²/s)
一期二泊位	20060301*	2.018	一期二泊位	20061015	2.350
	20060302*	1.184		20061016	1.218
	20060303	1.098		20061017	1.770
	20060304	2.291	二期一泊位	2006031	2.391
	20060605*	1.389		2006032	2.841
	20060606*	1.209		2006063	2.467
	20060607*	1.783		2006104	2.345
	20060608*	1.520		2006105	1.924
	20060609	1.005		2006106	2.119
	20060610	1.722	二期四泊位	2006031	1.097
	20060611	1.599		2006032	1.181
	20061012*	1.342		2006063	1.126
	20061013*	1.807		2006064	1.142
	20061014*	1.388			

*表示取样位于码头北侧。

4）水下区

对第三方参照物不同环境分区的氯离子扩散系数平均值进行分析，如表 6-28 所示。

表 6-28 第三方参照物不同环境分区氯离子扩散系数的平均值

Tab. 6-28 The average values of chloride diffusion coefficient in various environmental zones of the third reference site （单位：10^{-6}mm²/s）

泊位	环境分区	检测时间			所有曲线
		2006 年 3 月	2006 年 6 月	2006 年 10 月	
一期二泊位	浪溅区	0.6749	0.4597	0.7143	0.6222
	潮差区北	1.6010	1.4573	1.5123	1.5156
	潮差区南	1.6945	0.9625	1.7793	1.4518
二期一泊位	大气区	0.4444	0.2811	0.0860	0.2705
	浪溅区	1.7813	1.1397	1.5137	1.5205
	潮差区	2.8340	2.8660	2.3563	2.6005
二期四泊位	大气区	N.A.	0.3797	0.3093	0.3445
	浪溅区	0.3992	0.1381	0.4183	0.3095
	潮差区	N.A.	0.6418	1.1340	0.8819
三期一泊位	大气区	N.A.	1.2400	0.8930	1.0665
	浪溅区	0.7223	0.7553	0.4455	0.6447

注：N.A.表示未知。

由表 6-28 可得以下规律。

(1)通过对比一期二泊位不同时间的检测结果，可以发现对于相同高程的混凝土构件，不同时间检测得到的氯离子扩散系数变化不明显。这是由于一期二泊位码头已经服役多年(16 年有余)，混凝土材料性质已经趋于稳定，所以扩散系数亦趋于稳定。

(2)通过对一期二泊位与二期一泊位不同环境分区(大气区、浪溅区、潮差区)的扩散系数进行对比，可以发现不同环境分区混凝土的氯离子扩散系数不同，并且潮差区的扩散系数最大，浪溅区次之，大气区最小。这是由于氯离子在混凝土中的扩散是以离子的形式在混凝土孔隙液中进行的，因此孔隙饱和度越大意味着参与氯离子传输的载体——孔隙水越多，氯离子的渗透就越快。潮差区结构距离海平面较低，涉水时间较长，因此内部孔隙水趋于饱和；而大气区结构处于干燥状态，孔隙内部水分向混凝土表面迁移蒸发，因此内部孔隙饱和度趋于降低。

(3)综合分析不同泊位各环境分区不同检测时间得到的氯离子扩散系数，可以发现，尽管受到检测时刻的温度、湿度、潮位、风向等因素的影响，但扩散系数整体上仍然呈现随服役时间(现场暴露时间)而衰减的趋势。这是基于以下原因[43]：①随着水化作用的持续进行，混凝土的孔隙结构将会更加密实；②孔隙结构中水泥浆体的膨胀及沉淀作用；③孔隙中阴离子对氯离子的排斥作用导致氯离子扩散系数的降低；④氯离子自身的绑定能力；⑤其他原因，如模型在对流区的氯离子浓度为定值的假定过于简化等。

(4)大气区的氯离子源——盐雾本身的氯离子含量比海水要低，由于二期四泊位和三期一泊位混凝土结构服役时间较短，渗透进入混凝土内部的氯离子量较少，即距离混凝土表面不同深度的氯离子含量理论值比较小；又由于检测仪器本身的精度及实验操作误差，氯离子侵蚀曲线相对平缓，检测得到的大气区的氯离子表观扩散系数的误差较大。综上，尽管二期四泊位和三期一泊位检测得到的大气区的氯离子扩散系数大于浪溅区，但并不能简单地认为大气区真实的氯离子扩散系数大于浪溅区。

6.4.1.2　现场暴露试验混凝土的氯离子扩散系数

对跨海大桥研究对象的现场暴露试验包括在大桥主体结构未进行防腐涂层前的现场实物取样、混凝土试件水下区和大气区的现场原位试验与对摆放在现场暴露试验站混凝土试件的现场检测。由于在实际环境中现场暴露时间较短，尽管进行了多次现场检测，但经过室内分析后很多曲线中尚未检测到氯离子，或者只有距离表层 2～3 点处检测到氯离子，利用式(6-8)通过曲线拟合得到氯离子扩散系数和表面氯离子含量比较困难。现将拟合得到的氯离子扩散系数汇总于表 6-29。

考虑到目前现场暴露时间较短、氯离子含量检测仪器的精度及试验检测的误差等因素，现场暴露试验检测得到的氯离子含量和氯离子扩散系数可以用于对 METS 方法的修正与校核。

表 6-29 现场暴露试验不同环境分区氯离子扩散系数表

Tab. 6-29 Chloride diffusion coefficient in different zones of the field exposure test

环境分区	曲线编号	扩散系数/($10^{-6}mm^2/s$)	备注
大气区	XPDA1	3.105	其余检测曲线无法拟合得到氯离子扩散系数
	XPDA2	4.512	
	Pier.4	0.06958	
	QHDC0.1	0.3511	
	XHDC.4	0.5465	
干湿交替区域	N.precastPier1	0.3834	第一次检测
	N.precastPier2	0.1252	
	S.precastPier3	0.08021	
	SE.precastPier4	0.5732	
	E.precastPier5	0.1601	
	N.Jiont1	0.08955	
	N.Jiont2	0.09598	
	SE.Jiont3	0.08044	
	S.Jiont4	0.1655	
	E.Jiont5	0.5577	
	S.PileCap1	0.08149	
	N.PileCap2	0.2989	
	N.precastPier1	0.08467	第二次检测
	N.precastPier2	0.08609	
	N.Jiont1	0.07543	
	N.Jiont2	0.09253	
	S.Jiont3	0.0970	
	E.Jiont4	0.1452	
	S.PileCap1	0.2271	
	N.PileCap2	0.2050	
+4.500m	QHLA1.1	0.5757	现浇
	QHLA0.2	0.2586	预制
	QPLA.3	1.866	
	QHLA0.4	0.3760	现浇
+2.000m	CHCA0.1	0.1061	
	QHLA0.2	0.3861	现浇
	QPLA.5	3.898	
	CPCA.6	5.964	
	QHLA0.7	0.5433	预制
	SHCA0.8	0.9030	
	SHCA3.9	0.8597	
	QHLA2.10	0.2889	预制

续表

环境分区	曲线编号	扩散系数/($10^{-6}mm^2/s$)	备注
-0.500m	CPCA.1	4.761	
	SHCA3.2	0.619	
	SHCA2.3	0.3908	
	SHCA0.4	0.4562	
	CHCA0.5	0.4047	
	CHCA2.6	0.4337	
水下区	ZHSA0.1	0.3481	
	ZHSA0.2	0.4780	第一次检测
	ZPSC.3	14.84	
	ZPSC.1	10.38	第二次检测
	ZHSC1.3	0.2516	

注：大气区检测的墩身为陆上预制墩身。

6.4.1.3　室内加速试验混凝土的氯离子扩散系数

　　室内加速试验是第三方参照物与现场实际结构不同混凝土材料之间的桥梁，包括与第三方参照物相对应的混凝土试件的室内加速试验和与跨海大桥研究对象相对应的混凝土试件的室内加速试验。

　　这里根据室内加速试验方案对跨海大桥对应的混凝土试件(以下简称大桥试件)与乍浦港对应的混凝土试件(以下简称乍浦港试件)进行人工气候模拟加速试验，通过室内定期检测与氯离子含量化学分析，利用考虑对流区深度 Δx 的 Fick 第二定律[式(6-8)]，通过对氯离子侵蚀曲线进行最小二乘法最优化拟合得到乍浦港试件与大桥试件不同检测时间的氯离子扩散系数，分别见表 6-30、表 6-31。

表 6-30　乍浦港试件不同环境分区的氯离子扩散系数
Tab. 6-30　Chloride diffusion coefficient of Zhapu concrete specimens in different zones

(单位：$10^{-6}mm^2/s$)

取样次数/次	试件编号(浪溅区)			
	S12	S21	S24	S31
1	12.71	12.26	10.69	16.75
2	11.65	11.24	8.738	14.15
3	11.10	10.42	7.966	13.65
4	10.53	10.16	7.181	12.07
5	9.615	9.442	6.798	11.21
6	9.170	9.108	5.842	11.15
7	8.773	8.705	5.690	9.788
8	8.844	7.969	5.327	8.815
9	8.406	7.571	4.876	8.744
10	7.593	7.334	4.319	8.086

续表

取样次数/次	试件编号(潮差区)				
	T12S	T12N	T21	T24	T31
1	19.52	12.75	12.17	10.56	12.06
2	17.62	11.20	11.01	8.900	10.52
3	16.97	10.91	10.19	8.069	9.509
4	15.09	9.783	10.02	7.433	8.748
5	13.91	9.264	8.942	6.848	8.052
6	13.19	8.942	8.397	6.098	7.954
7	12.05	8.504	8.105	N.A.	7.287
8	10.45	8.115	8.063	5.223	6.591
9	10.06	7.955	7.811	4.760	6.108
10	9.1920	7.398	7.478	4.372	5.766

表 6-31　大桥试件不同环境分区的氯离子扩散系数

Tab. 6-31　Chloride diffusion coefficient of HZBB concrete specimens in different zones

(单位：$10^{-6}\text{mm}^2/\text{s}$)

大气区		
取样次数/次	试验编号	
	QPDC	QHDC0
1	32.24	2.681
2	21.33	1.623
3	20.06	1.129

浪溅区					
取样次数/次	试件编号				
	QPLA	QPLA-S	QHLA0-S	QHLA0	QHLA0-S	QHLA0
1	26.83	N.A.	N.A.	N.A.	2.1120/2.5220	N.A.
2	19.99	17.76	2.158	2.248	1.362	N.A.
3	13.79	14.60	1.580	1.779	1.126	1.122
4	12.23	12.79	1.062	1.294	0.8223	0.8812
5	N.A.	11.30	0.9355	N.A.	0.7556	0.7696
6	N.A.	10.30	N.A.	N.A.	0.6777	N.A.
7	10.35	N.A.	N.A.	1.045		0.667
8	N.A.			1.320/0.6619		0.532
9	9.719			0.8832		0.5921/0.5288
10				N.A.		N.A.
11				0.6690		0.4939
12				0.8239		0.5008
13				0.7280		0.4755
备注		现浇墩身	现浇墩身	预制墩身	预制墩身

续表

			潮差区		
取样次数/次	试件编号				
	CPCA	SHCA0	SHCA2	SHCA3	CHCA0	CHCA2
1	13.07	N.A.	2.75	N.A.	3.785	N.A.
2	12.39	1.8790	N.A.	1.955	2.576	2.651
3	9.609	1.3050	1.42	1.230	1.713	1.797
5	8.901	1.0510	1.13	0.9154	1.367	1.245
6	8.028	0.8609	0.9694	0.8622	1.251	N.A.
7	7.791	0.7881	0.8064	0.7785	1.159	1.146
8	11.55	0.7403	0.7301	0.7366	1.160	1.078
9	7.761	0.7080	0.7139	0.7178	0.8252	0.9116
10	N.A.	0.6401	0.6368	0.6454	0.8747	0.9284
11		0.6361	0.6085	0.5664	N.A.	0.8591

		水下区		
取样次数/次	试件编号			
	ZPSC	ZPSA	ZHSA0	ZHSC0
1	22.35/25.56	N.A.	1.242	1.126
2	N.A.	22.05/25.48	0.9005	N.A.
3	17.99	17.23	0.7827	0.5229
4	15.01	17.45	0.5304	0.4585
5	13.83	16.30	0.4461	0.5288
6	13.01	15.09	0.2872	0.3446
7	12.81	14.82	0.2468	0.3391
8	12.39	14.68	0.1934	0.2888
9	12.10	12.21	0.1332	0.3702
10	11.59	N.A.	0.1113	0.2788
11	11.23	11.7	0.1752	0.2307
12	9.697	11.56	0.5304	0.3164

　　由表 6-30、表 6-31 可以发现：①不同暴露时间的普通混凝土的扩散系数远远大于海工混凝土，说明在混凝土中掺入矿粉和粉煤灰能够提高混凝土抵抗氯离子侵蚀的能力，从而改善其耐久性能；②不同暴露时间/加速试验时间的各种混凝土试件的扩散系数不同，说明氯离子扩散系数具有时变性，并且具有随时间衰减的趋势。

　　分析氯离子扩散系数随暴露时间衰减的规律，对氯离子扩散系数的衰减规律进行定量研究，对于进行混凝土结构耐久性设计与寿命评估具有重要的作用。

6.4.2　氯离子扩散系数随暴露时间变化规律研究

6.4.2.1　不同材料组成混凝土的时间衰减分析

　　研究表明[6,18,43,44]，氯盐暴露环境下混凝土表观扩散系数 D_{app} 随着暴露时间的增加而减小，甚至会呈数量级降低。其关系式可描述为

$$D_{\text{app},2} = D_{\text{app},1} \cdot \left(\frac{t_1}{t_2}\right)^n \tag{6-9}$$

式中，$D_{\text{app},i}(i=1,2)$ 为对应暴露时间 t_i 的表观扩散系数 (m^2/s)；t_i 为暴露时间或试验时间 (s)；n 为时间衰减系数。

$D_{\text{app},1}$ 通常取为 $t_0=28$ 天（0.0767 年）时的扩散系数 D_{28}，即有

$$D_{\text{app}}(t) = D_{28} \cdot \left(\frac{28}{t}\right)^n \tag{6-10}$$

或

$$D_{\text{app}}(t) = D_{28} \cdot \left(\frac{0.0767}{t}\right)^n \tag{6-11}$$

式中，$D_{\text{app}}(t)$ 为经过暴露时间（加速时间）t 测得的氯离子扩散系数。

根据式(6-10)、式(6-11)，可通过曲线拟合的方式求得不同组成混凝土材料的时间衰减系数 n 和与其对应的 28 天的表观扩散系数 D_{28}。作者利用 MATLAB 程序的 "Curve fitting" 模块对乍浦港试件和大桥试件的氯离子扩散系数与加速试验时间的关系进行曲线拟合。拟合时自定义拟合曲线为式(6-10)（时间单位为天）的形式即可，如 S12 试件的拟合如图 6-30 所示，可得，$D_{28}^{\text{a}}=18.51\times10^{-6}\,\text{mm}^2/\text{s}$，$n=0.3222$，相关系数 $R^2=0.9568$。

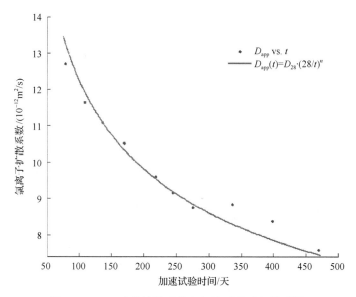

图 6-30　S12 试件扩散系数与加速试验时间关系图

Fig. 6-30　Relationship between diffusion coefficient and accelerated test time of specimen S12

同理可以得到室内加速试验各试件的时间衰减系数 n 与对应的 28 天表观扩散系数 D_{28}^{a}，如表 6-32 所示。

表 6-32　室内加速试验得到的不同混凝土材料的时间衰减系数和 28 天表观扩散系数

Tab. 6-32　Age exponent and diffusion coefficient at 28 days of different mixture concretes in indoor accelerated test

试件编号	材料组成			拟合结果			备注
	水胶比(W/B)	矿渣/%	粉煤灰/%	$D_{28}^{a}/(10^{-6}\text{mm}^2/\text{s})$	n	R^2	
S12	0.45			18.51	0.3222	0.9568	P.S. 42.5
S21	0.40			17.18	0.3047	0.9859	
S24	0.55			15.08	0.4051	0.9624	
S31	0.38			25.32	0.4047	0.9855	
T12S	0.45			26.78	0.3312	0.9361	P.S. 42.5
T12N	0.45			17.21	0.3015	0.9907	
T21	0.40			16.22	0.2854	0.9810	
T24	0.55			15.46	0.4124	0.9749	
T31	0.38		21	18.34	0.4067	0.9949	
ZPSC	0.56			25.95	0.3030	0.9593	
ZPSA	0.56			33.93	0.3752	0.9304	
ZHSA0	0.36	30	30	1.554	0.6725	0.9012	
ZHSC0	0.36	30	30	1.288	0.5868	0.9969	
CPCA	0.44			15.29	0.3109	0.9292	
CHCA0	0.33	20	40	4.303	0.6013	0.9873	
CHCA2	0.33	20	40	4.302	0.6147	0.9929	
SHCA0	0.333	44.4	22.2	3.105	0.6108	0.9916	
SHCA2	0.333	44.4	22.2	3.234	0.6004	0.9925	
SHCA3	0.333	44.4	22.2	3.097	0.6179	0.9864	
QPLA	0.44			25.34	0.3211	0.9099	
QPLA-S	0.44			22.83	0.3105	0.9111	
QHLA0-S	0.345	30	30	3.922	0.6031	0.9727	现浇
QHLA0	0.345	30	30	4.083	0.5807	0.9918	现浇
QHLA0-S	0.311	40	30	2.52	0.6182	0.9658	预制
QHLA0	0.311	40	30	2.73	0.6127	0.9809	预制
QPDA	0.44			33.05	0.4135	0.9376	
QHDA0	0.311	40	30	2.912	0.6719	0.9991	

注：混凝土试件的详细配合比资料详见 6.3 节。

由表 6-32 可得以下规律：

(1)普通混凝土的 28 天表观扩散系数比海工混凝土大得多，通常大一个数量级，这是由于矿渣、粉煤灰等的掺入，改善了混凝土自身的孔隙结构，降低了孔隙率，提高了抗渗透能力；同时粉煤灰和矿粉的二次水化反应生成的水化 CSH 凝胶的吸附和反应生成了 Friedel 盐，减少了自由氯离子的含量[45-47]。

(2)相同水胶比的混凝土试件，尤其是普通混凝土试件，在不同环境分区的时间衰减系数不同，表现为大气区的最大，干湿交替区域(潮差区、浪溅区)次之，水下区最小。

(3)相同环境分区(如干湿交替区域)不同水胶比混凝土材料的时间衰减系数也不相同，表现为时间衰减系数随着水胶比的增大而增大。

(4) 通过对不同掺量矿渣和硅粉混凝土时间衰减系数的比较可以发现粉煤灰掺量提高对时间衰减系数的提高比相同掺量矿渣的效果更明显。

(5) 采用纤维混凝土和硅烷浸渍措施后，混凝土的时间衰减系数 n 有所提高，提高幅度大约为 0.01，说明纤维混凝土和硅烷浸渍对提高混凝土的抗氯离子侵蚀能力具有较好的效果。

6.4.2.2 时间衰减系数与混凝土材料组成的关系研究

结合试验结果(表 6-32)，根据目前的研究成果，本书认为混凝土材料的时间衰减系数 n 应由两部分组成：第一部分反映普通混凝土水胶比/水灰比对衰减系数的影响，由表 6-32 可以发现对于相同环境分区时间衰减系数随水胶比的增大而增大；第二部分是外加粉煤灰和矿粉掺合料的影响。粉煤灰具有物理减水作用，掺有粉煤灰的混凝土可以适当地降低水灰比而保持坍落度不变。高细度的矿渣可以填充混凝土内部孔隙，改善孔结构，增加混凝土的强度。同时，这两种掺合料均能增加混凝土的密实性，提高混凝土抵抗氯离子侵蚀的能力。但是它们的水化速度比普通水泥慢，因此掺入粉煤灰和矿渣后混凝土扩散系数的衰减周期将比普通混凝土长。综上分析，对不同环境分区的时间衰减系数进行整理。

1) 干湿交替区域

通过对表 6-32 干湿交替区域的普通混凝土时间衰减系数进行线性拟合，可以得到

$$n_{dw}=0.8021 \cdot W/B-0.0391, \quad R^2=0.9251 \quad (6-12)$$

式中，n_{dw} 为混凝土在干湿交替区域的时间衰减系数；W/B 为水胶比。

对式 (6-12) 进行简化处理，则干湿交替区域普通混凝土材料的时间衰减系数 n_{dw} 为

$$n_{dw}=0.80 \cdot W/B-0.04 \quad (6-13)$$

对掺有超细矿粉和粉煤灰的海工混凝土的时间衰减系数，以式 (6-13) 为基础分析"双掺"的效果。美国混凝土学会 Life-365 建议掺加粉煤灰、矿渣后的混凝土的时间衰减系数的经验公式为

$$n=0.2+0.4(\%FA/50+\%SG/70) \quad (6-14)$$

式中，%FA 为粉煤灰在胶凝材料中占的百分比；%SG 为矿渣在胶凝材料中占的百分比。

参考 Life-365，考虑"双掺"对时间衰减系数的作用，对海工混凝土的时间衰减系数进行拟合可以得到

$$n_{dw}=0.8 \cdot W/B-0.04+0.35(\%FA/50+\%SG/70) \quad (6-15)$$

对于普通混凝土，%FA=%SG =0，因此式 (6-15) 也适用于普通混凝土。

2) 水下区

根据试验结果，水下区普通混凝土材料 (P.C.) 的时间衰减系数比干湿交替区域小，减小的范围在 0.1 附近 (通常不到 0.1)；而海工混凝土材料 (H.P.C) 的时间衰减系数基本保持不变，为简化计算并出于偏安全考虑，水下区混凝土材料的时间衰减系数 n_{un} 为

$$n_{un}=n_{dw}-0.1=0.8 \cdot W/B-0.14, \qquad 普通混凝土$$
$$n_{un}=n_{dw}=0.8 \cdot W/B-0.04+0.35(\%FA/50+\%SG/70), \qquad 海工混凝土 \quad (6-16)$$

式中，n_{un} 为混凝土在水下区的时间衰减系数。

3) 大气区

根据试验结果，无论普通混凝土，还是海工混凝土，大气区混凝土的时间衰减系数比干湿交替区域要大，海工混凝土比干湿交替区域约大 0.06，而普通混凝土在大气区的时间衰减系数大 0.1 左右。为简化计算并出于偏安全的考虑，大气区混凝土的衰减系数统一描述为

$$n_{at} = n_{dw} + 0.04 = 0.8 \cdot W/B + 0.35(\%FA/50 + \%SG/70) \tag{6-17}$$

式中，n_{at} 为混凝土在大气区的时间衰减系数。

为验证上述公式的有效性，可以将试验结果与公式计算结果进行对比。根据式(6-15)～式(6-17)，对试验混凝土试件的时间衰减系数进行计算，如表 6-33 所示。

表 6-33　混凝土试件时间衰减系数 n 的计算结果与拟合结果比较表

Tab. 6-33　Caculated and fitting results of concrete specimens' age exponent n

试件编号	拟合结果 n	计算结果 n^c	n^c/n	备注
S12	0.3222	0.3200	0.9932	
S21	0.3047	0.2800	0.9189	
S24	0.4051	0.4000	0.9874	
S31	0.4047	0.4110	1.0156	
T12S	0.3312	0.3200	0.9662	
T12N	0.3015	0.3200	1.0614	
T21	0.2854	0.2800	0.9811	
T24	0.4124	0.4000	0.9699	
T31	0.4067	0.4110	1.0106	
ZPSC	0.3030	0.3080	1.0165	
ZPSA	0.3752	0.3080	0.8209	偏安全
ZHSA0	0.6725	0.6080	0.9041	
ZHSC0	0.5868	0.6080	1.0361	
CPCA	0.3109	0.3120	1.0035	
CHCA0	0.6013	0.6040	1.0045	
CHCA2	0.6147	0.6040	0.9826	
SHCA0	0.6108	0.6038	0.9885	
SHCA2	0.6004	0.6038	1.0057	
SHCA3	0.6179	0.6038	0.9772	
QPLA	0.3211	0.3120	0.9717	
QPLA-S	0.3105	0.3120	1.0048	
QHLA0-S	0.6031	0.5960	0.9882	现浇
QHLA0	0.5807	0.5960	1.0263	现浇
QHLA0-S	0.6182	0.6188	1.0010	预制
QHLA0	0.6127	0.6188	1.0100	预制
QPDA	0.4135	0.3520	0.8513	偏安全
QHDA0	0.6719	0.6588	0.9805	偏安全

由表 6-33 可以发现，时间衰减系数的计算结果与拟合结果吻合得较好，并且总体计算结果小于拟合结果，属于偏安全范围。对于本书中的 27 个试验样本来说，混凝土时间衰减系数的计算结果与拟合结果之比，即 n^{c}/n 的平均值 $\mu=0.9807$，方差 $\sigma^{2}=0.0027$，变异系数 $\delta=0.0534$。若仅考虑干湿交替区域的 21 个试验样本，则 n^{c}/n 的平均值 $\mu=0.9937$，方差 $\sigma^{2}=0.0008$，变异系数 $\delta=0.0278$。

通过试验拟合得到的时间衰减系数计算公式可以用来对不同配合比、不同环境分区的混凝土扩散系数进行时间衰减分析。并且认为时间衰减系数受到环境分区的影响，但相同环境分区的室内加速试验与现场检测试验得到的时间衰减系数是相同的。

6.4.3　不同环境氯离子表观扩散系数的相似性研究

室内加速试验通过改变试验温度、溶液浓度、相对湿度、干湿循环比例等环境条件，使氯离子在混凝土中以比在现场实际环境更快的速度输运，主要表现在：①扩散系数的提高；②表面氯离子浓度的提高。再者，室内加速试验条件比现场实际环境相对稳定，因此混凝土表层的对流区深度 Δx 要比现场环境中小。

氯离子的扩散系数不仅与混凝土材料的组成、内部孔结构的数量和特征、水化程度等内在因素有关，也常受到外界因素，包括温度、湿度、养护龄期、掺合料的种类和数量、诱导钢筋腐蚀的氯离子的类型等的影响。对于同种配合比、材料组成的混凝土材料，相同龄期及现场暴露时间的氯离子扩散系数的主要影响因素有温度、相对湿度与干湿循环机制，因而表观氯离子扩散系数的相似性可以通过对相同暴露时间混凝土的扩散系数，如 D_{28}、$D_{app}(t_i)$ 进行研究。因此，可以建立扩散系数的相似率公式：

$$D_{app}^{a}(t) = \lambda_D \cdot D_{app}^{f}(t) \tag{6-18}$$

式中，λ_D 为不同环境扩散系数的相似率（加速倍数）；上标 a 和 f 分别表示室内加速试验和现场实际环境。

式(6-10)、式(6-11)不仅可以用来拟合不同时刻检测的扩散系数，得到 28 天扩散系数 D_{28} 和时间衰减系数 n，而且可以在已知 n 和暴露时间 t 的扩散系数 $D_{app}(t)$ 时求得 D_{28}。

根据现场对不同暴露时间与第三方参照物或乍浦港各码头检测得到表观氯离子扩散系数，利用式(6-11)便可求得不同码头的 28 天的表观扩散系数 D_{28}^{f}。

$$D_{28}^{f} = D_{app}(t) \cdot (t/0.0767)^{n} \tag{6-19}$$

计算结果见表 6-34 和表 6-35。根据对应材料组分相同的混凝土试件的室内加速试验得到的 D_{28}^{a}，即可计算得到扩散系数的加速倍数，即扩散系数的相似率 λ_D，如式(6-20)所示：

$$\lambda_D = D_{28}^{a} / D_{28}^{f} \tag{6-20}$$

或

$$\lambda_D = D_{t}^{a} / D_{t}^{f}$$

式中，D_{t}^{a} 为室内加速试验经过时间 t 测得的扩散系数；D_{t}^{f} 为现场实际环境经过暴露时

间 t 后的扩散系数。

表 6-34 不同环境现场检测氯离子扩散系数的相似率计算表
Tab. 6-34 Accelerated times of on-site inspecting diffusion coefficient in different environmental tests

环境分区	码头泊位	检测时间	扩散系数/$(10^{-6}\text{mm}^2/\text{s})$			相似率	
			$D_{app}(t)$	D_{28}^f	D_{28}^a	λ_D	平均值
浪溅区	一期二泊位	2006 年 3 月	0.6749	3.7842	18.51	4.8914	7.8694*
		2006 年 6 月	0.4597	2.5903	18.51	7.1458	
		2006 年 10 月	0.7143	4.0511	18.51	4.5691	
	二期一泊位	2006 年 3 月	1.7813	5.9428	17.18	2.8909	
		2006 年 6 月	1.1397	3.8731	17.18	4.4357	
		2006 年 10 月	1.5137	5.2639	17.18	3.2638	
	二期四泊位	2006 年 3 月	0.3992	1.2366	15.08	12.1950	
		2006 年 6 月	0.1381	0.4606	15.08	32.7419	
		2006 年 10 月	0.4183	1.5132	15.08	9.9656	
	三期一泊位	2006 年 3 月	0.7223	2.2349	25.32	11.3293	
		2006 年 6 月	0.7553	2.5160	25.32	10.0637	
		2006 年 10 月	0.4455	1.6096	25.32	15.7311	
潮差区	一期二泊位南	2006 年 3 月	1.6945	9.9699	26.78	2.6861	2.6564
		2006 年 6 月	1.4423	8.5293	26.78	3.1398	
		2006 年 10 月	1.7793	10.5925	26.78	2.5282	
	一期二泊位北	2006 年 3 月	1.601	8.0357	17.21	2.1417	
		2006 年 6 月	1.4573	7.3484	17.21	2.3420	
		2006 年 10 月	1.5123	7.6721	17.21	2.2432	
	二期一泊位	2006 年 3 月	2.616	8.0862	16.22	2.0059	
		2006 年 6 月	2.467	7.7587	16.22	2.0905	
		2006 年 10 月	2.129	6.8416	16.22	2.3708	
	二期四泊位	2006 年 6 月	1.137	3.8752	15.46	3.9895	
		2006 年 10 月	1.134	4.1984	15.46	3.6824	

*表示平均值计算时除掉了一个最大值点(32.7419)。

表 6-35 不同环境混凝土试件氯离子扩散系数的相似率计算表
Tab. 6-35 Accelerated times of diffusion coefficient of concrete specimen in different environmental tests

环境分区	曲线编号	暴露时间/天	扩散系数/$(10^{-6}\text{mm}^2/\text{s})$			相似率	
			$D_{app}(t)$	D_{28}^a	D_t^a	λ_D	平均值
潮差区	CPCA.6	154	5.964	15.29	8.9997	1.5090	1.6997
	CPCA.1	154	4.761	15.29	8.9997	1.8903	
浪溅区	QPLA.5	154	3.898	25.34	14.658	3.7604	3.7604
水下区	ZPSC	100	14.84		19.34*	1.3032	1.3213
	ZPSA	263	10.38		13.90*	1.3394	

*表示室内加速试验时间与现场暴露试验时间 t 相等时的表观扩散系数是由水下区加速试验两试件 ZPSC、ZPSA 的 28 天扩散系数和时间衰减系数计算得到平均值。

　　由表 6-35 可以发现，潮差区室内加速试验对各类混凝土试件的氯离子扩散系数增大倍数比较接近，对于乍浦港混凝土试件在 2.0059～3.9895（平均值为 2.6564），并且现场暴露试验（由于暴露时间较短，各深度处的氯离子含量较低，实验测量误差相对较大）的放大倍数约为 1.7 倍，和乍浦港试件也比较接近。这是由加速试验条件决定的，在潮差区温度是利用加热管对溶液加热来模拟的，如果不考虑试件与加热管的距离导致的温度升高的快慢，可以认为各混凝土试件的加温相对较均匀，各试件的相对湿度也基本保持一致，干湿循环比例也同步变化，因此潮差区混凝土试件的氯离子扩散系数的放大倍数比较一致，其波动在正常范围之内，主要是由试验条件、检测方法和测量分析误差引起的。

　　浪溅区室内加速试验对不同混凝土试件的氯离子扩散系数的影响相差较大，从 2.8909 到 15.7311（平均值为 7.8694），而现场暴露试件的放大倍数为 3.7604，介于其间。浪溅区试验各混凝土试件的氯离子扩散系数放大倍数相差较大是由浪溅区试验的加速机理决定的：首先，浪溅区室内加速试验是在人工气候模拟实验室内进行，其温度由空调调节，尽管可以保证整个实验箱内部温度基本恒定，但空调风吹到的试件的环境温度明显比其他试件要高，同一试件的不同侧面的温度也不能保证为同一温度，并且浪溅区的试验温度较高，温度对扩散系数的敏感性决定了混凝土试件氯离子扩散系数较大的变异性；其次，浪溅作用由喷淋控制，由于喷淋喷头数量较少并且水压强度不够大等，各混凝土试件的喷淋不均匀，所以喷淋过程中不同混凝土试件的温度变化也不相同；最后，人工气候模拟实验室的相对湿度控制不够精确，并且不同混凝土试件、同一混凝土试件的不同侧面无法达到同一相对湿度，因此，浪溅区混凝土试件氯离子扩散系数放大倍数的变化范围很大。

　　水下区的试验结果较为理想，这是由于水下区加速试验溶液的温度和浓度控制相对容易，而且对各试件的影响较为一致，因此各混凝土试件扩散系数的放大倍数也比较接近；另外，进行水下区加速试验的混凝土为同类试件，材料组成相同，所以放大倍数比较接近。

　　由于氯离子的扩散速度随扩散系数的增大而增加，在室内加速试验氯离子的 28 天扩散系数不变的前提下，扩散系数的相似率 λ_D 越小，计算得到的现场实际环境的扩散系数越大，对结构的耐久性评估越不利；同理，扩散系数的相似率 λ_D 越大，则说明室内加速的效果越明显。为对室内加速试验的加速效果进行评价，扩散系数在室内加速环境与现场环境之间的相似率取其平均值，即浪溅区 λ_D 取为 7.87，潮差区 λ_D 取为 2.66；水下区无论是海工混凝土，还是普通混凝土，其扩散系数的相似率均为 1.32 左右，如表 6-36 所示。

表 6-36　室内加速与现场环境氯离子扩散系数的相似率

Tab. 6-36　Diffusion coefficient similarity rates of indoor accelerated and field environments

环境分区	潮差区	浪溅区	水下区
相似率	2.66	7.87	1.32

注：由于室内大气区没有对应的普通混凝土试件，无法得到扩散系数的相似率。

　　从机理上讲，对于暴露时间相同、材料组成相同的混凝土的氯离子扩散系数的主要影响因素有相对湿度、环境温度和干湿循环机制。其中现场环境和室内加速环境的相对湿度相差不大，因而相对湿度的影响作用不太明显；环境温度和干湿循环机制对潮差区、浪溅区的影响较为明显，而环境模拟的干湿循环比例与现场实际环境的干湿循环比例相同，因此干湿循环机制的影响也较小，所以潮差区和浪溅区室内加速的最主要因素是环境温度。

　　对于水下区，Lindvall[48]对全球 12 个现场暴露试验及其对应的室内浸泡加速试验的研究表明，对于室内浸泡加速试验，温度并不是影响氯离子扩散的主要因素，而对于现场暴露试验，平均温度的影响则比较明显，但 Lindvall 并未对其原因进行深入分析。

6.4.4　混凝土表层对流区深度的试验研究

　　表层对流区深度是指混凝土表层发生纯氯离子扩散临界面的深度(距离混凝土表面的深度)。由于氯离子含量的最大值通常在可测定的混凝土保护层内，影响深度可以通过氯离子侵蚀曲线得到。对流区深度 Δx 取决于混凝土表面的位置以及氯离子的来源，局部气候环境对对流区深度有很大影响，干湿循环是对流区深度增加的一个重要原因，对流区深度增加可以导致混凝土芯样内部氯离子含量的增加。

　　对于沿海现场条件下的混凝土结构，特别是对于具有一定建造使用年限的混凝土结构而言，大多结构构件的表层对流区深度，即干湿影响深度 Δx 已经达到稳定，且在 Δx 处的氯离子浓度趋于稳定。Δx 与混凝土的浇注质量、水胶比、胶凝材料有关，与环境条件干湿循环比例、温度、相对湿度及朝向等也有关。

　　由式(6-8)可以看出，对流区深度对进行准确的混凝土结构耐久性寿命预测和评估具有重要意义，因而对混凝土的对流区深度进行试验研究是非常必要的。资料表明[43,49]，对流区深度一般在靠近表面很小的距离，大多在 10mm 左右，一般不超过 20mm。由于常规的氯离子侵蚀曲线检测的深度以 5～15mm 间距进行，很难检测到混凝土对流区深度的准确值。本节结合对普通混凝土和高性能混凝土的现场取芯检测，在实验室内对普通混凝土和高性能混凝土均以 1mm 为间距进行分层磨粉分析。

6.4.4.1　普通混凝土的对流区深度试验研究

　　普通混凝土在乍浦港二期一泊位，分别对码头一面竖向混凝土墙在高程为 +1.3m、+1.8m、+2.3m、+2.8m、+3.3m、+3.8m、+4.3m、+4.8m(浙江吴淞高程)沿竖向以 0.5m 的高差进行取样检测，取样时间为 2008 年 1 月，现场暴露时间约为 70 个月，墙体混凝土的配合比见 6.3 节。用 RCT 配套仪器中的剖面磨削机以 1mm 为间距进行磨粉，然后用 RCT 对各深度处的水溶性氯离子含量进行分析，得到不同高程的氯离子侵蚀曲线，如图 6-31 所示。经分析得到各高程处混凝土的对流区深度，如图 6-32 所示。

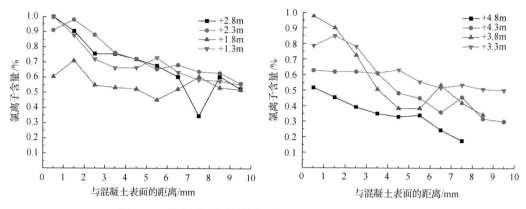

图 6-31 码头不同高程普通混凝土表层的氯离子侵蚀曲线

Fig. 6-31 Surface chloride profiles of a dock concrete in different altitudes

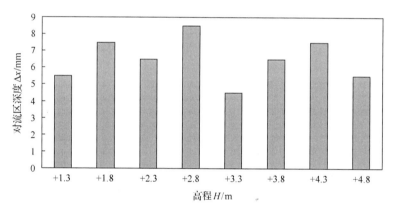

图 6-32 码头对流区深度随高程的变化曲线（普通混凝土）

Fig. 6-32 Convection depth in different altitudes of a dock

由图 6-32 可以发现，海港码头普通混凝土的对流区深度随高程的变化而波动，但整体上都在 7mm 上下浮动，最小值为 4.5mm，最大值为 8.5mm；同时发现，在高程为+2.3～+3.3m 时波动比较明显。这是由于在此高程范围内，混凝土受氯离子侵蚀最为严重，而且受海水的冲刷作用影响较大。

对不同现场暴露时间下码头的氯离子侵蚀曲线拟合分析发现，在对流区深度 Δx 为 8～10mm 时相关系数 R^2 较大，这与取芯分层磨粉得到的对流区深度值相一致。因此，出于偏安全考虑，普通混凝土现场长期暴露的对流区深度可以取为 10mm。

6.4.4.2 高性能混凝土的对流区深度试验研究

高性能混凝土的对流区深度试验在湛江港现场暴露试验站的浪溅区进行。这里为了对比高性能混凝土的抗氯离子侵蚀能力，在对粉煤灰与硅粉不同掺量的高性能混凝土进行试验的同时，进行了基准混凝土对比试验，各混凝土试件的材料组成与编号如表 6-37 所示。

表 6-37　浪溅区混凝土试件的材料组成与编号
Tab. 6-37　Material compositions and numbers of concrete specimens in splash zone

混凝土类型	编号	水胶比	水泥/kg	水/kg	粉煤灰/kg	砂/kg	FDN-5(占混凝土总量的百分比)/%	28 天抗压强度/MPa
基准混凝土	A01	0.5	380	190			0.5	53.5
	A02	0.4	438	175			0.7	60.5
	A03	0.35	460	161			0.8	66.2
掺Ⅱ级粉煤灰混凝土	B1	0.35	320	160	137		0.8	55.7
	B2	0.35	295	159	159		0.8	50.7
	B3	0.35	272	157	182		0.8	51.6
掺硅粉混凝土	S01	0.35	457	165		14.1	1	72.3
	S02	0.35	455	166		19	1	75.5
	S03	0.35	453	167		23.9	1	75.8

　　分别对现场暴露时间为 1 年、2 年的混凝土试件进行取芯，并以 1mm 的间距进行氯离子含量分布分析，试验采用北欧 NT BUILD443 试验方法的逐层取粉滴定分析方法，采用酸溶法测试，得到全部氯离子含量随深度的变化曲线，如图 6-33 所示。

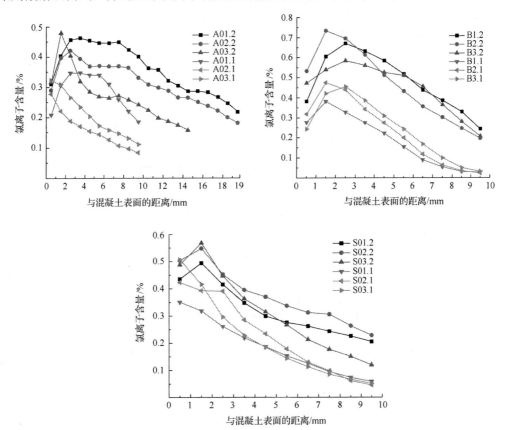

图 6-33　现场浪溅区混凝土表层的氯离子侵蚀曲线
Fig. 6-33　Surface chloride profiles of concrete specimens in field splash zone
混凝土试件编号后数字表示暴露时间，单位为年

经分析得到各高程处混凝土的对流区深度，如图 6-34 所示。

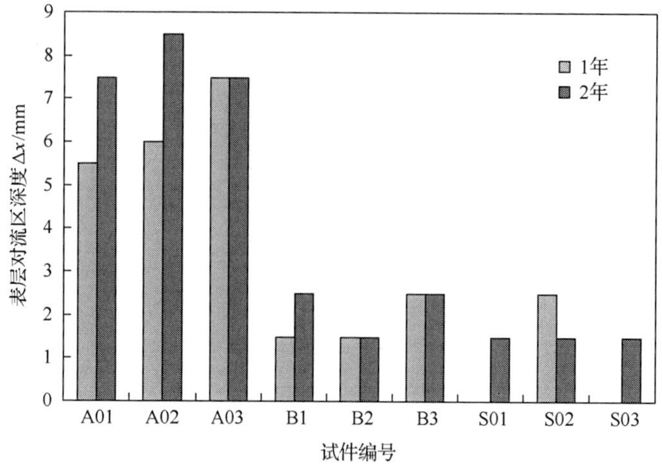

图 6-34　浪溅区现场暴露试验不同组成混凝土的对流区深度
Fig. 6-34　Convection depth of different composition concretes in the field splash zone

由图 6-34 可以发现，掺加不同比例的粉煤灰、硅粉等外加剂后，混凝土的对流区深度明显比未掺加的同类混凝土试件低，而且掺加硅粉的混凝土试件在现场暴露 1 年后的对流区域很不明显。现场浪溅区暴露 1~2 年后基准混凝土试件的对流区深度在 5.5~8.5mm，这与对普通混凝土现场检测的结果相一致，进一步证实了选取普通混凝土在干湿交替区域的对流区深度为 10mm 左右的合理性。

掺加粉煤灰、硅粉后，混凝土表层的对流区深度明显降低，由基准混凝土试件的 5.5~8.5mm 降低到 1.5~2.5mm，表层对流区深度减少了 3~6mm，这是硅粉和粉煤灰的微骨料作用，其颗粒填充在水泥颗粒的空隙中，使水泥浆体更致密，而且其火山灰反应生成水化硅酸钙替代了晶体粗大、孔大又多、强度低的 $Ca(OH)_2$，生成 CSH 凝胶体堵塞在毛细孔中，改变了混凝土的孔结构，使毛细孔孔径变小，导致连通的毛细孔变得不连续。反映在宏观上，则是掺硅粉与粉煤灰混凝土的密实性提高，抗氯离子侵蚀的能力提高。双掺混凝土试件(编号为 SB1、SB2、SB3，编号后的数字表示暴露时间，单位为年)经过 1 年的浪溅区现场暴露后的混凝土表层的氯离子侵蚀曲线如图 6-35 所示，可以发现双掺混凝土经过 1 年现场浪溅区暴露的对流区深度为 1.5mm。

6.4.4.3　对流区深度的建议值

根据对普通混凝土和高性能混凝土对流区深度的试验研究，可以发现通过对混凝土掺加不同掺量的粉煤灰、硅粉等外加剂，可以改善混凝土的孔隙结构，使连通的毛细孔变得不连续，提高混凝土的密实性，从而显著改善混凝土抵抗氯离子侵蚀的能力，减小混凝土的对流区深度。

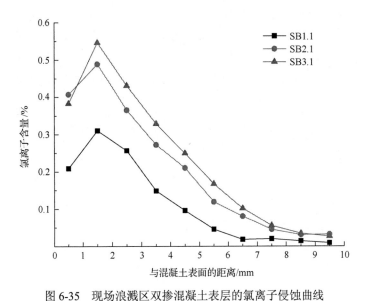

图 6-35　现场浪溅区双掺混凝土表层的氯离子侵蚀曲线

Fig. 6-35　Surface chloride profiles of double mixture concrete field splash zone

　　对流区深度的大小与结构所处的环境分区有关，根据对表层对流区深度的试验研究与现场混凝土氯离子侵蚀曲线的拟合分析，发现在干湿交替区域中现场实际暴露环境的普通混凝土对流区深度为 8～10mm；结合国内外相关文献[50,51]，高性能混凝土的对流区深度要小于普通混凝土结构，在干湿交替区域中现场实际环境的高性能混凝土表层对流区深度要在 5～7.5mm。大气区和水下区的对流区深度较小，根据对现场检测结果的拟合分析，可以发现普通混凝土在大气区、水下区的对流区深度的一般在 5mm 左右；高性能混凝土水下区、大气区的对流区深度理论上应该更小，但由于在现场环境中水下区海水的冲刷以及海洋微生物的作用，而且大气区不可避免地受到碳化作用的影响，根据相关资料，高性能混凝土在水下区、大气区的对流区深度也在 5mm 附近。

　　而在室内加速试验中，由于环境条件比起现场环境条件的波动少，即便是在干湿交替区域，室内环境也无法完全模拟现场实际环境的波浪、潮差、温度、湿度、盐度等的变化，而通常对现场环境进行简化模拟，因而室内环境中的表层对流区深度要小于现场实际环境，对室内潮差区、浪溅区的普通混凝土与海工混凝土试件氯离子侵蚀曲线的拟合分析发现，普通混凝土的表层对流区深度为 5～7.5mm，海工混凝土的对流区深度为 2～2.5mm；同样地，对水下区的模拟无法实现海水冲刷、海洋微生物的作用，因而水下区近似为纯扩散。根据室内加速试验结果可以发现，水下区混凝土试件的表层对流区深度约为 1mm；而在大气区虽然室内加速试验由于试验时间较短通常不考虑碳化的影响，但由于盐雾箱的相对湿度的交替变化，对流区深度约为 2mm。

　　根据上述分析，在对沿海混凝土结构进行耐久性寿命预测和评估时，本书根据现场检测取芯试验的细观分层分析结果与对氯离子侵蚀曲线的拟合分析，在对不同环境分区混凝土表层对流区深度进行统计分析的基础上，得到在满足 95%保证率条件下普通混凝土和海工混凝土在不同环境条件下的表层对流区深度的建议值，详见表 6-38。

表 6-38　普通混凝土和海工混凝土对流区深度建议值
Tab. 6-38　Proposed convective depth of plain and marine concretes　　（单位：mm）

混凝土类别	环境条件	大气区	浪溅区	潮差区	水下区
普通混凝土	现场暴露	5	10	10	5
	室内加速	2	7.5	5	1
海工混凝土	现场暴露	5	7.5	7.5	5
	室内加速	2	2.5	2.5	1

6.4.5　METS 试验混凝土的表面氯离子浓度研究

　　氯离子扩散是由氯离子的浓度差引起的，表面氯离子浓度越高，内外部氯离子浓度差就越大，扩散至混凝土内部的氯离子就会越多。而混凝土结构表面氯离子浓度除了与环境条件有关，还与混凝土自身材料有关。

　　水下区、潮差区、浪溅区和大气区都有各自的氯离子源。水下区的氯离子主要来自海水，比较稳定，但对于有河流注入的海湾处，其受到淡水的影响，会随着季节而变化；潮差区、浪溅区的氯离子来自于潮汐和波浪，随周期而变化；大气区的氯离子源主要是海洋上面的大气环境，也比较稳定。就长期而言，整个区域的氯离子源是恒定的，不同的季节，实际表面的氯离子浓度会有波动。

　　本书表面氯离子浓度定义为纯扩散段表面的氯离子浓度 $C_{\Delta r}$，并以此作为引起氯离子扩散的氯离子源。

6.4.5.1　METS 试验表面氯离子浓度的计算

　　混凝土表面的氯离子浓度并不是稳定值，一般需要一定时间的累积才能达到稳定值。对于混凝土表面，处于溶液饱和状态（水下区）的表面浓度很快能够达到稳定值；而非饱和状态（浪溅和潮差区）的表面浓度随时间而增加。Stephen 等[52]、Matsuoka 研究团队[53]和余红发[54]分别根据检测结果得出表面氯离子浓度随时间的变化规律：

$$C_s = k\sqrt{t} \qquad\qquad (6-21)$$

$$C_s = k \cdot t \qquad\qquad (6-22)$$

$$C_{\mathrm{s}} = C_0 \cdot (1 - \mathrm{e}^{-\gamma t}) \qquad (6\text{-}23)$$

式中，C_{s} 为表面氯离子浓度(%)；C_0 为稳定后的表面氯离子浓度值(%)；t 为时间(年)；k、γ 为拟合系数。

　　无论现场检测得到的氯离子浓度，还是室内加速试验检测得到的氯离子浓度都与现场取样时混凝土表面的温度、湿度有密切关系，又由于受到试验检测误差的影响，检测发现表面氯离子浓度因检测时间的不同波动较大，因而很难直接从检测结果中得到表面氯离子浓度。另外，通过曲线拟合得到的表面氯离子浓度由于拟合方法、拟合精度的不同，变化也很大，也很难找出表面氯离子浓度的变化规律。本书通过引入 Boltzmann 变量 φ（$\varphi = 0.5 \cdot x / \sqrt{t}$）对表面氯离子浓度进行计算，并找出其变化规律。本方法通过将相同组分混凝土试件在不同暴露时间检测得到的氯离子含量随深度的变化曲线转变为氯离子含量与 Boltzmann 变量 φ 的关系曲线（C-φ 曲线），对 C-φ 曲线进行拟合，得到氯离子浓度 C 与 Boltzmann 变量 φ 的关系曲线，即与时间 t、距混凝土表面深度 x 的函数关系。

　　Tumidajski 和 Chan[55]、Dhir 等[56]采用下面的数学模型来拟合氯离子浓度与 Boltzmann 变量 φ 的关系：

$$C = C_0 \mathrm{e}^{-k \cdot \varphi} = C_0 \cdot \exp(-k\varphi) \qquad (6\text{-}24)$$

式中，C 为氯离子浓度(%)；C_0 为氯离子浓度最大值(%)；k 为拟合系数。

　　通过 Boltzmann 变量的方法可以充分利用现场检测数据拟合求得氯离子浓度和时间与距混凝土表面深度的关系式，既可以减少因试验操作或检测造成的误差，又可以解决短期试验数据量不足的问题。但是当数据量太少或者拟合曲线的相关系数 R^2 太小时，拟合误差较大，此时拟合曲线的可信度不高。

　　利用式(6-24)，可计算出任意时刻、任意深度（如 $x = \Delta x$ 处）的氯离子浓度。为清楚表明表面氯离子浓度随时间的累积效应，将 $x = \Delta x$ 处的氯离子浓度随时间的累积规律转化为随时间的幂函数关系式

$$C_{\mathrm{s}} = a \cdot t^b \qquad (6\text{-}25)$$

式中，a、b 为拟合常数。

　　通过对本书现场检测和室内试验的检测结果进行拟合分析发现，现场实际环境中纯扩散区域的表面氯离子浓度在累积 10 年后基本达到稳定，室内加速环境纯扩散区域的表面氯离子浓度在累积 1000 天后基本达到稳定值，据此可以计算得到不同暴露环境混凝土的表面氯离子浓度。

　　下面以室内加速试验中现浇墩身 QHLA0-S(x)为例，说明求解表面氯离子浓度的过程。

　　(1)对现浇墩身试件 QHLA0-S(x)取样的深度与时间进行 Boltzmann 转换，得到

Boltzmann 变量 φ($\varphi = 0.5 \cdot x / \sqrt{t}$) 与氯离子浓度 C 的关系,进行数据拟合,得到 QHLA0-S(x) 试件的 C_0 和 k 值,如图 6-36 所示,可得 C_0=1.289,k=9.7,R^2=0.9538。不同类型混凝土在不同环境分区和试验条件的表面氯离子浓度与 Boltzmann 变量 φ 关系的拟合结果如表 6-39、表 6-40 所示。

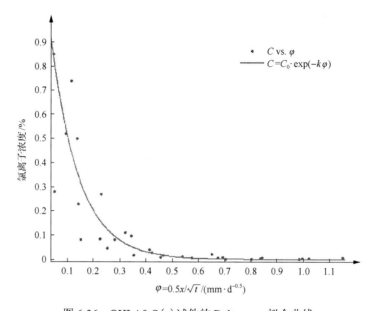

图 6-36 QHLA0-S(x) 试件的 Boltzmann 拟合曲线

Fig. 6-36 Boltzmann fitting curve of concrete specimen QHLA0-S(x)

表 6-39 不同环境分区现场检测试验表面氯离子浓度的拟合结果(占混凝土质量的百分比)

Tab. 6-39 Fitting results of surface chloride concentration in different zones of field test

环境分区	检测部位	式(6-24)拟合			式(6-25)拟合			$C_{\Delta x}$
		C_0	k	R^2	a	b	R^2	
浪溅区	一期二泊位	0.5014	1.599	0.8346	0.08318	0.4445	0.9689	0.3772
	二期一泊位	0.3465	0.9692	0.9211	0.1183	0.2539	0.945	0.2806
	二期四泊位	0.5291	1.281	0.7191	0.1340	0.3189	0.9547	0.3964
	三期一泊位	0.4836	1.125	0.9037	0.1420	0.2870	0.9501	0.3769
潮差区	一期二泊位南	0.6984	1.028	0.7612	0.207	0.3107	0.9558	0.5955
	一期二泊位北	0.6258	0.7807	0.8069	0.2422	0.2467	0.9484	0.5605
	二期一泊位	0.7256	0.7103	0.9113	0.3037	0.2275	0.9460	0.6584
	二期四泊位	0.5739	1.071	0.7325	0.1775	0.2757	0.9484	0.4534

注:①现场检测的 Boltzmann 变量 φ 的单位是 mm·mon$^{-0.5}$。

②表面氯离子浓度值为 10 年的累积值。

③大气区检测结果由于结果离散无法进行曲线拟合。

表 6-40　不同环境室内加速试验表面氯离子浓度的拟合结果（占混凝土质量的百分比）

Tab. 6-40　Fitting results of surface chloride concentration in different zones of indoor test

试件编号	式(6-24)拟合			式(6-25)拟合			$C_{\Delta x}$	备注
	C_0	k	R^2	a	b	R^2		
S12	0.8496	2.377	0.9567	0.09483	0.2794	0.9555	0.6533	
S21	0.8711	2.312	0.9126	0.1063	0.2728	0.9549	0.6997	
S24	0.7453	2.404	0.9225	0.0845	0.2821	0.9558	0.5931	
S31	0.6870	1.986	0.9272	0.1094	0.2393	0.9518	0.5714	
T12S	0.6961	3.265	0.9734	0.09962	0.2501	0.9514	0.5606	
T12N	0.7334	3.040	0.9040	0.1183	0.2352	0.9499	0.6006	
T21	0.8649	2.682	0.9488	0.1694	0.2108	0.9474	0.7266	
T24	0.8129	3.542	0.9385	0.1006	0.2682	0.9532	0.6415	
T31	0.6788	3.572	0.8974	0.2701	0.08272	0.9534	0.4783	
QPLA	1.166	3.374	0.9578	0.06766	0.3614	0.9622	0.8214	
QPLA-S	1.028	2.503	0.9661	0.1140	0.2818	0.9546	0.7986	
QHLA0-S	1.290	9.265	0.9390	0.09207	0.3361	0.9599	0.9385	现浇
QPLA0	0.7422	7.720	0.7818	0.07798	0.2885	0.9553	0.5721	现浇
QHLA0-S	1.014	14.63	0.8391	0.02073	0.4871	0.9723	0.5997	预制
QHLA0	1.035	10.83	0.9075	0.05063	0.3822	0.9640	0.7096	预制
CPCA	0.9512	2.223	0.8829	0.2406	0.1785	0.9442	0.8256	
CHCA0	0.5777	11.39	0.9583	0.02476	0.3982	0.9654	0.3876	
CHCA2	0.7940	8.086	0.9106	0.07602	0.3000	0.9564	0.6038	
SHCA0	0.8880	9.480	0.9476	0.06012	0.3425	0.9605	0.6405	
SHCA2	0.6675	10.04	0.8507	0.03945	0.3592	0.9620	0.4717	
SHCA3	0.4145	13.37	0.9659	0.01037	0.4630	0.9705	0.2540	
ZPSC	0.3513	1.732	0.8594	0.2728	0.03061	0.9310	0.3370	
ZPSA	0.2314	2.203	0.8949	0.1726	0.03873	0.9317	0.2255	
ZHSA0	0.4698	9.502	0.8704	0.1429	0.1519	0.9419	0.4081	
ZHSC0	1.403	8.945	0.8361	0.3386	0.1466	0.9411	0.9322	
QHDA0	0.2316	5.607	0.9027	0.05793	0.1799	0.9443	0.2007	
QPDA	0.2398	1.585	0.9385	0.1578	0.05516	0.9329	0.2310	

（2）根据上述拟合结果，令 $x=\Delta x$，带入 Boltzmann 变量 φ，并求得对流区深度 Δx 处的氯离子浓度与时间的关系式

$$C = C_0 \cdot \exp(-k\varphi) = C_0 \cdot \exp(-k \cdot 0.5 \cdot \Delta x \cdot t^{-0.5}) \tag{6-26}$$

对式(6-26)进行数值拟合，得到常数 a 和 b，并计算 $C(x=\Delta x)$，即对流区深度处的表面氯离子浓度。对室内加速试验的 QHLA0-S(x)试件进行分析，令 $C_0=1.289$，$k=9.7$，$\Delta x=2.5$mm，通过对 $t=0\sim1000$ 天内每隔 30 天进行曲线拟合，可得到 $a=0.08272$，$b=0.3491$，$R^2=0.9611$，则有 $C_{\Delta x}(t=1000$ 天$)=0.9385$，如图 6-37 所示。不同类型混凝土在不同环境分区与试验条件的表面氯离子浓度和暴露时间或加速时间 t 的关系曲线拟合结果如表 6-39、表 6-40 所示。

同理可以求得材料组成不同的混凝土在不同环境条件的表面氯离子浓度。不同的是

对不同混凝土试件所选取的拟合参数(即边界条件)不同,见表6-38,并且假定现场实际环境中表面氯离子浓度的累积时间为10年,室内加速环境中的累积时间为1000天,可以得到混凝土在不同环境与暴露条件的表面氯离子浓度,如表6-39、表6-40所示。

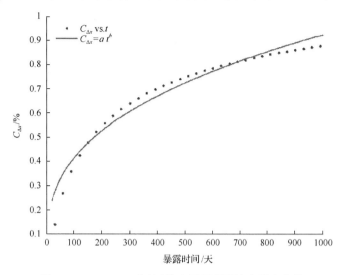

图6-37　QHLA0-S(x)试件表面氯离子浓度拟合曲线

Fig. 6-37　Surface chloride concentration fitting curve to concrete specimen QHLA0-S(x)

由表6-39、表6-40可以发现,在干湿交替区域表面氯离子浓度的拟合曲线中系数b的平均值$\mu=0.2988$,方差$\sigma^2=0.00728$;而室内加速试验的海工混凝土在干湿交替区域拟合曲线的系数b的平均值$\mu=0.3730$,方差$\sigma^2=0.00460$。同时,还可以发现第三方参照物乍浦港现场检测普通混凝土在现场实际环境中得到的b值(平均值$\mu=0.2956$)大于室内加速试验的b值(平均值$\mu=0.2356$)。因此,对跨海大桥进行耐久性寿命评估时干湿交替区域的b可取为0.4。

对于水下区,从表6-39和表6-40可以发现系数b的值较小,普通混凝土不到0.1,海工混凝土约为0.15,表明水下区混凝土的表面氯离子浓度很快达到稳定值,这是由水下区混凝土结构/试件周围溶液浓度基本保持定值引起的。而大气区外界氯离子浓度较低,因而表面氯离子浓度累积得较慢,所以拟合得到的b值也不大(普通混凝土不到0.1,海工混凝土约为0.18)。因此,对跨海大桥海工混凝土进行耐久性寿命评估时水下区和大气区统一取$b=0.2$。即跨海大桥表面氯离子浓度时变关系为

$$C_{\Delta x} = \begin{cases} a \cdot t^b, & t < t_{cr} \\ a \cdot t_{cr}^b, & t \geqslant t_{cr} \end{cases} \tag{6-27}$$

式中,t_{cr}为表面氯离子的累积时间,对于不同环境分区,取值一般不同,为简化计算,本书统一取$t_{cr}=10$年;a、b为常数,与混凝土的材料组成、环境条件有关,对于干湿交替区域$b=0.4$,大气区和水下区环境中,海工混凝土取$b=0.2$,普通混凝土可适当降低。

由式(6-27)可知,如果已知某一时刻测得的表面氯离子浓度,便可估算出表面氯离子浓度的累积稳定值。例如,已知现场暴露试验检测得到混凝土试件ZPSC在暴露时间

t=263 天时表面氯离子浓度为 0.122%，则根据式（6-27）及 b=0.2 可计算得到 a=0.1303，则有 $C_{\Delta x}(t=10\ 天)=0.2065\%$。

6.4.5.2 表面氯离子浓度的相似性分析

由表 6-39、表 6-40 可以发现，室内加速试验对现场环境中不同材料组成的混凝土表层的氯离子扩散系数有不同程度的提高。这是由溶液浓度和环境温度的提高引起的，纯扩散区域的表面氯离子浓度经过一定时间的累积，最终使混凝土孔隙溶液的氯离子浓度和外界盐溶液的浓度平衡而保持相对稳定，因而提高溶液浓度可以在一定程度上提高表面氯离子浓度；环境温度的提高既可以起到加速氯离子的渗透的作用，又可以通过提高溶液中氯盐的溶解度，从而起到提高表面氯离子浓度的作用。但表面氯离子浓度又受到混凝土内部孔隙的饱和度、干湿循环比例、混凝土表面的蒸发速率等因素的影响，因而不同环境表面氯离子浓度的相似关系并不是简单的溶液浓度倍数的关系。

根据试验结果与计算得到的表面氯离子浓度，可以得到第三方参照物不同码头现场实际环境与室内加速试验得到的表面氯离子浓度之间的倍数 λ_C。材料组成相同时，表面氯离子浓度之比便是室内加速环境与现场实际环境之间表面氯离子浓度的放大倍数，即表面氯离子浓度的相似率 λ_C：

$$\lambda_C = C_{\Delta x}^{a} / C_{\Delta x}^{f} \tag{6-28}$$

式中，$C_{\Delta x}^{a}$、$C_{\Delta x}^{f}$ 分别为相同材料组成混凝土在室内加速环境、现场实际环境中的表面氯离子浓度。其中 Δx 的取值见表 6-38。表 6-41 列出了相同材料组成混凝土在两个不同环境的表面氯离子浓度的试验结果。

表 6-41 不同环境表面氯离子浓度相似率计算表
Tab. 6-41 Accelerated times of surface chloride concentration in different environmental tests

环境分区	试件编号	$C_{\Delta x}$/%（占混凝土质量的百分比）		相似率	
		室内加速	现场实际	λ_C	平均值
浪溅区	S12	0.6533	0.3772	1.7320	1.5814[*]
	S21	0.6997	0.2806	2.4936	
	S24	0.5931	0.3964	1.4962	
	S31	0.5714	0.3769	1.5161	
潮差区	T12S	0.5606	0.5955	0.9414	1.1329
	T12N	0.6006	0.5605	1.0715	
	T21	0.7266	0.6584	1.1036	
	T24	0.6415	0.4534	1.4149	
水下区	ZPS	0.2813[**]	0.2065[***]	1.3623	1.3623

注：大气区没有同类对比混凝土试件，无法进行加速倍速计算。
[*]平均值计算时除掉了最大值为 2.4936 的点。
[**]水下区试件 ZPS 室内加速试验的表面氯离子浓度值为表中水下区加速试验两试件 ZPSA、ZPSC 的平均值。
[***]水下区试件 ZPS 现场暴露试验取值是由 $C(x=2.5mm, t=265\ 天)=0.122$ 利用式(6-27)计算得到的。

由于氯离子的扩散速度随表面氯离子浓度的增大而增加，在室内加速试验得到表面氯离子浓度的前提下，表面氯离子浓度的相似率 λ_C 越小，计算得到的现场实际环境的表面氯离子浓度越大，对结构的耐久性评估越不利；同理，表面氯离子浓度的相似率 λ_C 越大，则说明室内加速试验的效果越明显。为对室内加速试验的加速效果进行评价，表面氯离子浓度在室内加速环境与现场实际环境之间的相似率取其平均值，即浪溅区 λ_C 为 1.5814，潮差区 λ_C 为 1.1329，水下区 λ_C 为 1.3623。对于大气区，由于试验时间较短及设备的原因，无法通过试验得到表面氯离子浓度的相似率，如表 6-42 所示。

表 6-42　室内加速与现场实际环境表面氯离子浓度的相似率
Tab. 6-42　Similarity rates of surface chloride concentration on plain concrete between indoor accelerated and field actual environments

环境分区	潮差区	浪溅区	水下区
相似率	1.1329	1.5814	1.3623

注：由于大气区没有对应的普通混凝土试件，无法得到表面氯离子浓度的相似率。

6.4.6　不同环境氯离子对普通混凝土侵蚀的相似性分析

根据上述分析得到室内加速环境和现场实际环境的氯离子扩散系数、表面氯离子浓度的相似率，可以利用 Fick 第二定律对氯离子的侵蚀速度进行定量分析，以得到不同环境的时间相似关系。

本书考虑了氯离子扩散系数和表面氯离子浓度的时变效应，即混凝土的氯离子扩散系数和表面氯离子浓度随时间呈幂函数变化，如式(6-27)、式(6-29)所示，因而不能直接利用 Fick 第二定律的解析解进行分析：

$$D = D_{app} = \begin{cases} D_{28}(0.0767/t)^n, & t < T_u \\ D_{28}(0.0767/T_u)^n, & t \geqslant T_u \end{cases} \tag{6-29}$$

式中，T_u 为氯离子扩散系数衰减的时间限值。

对于 t_{cr} 的取值，多数研究假定表面氯离子浓度为定值，对累积时间的研究较少。本书研究发现，现场实际环境中 10 年累积的表面氯离子浓度与室内加速环境中 1000 天累积的表面氯离子浓度基本上达到稳定值。据此，本书假定室内加速环境中表面氯离子的累积时间以 1000 天为限，而在现场实际环境中的累积时间是 10 年。DuraCrete[44]、Life-365[57]等都认为氯离子扩散系数的衰减以 30 年为限值，即 T_u=30 年。

本书采用 COMSOL Multiphysics 有限元数值分析软件中的"扩散"(Diffusion)模块对混凝土内氯离子的扩散规律进行数值模拟分析，并考虑表面氯离子浓度与扩散系数的时变效应。

现对水下区、潮差区、浪溅区分别进行讨论，本节仅讨论扩散系数和表面氯离子浓度对扩散速度的影响，而不考虑对流区深度的影响。

6.4.6.1　水下区

以水下区混凝土试件 ZPSC 为例，已知室内加速试验中 28 天氯离子扩散系数为 D_{28}^a = 25.95×10^{-6}mm²/s，n=0.3030，λ_D=1.32；室内加速试验得到的表面氯离子浓度 $C_{\Delta x}(t$= 1000 天)=0.3370%，λ_C=1.36，b=0.2。

　　由以上内容可知现场实际环境条件下 28 天氯离子扩散系数为 $D_{28}^f = D_{28}^a /\lambda_D =$ 19.66×10^{-6}mm^2/s，n=0.3030，$C_{\Delta x}$ (t=10 年)= $C_{\Delta x}$ (t=1000 天)/λ_C=0.2478%，b=0.2。

　　由式(6-27)可得，在室内加速环境中(时间以天为单位)，$a_a = C_{\Delta x}$(t=1000 天)×t^{-b} = 0.08465%，D_{28}^a =2.2421mm^2/d。

　　同理，在现场实际环境中(时间以年为单位)，$a_f = C_{\Delta x}$(t=10 年)×t^{-b}=0.1563%，$D_{28}^f =$ 619.97mm^2/a。

　　可通过 COMSOL Multiphysics 有限元数值分析软件中的"扩散"模块对混凝土内氯离子的扩散过程进行数值模拟分析，首先对室内加速环境的混凝土试件进行模拟，如图 6-38 所示。

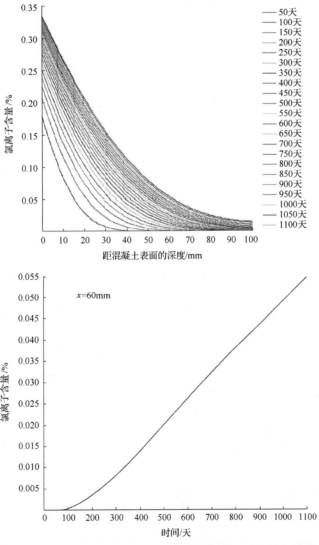

图 6-38　水下区 ZPSC 试件室内加速氯离子侵蚀数值模拟结果

Fig. 6-38　Numerical simulation result on ZPSC chloride penetration in the underwater zone of indoor test

上图曲线从上到下分别对应 1100 天至 50 天

由于水下区沿海混凝土结构的保护层厚度通常在 60mm 以上，由图 6-38 可以发现，室内加速试验在距离表面 x=60mm 处的氯离子含量达到 0.05%需要的加速试验时间 $t_{un,a}$=1015 天（un 为 underwater 的前两个字母）。

对 ZPSC 试件应现场实际环境混凝土构件中的氯离子侵蚀过程进行数值模拟，结果如图 6-39 所示。

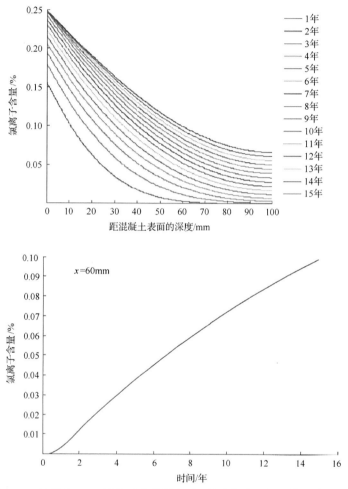

图 6-39　水下区 ZPSC 试件对应现场实际环境中氯离子侵蚀数值模拟结果
Fig. 6-39　Numerical simulation result on ZPSC chloride penetration in the underwater zone of field environment
上图曲线从上到下分别对应 15 年至 1 年

由图 6-39 可以发现，现场实际暴露环境中当 $t_{un,f}$ = 6.67 年时，在距离表面 60mm 处的氯离子含量为 0.05%。所以对普通混凝土，水下区室内加速试验相对现场实际环境氯离子扩散速度的时间相似率 λ_{un} 为

$$\lambda_{t,un} = t_{un,f} / t_{un,a} = 6.67 \times 365/1015 = 2.40$$

由以上分析可知，在不考虑对流区深度的影响时，水下区室内加速试验的相似率约为现场实际环境的 2.40 倍。

6.4.6.2 潮差区

这里以潮差区普通混凝土试件 CPCA 为例,已知室内加速试验中 28 天氯离子扩散系数为 D_{28}^a =15.29×10^{-6}mm^2/s, n =0.3109, λ_D= 2.66;室内加速试验得到的表面氯离子浓度 $C_{\Delta x}(t=1000$ 天$)$= 0.8256%, λ_C=1.13, b=0.4。

由上可知,现场实际环境条件下 28 天氯离子扩散系数为 $D_{28}^f = D_{28}^a /\lambda_D$=5.7481×10^{-6}mm^2/s, n =0.3109, $C_{\Delta x}(t=10$ 年$)$= $C_{\Delta x}(t=1000$d$)/\lambda_C$=0.7306%, b=0.4。

由式(6-27),在室内加速环境中(时间以天单位), $a_a=C_{\Delta x}(t=1000$ 天$)×t^{-b}$=0.05209%, D_{28}^a =1.3211mm^2/d。

在现场实际环境中(时间以年为单位), $a_f = C_{\Delta x}(t=10$ 年$)×t^{-b}$= 0.2909%, D_{28}^f = 181.27mm^2/a。对氯离子在室内加速环境的混凝土试件 CPCA 中的侵蚀过程进行模拟,结果如图 6-40 所示。

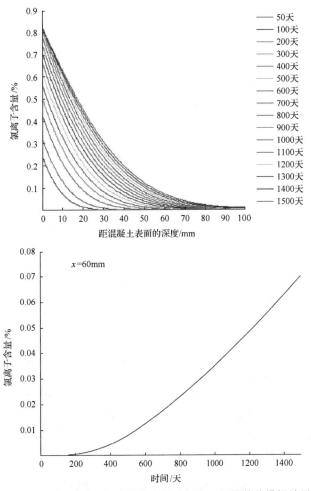

图 6-40 潮差区 CPCA 试件室内加速氯离子侵蚀数值模拟结果
Fig. 6-40 Numerical simulation result on CPCA chloride ingress in the tidal zone of indoor test
上图曲线从上到下分别对应 1500 天至 50 天

对潮差区混凝土结构的保护层厚度仍以 60mm 为例。由图 6-40 可以发现，室内加速试验在距离表面 x=60mm 处的氯离子含量达到 0.05%需要加速试验的时间 $t_{ti,a}$=1216 天（ti 为 tidal 的前两个字母）。

对 CPCA 试件对应现场实际环境混凝土构件的氯离子侵蚀过程进行数值模拟，结果如图 6-41 所示。

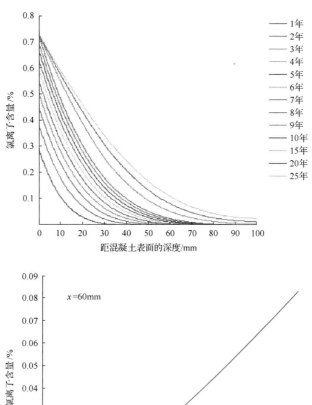

图 6-41　潮差区 CPCA 试件对应现场实际环境中氯离子侵蚀数值模拟结果
Fig. 6-41　Numerical simulation result on CPCA chloride penetration in the tidal zone of field environment
上图曲线从上到下分别对应 25 年至 1 年

由图 6-41 可以发现，现场实际暴露环境中当 $t_{ti,f}$ = 14.39 年时，在距离表面 60mm 处的氯离子含量为 0.05%。则对普通混凝土，潮差区室内加速试验相对于现场实际环境氯离子扩散速度的时间相似率为

$$\lambda_{t,ti} = t_{ti,f} / t_{ti,a} = 14.39 \times 365 / 1216 = 4.32$$

由以上分析可知，在不考虑对流区深度的影响时，潮差区室内加速试验的相似率约为现场实际环境的 4.32 倍。

6.4.6.3　浪溅区

以浪溅区普通混凝土试件 QPLA-S 为例，已知室内加速试验中 28 天氯离子扩散系数为 D_{28}^{a} =22.83×10^{-6}mm^2/s，n =0.3105，λ_D = 7.87；室内加速试验得到的表面氯离子浓度 $C_{\Delta x}$（t=1000 天）= 0.7986%，λ_C =1.58，b = 0.4。

由上可知现场实际环境条件下 28 天氯离子扩散系数为 $D_{28}^{f} = D_{28}^{a} /\lambda_D$ =2.901×10^{-6}mm^2/s，n =0.3105，$C_{\Delta x}$（t=10 年）= $C_{\Delta x}$（t=1000 天）/λ_C = 0.5054%，b= 0.4。

由式(6-27)得，浪溅区普通混凝土试件 QPLA-S 在室内加速环境中（时间以天为单位），$a_a = C_{\Delta x}$（t=1000 天）$\times t^{-b}$= 0.05039%，D_{28}^{a} =1.9725mm^2/d。

而 QPLA-S 在现场实际环境中（时间以年为单位），$a_f = C_{\Delta x}$（t =10 年）$\times t^{-b}$= 0.2012%，D_{28}^{f} = 91.482mm^2/a。对室内加速环境混凝土试件 QPLA-S 中氯离子扩散过程进行模拟，结果如图 6-42 所示。

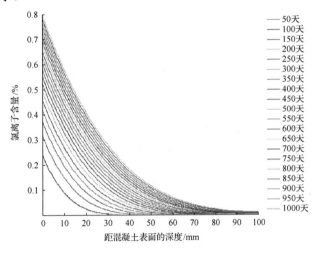

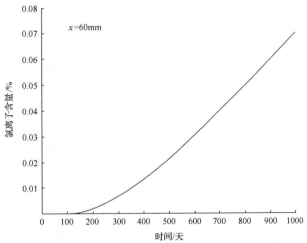

图 6-42　浪溅区 QPLA-S 试件室内加速氯离子侵蚀数值模拟结果

Fig. 6-42　Numerical simulation result on QPLA-S chloride penetration in the splash zone of indoor test

上图曲线从上到下分别对应 1000 天至 50 天

对浪溅区混凝土结构的保护层厚度仍以 60mm 为例。由图 6-42 可以发现，室内加速试验在距离表面 x=60mm 处的氯离子含量达到 0.05%需要加速试验的时间 $t_{sp,a}$=796 天（sp 为 splash 的前两个字母）。

对 QPLA-S 试件对应现场实际环境混凝土构件中的氯离子侵蚀过程进行数值模拟，结果如图 6-43 所示。

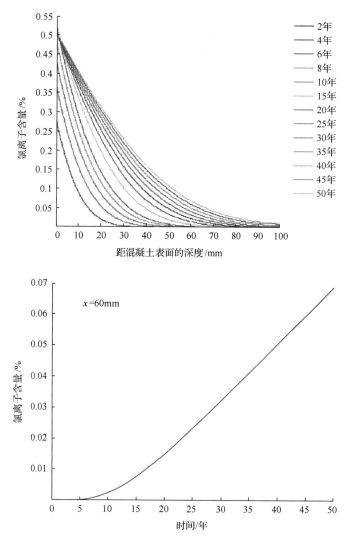

图 6-43　浪溅区 QPLA-S 试件对应现场实际环境中氯离子侵蚀数值模拟结果

Fig. 6-43　Numerical simulation result on QPLA-S chloride penetration in the splash zone of field environment

上图曲线从上到下分别对应 50 年至 2 年

由图 6-43 可以得到，现场实际暴露环境中当 $t_{sp,f}$=39.57 年时，在距离表面 60mm 处的氯离子含量为 0.05%。室内加速试验浪溅区相对于现场实际环境氯离子对普通混凝土侵蚀速度的时间相似率为

$$\lambda_{t,\text{sp}} = t_{\text{sp,f}} / t_{\text{sp,a}} = 39.57 \times 365/796 = 18.14$$

由以上分析可知，在不考虑对流区深度的影响时，浪溅区室内加速试验的相似率约为现场实际环境的 18.14 倍。

综上可以发现，对普通混凝土不考虑对流区深度影响，以氯离子侵蚀距混凝土表面深度 x=60mm 处的氯离子含量 C=0.05% 为参照对象时，室内加速试验浪溅区的相似率最大，达到 18.14 倍；其次是潮差区，为 4.32 倍；水下区为最小，约为 2.40 倍。由于氯离子侵蚀方程的复杂性与氯离子扩散系数和表面氯离子浓度的时变性，选取不同深度处的不同的氯离子浓度值为参照对象，所得的倍数关系会有不同，但以与混凝土表面距离相同处的等值氯离子含量为基准得到氯离子扩散速度的时间相似率会有相同的趋势。说明模拟浪溅区的室内加速环境中氯离子侵蚀过程的加速倍数最大。

参 考 文 献

[1] 邱小坛, 周燕. 混凝土结构的耐久性设计方法[J]. 建筑科学, 1997(1): 16-20.

[2] 金立兵, 金伟良, 赵羽习. 沿海混凝土结构耐久性现场试验方法的优选[J]. 东南大学学报(自然科学版), 2006, 36 Sup(Ⅱ): 61-67.

[3] 浙江大学结构工程研究所, 浙江省交通规划设计研究院. 沿海混凝土工程安全性关键技术与工程应用[R]. 浙江省科技重点计划项目总结报告, 2005.

[4] Jin W L, Zhang Y, Zhao Y X. State-of-the-art: Researches on durability of concrete structure in chloride ion ingress environment in China[C]//Russell M I, Basheer P A M, Concrete Platform 2007. North Ireland: Queen's University Belfast, 2007: 133-148.

[5] Jin W L, Jin L B. Environment-based on experimental design of concrete structures[C]//2nd International Conference on Advances in Experimental Structural Engineering, 2007, 23(Sup): 757-764.

[6] 金伟良, 赵羽习. 混凝土结构耐久性[M]. 北京: 科学出版社, 2002.

[7] 张誉, 蒋利学, 张伟平, 等. 混凝土结构耐久性概论[M]. 上海: 上海科学技术出版社, 2003.

[8] 牛荻涛. 混凝土结构耐久性与寿命预测[M]. 北京: 科学出版社, 2003.

[9] 中华人民共和国住房和城乡建设部. 普通混凝土长期性能和耐久性能试验方法标准: GB/T 50082—2009[S]. 北京: 中国建筑工业出版社, 2009.

[10] Structural Materials Research Group. Autoclam permeability system: Operation manual[R]. Belfast: Department of Civil Engineering, Queen's University Belfast, 1994.

[11] 中华人民共和国住房和城乡建设部. 建筑结构荷载规范: GB 50009—2012[S]. 北京: 中国建筑工业出版社, 2012.

[12] 中华人民共和国住房和城乡建设部. 回弹法检测混凝土抗压强度技术规程: JGJ/T 23—2011[S]. 北京: 中国建材工业出版社, 2011.

[13] 金立兵, 金伟良, 陈涛, 等. 沿海混凝土结构的现场暴露试验站设计[J]. 水运工程, 2008(2): 15-18.

[14] 赵铁军, Wittmann F H. 海边现场钢筋混凝土耐久性试验方案[C]//中国土木工程学会高强与高性能混凝土委员会学术讨论会, 青岛, 2004.

[15] 康保慧. 中港系统东北(锦州港)建筑材料暴露试验站的设计与建造[J]. 中国港湾建设, 2004(2): 35-38.

[16] 中华人民共和国交通部. 河港工程总体设计规范: JTJ 212—2006[S]. 北京: 人民交通出版社, 2006.

[17] 尚茜. 钢结构的腐蚀及涂层防护[J]. 建筑技术开发, 2003, 30(5): 38-39, 96.

[18] 中国土木工程学会. 混凝土结构耐久性设计与施工指南: CCES 01—2004[S]. 北京: 中国建筑工业出版社, 2005.

[19] 刘新, 时虎. 钢结构防腐蚀和防火涂装[M]. 北京: 化学工业出版社, 2005.

[20] 中华人民共和国交通部. 港口工程荷载规范: JTS 144-1-2010[S]. 北京: 人民交通出版社, 2010.

[21] 浙江大学结构工程研究所. 杭州湾跨海大桥混凝土结构耐久性长期性能研究中期报告[R]. 杭州湾大桥工程指挥部, 2007.

[22] 卢振永. 氯盐腐蚀环境的人工模拟试验方法[D]. 杭州: 浙江大学, 2007.

[23] 中华人民共和国交通部. 海港工程混凝土结构防腐蚀技术规范: JTJ 275—2000[S]. 北京: 人民交通出版社, 2000.

[24] 潘余. 从连续盐雾试验转向循环盐雾试验[J]. 电子产品可靠性与环境试验, 1998 (3): 42-45.

[25] 林翠, 王凤平, 李晓刚. 大气腐蚀研究方法进展[J]. 中国腐蚀与防护学报, 2004, 24(4): 249-256.

[26] 王丽. 盐雾试验参数确定的理论依据浅析[J]. 环境技术, 1998, 16(1): 14-18.

[27] 徐国葆. 我国沿海大气中盐雾含量与分布[J]. 环境技术, 1994 (3): 1-7.

[28] 杭州湾大桥工程指挥部. 杭州湾跨海大桥土建工程施工招标文件[R]. 杭州湾大桥工程指挥部, 2004.

[29] 李森林, 范卫国, 蔡旭东. 对上海石化原油码头腐蚀状况的调查[J]. 水运工程, 2004(4): 48-51.

[30] 姚昌建. 沿海码头混凝土设施受氯离子侵蚀的规律研究[D]. 杭州: 浙江大学, 2007.

[31] 嘉兴港区管理委员会. 嘉兴(乍浦)港的建设[EB/OL]. [2006-12-15]. http://www.jxdasz.com/web/fwb/disp.asp?c_nowpage=0&id=1762.

[32] 中华人民共和国交通部. 水运工程混凝土试验规程: JTS/T 236—2019[S]. 北京: 人民交通出版社, 2019.

[33] 金伟良, 金立兵, 延永东, 等. 海水干湿交替区氯离子对混凝土侵入作用的现场检测和分析[J]. 水利学报, 2009, 40(3): 364-371.

[34] 国家海洋信息中心海洋环境评价预报部. 2006 年潮汐表: 乍浦[M]. 北京: 海洋出版社, 2005.

[35] 张奕. 氯离子在混凝土中的输运机理研究[D]. 杭州: 浙江大学, 2008.

[36] 中华人民共和国机械工业部. 人造气氛腐蚀试验-盐雾试验: GB/T 10125—2012[S]. 北京: 中国标准出版社, 2012.

[37] Yamada F, Hosoyamada T, Shimomura T. Numerical study of production and transportation of airborne chloride and its field measurement[C]//Yokota H, Shimomura T. Proceedings of the International Workshop on Life Cycle Management of Coastal Concrete Structures, Nagaoka, 2006: 11-16.

[38] 卢振永, 金伟良, 王海龙, 等. 人工气候模拟加速试验的相似性设计[J]. 浙江大学学报(工学版), 2009, 43(6): 1071-1076.

[39] 于雷. 盐雾沉降率高精度测量技术研究[D]. 长春: 长春理工大学, 2014.

[40] 吕清芳. 混凝土结构耐久性环境区划标准的基础研究[D]. 杭州: 浙江大学, 2007.

[41] 金伟良. 混凝土结构耐久性研究主要进展及其发展趋势[A]//国家自然科学基金委员会工程与材料学部. 建筑、环境与土木工程 II: 土木工程卷[M]. 北京: 科学出版社, 2006.

[42] 金伟良, 赵羽习. 混凝土结构耐久性研究的回顾与展望[J]. 浙江大学学报(工学版), 2002, 36(4): 371-380.

[43] LIFECON. Service Life Models: Instructions on methodology and applicationof models for the prediction of the residual service life for classified environmental loads and types of structures in Europe[R]. Life CycleManagement of Concrete Infrastructures for Improved Sustainability, 2003.

[44] DuraCrete. General guidelines for durability design and redesign: BRPR-CT 95-0132-BE95-1347[S], 2000.

[45] 施惠生, 王琼. 掺复合胶凝材料混凝土的抗氯离子侵蚀性能[J]. 同济大学学报, 2004, 32(4): 490-493.

[46] 马保国, 张平均, 谭洪波. 矿物掺合料对海洋混凝土抗氯离子渗透的研究[J]. 石家庄铁道学院学报, 2004, 17(1): 6-9.

[47] 蔡路, 陈太林, 王浩. 粉煤灰对混凝土抗氯离子渗透性的影响研究[J]. 材料与应用, 2006, 34(3): 1-3.

[48] Lindvall A. Chloride ingress data from field and laboratory exposure– influence of salinity and temperature [J]. Cement & Concrete Composites, 2007, 29(2): 88-93.

[49] 陈伟, 许宏发. 考虑干湿交替影响的氯离子侵入混凝土模型[J]. 哈尔滨工业大学学报, 2006, 38(12): 2191-2193.

[50] Thomas M D A, Bamforth P B. Modelling chloride diffusion in concrete effect of fly ash and slag[J]. Cement and Concrete Research, 1999, 29(4): 487-495.

[51] 刘秉京. 混凝土结构耐久性设计[M]. 北京: 人民交通出版社, 2007.

[52] Stephen L A, Dwayne A J, Matthew A M, et al. Predicting the service life of concrete marine structures:an environmental methodology [J]. ACI Structural Journal, 1998, 95(2): 205-214.

[53] Uji K, Matsuoka Y, Maruya T. Formulation of an equation for surface chloride content of concrete due to permeation of chloride [J]. Corrosion of Reinforcement in Concrete, Elsevier Applied Science, 1990: 258-267.

[54] 余红发. 盐湖地区高性能混凝土的耐久性、机理与使用寿命预测方法[D]. 南京: 东南大学, 2004.

[55] Tumidajski P J, Chan G W. Boltzmann-Matano analysis of chloride diffusion into blended cement concrete [J]. Journal of Materials in Civil Engineering, 1996, 8(4): 195-200.

[56] Dhir P K, Jones M R, Ng S L D. Prediction of total chloride content profile and concentration/time-dependent diffusion coefficients for concrete [J]. Magazine of Concrete Research, 1998, 50(1): 37-48.

[57] Life-365. Computer program for predicting the service life and life cycle costs of RC exposed to chloride [R]. American Concrete Institute, Committee 365, 2000: 1-87.

第 7 章

多重环境时间相似理论的
工程应用

本章介绍 METS 理论与方法在杭州湾
跨海大桥的耐久性研究中的应用过程及结
果分析。

7.1 METS 的应用流程

沿海混凝土结构耐久性 METS 试验的最终目的是建立混凝土结构的耐久性能在室内加速环境与现场实际环境之间的时间相似关系，从而利用室内加速试验对现场实际环境中的混凝土结构进行耐久性寿命预测与评估[1,2]。METS 理论与方法用以指导工程实践与科学实验研究，它区别于其他方法的特点在于选取与研究对象具有相同或相似环境且具有一定服役时间的同类结构物作为参照物，为研究对象现场环境和室内模拟环境提供了桥梁。参照物的选取扩大了相似性试验方法的应用范围，从通常对不同结构的单独研究转变为对同类结构进行相似性研究，这样避免了不必要的重复的试验工作，提高了试验的工作效率，节约了试验经费，并且可对研究对象进行定量的时间评定。研究对象性能的影响参数的分析是利用 METS 理论与方法进行试验研究的基础，只有对影响研究对象的主要指标要素进行准确的分析，才能根据影响要素进行试验设计与数据采集，进而实现对研究对象的性能进行定量评定。

本书根据 METS 理论的原理，提出 METS 方法用于沿海混凝土结构寿命预测的基本流程，通过对杭州湾跨海大桥实际工程的简要介绍，基于 6.3 节对大桥主要结构部位相应海工混凝土试件的室内加速试验与现场暴露试验的检测结果和分析，以及 6.4 节对混凝土结构耐久性 METS 相关参数的研究，对沿海混凝土结构耐久性 METS 试验建立的普通混凝土氯离子扩散系数和表面氯离子浓度的相似率进行修正，进而利用跨海大桥各结构部位海工混凝土试件的室内加速试验结果与跨海大桥的实际保护层厚度、表层对流区深度等参数，考虑氯离子扩散系数和表面氯离子浓度的时变性，用数值模拟的方法对杭州湾跨海大桥混凝土结构主要构件进行耐久性寿命预测。

利用 METS 方法对混凝土结构在不同环境条件下的耐久性寿命进行研究时，首先选取第三方参照物。其次，对现场实际环境和室内加速环境不同结构部位的氯离子扩散系数、时间衰减系数、表面氯离子浓度、保护层厚度、对流区深度、氯离子阈值等具体参数进行试验研究；根据第三方参照物的现场检测和室内加速试验结果建立不同影响参数在室内加速环境与现场实际环境之间的相似关系；根据研究对象混凝土构件/试件的现场暴露试验与室内加速试验结果建立不同结构部位各耐久性参数基于室内加速环境与现场实际环境之间的相似关系，并对第三方参照物的相似关系进行修正，得到研究对象用于寿命评估的相似关系；利用该相似关系，通过研究对象可对应的混凝土试件的室内试验结果来计算研究对象不同结构构件各耐久性参数在现场环境中的取值。最后，根据氯离子侵蚀模型预测研究对象不同结构氯离子达到阈值的时间，即研究对象在现场实际环境中耐久性寿命的预测结果。

在海水的作用下，氯离子主要依靠扩散作用侵入海洋环境中的混凝土结构，然而在海水干湿交替区域(海洋环境中的潮差区与浪溅区)，氯离子在混凝土表层的侵蚀机理较为复杂，主要依靠混凝土表层的毛细管吸附作用、渗透作用、扩散作用等，而在深层仍以扩散作用为主。扩散是孔体系内不能移动的水中的氯化物浓度梯度的结果；毛细管吸附是氯化物随着水一起迁移进入开口孔体系；渗透是氯化物和水在压力下一起迁移入混凝土。在海水干湿交替区域，三种迁移机制均对混凝土表层有影响，但和速度最快的毛细管吸附相比，渗透的迁移可以忽略。

目前用于计算干湿交替区域下氯离子侵蚀的简化方法较多采用欧洲混凝土结构耐久性 DuraCrete[3]提出的经验方法，该方法认为 $0 \sim \Delta x$ 范围内的对流区中主要发生由孔隙液流动造成的氯离子对流，而其余区域内以氯离子浓度扩散作为主要渗透方式。在纯扩散区域（即 $x \geqslant \Delta x$）氯离子在混凝土中的扩散行为可以用 Fick 第二定律描述，即

$$\frac{\partial C}{\partial t} = \frac{\partial}{\partial x}\left(D\frac{\partial C}{\partial x}\right) \tag{7-1}$$

根据本书分析与试验结果，有

$$D = D_{app} = \begin{cases} D_{28}(0.0767/t)^n, & t < T_u \\ D_{28}(0.0767/T_u)^n, & t \geqslant T_u \end{cases} \tag{7-2}$$

$$C_s = C_{\Delta x} = \begin{cases} at^b, & t < T_{cr} \\ at_{cr}^b, & t \geqslant T_{cr} \end{cases} \tag{7-3}$$

式中，T_u 为氯离子扩散系数衰减的时间限值；t_{cr} 为表面氯离子浓度的累积时间，本书取 $t_{cr} = 10$ 年；T_{cr} 为表面氯离子浓度累积的时间限值。

由式(7-1)～式(7-3)可知，影响沿海混凝土结构耐久性的主要因素有对流区深度 Δx、表面氯离子浓度 C_s 及其时变关系（如系数 a、b）、氯离子扩散系数 D 及其时变关系（如参考时刻的扩散系数 D_{28}、时间衰减系数 n 等）、诱发混凝土内钢筋锈蚀的氯离子阈值[Cl]、混凝土的材料组成（W/B、掺合料比例）等。根据试验分析，可认为时间衰减系数 n 与混凝土的材料组成、构件所处的环境分区有关，而相同环境分区的同类混凝土在室内加速环境与现场实际环境中的时间衰减系数 n 值相同。

基于上述分析，利用 METS 方法对沿海混凝土结构进行耐久性寿命预测研究的应用流程如下：

(1)选取与研究对象现场具有相同或相似环境条件的已服役多年的沿海混凝土结构物作为第三方参照物，收集研究对象与第三方参照物在服役初始时刻（即现场暴露时间 $t = t_0$ 时）影响氯盐侵蚀的各因素的相关参数资料（氯离子表观扩散系数 D_{app} 与设计资料混凝土材料的组分、掺合料类型、水胶比 W/B、混凝土保护层厚度 c、钢筋类型等）。

(2)收集研究对象的现场环境、气象资料、水文统计资料，并运用数学统计方法对现场自然环境条件进行数值模拟，计算现场实际环境的温度、湿度、环境氯离子浓度的平均值与不同高程处的海水浸润时间比例等，根据氯离子的侵蚀机理与人工气候模拟方法[4]，对现场自然环境条件进行人工气候环境加速模拟，确定不同环境分区（水下区、潮差区、浪溅区、大气区等）结构典型部位对应的人工气候加速模拟实验室的控制参数。

(3)设计并制作与研究对象、第三方参照物相同配合比组成的混凝土试件，并置于人

工气候加速模拟实验室进行室内加速试验，同时，对与研究对象对应的混凝土试件进行现场暴露试验。

（4）定期对第三方参照物的混凝土结构/构件的现场检测和对应混凝土试件室内加速试验的取样进行检测分析，经过化学分析得到不同暴露时间/加速试验时间氯离子侵蚀曲线，并分析得到：氯离子在参考时刻（如28天）的扩散系数 D_{28}^R 与 $D_{28}^{R'}$、时间衰减系数 n（现场环境与室内加速环境的时间衰减系数相等）、表面氯离子的最后累积浓度 C_s^R 与 $C_s^{R'}$ 及其时变关系（如系数 a、b）、对流区深度 Δx^R 与 $\Delta x^{R'}$ 等（其中：上标"R"表示第三方参照物，室内加速环境的参数加"'"表示），则可得到第三方参照物氯离子扩散系数和表面氯离子含量的相似率 λ_D^R、λ_C^R：

$$\lambda_D^R = \frac{D_{28}^{R'}}{D_{28}^R}, \quad \lambda_C^R = \frac{C_s^{R'}}{C_s^R} \tag{7-4}$$

（5）通过定期对研究对象不同结构部位对应的混凝土试件的现场暴露试验与室内加速试验的取样进行检测分析，经过化学分析得到不同暴露时间/加速试验时间氯离子侵蚀曲线，并利用第三方参照物试验得到的时间衰减系数分析得到：氯离子在参考时刻的氯离子扩散系数 $D_{28}^O / D_{28}^{O'}$、表面氯离子的最后累积浓度 $C_s^O / C_s^{O'}$ 及其时变关系（如系数 a、b）、对流区深度 Δx^O 与 $\Delta x^{O'}$ 等（其中：上标"O"表示研究对象），则由式（7-4）可得到研究对象氯离子扩散系数和表面氯离子含量的相似率 λ_D^O、λ_C^O：

$$\lambda_D^O = \frac{D_{28}^{O'}}{D_{28}^O}, \quad \lambda_C^O = \frac{C_s^{O'}}{C_s^O}$$

（6）用步骤（5）中计算得到的研究对象氯离子扩散系数和表面氯离子含量的相似率 λ_D^O、λ_C^O 对步骤（4）中计算得到的第三方参照物氯离子扩散系数和表面氯离子含量的相似率 λ_D^R、λ_C^R 进行修正，得到研究对象沿海混凝土结构不同结构部位氯离子扩散系数和表面氯离子含量的相似率 λ_D、λ_C：

$$\lambda_D = f(\lambda_D^R, \lambda_D^O), \quad \lambda_C = g(\lambda_C^R, \lambda_C^O) \tag{7-5}$$

根据研究对象混凝土试件的室内试验结果，利用试验得到的时间衰减系数 n、表面氯离子浓度的时变系数 a 与 b、研究对象主要结构部位的对流区深度值 Δx 等，可建立研究对象不同结构部位氯离子扩散系数和表面氯离子浓度的时变关系，进而利用式（7-1）对研究对象不同结构部位氯离子在混凝土中的侵蚀过程进行数值模拟，并根据研究对象不同结构部位的保护层厚度和氯离子阈值的取值对不同环境分区各结构构件进行寿命预测。

本章根据 METS 方法的应用流程，对杭州湾跨海大桥混凝土结构不同结构部位进行耐久性寿命预测。

7.2　工　程　概　况

杭州湾地处亚热带季风气候区，冬季平均气温较高。海水盐度明显受长江冲淡影响，氯离子含量仍在 5.54～15.91g/L，平均含量为 10.79g/L；实测含沙量为 0.041～9.605kg/m³，平均含沙量为 1.25kg/m³，为 pH＞8 的弱碱性 Cl-Na 型咸水；平均潮差达 4.52m，平均最大流速在 3m/s 以上[5-7]。对杭州湾在役混凝土结构腐蚀状况的调查表明，沿海湾混凝土结构腐蚀十分严重，90%的损坏是由环境恶劣、保护层不足，氯离子渗透导致钢筋锈蚀引起的。中性化、碱骨料反应、硫酸盐侵蚀、冻融破坏、海洋生物等不是混凝土结构劣化的主要原因。宁波港某 10 万 t 级矿石中转码头建成时是全优工程，仅使用了 11 年后，桩帽、水平撑、梁板等钢筋已经胀裂(图 7-1)，约 5cm 的混凝土保护层内水溶性氯离子含量已达 0.8%左右，钢筋部位的氯离子浓度大大超过诱发锈蚀的临界浓度。从调查结果可以认定，影响该工程混凝土结构耐久性的主导因素是氯离子侵蚀引起的钢筋锈蚀。

图 7-1　宁波港某码头腐蚀现状

Fig. 7-1　Corrosion situation of a wharf in Ningbo Port

杭州湾跨海大桥轴线走向是：北起杭州湾北岸海盐的郑家埭村，跨越杭州湾宽阔海面与南岸滩涂后，经慈溪市已围筑的十塘海堤、九塘、八塘后，止于水路湾。杭州湾跨海大桥全长 36km，其中跨越海域长度近 32km(图 7-2)。杭州湾跨海大桥超过了美国切萨皮克海湾桥和巴林道堤桥等世界名桥，而成为目前世界上已建成或在建的最长的跨海大桥。大桥建成后缩短宁波至上海间的陆路距离 120 余千米。

图 7-2　杭州湾跨海大桥实景图

Fig. 7-2　Real-time map of Hangzhou bay cross-sea bridge

　　杭州湾跨海大桥设计使用年限为 100 年，本桥按使用年限 100 年内混凝土结构中的钢筋不锈蚀考虑。主体结构除南、北航道桥为钢箱梁外，其余均为混凝土结构，全桥混凝土用量近 $2.5 \times 10^6 m^3$，混凝土结构的耐久性问题非常突出，是设计必须解决的关键技术问题之一。

　　根据结构所处的具体腐蚀环境，不同结构位置对应不同的侵蚀作用级别[6]，如表 7-1 所示，根据不同的侵蚀作用级别确定不同混凝土结构的耐久性措施。

表 7-1　混凝土结构构件使用环境分区及其侵蚀作用级别

Tab.7-1　Environmental divisions and corrosive grades of concrete structural components

环境类别	级别	环境分区	工程部位
海水腐蚀环境 （以黄海高程划分）	C	浸没于海水的水下区、泥下区	桩基、陆地区承台
	D	接触空气中盐分，不与海水直接接触的大气区 （10.21m 以上）	箱梁、陆地区桥墩、航道桥中上塔柱
	E	水位变化区（-4.56～1.88m）	海中承台
	F	浪溅区（1.88～10.21m）	海中桥墩、下塔柱

　　杭州湾跨海大桥混凝土结构的耐久性措施包括[5,6]以下内容：

　　(1) 从材质本身的性能出发，全桥采用海工混凝土，以氯离子扩散系数为混凝土耐久性的主要控制指标，采用大量掺合料和低水胶比降低氯离子扩散系数。

　　海工混凝土指用常规原材料、常规工艺、掺加矿物掺合料及化学外加剂，经配合比优化而制作的，在海洋环境中具有高耐久性、高尺寸稳定性和良好工作性的高性能结构混凝土。在海工混凝土专题研究的基础上，人们对海工混凝土的原材料、配合比设计及工作性能、施工控制等，提出了相应的指标要求[8,9]。海工混凝土的典型配合比如表 7-2 所示，现场实测性能如表 7-3 所示。

表 7-2　海工混凝土的典型配合比

Tab.7-2　Typical mixture compositions of marine concrete

部位	强度等级	水胶比	每方混凝土各种材料用量/kg							
			水泥	矿粉	粉煤灰	砂	石子	水	减水剂	阻锈剂
陆上桩基	C25	0.36	165	124	124	754	960	149	4.13	
海上桩基	C30	0.3125	264		216	753	997	150	5.76	
陆上承台、墩身	C30	0.36	170	85	170	742	1024	153	4.25	
海上承台	C40	0.33	162	81	162	779	1032	134	4.86	8.1
海上现浇墩身	C40	0.345	126	168	126	735	1068	145	5.04	8.4
海上预制墩身	C40	0.309	180	90	180	779	1032	139	5.4	9.0
箱梁	C50	0.32	212	212	47	724	1041	150	1.0	

表 7-3　海工混凝土实测性能

Tab. 7-3　Measurement results of marine concrete

部位	强度等级	抗压强度 (28 天)/MPa	氯离子扩散系数 (84 天)/(10^{-12} m^2/s)	坍落度/cm	扩展度/cm	抗裂性能
陆上桩基	C25	39.3	1.37	21	43	良好
海上桩基	C30	53.8	1.57	22	55	良好
陆上承台、墩身	C30	39.3	1.21	21	42	良好
海上承台	C40	58.4	0.73	18		良好
海上现浇墩身	C40	56.0	0.68	18	55	良好
海上预制墩身	C40	58.6	0.37	18		良好
箱梁	C50	68.8	0.34	18	40	良好

(2)根据结构部位和受力特点,设置合理的钢筋保护层厚度,在满足结构施工和设计要求的前提下,尽量延长氯离子渗到钢筋表面的时间。

理论上,结构的保护层厚度越大,氯离子渗透到钢筋表面的时间越长,结构的寿命也越长。但是,保护层过厚很容易引起结构开裂,同样造成结构的耐久性降低。因此,只有合理确定保护层厚度,才能有效地对钢筋施以保护,增强结构的耐久性。各国标准规定的海工混凝土最小保护层厚度如表 7-4 所示。根据杭州湾的腐蚀环境和桥梁各部位的受力特点,参考国外跨海工程实例和国外有关规范,本书规定了不同部位混凝土结构的钢筋保护层厚度,如表 7-5 所示。

表 7-4　各国标准规定的最小保护层厚度

Tab. 7-4　Provisions on the minimums cover thickness in standards of various countries

(单位:mm)

混凝土所处部位	FIP 建议 (1986 年)	ACI357 (1989 年)	BS6235 (1982 年)	BS8110 (1985 年)	DIN1045-1 (2001 年)	JTJ268 (1996 年)
大气区	65	65	75	60	40	50
浪溅区	65	65	75	60	50	65
水下区	50	50	60	60	50	50

表 7-5　杭州湾跨海大桥混凝土结构各部位钢筋保护层厚度

Tab. 7-5　Cover thickness values in structural parts of HZBB

结构部位	腐蚀环境	保护层厚度/mm
海上桩基	水下区及泥下区	75
海上承台	水位变动区	90
陆上承台	大气区	75
桥墩	浪溅区及大气区	60
箱梁	大气区	40

(3)在混凝土结构耐久性基本措施的基础上,对处于特别严酷腐蚀环境的构件和特殊部位施加额外的补充保护措施,以进一步加大结构耐久性的可靠性,并作为目前对耐久性问题认识不足的储备。杭州湾跨海大桥对不同结构部位采用的耐久性补充措施主要包

括：环氧涂层钢筋、钢筋阻锈剂、外加电流阴极防护、塑料波纹管与真空辅助压浆、纤维混凝土与涂抹硅烷、渗透可控模板垫料、混凝土表面防护涂层等。

　　由于全桥采用海工高性能混凝土，为对杭州湾跨海大桥混凝土结构进行耐久性寿命预测，下面首先对本书建立的普通混凝土扩散系数和表面氯离子浓度基于室内加速与现场实际环境的相似率进行修正。

7.3　海工混凝土相似系数的修正

本书建立的在不同环境分区普通混凝土氯离子扩散系数的相似率见表 7-6。

表 7-6　室内加速与现场环境普通混凝土氯离子扩散系数的相似率
Tab. 7-6　Similarity rates of diffusion coefficient on plain concrete between the field and indoor accelerated environments

环境分区	潮差区	浪溅区	水下区
相似率	2.66	7.87	1.32

注：由于大气区没有对应的普通混凝土试件，无法得到扩散系数的相似率。

　　根据对现场暴露试验站摆放的跨海大桥海工混凝土试件进行的现场检测和大桥实际构件的现场实测，对不同环境分区的普通混凝土氯离子扩散系数在室内加速与现场实际环境中的相似率进行修正。根据相同组分海工混凝土由室内加速试验，得到 28 天氯离子扩散系数 D_{28}^{a} 和时间衰减系数 n；根据海工混凝土试件/现场实际构件检测，得到氯离子扩散系数 $D_{\mathrm{app}}(t)$、时间衰减系数和暴露时间，计算得到现场环境海工混凝土氯离子扩散系数 D_t^{a}，D_{28}^{a} 与 D_t^{a} 之比即为海工混凝土氯离子扩散系数的相似率 λ_D，如表 7-7 所示。

表 7-7　室内加速与现场环境海工混凝土氯离子扩散系数的相似率计算
Tab. 7-7　Diffusion coefficient similar rates of marine concrete between indoor accelerated and field actual environments

环境分区	曲线编号	暴露时间/天	$D_{\mathrm{app}}(t)$	D_{28}^{a}	D_t^{a}	λ_D	平均值
干湿交替区域（试件）	SHCA0.8	154	0.9030	3.105	1.0961	1.2138	1.9183
	SHCA3.9	154	0.8597	3.097	1.0801	1.2564	
	SHCA3.2	154	0.6190	3.097	1.0801	1.7449	
	SHCA2.3	154	0.3908	3.234	1.1621	2.9736	
	SHCA0.4	154	0.4562	3.105	1.0961	2.4027	
	QHLA1.1(X)	154	0.5757	3.922	1.4028	2.4369	2.9759
	QHLA0.2(Y)	154	0.2586	2.520	0.8784	3.3968	
	QHLA0.4(X)	154	0.3760	3.922	1.4028	3.7309	
	QHLA0.7(Y)	154	0.5433	2.520	0.8784	1.6168	
	QHLA0.2(X)	154	0.3861	3.922	1.4028	3.6333	
	QHLA2.10(Y)	154	0.2889	2.520	0.8784	3.0405	

扩散系数/$(10^{-6}\,\mathrm{mm^2/s})$　相似率

续表

环境分区	曲线编号	暴露时间/天	扩散系数/($10^{-6}\,mm^2/s$)			相似率	
			$D_{app}(t)$	D_{28}^a	D_t^a	λ_D	平均值
干湿交替区域（构件）	N.Jiont1	617	0.08955	3.097	0.4582	5.1167	
	N.Jiont2	617	0.09598	3.097	0.4582	4.7739	
	SE.Jiont3	617	0.08044	3.097	0.4582	5.6962	3.8354
	S.Jiont4	617	0.1655	3.097	0.4582	2.7686	
	E.Jiont5	617	0.5577	3.097	0.4582	0.8216	
	N.precastPier1	657	0.3834	2.520	0.3583	0.9345	
	N.precastPier2	657	0.1252	2.520	0.3583	2.8618	
	S.precastPier3	657	0.08021	2.520	0.3583	4.4670	2.2253
	SE.precastPier4	657	0.5732	2.520	0.3583	0.6251	
	E.precastPier5	657	0.1601	2.520	0.3583	2.2380	
	S.PileCap1	730	0.08149	4.302	0.5796	7.1125	4.5258
	N.PileCap2	730	0.2989	4.302	0.5796	1.9391	
	N.Jiont1	780	0.07543	3.097	0.3964	5.2552	
	N.Jiont2	780	0.09253	3.097	0.3964	4.2840	4.0890
	S.Jiont3	780	0.0970	3.097	0.3964	4.0866	
	E.Jiont4	780	0.1452	3.097	0.3964	2.7300	
	N.precastPier1	820	0.08467	2.52	0.3124	3.6896	3.6592
	N.precastPier2	820	0.08609	2.52	0.3124	3.6288	
	S.PileCap1	894	0.2271	4.302	0.5117	2.2532	2.3747
	N.PileCap2	894	0.2050	4.302	0.5117	2.4961	
水下区	ZHSA0	100	0.4780	—	0.6352	1.3289	1.3506
	ZHSC0	263	0.2516	—	0.3453	1.3723	
大气区	QHDC0	263	0.3511	2.912	0.4486	1.2778	1.2778

注：墩身编号后的"（X）"表示现浇墩身，"（Y）"表示预制墩身。

由表 7-7 可知，由于现场暴露时间较短，氯离子对海工混凝土的侵蚀深度很小，且各深度处的氯离子含量也较低，导致试验检测、氯离子含量分析造成的误差较大，因而造成检测现场暴露混凝土试件的氯离子扩散系数比较离散，则海工混凝土氯离子扩散系数相似率的计算结果也比较离散。湿接头试件扩散系数的相似率为 1.2138~2.9736，现浇墩身试件扩散系数的相似率为 2.4369~3.7309，预制墩身为 1.6168~3.3968。现场实际结构构件的检测除受上述因素的影响外，还受到现场检测方位的影响，因而计算得到的相似率更加离散，湿接头扩散系数的相似率为 0.8216~5.6962，预制墩身扩散系数的相似率为 0.6251~4.4670，海上承台扩散系数的相似率为 1.9391~7.1125。总体上看，干湿交替区域检测得到的海工混凝土扩散系数的相似率非常离散。但水下区海工混凝土试件的检测结果比较一致，这是由于水下区环境稳定，受外界气象条件干扰少，另外，检测样本较少也是重要原因。

对于湿接头，从现场实际结构构件的两次检测结果可以发现，东侧扩散系数的相似率最小，其次是东南侧，这是由于大桥处于强潮海湾，其流向为往复流，湾口潮流一股来自东向，另一部分来自东南向，两股流汇合后成为涨潮主流。同时综合考虑到湿接头混凝土试件的相似率，以及普通混凝土扩散系数的相似率，出于偏安全考虑，选取湿接头扩散系数的相似率为 1.5。

基于同样的考虑，海上承台扩散系数的相似率选为 2.0(与普通混凝土的相同)；预制墩身同样是东侧、东南侧的氯离子侵蚀最严重，选取为 2.2(和东侧的相似率相同)，现浇墩身根据混凝土试件的现场暴露试验选取扩散系数的相似率为 2.5。

尽管水下区桩基海工混凝土氯离子扩散系数的相似率比较接近，但由于检测时间较短，基于偏安全的考虑，对桩基进行耐久性寿命预测时仍选取与普通混凝土相同相似率，即 1.2。大气区缺少箱梁的室内试验数据，因而大气区海工混凝土扩散系数的相似率无法得到。

综上，对杭州湾跨海大桥混凝土结构进行耐久性寿命预测时扩散系数的相似率汇总如表 7-8 所示。

表 7-8 室内加速与现场实际环境海工混凝土氯离子扩散系数的相似率

Tab. 7-8 Similarity rates of chloride diffusion coefficient on marine concretes between the field and indoor accelerated environments

结构部位	海上桩基	海上承台	湿接头	预制墩身	现浇墩身
相似率	1.2	2.0	1.5	2.2	2.5

现场暴露的海工混凝土试件和现场检测的跨海大桥实际结构部位的暴露时间较短，特别是微观结构密实的海工高性能混凝土现场实际环境中氯离子对其侵蚀的深度较浅、各深度处的氯离子含量较低，并且检测数量有限，无法运用 Boltzmann 变量的方法得到表面氯离子浓度；而直接对氯离子侵蚀曲线利用 Fick 第二定律的误差函数解析式进行拟合得到表面氯离子含量，会有很大的人为误差。因此，本书对跨海大桥混凝土结构耐久性进行寿命预测时，仍采用同环境分区的普通混凝土的表面氯离子浓度相似率的计算结果，见表 6-40，出于偏安全考虑，在进行耐久性寿命评估时应选取表面氯离子浓度相似率的较小值，即对浪溅区 λ_C 取为 1.4，潮差区 λ_C 取为 1.1，水下区 λ_C 取为 1.3。因此，对应杭州湾跨海大桥不同结构部位表面氯离子浓度的相似率如表 7-9 所示，随着现场暴露试验的持续进行，现场检测的氯离子侵蚀曲线数量足够多时，再对本书采用普通混凝土的基于室内加速和现场实际环境的表面氯离子浓度相似率进行更新，以便得到更为准确的预测结果。

表 7-9 室内加速与现场实际环境海工混凝土表面氯离子浓度的相似率

Tab. 7-9 Similarity rates of surface chloride concentration on marine concretes between the field and indoor accelerated environments

结构部位	海上桩基	海上承台	湿接头	预制墩身	现浇墩身
相似率	1.3	1.1	1.1	1.4	1.4

7.4　跨海大桥耐久性 METS 方法的寿命预测

杭州湾跨海大桥混凝土结构耐久性的主导因素是氯离子侵蚀。根据本书的分析，在纯扩散区域(即 $x \geqslant \Delta x$)氯离子在混凝土中的扩散行为可以用 Fick 第二定律描述，详见式(7-1)～式(7-3)。

Thomas[10]等认为混凝土的水化作用会一直进行，掺加矿粉后氯离子扩散系数的衰减时间限值可以取为 100 年，而 DuraCrete[3]、Life-365[11]及我国《混凝土结构耐久性设计与施工指南》(CCES 01—2004)[12]均建议 T_u 取 25～30 年。本书出于偏安全考虑，并与表面氯离子浓度的累积时间相一致，在对普遍掺有矿粉和粉煤灰等掺合料的跨海大桥海工混凝土进行寿命评估时选用 $T_u = 10$ 年。

对于表面氯离子浓度和扩散系数随时间变化的情况，氯离子的扩散过程通常可采用数值模拟的方式。

7.4.1　COMSOL Multiphysics 数值分析软件介绍

由于边界条件中表面氯离子浓度和扩散系数均为时间的函数，无法用简单的数学关系式来描述它们，本书采用 COMSOL Multiphysics 有限元数值分析软件中的"扩散"(Diffusion)模块对混凝土内氯离子的扩散规律进行数值模拟分析，来考虑表面氯离子浓度与扩散系数的时变效应。

COMSOL Multiphysics 应用领域广泛，它不仅能分析传统有限元中的数学、结构力学问题，还能完善处理声学、化学、电磁学、光学、光子学、纳米技术、热传导学、微电子系统、微波工程、过程控制、多孔介质渗流、量子力学、生物力学、流体动力学、扩散、燃料电池、地球物理学、无线电学、半导体研发、波传播等专业领域的问题。多学科交叉研究的蓬勃发展趋势使得以多重物理量耦合分析而著称的 COMSOL Multiphysics 软件备受青睐。其中各种模块如图 7-3 所示。

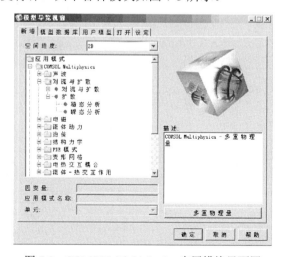

图 7-3　COMSOL Multiphysics 应用模块界面图

Fig. 7-3　Interface of COMSOL Multiphysics application mould

COMSOL Multiphysics 模型模拟和显示了所有数学物理和工程领域的开发应用，通过使用它的基于方程的建模途径，使用者可以很容易地得到偏微分方程的详细解答。COMSOL Multiphysics 透过强大且直觉式的图像使用者界面，使用户能够容易地在所有工程及科学的规范下，建立所需的设备及处理程序模型。COMSOL Multiphysics 的主要特征是容易建立模型且可客户化，能执行一维、二维或是三维模型。扩散模块可以处理对流—扩散以及扩散两种情况下的偏微分方程，其中单扩散子模块还可以进行稳态和瞬态两种情形的数值分析。这里，在进行混凝土内氯离子扩散有限元数值分析时，将采用单扩散中的瞬态情形进行数值分析，它的偏微分方程可表示为

$$\delta_{ts}\frac{\partial C}{\partial t} + \nabla \cdot (-D \cdot \nabla C) = R \tag{7-6}$$

式中，δ_{ts} 为时间换算系数，这里取 1.0；C 为浓度，这里指混凝土内部氯离子浓度；D 为扩散系数，这里指氯离子扩散系数；R 为反作用率，这里取 0。

通过 COMSOL Multiphysics 的交互建模环境，用户从开始建立模型一直到分析结束，不需要借助任何其他软件；COMSOL Multiphysics 的集成工具可以确保使用者有效地进行建模过程的每一步骤。通过便捷的图形环境，COMSOL Multiphysics 使得不同步骤之间(如建立几何模型、定义物理参数、划分有限元网格、求解以及后处理)的转换相当方便，即使使用者改变几何模型尺寸，模型仍然保留边界条件和约束方程。

通过 COMSOL Multiphysics 中基于 Java 的图形交互界面，可以很直观地创立模型。在界面环境下可以直接处理建模过程中的每一步操作，而不用通过烦琐的导入模型或者在不同步骤之间进行编辑。典型的建模过程包括如下步骤。

7.4.1.1　建立几何模型

COMSOL Multiphysics 软件提供了强大的 CAD 工具用于创立几何实体模型，通过工作平面创立二维的几何轮廓，并使用旋转、拉伸等功能生成三维实体。用户也可以直接使用基本几何形状(圆、矩形、块和球体)创立几何模型，然后使用布尔操作形成复杂的实体形状。

用户可以在 COMSOL Multiphysics 软件中引入其他软件创建的模型。COMSOL Multiphysics 软件的模型导入和修补功能可以支持 DXF 格式(用于二维)和 IGES 格式(用于三维)的文件，也可以导入二维的 JPG、TIF 和 BMP 文件并把它们转化成为 FEMLAB 的几何模型，对于三维结构同样如此，而且支持三维磁共振成像(MRI)数据。

7.4.1.2　定义物理参数

虽然使用常规的建模方式完全可以建立模型，但是 COMSOL Multiphysics 软件可以使用户的工作更加轻松方便。定义模型的物理参数只需要在预处理软件中对变量进行简单的设置，参数可以是各向同性、各向异性的，可以是模型变量、空间坐标和时间的函数。

7.4.1.3　划分有限元网格

COMSOL Multiphysics 网格生成器可以划分三角形和四面体的网格单元。自适应网

格划分可以自动提高网格质量；另外，使用者也可以人工参与网格的生成，从而得到更精确的结果。

7.4.1.4　求解

COMSOL Multiphysics 的求解器基于 C++程序采用最新的数值计算技术编写而成，其中包括最新的直接求解和迭代求解方法、多极前处理器、高效的时间步运算法则和本证模型。

另外，COMSOL Multiphysics 提供了广泛的可视化功能以及拓扑优化和参数化分析功能。

7.4.2　大桥主要结构部位混凝土结构耐久性寿命预测

根据本书建立的跨海大桥海工混凝土氯离子扩散系数与表面氯离子浓度在室内加速和现场实际环境之间的相似关系，利用建议的现场实际环境中海工混凝土对流区深度的建议值（表 7-10），确定引起混凝土中钢筋初锈的氯离子阈值[Cl⁻]后，便可根据寿命预测方程[式(7-1)～式(7-3)]利用 COMSOL Multiphysics 软件对不同年限氯离子的侵蚀曲线进行数值模拟，从而对杭州湾跨海大桥混凝土结构耐久性进行寿命预测和评估。

表 7-10　现场实际环境中杭州湾跨海大桥海工混凝土表层区深度 Δx 的取值

Tab. 7-10　Convective depth values of HZBB marine concretes in the field actual environment

结构部位	海上桩基	海上承台	陆上承台	湿接头	墩身	箱梁
Δx/mm	5.0	7.5	5.0	7.5	7.5	5.0

引起混凝土内钢筋初锈的氯离子阈值[Cl⁻]不是一个唯一确定的值，它受到许多因素的影响，如混凝土的配合比、水泥的类型与成分、混凝土材料、水灰比/水胶比、温度、相对湿度、钢筋表面状况以及其他有关氯离子渗透的来源等[13]。目前，钢筋周围占胶凝材料质量 0.40%的酸溶性氯离子或占胶凝材料质量 0.15%的水溶性氯离子的临界值分别被欧洲和北美接受[14]。美国 ACI 201 建议水溶性氯离子阈值[Cl⁻]为水泥质量的 0.1%～0.15%[15]。由于本书试验测得的氯离子含量均为水溶性氯离子含量相对混凝土质量的百分比，根据跨海大桥混凝土的材料组成，胶凝材料占混凝土质量的比例为 17%～20%，因而根据氯离子阈值占胶凝材料的 0.15%选用氯离子阈值[Cl⁻]为水溶性氯离子占混凝土质量的 0.03%。

下面应用 COMSOL Multiphysics 软件对杭州湾跨海大桥混凝土结构各部位的耐久性寿命进行预测。

7.4.2.1　海上桩基

根据室内加速试验结果可以得到，海工混凝土试件 ZHSC0 的 28 天扩散系数 D_{28}^a = 1.288×10^{-6}mm²/s，n =0.5868；表面氯离子浓度 $C_{\Delta x}^a$ =0.9322%。

根据海上桩基氯离子扩散系数和表面氯离子浓度在室内加速试验和现场实际环境之间的相似率，λ_D=1.2，λ_C=1.3，可得到现场实际环境中海工混凝土 28 天的扩散系数 $D_{28}^f = D_{28}^a/\lambda_D$=1.0733×10⁻⁶mm²/s= 33.85mm²/a，10 年累积稳定的纯扩散区表面氯离子浓

度为 $C_{\Delta x}^{f} = C_{\Delta x}^{a} / \lambda_{C} = 0.7171\%$。

由 $n = 0.5868$，可得 $D_{10\text{年}}^{f} = D_{28}^{f} \cdot (0.0767/10)^{n} = 1.942\text{mm}^2/\text{a}$；由 $C_{\Delta x}^{f} = 0.7171\%$，$b = 0.2$，$t = 10$ 天，可得系数 $a = 0.4525\%$。

根据以上条件，且对流区深度 $\Delta x = 5$ mm，保护层厚度 $c = 75$mm，对海上桩基的氯离子侵蚀过程进行数值模拟，如图 7-4 所示。

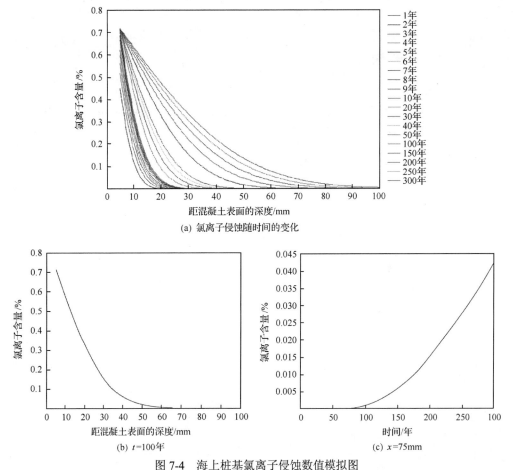

(a) 氯离子侵蚀随时间的变化

(b) $t = 100$ 年

(c) $x = 75$mm

图 7-4　海上桩基氯离子侵蚀数值模拟图

Fig. 7-4　Numerical simulations on chloride ingress of marine pile foundations

图(a)中曲线从上到下分别对应 300 年、250 年、……、2 年、1 年

由图 7-4 可以发现，海上桩基保证使用寿命 100 年所需的最小保护层厚度为 46.2mm，按照设计的保护层厚度 $c = 75$mm 计算，钢筋表面氯离子达到临界值需要的时间为 256 年，因此满足混凝土结构耐久性的要求。

7.4.2.2　海上承台

根据室内加速试验结果可以得到，海工混凝土试件 CHCA2 的 28 天扩散系数 $D_{28}^{a} = 4.302 \times 10^{-6}\text{mm}^2/\text{s}$，根据本书建议的时间衰减系数的计算公式与混凝土的材料组成，可得 $n = 0.6040$；表面氯离子浓度 $C_{\Delta x}^{a} = 0.6038\%$。

根据海上承台氯离子扩散系数与表面氯离子浓度在室内加速试验和现场实际环境之间的相似率，λ_D=2.0，λ_C=1.1，可得到现场实际环境中海工混凝土 28 天的扩散系数 $D_{28}^{f}=D_{28}^{a}/\lambda_D$=2.151×$10^{-6}$mm²/s= 67.834mm²/a，10 年累积稳定的纯扩散区表面氯离子浓度为 $C_{\Delta x}^{f}=C_{\Delta x}^{a}/\lambda_C$ = 0.5489%。

由 n =0.6040，可得 $D_{10年}^{f}=D_{28}^{f}\cdot(0.0767/10)^{n}$ =3.580 mm²/a；由 $C_{\Delta x}^{f}$ = 0.5489%，b= 0.4，t =10 年，可得 a = 0.2185%。

根据以上条件，且对流区深度 Δx=7.5mm，保护层厚度 c=90mm，对海上承台的氯离子侵蚀过程进行数值模拟，如图 7-5 所示。

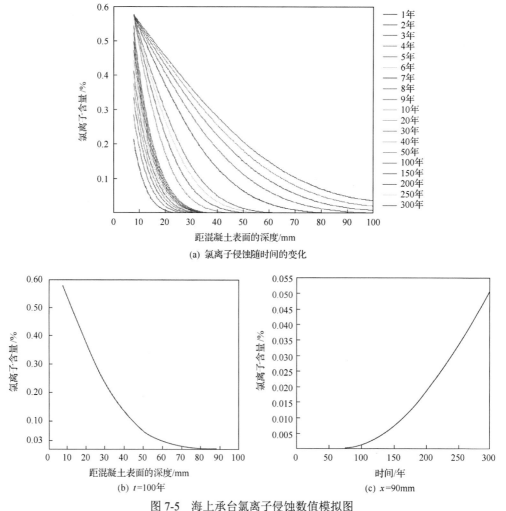

图 7-5　海上承台氯离子侵蚀数值模拟图

Fig. 7-5　Numerical simulations on chloride ingress of marine pile caps

图(a)中曲线从上到下分别对应 300 年、250 年、……、2 年、1 年

由图 7-5 可以发现，海上承台保证使用寿命 100 年所需的最小保护层厚度为 60mm，按照设计的保护层厚度 c = 90mm 计算，在钢筋表面氯离子达到临界值需要的时间为 239 年，因此满足混凝土结构耐久性的要求。

7.4.2.3　湿接头

根据室内加速试验结果可以得到，海工混凝土试件 SHCA0 的 28 天扩散系数 D_{28}^{a}=3.234×10^{-6}mm^2/s，n=0.6004；表面氯离子浓度 $C_{\Delta x}^{\mathrm{a}}$ =0.6405%（选取湿接头室内加速试验计算得到表面氯离子浓度的最大值）。

根据湿接头氯离子扩散系数与表面氯离子浓度在室内加速试验和现场实际环境之间的相似率，λ_D= 1.5，λ_C= 1.1，可得到现场实际环境中海工混凝土 28 天的扩散系数 D_{28}^{f} = D_{28}^{a} / λ_D = 2.156×10^{-6}mm^2/s= 67.992mm^2/a，10 年累积稳定的纯扩散区表面氯离子浓度为 $C_{\Delta x}^{\mathrm{f}}$ =$C_{\Delta x}^{\mathrm{a}}$ / λ_C = 0.5823%。

由 $n = 0.6004$，可得 $D_{10年}^{\mathrm{f}} = D_{28}^{\mathrm{f}} \cdot (0.0767/10)^{n}$ =3.652 mm^2/a；由 $C_{\Delta x}^{\mathrm{f}} = 0.5823\%$，$b$= 0.4，$t$ =10 年，可得 $a = 0.2318\%$。

根据以上条件，且对流区深度 Δx=7.5 mm，保护层厚度 c =80mm，90mm，氯离子在海上湿接头中的侵蚀过程进行数值模拟，如图 7-6 所示。

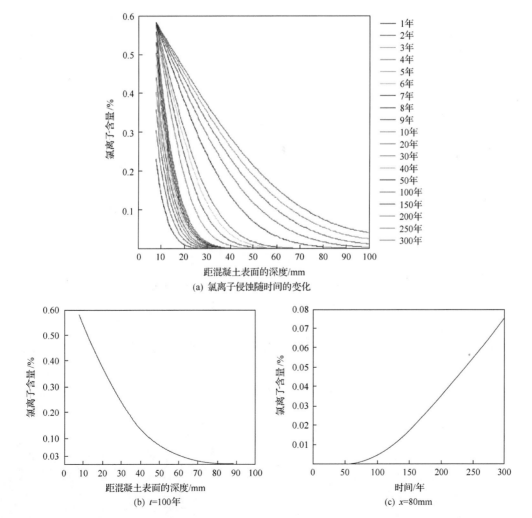

(a) 氯离子侵蚀随时间的变化

(b) t=100年

(c) x=80mm

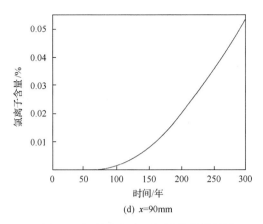

(d) x=90mm

图 7-6 湿接头氯离子侵蚀数值模拟图

Fig. 7-6 Numerical simulations on chloride ingress of marine joints

图(a)中曲线从上到下分别对应 300 年、250 年、……、2 年、1 年

由图 7-6 可以发现,湿接头保证使用寿命 100 年所需的最小保护层厚度为 60mm;按照设计的保护层厚度 c = 80mm 计算,钢筋表面氯离子达到临界值需要的时间为 185 年,按照设计的保护层厚度 c = 90mm 计算,钢筋表面氯离子达到临界值需要的时间为 233 年,因此满足混凝土结构耐久性的要求。

7.4.2.4 预制墩身

根据室内加速试验结果可以得到,海工混凝土试件 QHLA0 的 28 天扩散系数 D_{28}^{a} = $2.73 \times 10^{-6} mm^2/s$,$n$ =0.6127;表面氯离子浓度 $C_{\Delta x}^{a}$ =0.7096%。

根据海上承台氯离子扩散系数与表面氯离子浓度在室内加速试验和现场实际环境之间的相似率,λ_D=2.2,λ_C=1.4,可得到现场实际环境中海工混凝土 28 天的扩散系数 $D_{28}^{f} = D_{28}^{a}/\lambda_D$=1.241×10^{-6}mm^2/s= 39.136mm^2/a,10 年累积稳定的纯扩散区表面氯离子浓度为 $C_{\Delta x}^{f} = C_{\Delta x}^{a}/\lambda_C$ = 0.5069%。

由 n =0.6127,可得 $D_{10年}^{f} = D_{28}^{f} \cdot (0.0767/10)^{n}$ = 1.980mm^2/a;由 $C_{\Delta x}^{f}$ = 0.5069%,b= 0.4,t =10 年,可得 a = 0.2018%。

根据以上条件,且对流区深度 Δx=7.5mm,保护层厚度 c =60mm,对预制墩身的氯离子侵蚀过程进行数值模拟,如图 7-7 所示。

由图 7-7 可以发现,预制墩身保证使用寿命 100 年所需的最小保护层厚度为 45.5mm,按照设计的保护层厚度 c = 60mm 计算,钢筋表面氯离子达到临界值需要的时间为 194 年,因此满足混凝土结构耐久性的要求。

7.4.2.5 现浇墩身

根据室内加速试验结果可以得到,海工混凝土试件 QHLA0-S 的 28 天扩散系数 D_{28}^{a} =3.922×10^{-6}mm^2/s,根据本书建议的时间衰减系数的计算公式与混凝土的材料组成,可得 n =0.5960;表面氯离子浓度 $C_{\Delta x}^{a}$ =0.9385%。

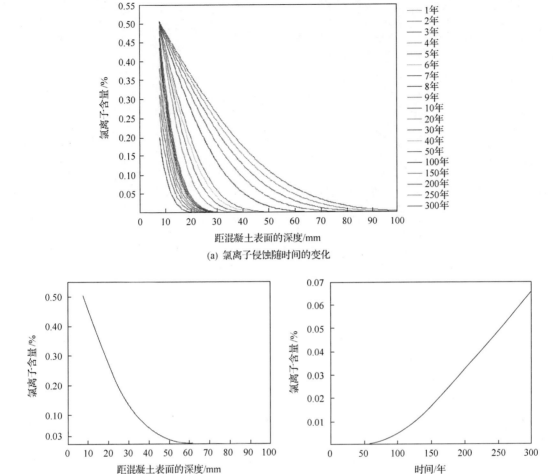

图 7-7　预制墩身氯离子侵蚀数值模拟图

Fig. 7-7　Numerical simulations on chloride ingress of precast piers

图(a)中曲线从上到下分别对应 300 年、250 年、······、2 年、1 年

根据海上承台氯离子扩散系数与表面氯离子浓度在室内加速试验和现场实际环境之间的相似率，λ_D=2.5，λ_C=1.4，可得到现场实际环境中海工混凝土 28 天的扩散系数 $D_{28}^{\mathrm{f}} = D_{28}^{\mathrm{a}} / \lambda_D = 1.5688 \times 10^{-6} \mathrm{mm}^2/\mathrm{s} = 49.4737 \mathrm{mm}^2/\mathrm{a}$，10 年累积稳定的纯扩散区表面氯离子浓度为 $C_{\Delta x}^{\mathrm{f}} = C_{\Delta x}^{\mathrm{a}} / \lambda_C = 0.6704\%$。

由 $n = 0.5960$，可得 $D_{10\text{年}}^{\mathrm{f}} = D_{28}^{\mathrm{f}} \cdot (0.0767/10)^{n} = 2.7146 \mathrm{mm}^2/\mathrm{a}$；由 $C_{\Delta x}^{\mathrm{f}} = 0.6704\%$，$b = 0.4$，$t = 10$ 年，可得 $a = 0.2669\%$。

根据以上条件，且对流区深度 $\Delta x = 7.5 \mathrm{mm}$，保护层厚度 $c = 60 \mathrm{mm}$，对现浇墩身受氯离子的侵蚀过程进行数值模拟，如图 7-8 所示。

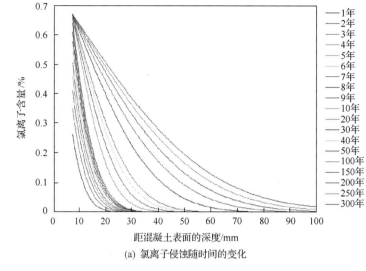

(a) 氯离子侵蚀随时间的变化

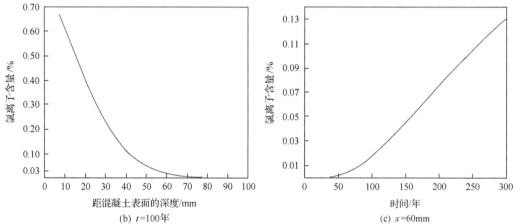

(b) $t=100$年　　　　　　　　　　(c) $x=60$mm

图 7-8　现浇墩身氯离子侵蚀数值模拟图

Fig. 7-8　Numerical simulations on chloride ingress of cast-in-place piers

图(a)中曲线从上到下分别对应 300 年、250 年、……、2 年、1 年

由图 7-8 可以发现,现浇墩身保证使用寿命 100 年所需的最小保护层厚度为 54.7mm,按照设计的保护层厚度 $c=60$mm 计算,钢筋表面氯离子达到临界值需要的时间为 123 年,因此满足混凝土结构耐久性的要求。

7.4.2.6　陆上承台

陆上承台属于大气区部分,由于没有检测得到室内加速试验的试验数据,本书根据 DuraCrete 相关规定及本书提出的时间衰减系数的公式对其进行耐久性寿命预测。

陆上承台的配合比见表 7-2,水胶比 $W/B=0.360$,且水泥、粉煤灰各占胶凝材料的 40%,矿粉占胶凝材料的 20%,根据 DuraCrete 的计算公式,表面氯离子浓度的回归因子 $A_c=2.57\times40\%+4.42\times40\%+3.05\times20\%=3.406$,则表面氯离子浓度 $C_{sa}=A_c\cdot W/B=1.226\%$(相对混凝土胶凝材料的百分比)。

根据本书提出的大气区时间衰减系数的计算公式，陆上承台混凝土结构的时间衰减系数 $n_{at} = n_{dw} + 0.04 = 0.8W/B + 0.35(\%FA/50 + \%SG/70) = 0.668$。

根据对 84 天龄期氯离子扩散系数的实测值 $D_{84} = 1.21 \times 10^{-12}$ m²/s，可以计算 28 天的氯离子扩散系数为 $D_{28} = 2.521 \times 10^{-6}$ mm²/s = 79.502mm²/a。

由 $n = 0.668$，可得 $D_{10年} = D_{28} \cdot (0.0767/10)^n = 3.07$mm²/a；由 $C_{sa} = 1.226\%$，$b = 0.2$，$t = 10$ 年，可得 $a = 0.7736\%$。

由于陆上承台采用的表面氯离子浓度为相对混凝土胶凝材料质量的比值，此处的氯离子阈值选用占胶凝材料的 0.15%。

根据以上条件，且对流区深度 Δx=5mm，保护层厚度 c =75mm，对陆上承台的氯离子侵蚀过程进行数值模拟，如图 7-9 所示。

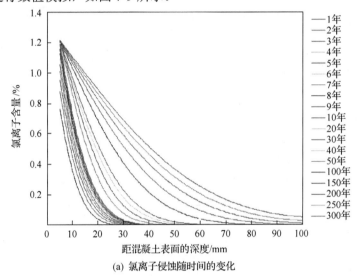

(a) 氯离子侵蚀随时间的变化

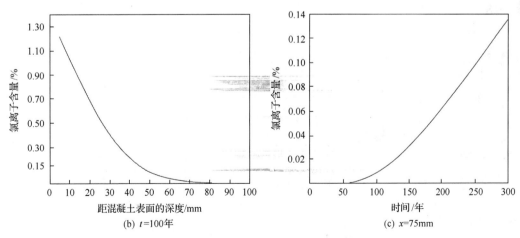

(b) t=100年　　　　　　　　　(c) x=75mm

图 7-9　陆上承台氯离子侵蚀数值模拟图

Fig. 7-9　Numerical simulations on chloride ingress of onshore pile caps

图(a)中曲线从上到下分别对应 300 年、250 年、……、2 年、1 年

由图 7-9 可以发现,陆上承台保证使用寿命 100 年所需的最小保护层厚度为 44.9mm,按照设计的保护层厚度 c=75mm 计算,钢筋表面氯离子达到临界值需要的时间大于 300 年,因此满足混凝土结构耐久性的要求。

7.4.2.7 箱梁

与陆上承台相类似,箱梁属于大气区部分,由于没有检测得到室内加速试验的试验数据,本书根据 DuraCrete 相关规定及本书提出的时间衰减系数的公式对其进行耐久性寿命预测。

箱梁的配合比见表 7-2,水胶比 $W/B = 0.320$,且水泥、矿粉各占胶凝材料的 45%,粉煤灰占胶凝材料的 10%,根据 DuraCrete 的计算公式,$A_c = 2.57 \times 45\% + 4.42 \times 10\% + 3.05 \times 45\% = 2.971$,则表面氯离子浓度 $C_{sa} = A_c \cdot W/B = 0.951\%$。

根据本书提出的计算公式,大气区的时间衰减系数 $n_{at} = n_{dw} + 0.04 = 0.8 \cdot W/B + 0.35 (\%FA/50 + \%SG/70) = 0.551$。

根据对 84 天龄期氯离子扩散系数的实测值 $D_{84} = 0.34 \times 10^{-12} \mathrm{m}^2/\mathrm{s}$,可以计算 28 天的氯离子扩散系数为 $D_{28} = 0.62284 \times 10^{-6} \mathrm{mm}^2/\mathrm{s} = 19.642 \mathrm{mm}^2/\mathrm{a}$。

由 $n = 0.551$,可得 $D_{10年} = D_{28} \cdot (0.0767/10)^n = 1.342 \mathrm{mm}^2/\mathrm{a}$;由 $C_{sa} = 0.951\%$,$b = 0.2$,$t = 10$ 年,可得 $a = 0.60004\%$。

由于箱梁采用的表面氯离子浓度为相对混凝土胶凝材料质量的比值,此处的氯离子阈值选用占胶凝材料的 0.15%。

根据以上条件,且对流区深度 Δx=5mm,保护层厚度 c =40mm,对箱梁的氯离子侵蚀过程进行数值模拟,如图 7-10 所示。

由图 7-10 可以发现,箱梁保证使用寿命 100 年所必需的最小保护层厚度为 28.8mm,按照箱梁的设计保护层厚度 c=40mm 计算,钢筋表面氯离子达到临界值需要的时间为 222 天,因此满足混凝土结构耐久性的要求。

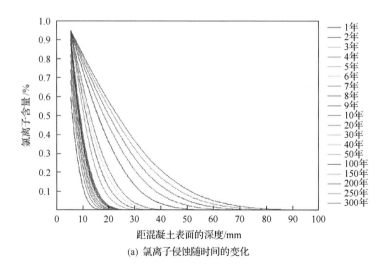

(a) 氯离子侵蚀随时间的变化

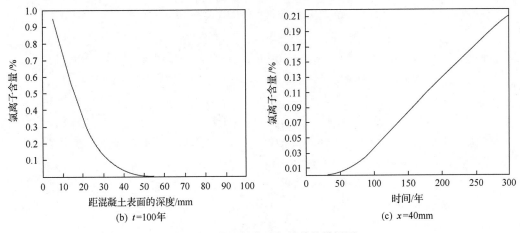

(b) $t=100$年　　　　　　　　　　　　　　(c) $x=40$mm

图 7-10　箱梁氯离子侵蚀数值模拟图

Fig. 7-10　Numerical simulations on chloride ingress of box-girders

图(a)中曲线从上到下分别对应 300 年、250 年、……、2 年、1 年

综上，本书考虑氯离子扩散系数和表面氯离子浓度的时变性，利用混凝土结构耐久性 METS 方法对跨海大桥混凝土主要结构构件的耐久性寿命预测结果汇总如表 7-11 所示。

表 7-11　杭州湾跨海大桥主要结构部位耐久性寿命预测结果

Tab. 7-11　Service-life prediction results of main structural components of HZBB

结构部位	保护层厚度/mm	使用 100 年所需厚度/mm	混凝土预测寿命/年	是否满足要求
海上桩基	75	46.2	256	满足
海上承台	90	60.0	239	满足
湿接头	80/90	60.0	185/233	满足
预制墩身	60	45.5	194	满足
现浇墩身	60	54.7	123	满足
陆上承台	75	44.9	>300	满足
箱梁	40	28.8	222	满足

根据本书的预测结果，可以发现如下规律：

(1)杭州湾跨海大桥主要结构部位的耐久性寿命均满足设计使用要求。

(2)海上现浇墩身的保护层厚度能满足耐久性使用寿命要求，但该处氯盐腐蚀非常严重，是决定跨海大桥耐久性寿命的关键部位。耐久性寿命预测结果为 123 年，属于大桥寿命的薄弱环节，因此，海上现浇墩身的施工质量的优劣关系到整座大桥混凝土结构耐久性寿命。

(3)从表 7-11 中，100 年使用寿命所需的保护层厚度可以看出，海上承台和湿接头是受到海洋环境条件下氯离子侵蚀最严重的部位，其次是墩身。这是由于海上承台、湿接头和墩身处于海水干湿交替区域，海水中的氯离子通过干湿循环在混凝土表层的累积速度快于其他区域，导致表面氯离子浓度较大，所以侵蚀最为严重。

(4)湿接头连接海上承台预制墩身,根据本书的耐久性寿命预测结果,能够满足设计使用要求,但受到海上现场施工条件的限制,极易产生裂缝,形成海水直接进入内部的快速通道,从而严重影响混凝土结构的耐久性。通过对湿接头采用纤维混凝土与硅烷浸渍、混凝土表面涂层等耐久性附加措施可使耐久性得到加强,从而满足大桥设计使用要求。

(5)大部分箱梁为工厂预制,陆上承台使得陆上施工具有较好的工作环境,二者均能够保证施工质量,并且由于耐久性寿命预测时采用的是偏安全的经验值,箱梁和陆上承台属于整座跨海大桥的比较安全的结构部位。

(6)为保证跨海大桥的使用寿命满足100年的要求,大桥采用了多种耐久性防护附加措施,如环氧涂层钢筋、混凝土表面涂层、钢筋阻锈剂、塑料波纹管与真空辅助压浆、渗透性控制模板等均能起到延长跨海大桥使用寿命的作用,因此,根据本书的预测结果,杭州湾跨海大桥各结构部位能够满足使用100年混凝土中钢筋不锈蚀的基本要求。

(7)本章杭州湾跨海大桥的寿命预测结果是基于 METS 方法进行的定量预测。本方法综合利用乍浦港第三方参照物的现场检测试验、杭州湾跨海大桥海工混凝土试件的现场暴露试验以及室内加速试验结果,通过建立室内加速环境与现场实际环境对混凝土结构耐久性氯离子扩散系数、表面氯离子浓度的相似关系,考虑了氯离子扩散系数和表面氯离子浓度的时变特性,通过室内加速试验检测结果对杭州湾跨海大桥混凝土结构进行耐久性寿命的定量预测。

7.4.3 与其他寿命预测结果的比较

在通过 METS 方法进行寿命预测之前,杭州湾大桥工程指挥部曾经对海上混凝土结构的耐久性寿命先后进行了四次预测[16-18]。

第一次寿命预测主要为初步设计提供混凝土耐久性设计的依据。由上海市建筑科学院承担,预测采用 MCSLPS 和 N.P.Lee 寿命评估系统,除氯离子扩散系数和混凝土保护层厚度采用推荐值外,其余计算参数均取自有关文献。

第二次寿命预测由宁波工程学院完成,根据 DuraCrete 的耐久性设计模型,采用实际结构的保护层厚度、配合比和原材料,根据实验室内测得的参数进行计算。

前两次寿命预测结果如表 7-12 所示。

表 7-12 杭州湾跨海大桥海上混凝土构件前两次寿命预测结果

Tab. 7-12 Service-life prediction results of HZBB marine structural components in the first two times

结构部位	保护层厚度/mm	MCSLPS 模型	N.P. Lee 模型	DuraCrete 方法
海上承台	90	93	119	189
预制墩身	60			175
现浇墩身	60	110	149	
箱梁	40	104	114	182

第三次寿命预测由浙江大学于 2007 年完成。浙江大学利用基于 Fick 第二定律和蒙特卡罗(M-C)方法的失效概率数值模拟对杭州湾跨海大桥混凝土结构主要构件进行寿命预测，预测模型中考虑的参数有的不是现场的实测数据，而是根据国外统计资料取值。预测结果如表 7-13 所示[17]。

表 7-13　浙江大学 2007 年基于 M-C 方法杭州湾大桥主要结构部位耐久性寿命预测结果
Tab. 7-13　Service-life prediction results of HZBB main structural parts durability based-on M-C method of Zhejiang University in 2007

结构部位	保护层厚度/mm	使用100年所需厚度/mm	混凝土预测寿命/年	是否满足要求
海上桩基	75	33	>300	满足
海上承台	90	55	250	满足
湿接头	80	58	190	满足
预制墩身	60	49	150	满足
现浇墩身	60	61	99	基本满足
陆上承台	75	35	290	满足
箱梁	40	27	220	满足

以上模型的参数大多根据经验资料取值，考虑了一定的安全系数。

浙江大学于 2008 年 4 月根据现场检测结果，利用基于 Fick 第二定律和 M-C 方法的失效概率数值模拟对杭州湾跨海大桥混凝土结构主要构件进行了第四次寿命预测，计算中模型参数的取值多数来自现场实测数据，比经验取值更加可靠、准确。结果如表 7-14 所示[18]。

表 7-14　浙江大学 2008 年基于 M-C 方法杭州湾大桥主要结构部位耐久性寿命预测结果[18]
Tab. 7-14　Service-life prediction results of HZBB main structural parts durability based-on M-C method of Zhejiang University in 2008

结构部位	保护层厚度/mm	使用100年所需厚度/mm	混凝土预测寿命/年	是否满足要求
海上桩基	75	55	198	满足
海上承台	90	50	>300	满足
湿接头	80/90	50	150	满足
预制墩身	60	50	150	满足
现浇墩身	60	56	110	满足
陆上承台	75			满足
箱梁	40			满足

注：①箱梁、陆上承台的粉样回归所得表面氯离子浓度比相关规范钢筋初锈氯离子浓度临界值还小，暂时可认为无氯盐侵蚀引起的钢筋锈蚀风险。

②湿接头的寿命预测结果为考虑保护层厚度为 60mm 时的预测值。

下面对本书基于 METS 方法考虑氯离子扩散系数和表面氯离子浓度时变性的寿命预测结果与其他各种方法的预测结果进行比较，如图 7-11 所示。

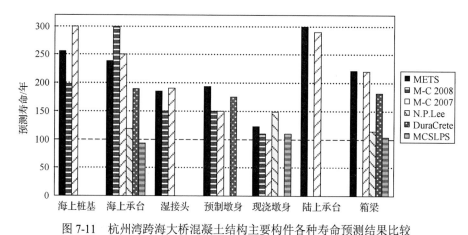

图 7-11　杭州湾跨海大桥混凝土结构主要构件各种寿命预测结果比较

Fig. 7-11　Service-life prediction results of HZBB concrete structural parts
based-on METS and other prediction methods

由图 7-11 可以看出：

(1) 本书基于 METS 方法，根据现场实际和室内快速试验结果，并考虑氯离子扩散系数与表面氯离子浓度的时变性进行数值模拟，得到寿命预测结果。对于海上桩基、海上承台、湿接头、现浇墩身，其预测结果介于其他方法的预测结果之间；而对于陆上承台、箱梁，其预测结果与第三次预测结果非常接近(第四次预测结果缺少陆上承台、箱梁)，说明 METS 方法用于混凝土结构耐久性寿命预测是一种非常有效的方法。

(2) 采用不同方法对混凝土结构耐久性的寿命预测结果相差较大，两次 M-C 方法的预测结果之间也不相同，个别构件的预测结果相差较大，这是由于在进行寿命预测时选取参数的不同。前三次预测的多数参数根据经验值，考虑了一定的安全系数，因而预测的寿命比较保守；而本书采用 METS 方法对杭州湾跨海大桥混凝土结构进行的寿命预测结果与第四次根据现场实测参数取值采用 M-C 方法的预测结果比较接近，说明 METS 方法的预测结果合理、可信。

(3) 不同方法的预测结果虽然不同，但是各种方法预测结果的变化趋势相同，均表明现浇墩身是整座桥受氯离子侵蚀最严重的部位，其次是预制墩身和湿接头。说明海水干湿交替区域氯离子对结构的侵蚀最为严重，应引起设计人员的足够重视。

(4) MCSLPS 模型、N.P.Lee 模型、DuraCrete 方法的预测结果普遍偏小，这是由于采用这些模型预测时的参数均是按照相关规范的建议取值，考虑了一定的安全系数。

(5) 本书采用 METS 方法进行寿命预测时，氯离子扩散系数和表面氯离子浓度采用的均是试验检测结果，因而预测结果更加准确、可信。

本书提出的 METS 方法考虑氯离子扩散系数和表面氯离子浓度的时变性，与实际环境中混凝土结构耐久性随时间的衰减相一致，更加接近混凝土的实际退化机理；基于现场实际环境和室内加速环境的检测结果对混凝土结构耐久性进行寿命预测，预测的结果比仅仅参照相关规范建议的经验取值的预测结果更有说服力。

参 考 文 献

[1] Jin W L, Zhang Y, Zhao Y X. State-of-the-art: Researches on durability of concrete structure in chloride ion ingress environment in China[C]// Russell P A M. Basheer, Concrete Platform 2007. North Ireland: Queen's University Belfast, 2007: 133-148.

[2] Jin W L, Jin L B. Environment-based on experimental design of concrete structures[C]//2nd International Conference on Advances in Experimental Structural Engineering, Structural Engineers, 2007, 23（Sup）: 757-764.

[3] DuraCrete. General guidelines for durability design and redesign: BRPR-CT95-0132-BE95-1347[S]. Gouda: European Union-Brite Euram III, 2000.

[4] 卢振永, 金伟良, 王海龙, 等. 人工气候模拟加速试验的相似性设计[J]. 浙江大学学报（工学版）, 2009, 43（6）: 1071-1076.

[5] 张宝胜, 干伟忠, 陈涛. 杭州湾跨海大桥混凝土结构耐久性解决方案[J]. 土木工程学报, 2006, 39（6）: 72-77.

[6] 张宝胜. 杭州湾跨海大桥混凝土结构耐久性方案研究[C]// 金伟良, 赵羽习. 混凝土结构耐久性的设计与评估方法: 第四届混凝土结构耐久性科技论坛论文集. 北京: 机械工业出版社, 2006: 30-42.

[7] 孙国强, 周云琴. 杭州湾跨海大桥与混凝土结构耐久性的研究[C]// 金伟良, 赵羽习. 混凝土结构耐久性的设计与评估方法: 第四届混凝土结构耐久性科技论坛论文集. 北京: 机械工业出版社, 2006: 132-142.

[8] 杭州湾大桥工程指挥部, 浙江省交通厅工程质量监督站. 杭州湾跨海大桥专用施工技术规范[Z]. 北京: 人民交通出版社, 2005.

[9] 杭州湾大桥工程指挥部, 浙江省交通厅工程质量监督站, 交通部公路科学研究所. 杭州湾跨海大桥专项工程质量检验评定标准[Z]. 北京: 人民交通出版社, 2005.

[10] Thomas M, Scott A, Bremner T, et al. Performance of slag concrete in a marine environment[J]. ACI Materials Journal, 2008, 105（6）: 628-634.

[11] Life-365. Computer program for predicting the service life and life cycle costs of RC exposed to chloride[R]. Farmington Hill: American Concrete Institute Committee 365, 2000.

[12] 中国土木工程学会. 混凝土结构耐久性设计与施工指南: CCES 01—2004[S]. 北京: 中国建筑工业出版社, 2005.

[13] 金伟良, 赵羽习. 混凝土结构耐久性[M]. 2 版. 北京: 科学出版社, 2002.

[14] Thomas M. Chloride thresholds in marine concrete[J]. Cement and Concrete Research, 1996, 26（4）: 513-519.

[15] Hussain S E, Al-Gahtani A S, Rasheeduzzafar. Chloride threshold for corrosion of reinforcement in concrete[J]. ACI Materials Journal, 1996, 93（6）: 534-538.

[16] 吕忠达. 杭州湾跨海大桥关键技术研究与实施[D]. 西安: 长安大学, 2007.

[17] 浙江大学结构工程研究所. 杭州湾跨海大桥混凝土结构耐久性长期性能研究中期报告[R]. 宁波: 杭州湾大桥工程指挥部, 2007.

[18] 浙江大学结构工程研究所. 杭州湾跨海大桥混凝土结构耐久性长期性能研究总结报告[R]. 宁波: 杭州湾大桥工程指挥部, 2008.

第 8 章

广义多重环境时间相似理论

　　由于工程结构的复杂性，耐久性理论模型通常是信息不完备的，自然环境中的工程结构与人工模拟环境中的模型之间的相似率是不确定的，而且存在信息的相对性问题。本章提出一种考虑信息相对性的多重环境时间相似理论(multiple environmental time similarity theory based on relative information, RI-METS)，来解决信息不完备性、参数不确定性和信息相对性的问题。

8.1 RI-METS 理论

由前述讨论可知，METS 理论以经典相似理论为基础，观察者 R 通过选取与研究对象(拟建结构系统 S_{ns})具有相似环境(自然环境 E_n)且具有一定服役年限的参照物(既有结构系统 S_{es})，在实验室内(人工模拟环境 E_a)进行研究对象模型(试验系统 S_{ex})与参照物模型(试验系统 $S_{ex,1}$)的加速耐久性试验。利用参照物和参照物模型在自然环境与人工模拟环境的相似关系对研究对象在设计使用年限中进行预测及评估[1-4](图 8-1)。

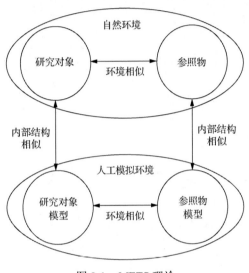

图 8-1　METS 理论

Fig. 8-1　METS theory

8.1.1　理论引入

通过对 METS 理论的实现过程的分析可知，METS 理论将参照物的相似系数作为研究对象的相似系数估计值，是一个定值，然而自然环境中的工程结构与人工模拟环境中的模型之间的相似率是不确定的，而且存在信息的相对性问题，受参照物的影响很大。对于同一个研究对象(拟建结构系统 S_{ns})，第三方参照物(既有结构系统 S_{es})有多种选择，加速耐久性试验(人工模拟环境 E_a)亦有多种选择，而且耐久性理论模型通常是信息不完备的。因此，本章提出了 RI-METS 理论，来解决信息不完备性、参数不确定性和信息相对性的问题。

基于第 3、4 两章的讨论，本书明确了信息相对性[5-7]的概念，采用 Shannon 信息熵[8,9]描述随机变量的不确定性，定义语法信息熵和语义信息熵是观察者观察系统获得的相对信息熵的两个维度，其中语法信息熵是系统输出到观察者语法空间的相对信息熵；语义信息熵是系统输出到观察者语义空间的相对信息熵。语义信息熵是语法信息熵在语义空间的映射。本书分别采用 Shannon 信息熵和模糊熵[10]来计算语法信息熵与语义信息熵，并给出了相对信息熵和模糊熵的概念与计算方法。本节将对 RI-METS 理论涉及的相关概念作进一步补充说明，为下一步 RI-METS 理论在各种环境的混凝土结构耐久性中的应用提供理论基础。

8.1.2　METS 路径

在自然环境 E_n 中，有拟建结构系统 S_{ns}（即研究对象）与既有结构系统 $S_{es,1}$（即第三方参照物）。在实验室人工模拟环境 $E_{a,1}$ 中，构建拟建结构试验系统 S_{ex} 与既有结构试验系统 $S_{ex,1}$，分别模拟拟建结构系统 S_{ns} 与既有结构系统 $S_{es,1}$。

定义观察者 R 通过既有结构系统 $S_{es,1}$ 与人工模拟环境 $E_{a,1}$ 观察拟建结构系统 S_{ns} 的 METS 路径（图 8-2）为

$$\text{METS}(S_{es,1};E_{a,1})=\begin{Bmatrix}(S_{ns},E_n) & (S_{es,1},E_n) \\ (S_{ex},E_{a,1}) & (S_{ex,1},E_{a,1})\end{Bmatrix} \tag{8-1}$$

式中，(S_{ns}, E_n) 表示自然环境 E_n 中的拟建结构系统 S_{ns}；$(S_{es,1}, E_n)$ 表示自然环境 E_n 中的既

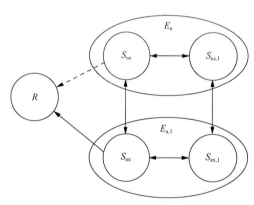

图 8-2　METS$(S_{es,1};E_{a,1})$ 路径
Fig. 8-2　METS$(S_{es,1};E_{a,1})$ path

有结构系统 $S_{es,1}$；$(S_{ex}, E_{a,1})$ 表示人工模拟环境 $E_{a,1}$ 中的拟建结构试验系统 S_{ex}；$(S_{ex,1}, E_{a,1})$ 表示人工模拟环境 $E_{a,1}$ 中的既有结构试验系统 $S_{ex,1}$。

METS 路径可以分为 METS$(1;1)$ 型路径、METS$(i;1)$ 型路径、METS$(1;j)$ 型路径和 METS$(i;j)$ 型路径。

METS$(1;1)$ 型路径是指通过 1 个既有结构系统、1 种人工模拟环境的 METS 路径。假设拟建结构系统 S_{ns} 共有 m 个处于相似自然环境下的既有结构系统 $S_{es,1}$，$S_{es,2}$，$\cdots$，$S_{es,i}$，$\cdots$，$S_{es,m}$，同时有 n 种人工模拟环境 $E_{a,1}$，$E_{a,2}$，$\cdots$，$E_{a,j}$，$\cdots$，$E_{a,n}$，则 METS$(1;1)$ 型路径的数量为

$$\text{Amount}[\text{METS}(1;1)] = C_m^1 \cdot C_n^1 = m \cdot n \tag{8-2}$$

式中，Amount[$\cdot$]为计数函数。

定义观察者 R 通过既有结构系统 $S_{es,i}$ 与人工模拟环境 $E_{a,j}$ 观察拟建结构系统 S_{ns} 的 METS$(1;1)$ 型路径（图 8-3）为

$$\text{METS}(S_{es,i};E_{a,j})=\begin{Bmatrix}(S_{ns},E_n) & (S_{es,i},E_n) \\ (S_{ex},E_{a,j}) & (S_{ex,i},E_{a,j})\end{Bmatrix} \tag{8-3}$$

式中，(S_{ns}, E_n) 表示自然环境 E_n 中的拟建结构系统 S_{ns}；$(S_{es,i}, E_n)$ 表示自然环境 E_n 中的既有结构系统 $S_{es,i}$；$(S_{ex}, E_{a,j})$ 表示人工模拟环境 $E_{a,j}$ 中的拟建结构试验系统 S_{ex}；$(S_{ex,i}, E_{a,j})$ 表示人工模拟环境 $E_{a,j}$ 中的既有结构试验系统 $S_{ex,i}$。

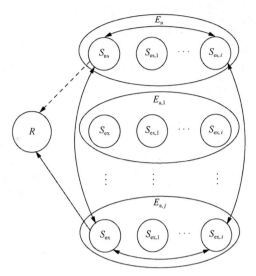

图 8-3　METS $(S_{es,i}; E_{a,j})$ 路径

Fig. 8-3　METS $(S_{es,i}; E_{a,j})$ path

METS $(i;1)$ 型路径是指通过 i 个 $(i>1)$ 既有结构系统、1 种人工模拟环境的 METS 路径。假设拟建结构系统 S_{ns} 共有 m 个处于相似自然环境下的既有结构系统 $S_{es,1}$, $S_{es,2}$, ···, $S_{es,i}$, ···, $S_{es,m}$, 同时有 n 种人工模拟环境 $E_{a,1}$, $E_{a,2}$, ···, $E_{a,j}$, ···, $E_{a,n}$, 则 METS $(i;1)$ 型路径的数量为

$$\text{Amount}[\text{METS}(i;1)] = C_m^i \cdot C_n^1 = \frac{m!}{i!(m-i)!} \cdot n \tag{8-4}$$

定义观察者 R 通过既有结构系统 $S_{es,1}$, $S_{es,2}$, ···, $S_{es,i}$ 与人工模拟环境 $E_{a,j}$ 观察拟建结构系统 S_{ns} 的 METS $(i;1)$ 型路径（图 8-4）为

$$\text{METS}(S_{es,1\sim i}; E_{a,j}) = \begin{Bmatrix} (S_{ns}, E_n) & (S_{es,1}, E_n) & \cdots & (S_{es,i}, E_n) \\ (S_{ex}, E_{a,j}) & (S_{ex,1}, E_{a,j}) & \cdots & (S_{ex,i}, E_{a,j}) \end{Bmatrix} \tag{8-5}$$

式中，$S_{es,1\sim i}$ 为 $S_{es,1}$, $S_{es,2}$, ···, $S_{es,i}$ 的简写形式。

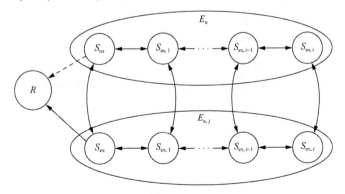

图 8-4　METS $(S_{es,1\sim i}; E_{a,j})$ 路径

Fig. 8-4　METS $(S_{es,1\sim i}; E_{a,j})$ path

METS$(1;j)$型路径是指通过 1 个既有结构系统、j 种$(j>1)$人工模拟环境的 METS 路径。假设拟建结构系统 S_{ns} 共有 m 个处于相似自然环境下的既有结构系统 $S_{es,1}$, $S_{es,2}$, $\cdots$, $S_{es,i}$, $\cdots$, $S_{es,m}$, 同时有 n 种人工模拟环境 $E_{a,1}$, $E_{a,2}$, $\cdots$, $E_{a,j}$, $\cdots$, $E_{a,n}$, 则 METS$(1;j)$型路径的数量为

$$\text{Amount}[\text{METS}(1;j)] = C_m^1 \cdot C_n^j = m \cdot \frac{n!}{j!(n-j)!} \tag{8-6}$$

定义观察者 R 通过既有结构系统 $S_{es,i}$ 与人工模拟环境 $E_{a,1}$, $E_{a,2}$, $\cdots$, $E_{a,j}$ 观察拟建结构系统 S_{ns} 的 METS$(1;j)$型路径(图 8-5)为

$$\text{METS}(S_{es,i};E_{a,1\sim j}) = \begin{cases} (S_{ns},E_n) & (S_{es,i},E_n) \\ (S_{ex},E_{a,1}) & (S_{ex,i},E_{a,1}) \\ \vdots & \vdots \\ (S_{ex},E_{a,j}) & (S_{ex,i},E_{a,j}) \end{cases} \tag{8-7}$$

式中, $E_{a,1\sim j}$ 是 $E_{a,1}$, $E_{a,2}$, $\cdots$, $E_{a,j}$ 的简写形式。

METS$(i;j)$型路径是指通过 i 个$(i>1)$既有结构系统、j 种$(j>1)$人工模拟环境的 METS 路径。假设拟建结构系统 S_{ns} 共有 m 个处于相似自然环境下的既有结构系统 $S_{es,1}$, $S_{es,2}$, $\cdots$, $S_{es,i}$, $\cdots$, $S_{es,m}$, 同时有 n 种人工模拟环境 $E_{a,1}$, $E_{a,2}$, $\cdots$, $E_{a,j}$, $\cdots$, $E_{a,n}$, 则 METS$(i;j)$型路径的数量为

$$\text{Amount}[\text{METS}(i;j)] = C_m^i \cdot C_n^j = \frac{m!}{i!(m-i)!} \cdot \frac{n!}{j!(n-j)!} \tag{8-8}$$

定义观察者 R 通过既有结构系统 $S_{es,1}$, $S_{es,2}$, $\cdots$, $S_{es,i}$ 与人工模拟环境 $E_{a,1}$, $E_{a,2}$, $\cdots$, $E_{a,j}$ 观察拟建结构系统 S_{ns} 的 METS$(i;j)$型路径(图 8-6)为

$$\text{METS}(S_{es,1\sim i};E_{a,1\sim j}) = \begin{cases} (S_{ns},E_n) & (S_{es,1},E_n) & \cdots & (S_{es,i},E_n) \\ (S_{ex},E_{a,1}) & (S_{ex,1},E_{a,1}) & \cdots & (S_{ex,i},E_{a,1}) \\ \vdots & \vdots & & \vdots \\ (S_{ex},E_{a,j}) & (S_{ex,1},E_{a,j}) & \cdots & (S_{ex,i},E_{a,j}) \end{cases} \tag{8-9}$$

假设拟建结构系统 S_{ns} 共有 m 个处于相似自然环境下的既有结构系统 $S_{es,1}$, $S_{es,2}$, $\cdots$, $S_{es,i}$, $\cdots$, $S_{es,m}$, 同时有 n 种人工模拟环境 $E_{a,1}$, $E_{a,2}$, $\cdots$, $E_{a,j}$, $\cdots$, $E_{a,n}$, 4 种 METS 路径的总数 l_{METS} 为

$$l_{\text{METS}} = \sum_{i=1}^{m}\sum_{j=1}^{n}\text{Amount}[\text{METS}(i;j)] = \sum_{i=1}^{m}\sum_{j=1}^{n}C_m^i \cdot C_n^j = \sum_{i=1}^{m}C_m^i \cdot \sum_{j=1}^{n}C_n^j$$
$$= (2^m-1)(2^n-1) \tag{8-10}$$

所有 METS 路径组成的 METS 路径树见图 8-7。

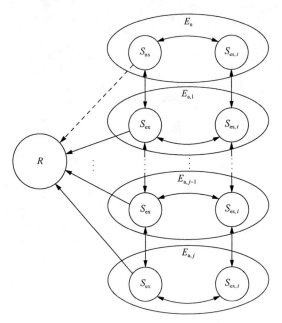

图 8-5　METS $(S_{\mathrm{es},i}\,;E_{\mathrm{a},1\sim j})$ 路径

Fig. 8-5　METS $(S_{\mathrm{es},i}\,;E_{\mathrm{a},1\sim j})$ path

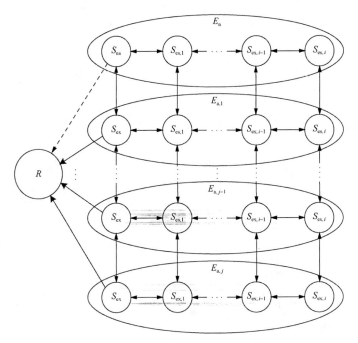

图 8-6　METS $(S_{\mathrm{es},1\sim i}\,;E_{\mathrm{a},\,1\sim j})$ 路径

Fig. 8-6　METS $(S_{\mathrm{es},1\sim i};E_{\mathrm{a},\,1\sim j})$ path

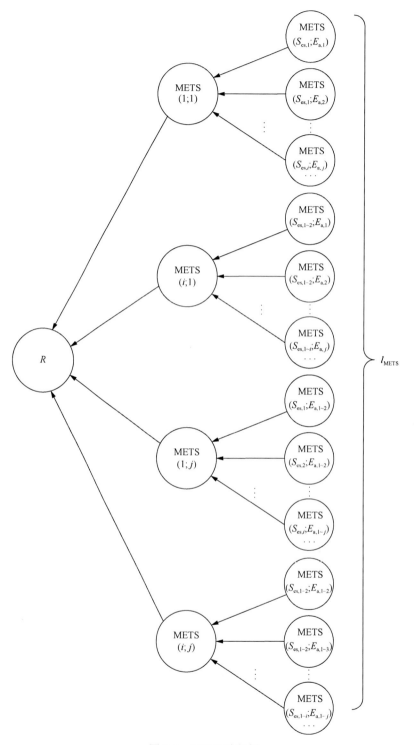

图 8-7　METS 路径树

Fig. 8-7　METS paths tree

8.1.3　工程结构系统

8.1.3.1　定义与特征

工程结构涵盖了房屋建筑结构、桥梁结构、隧道结构、港工结构、水工结构等类别，但是不同类别的工程结构有一些共同的特性：工程结构由大量相互联系的构件组合而成；工程结构还需要满足一定的安全性、适用性和耐久性等功能要求；工程结构暴露在它所处的自然环境中。每一个工程结构均可以看作一个系统，即工程结构系统。

工程结构系统是由大量相互区别、相互联系、相互作用的单元(如构件)组合而成，暴露在自然环境中的具有安全性、适用性和耐久性等功能的有机整体[11-16]。

工程结构系统应具备下述五个特征[17]：①集合性，工程结构系统由两个或两个以上可以相互区别的单元组成；②相关性，组成工程结构系统的单元是相互联系、相互作用的；③目的性，工程结构系统具有一定的目的；④整体性，单元之间的相互联系只能是逻辑地统一和协调于系统的整体之中；⑤环境适应性，任何一个工程结构系统都存在于一定的自然环境之中。

工程结构系统是一种开放系统，因此它必然要与自然环境产生物质交换、能量交换和信息交换。工程结构系统是由人们按照一定的自然规律构建而成的，是人工的，而非天然的；工程结构系统的全寿命周期里，是由人对其进行观测和控制的。因此，人与工程结构系统有着密不可分的联系。

8.1.3.2　观测与控制

工程结构系统是一种受大量因素综合影响的复杂系统，目前人们掌握的观测手段和控制技术还不能够做到完备观测与完全控制。所以对于工程结构系统的任何一类观测都只能是非完备观测，任何一种控制都只能是非完全控制[18]。

工程结构系统的观察者有政府官员 R_g、业主 R_o、建造师 R_c、结构工程师 R_s、材料工程师 R_m、环境工程师 R_e 等。不同类型的观察者观测和控制的目的是不同的：政府官员 R_g 观测和控制的重点是社会效益、经济效益与生态环境影响；业主 R_o 观测和控制的重点是投资与收益；建造师 R_c 观测和控制的重点是进度、成本与质量；结构工程师 R_s、材料工程师 R_m 观测和控制的重点是工程结构的可靠性，结构工程师和材料工程师的主要区别在于观察尺度；环境工程师 R_e 观测和控制的重点是工程结构所处的自然环境。本书的观察者主要是指结构工程师 R_s。

观察者在观察同一个工程结构系统时存在不同的观察尺度。按照工程结构系统 S、自然环境 E 及观察者 R 之间的空间关系将观察尺度分为宏观尺度、细观尺度和微观尺度。不同的观察尺度下，观察者对工程结构系统及其外部自然环境所关注的信息是不相同的。宏观尺度、细观尺度和微观尺度下，观察者 R 观察自然环境 E 中工程结构系统 S 的宏观尺度模型、细观尺度模型和微观尺度模型如图 8-8～图 8-10 所示。

8.1.3.3　宏观尺度

宏观尺度是指观察者在工程结构系统所处的国家、省市的地理范围内，观察工程结构系统及其外部环境。宏观观察的尺度一般在 $10^3 m$ 数量级以上。

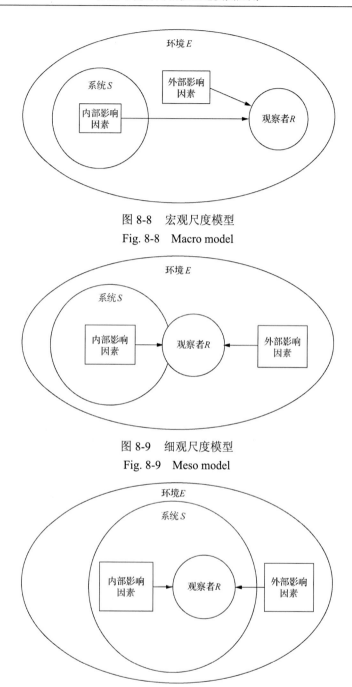

图 8-8　宏观尺度模型

Fig. 8-8　Macro model

图 8-9　细观尺度模型

Fig. 8-9　Meso model

图 8-10　微观尺度模型

Fig. 8-10　Micro model

在宏观尺度下，工程结构系统的内部影响因素有工程类别、设计使用年限等。工程类别包括房屋建筑工程、公路工程、铁路工程、港口工程、水利水电工程等；对于混凝土结构，设计使用年限有 5 年、10 年、15 年、25 年、30 年、50 年、60 年、100 年等。

在宏观尺度下，工程结构系统的外部影响因素包括工程结构地理气候方面的自然环境影响因素。本书定义宏观环境为观察者在宏观尺度下观察时影响工程结构系统的自然环境[19,20]。

对于混凝土结构,宏观环境可以分为五大类:①一般大气环境;②冻融环境;③海洋氯化物环境;④除冰盐等其他氯化物环境;⑤化学腐蚀环境。不同宏观环境类型,混凝土结构耐久性劣化机理不同,宏观环境影响因素也不相同。

(1)一般大气环境。一般大气环境主要指碳化引起的钢筋锈蚀环境,不存在冻融和盐、酸等化学物质的作用[21-23]。由于大气中二氧化碳的作用,混凝土会发生碳化反应,降低混凝土孔隙液的碱度。当混凝土碳化深度达到钢筋表面时,钢筋表面的钝化膜破坏,致使钢筋锈蚀。一般大气环境的宏观环境影响因素有 CO_2 浓度(0.03%~0.06%)、气温、相对湿度等。

(2)冻融环境。冻融环境主要指混凝土可能遭受冻蚀的环境[21,22]。当气温在 0℃以下时,混凝土中的水分会凝固结冰。冰的体积比水的体积大 9%,混凝土孔隙中的液体将向邻近的孔隙迁移,导致混凝土材料损伤。当气温回到 0℃以上时,混凝土孔隙中的冰又会融化成水。如此反复,混凝土材料损伤逐渐累积最终导致混凝土被破坏。自然环境下,由于昼夜温差,日冻融循环次数在 0~3 次。研究调查还表明:气温越低,混凝土内的结冰量越大,混凝土损伤也越严重[24]。冻融环境的宏观环境影响因素有年均冻融循环次数、最冷月平均气温、相对湿度等。

(3)海洋氯化物环境。海洋氯化物环境主要指来自海水的氯盐引起钢筋锈蚀的环境[21,22]。在沿海地区,盐雾或海水中的氯离子迁移到混凝土内部,当钢筋表面处的氯离子浓度达到临界氯离子浓度时,钢筋就会脱钝锈蚀。海洋氯化物环境的宏观环境影响因素有大气盐雾浓度、海水盐度(表 8-1)、气温、相对湿度、降水量等。

表 8-1　中国海域海水盐度[24,25]

Tab. 8-1　Salinity of sea water in China

海域		盐度/%	
		冬季	夏季
渤海	外海	3.4	2.5~3.0
	沿岸	2.6	
东海	远岸	3.3~3.4	<0.5
	长江口	<2.0	
黄海	北部	3.1~3.2	3.0~3.2
	南部	3.15~3.25	
南海	远岸	3.3~3.4	3.0~3.3
	沿岸	3.0~3.2	

(4)除冰盐等其他氯化物环境。除冰盐等其他氯化物环境主要指来自海水以外的其他氯化物(除冰盐、消毒剂等)引起的钢筋锈蚀环境[21,22]。对于处于降雪地区接触除冰盐(雾)的桥梁、隧道、停车库、道路周围构筑物以及内陆地区接触含有氯盐的地下水、土的配筋混凝土构件,一方面融雪过程温度骤降与含盐雪水的蒸发结晶会导致混凝土表面开裂剥落,另一方面雪水中的氯离子不断向混凝土内部迁移引起钢筋锈蚀。除冰盐等其他氯化物环境的宏观环境影响因素有气温、降雪日数、年降水量、地下水、土中氯离子浓度等。

(5)化学腐蚀环境。化学腐蚀环境主要指土中和地表、地下水中的硫酸盐与酸类等物质,以及大气中的盐分、硫化物、氮氧化物等污染物与混凝土发生物理化学反应导致混凝土劣化的环境[21,22]。硫酸盐与混凝土中的水化铝酸钙发生化学反应生成钙矾石,会造成体积膨胀使混凝土开裂。大气中 SO_2 产生酸雨与混凝土中的氢氧化钙发生化学反应生成水溶性产物,降低混凝土的 pH 与强度,引起钢筋锈蚀。化学腐蚀环境的宏观环境影响因素有气温、相对湿度、腐蚀介质浓度、降水量、年降水 pH、年酸雨发生频率等。

8.1.3.4 细观尺度

细观尺度是指对特定的工程结构系统、在特定的地理空间范围内,观察者观察工程结构系统及其外部环境。细观观察的尺度一般在 $10^0 \sim 10^3$ m 数量级。

在细观尺度下,工程结构系统的内部影响因素包括结构类型、结构体系、构件类型等。结构类型包括房屋建筑结构、桥梁结构、隧道结构、港工结构、水工结构等;不同的结构类型,其构件类型也各不相同。

在细观尺度下,工程结构系统的外部影响因素包括与结构类型、结构体系、构件类型相关的自然环境影响因素。本书定义细观环境为观察者在细观尺度下观察时影响工程结构系统的自然环境。

针对不同结构类型(图 8-11~图 8-16),细观尺度下工程结构系统的内部影响因素与外部影响因素见表 8-2。

表 8-2　细观尺度下不同工程结构系统的影响因素

Tab. 8-2　Influencing factors of different engineering structural systems under the meso scale

结构类型		房屋建筑结构	桥梁结构	隧道结构	港工结构	水工结构
内部影响因素	结构用途	厂房、干燥房间、阳台、人防地下室、地下停车场等	人行桥梁、公路桥梁、铁路桥梁等	公路隧道、铁路隧道	码头	大坝
	结构体系	排架结构、框架结构、剪力墙结构、框架-剪力墙结构、筒体结构等	梁桥、刚构桥、拱桥、斜拉桥、悬索桥等	山岭隧道、水下隧道、城市隧道等	重力式码头、高桩码头、防波堤等	重力坝、拱坝、土石坝等
	构件类型(组成部分)	屋面板、屋架、排架柱、楼面板、雨棚、室外栏杆、梁、柱、墙、基础、桩、预应力构件等	梁、桥墩(台)、墩(台)帽、承台、桩、斜柱、拱、拉索、桥塔、沉井、锚碇等	初期支护、二次衬砌、锚杆、混凝土管片、块石等	挡土墙、胸墙、沉箱、面板、纵梁、横梁、排架、靠船构件、混凝土块等	坝体Ⅰ区、坝体Ⅱ区、坝体Ⅲ区、坝体Ⅳ区、坝体Ⅴ区和坝体Ⅵ区、闸墩、导墙、工作桥、排水廊道、溢洪道、输水管、导流底孔、引水隧洞等[26-29]
细观环境分类		室外大气区、室内大气区和土中区	大气区、浪溅区、潮差区、水下区和土中区	大气区、水下区和土中区	大气区、浪溅区、潮差区、水下区和土中区	坝内大气区、坝外大气区、浪溅区、水位变动区、水下区和土中区
细观环境影响因素		CO_2、气温、相对湿度、风、盐雾、阳光、降雨、酸雨、生活垃圾、除冰盐、地下水、腐蚀介质等	CO_2、气温、相对湿度、风、盐雾、阳光、降雨、酸雨、除冰盐、波浪、潮水、腐蚀介质等	CO_2、气温、相对湿度、尾气、杂散电流、积水、高压渗水、腐蚀介质等	CO_2、气温、相对湿度、积水、风、盐雾、阳光、降雨、酸雨、波浪、潮水、腐蚀介质等	CO_2、气温、相对湿度、风、盐雾、阳光、降雨、酸雨、波浪、冲刷、腐蚀介质等

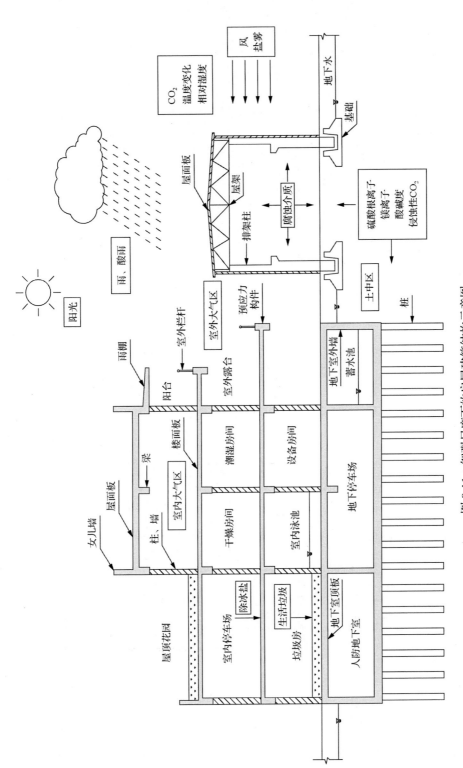

图 8-11　细观尺度下的房屋建筑结构示意图

Fig. 8-11　Sketch of the building structures under the meso scale

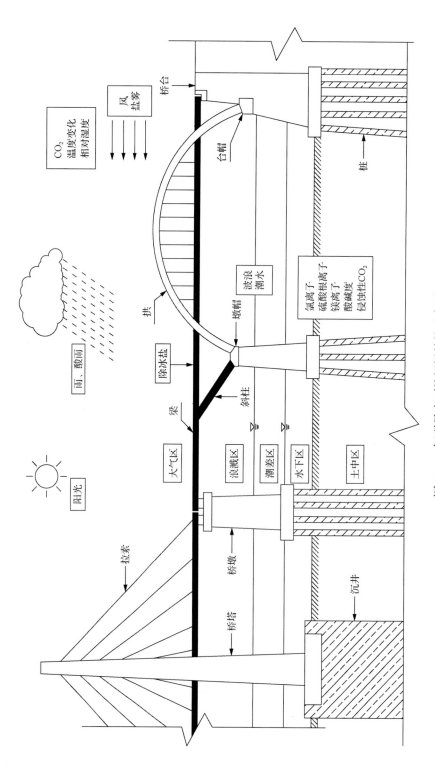

图 8-12　细观尺度下的桥梁结构示意图

Fig. 8-12　Sketch of the bridge structures under the meso scale

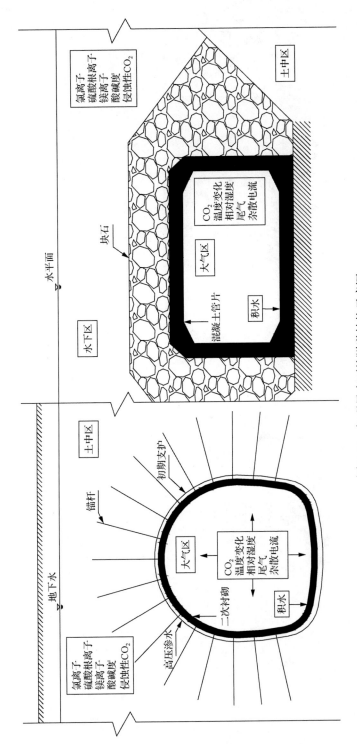

图 8-13　细观尺度下的隧道结构示意图

Fig. 8-13　Sketch of the tunnel structures under the meso scale

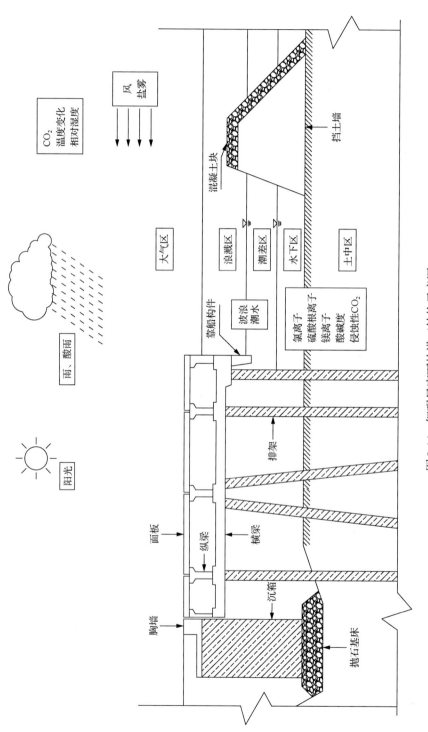

图 8-14　细观尺度下的港工结构示意图

Fig. 8-14　Sketch of the tunnel structures under the meso scale

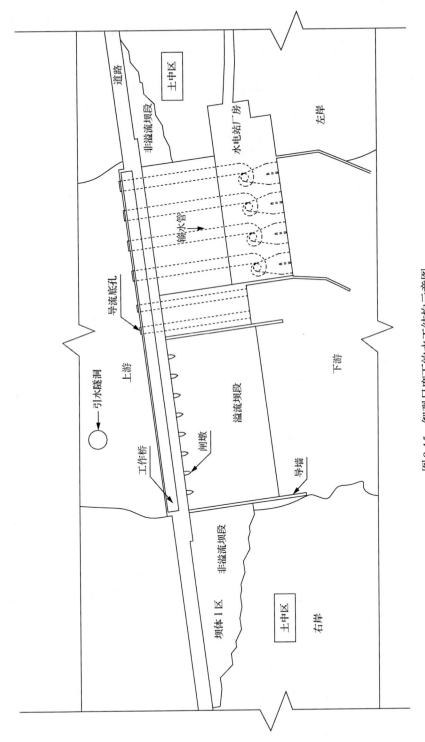

图 8-15　细观尺度下的水工结构示意图

Fig. 8-15　Sketch of the hydraulic structures under the meso scale

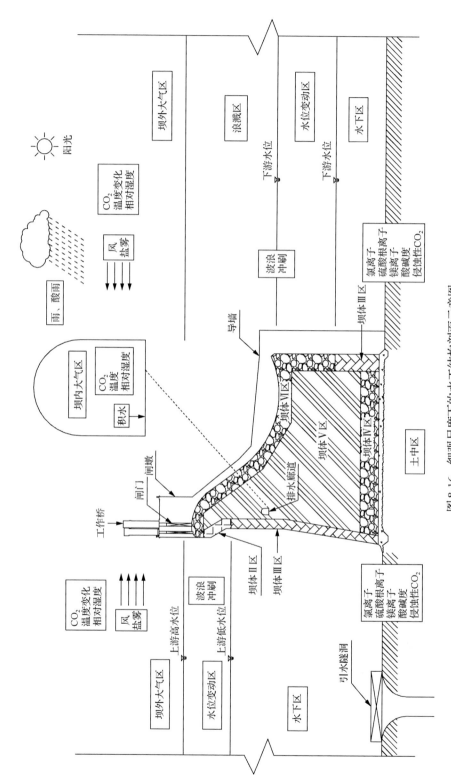

图 8-16　细观尺度下的水工结构剖面示意图

Fig. 8-16　Cross-section of the hydraulic structures under the meso scale

8.1.3.5　微观尺度

微观尺度是指对特定的工程结构系统、在特定的组成单元(或子系统)范围内，观察者观察工程结构系统单元及其外部环境。微观观察的尺度一般在 10^0m 数量级以下。

在微观尺度下，工程结构系统的内部影响因素包括几何形状、防护体系、加筋材料、混凝土材料等(图 8-17)。几何形状要考虑单元几何尺寸、保护层厚度、微裂纹、裂缝、表面剥落、夹角等；防护体系有防护涂层、防水层、隔离层、饰面层等；加筋材料有普通钢筋、不锈钢筋、预应力筋、FRP(fiber reinforced ploymer)筋、环氧树脂涂层钢筋等；混凝土材料需考虑混凝土配合比、纤维、阻锈剂、碱含量[AAR(alkali-aggregate reaction)反应]等。

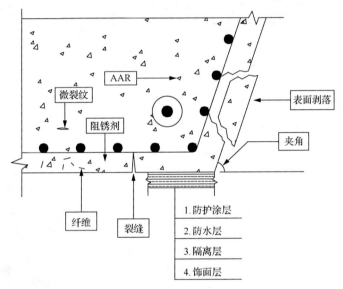

图 8-17　微观尺度下的工程结构系统

Fig. 8-17　Engineering structure systems under the micro scale

在微观尺度下，工程结构系统的外部影响因素包括与几何形状、防护体系、加筋材料、混凝土材料相关的自然环境影响因素。本书定义微观环境为观察者在微观尺度下观察影响工程结构系统的自然环境。在微观尺度下，工程结构系统的微观环境影响因素包括 CO_2、气温、相对湿度、尾气、杂散电流、高压渗水、积水、风、盐雾、阳光、降雨、酸雨、波浪、潮水、生活垃圾、除冰盐、地下水、冲刷、腐蚀介质等。

8.1.3.6　形成与演化

工程结构系统是由大量相互区别、相互联系、相互作用的单元组合而成，暴露在自然环境中的具有安全性、适用性和耐久性等功能的有机整体。一堆散放的沙子不能看作一个系统，因为它不满足相关性和整体性特征条件。同样地，一堆散放的石子、水泥均不能看作系统。但是，将石子、沙和水泥按照一定的比例和水混合在一起充分搅拌发生水化反应，并按照设计的形状形成混凝土构件甚至混凝土结构，即可看作系统。这些由原本的"无序的"建筑材料按照一定组合关系形成一个"有序的"工程结构系统是因为在形成系统的过程中不断地流入"负熵"。

　　工程结构系统是一种典型的他组织系统。工程结构系统形成过程并不是单调的，而是伴随着"涨落"。例如，开挖基坑进行支护，然后再拆除支护结构；搭建脚手架支模板，然后再拆除模板和脚手架。系统的形成需要有"负熵"的流入，并且通过"涨落"达到"有序"[30]。

　　由热力学第二定律可知，孤立系统总是朝着"熵增"的方向发展，从"有序"走向"无序"。但对于开放系统，系统可以与外界环境交换而获得"负熵"，当外界环境流入系统的"负熵"大于系统本身产生的"正熵"时，整个系统的"总熵"是减少的。

　　工程结构系统在建成时，系统处于高度有序的"低熵态"。在工程结构的服役阶段，工程结构系统会遭受荷载作用与环境作用的影响，并伴随着材料性能的劣化，系统逐渐由"低熵态"走向"高熵态"。因此，为了提高工程结构系统的耐久性和使用寿命，在其服役阶段需要有"负熵"流入来维持有序的"低熵态"。

8.1.4　试验系统

8.1.4.1　基本架构

　　自然界与工程中遇到的各种物理现象都是相互制约、错综复杂的。为了揭示它们的规律性，需要采用人为的实验方法尽可能地减少某些次要因素的影响，使其在简化的条件下重复发生，加以反复研究[31]。

　　试验系统是在不同观察尺度下，工程结构系统在实验室(或计算机)中的模拟。试验系统的内部结构与工程结构系统的内部结构是相似的，并且试验系统的外部环境与工程结构系统的外部环境也是相似的。试验系统的基本架构如图 8-18 所示：试验系统暴露在人工模拟环境中，输入试验系统的输入参数($A_1, A_2, \cdots, A_i, \cdots, A_N$)，观察统计试验系统的输出参数($B_1, B_2, \cdots, B_j, \cdots, B_M$)。输入、输出参数可能是环境场参数、应力场参数、电磁场参数等。

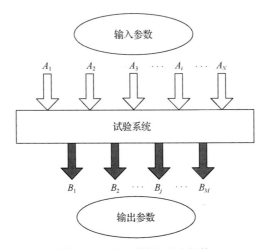

图 8-18　试验系统的基本架构

Fig. 8-18　Basic framework of test system

8.1.4.2 加速耐久性试验

鉴于工程结构系统的劣化周期较长，为了缩短试验时间周期，一般采用加速耐久性试验研究混凝土结构耐久性。工程结构系统的加速耐久性试验[32-34]的步骤如下：

(1) 根据观察者需要，选择合适的观察尺度；

(2) 收集不同观察尺度下的工程结构系统的影响因素；

(3) 分析工程结构系统在自然环境 E_n 下的劣化机理；

(4) 根据观察者需要，构建拟建结构试验系统 S_{ex} 与既有结构人工模拟环境 E_a；

(5) 确定加速耐久性试验输入参数 $A_1, A_2, \cdots, A_i, \cdots, A_N$；

(6) 设计加速耐久性试验过程；

(7) 统计分析加速耐久性试验输出参数 $B_1, B_2, \cdots, B_j, \cdots, B_M$。

加速耐久性试验大大缩短了试验周期。假设在自然环境下工程结构系统的劣化可以分为 m 个阶段，每个阶段的时间终点分别用 $t_{n,1}, t_{n,2}, t_{n,i}, \cdots, t_{n,m}$ 来表示；相应地，在人工模拟环境下的时间终点分别用 $t_{a,1}, t_{a,2}, t_{a,i}, \cdots, t_{a,m}$ 来表示（图 8-19）。

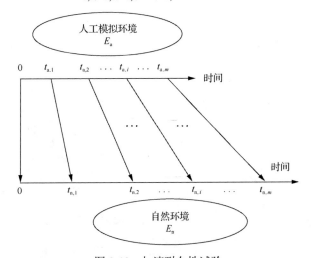

图 8-19 加速耐久性试验

Fig. 8-19 Accelerated durability tests

每个时间段，加速耐久性试验的时间加速系数可以表示为

$$\lambda(t_i) = \begin{cases} \dfrac{t_{n,1}}{t_{a,1}}, & i=1 \\[2mm] \dfrac{t_{n,i}-t_{n,i-1}}{t_{a,i}-t_{a,i-1}}, & i=2,3,\cdots,m \end{cases} \tag{8-11}$$

式中，$\lambda(t_i)$ 为第 i 个时间段的加速耐久性试验的时间加速系数。

8.1.5　相对信息

本节基于前面提出的 METS 路径，用第 3 章中提出的相对信息熵的方式表达语法空间和语义空间的相对信息，给出系统输出到观察者的相对信息的计算方法，并进行信息融合，最后进行控制决策。

8.1.5.1　相对信息的表示

METS 路径可以用观察者 R 观察工程结构系统 S 的观测过程来表示。以 $\mathrm{METS}(1;1)$ 型路径为例，观察者 R 通过 $\mathrm{METS}(S_{\mathrm{es},i};E_{\mathrm{a},j})$ 路径观察拟建结构系统 S_{ns} 的观测过程表示为 $S_{\mathrm{ns}}/\mathrm{METS}(S_{\mathrm{es},i};E_{\mathrm{a},j})$。

由洛伦兹变换可得

$$\begin{cases} H_{\mathrm{i}}[S_{\mathrm{ns}}/\mathrm{METS}(S_{\mathrm{es},i};E_{\mathrm{a},j})]=H_{\mathrm{i}}(S_{\mathrm{ns}}/S_{\mathrm{ns}})\cdot\cosh\omega+H_{\mathrm{o}}(S_{\mathrm{ns}}/S_{\mathrm{ns}})\cdot\sinh\omega \\ H_{\mathrm{o}}[S_{\mathrm{ns}}/\mathrm{METS}(S_{\mathrm{es},i};E_{\mathrm{a},j})]=H_{\mathrm{i}}(S_{\mathrm{ns}}/S_{\mathrm{ns}})\cdot\sinh\omega+H_{\mathrm{o}}(S_{\mathrm{ns}}/S_{\mathrm{ns}})\cdot\cosh\omega \end{cases} \tag{8-12}$$

式中，$H_{\mathrm{i}}[S_{\mathrm{ns}}/\mathrm{METS}(S_{\mathrm{es},i};E_{\mathrm{a},j})]$ 为观察者 R 通过 $\mathrm{METS}(S_{\mathrm{es},i};E_{\mathrm{a},j})$ 路径获得的语法信息熵；$H_{\mathrm{o}}[S_{\mathrm{ns}}/\mathrm{METS}(S_{\mathrm{es},i};E_{\mathrm{a},j})]$ 为观察者 R 通过 $\mathrm{METS}(S_{\mathrm{es},i};E_{\mathrm{a},j})$ 路径获得的语义信息熵。

令

$$u[S_{\mathrm{ns}}/\mathrm{METS}(S_{\mathrm{es},i};E_{\mathrm{a},j})]=\frac{\sinh\omega}{\cosh\omega}=\tanh\omega \tag{8-13}$$

式中，$u[S_{\mathrm{ns}}/\mathrm{METS}(S_{\mathrm{es},i};E_{\mathrm{a},j})]$ 为观察者效应系数，$-1\leqslant u[S_{\mathrm{ns}}/\mathrm{METS}(S_{\mathrm{es},i};E_{\mathrm{a},j})]\leqslant 1$。

$\mathrm{METS}(S_{\mathrm{es},i};E_{\mathrm{a},j})$ 路径观察拟建结构系统 S_{ns} 的相对信息熵为

$$\begin{cases} H_{\mathrm{i}}[S_{\mathrm{ns}}/\mathrm{METS}(S_{\mathrm{es},i};E_{\mathrm{a},j})]=\dfrac{H_{\mathrm{i}}(S_{\mathrm{ns}}/S_{\mathrm{ns}})+u[S_{\mathrm{ns}}/\mathrm{METS}(S_{\mathrm{es},i};E_{\mathrm{a},j})]\cdot H_{\mathrm{o}}(S_{\mathrm{ns}}/S_{\mathrm{ns}})}{\sqrt{1-u^2[S_{\mathrm{ns}}/\mathrm{METS}(S_{\mathrm{es},i};E_{\mathrm{a},j})]}} \\ H_{\mathrm{o}}[S_{\mathrm{ns}}/\mathrm{METS}(S_{\mathrm{es},i};E_{\mathrm{a},j})]=\dfrac{H_{\mathrm{o}}(S_{\mathrm{ns}}/S_{\mathrm{ns}})+u[S_{\mathrm{ns}}/\mathrm{METS}(S_{\mathrm{es},i};E_{\mathrm{a},j})]\cdot H_{\mathrm{i}}(S_{\mathrm{ns}}/S_{\mathrm{ns}})}{\sqrt{1-u^2[S_{\mathrm{ns}}/\mathrm{METS}(S_{\mathrm{es},i};E_{\mathrm{a},j})]}} \end{cases} \tag{8-14}$$

当拟建结构系统 S_{ns} 的语法信息熵和语义信息熵完全相等时：

$$H[S_{\mathrm{ns}}/\mathrm{METS}(S_{\mathrm{es},i};E_{\mathrm{a},j})]=\sqrt{\frac{1+u[S_{\mathrm{ns}}/\mathrm{METS}(S_{\mathrm{es},i};E_{\mathrm{a},j})]}{1-u[S_{\mathrm{ns}}/\mathrm{METS}(S_{\mathrm{es},i};E_{\mathrm{a},j})]}}\cdot H(S_{\mathrm{ns}}/S_{\mathrm{ns}}) \tag{8-15}$$

工程结构系统 S 在观察者 R 通过 $\mathrm{METS}(S_{\mathrm{es},i};E_{\mathrm{a},j})$ 路径观察的条件下的相对信息为

$$\begin{cases} I_{\mathrm{i}}[S_{\mathrm{ns}}/\mathrm{METS}(S_{\mathrm{es},i};E_{\mathrm{a},j})]=H_{\mathrm{i}}(S_{\mathrm{ns}}/S_{\mathrm{ns}})-H_{\mathrm{i}}[(S_{\mathrm{ns}}/\mathrm{METS}(S_{\mathrm{es},i};E_{\mathrm{a},j})] \\ I_{\mathrm{o}}[S_{\mathrm{ns}}/\mathrm{METS}(S_{\mathrm{es},i};E_{\mathrm{a},j})]=H_{\mathrm{o}}(S_{\mathrm{ns}}/S_{\mathrm{ns}})-H_{\mathrm{o}}[(S_{\mathrm{ns}}/\mathrm{METS}(S_{\mathrm{es},i};E_{\mathrm{a},j})] \end{cases} \tag{8-16}$$

式中，$I_{\mathrm{i}}[S_{\mathrm{ns}}/\mathrm{METS}(S_{\mathrm{es},i};E_{\mathrm{a},j})]$ 为语法空间中的语法相对信息；$I_{\mathrm{o}}[S_{\mathrm{ns}}/\mathrm{METS}(S_{\mathrm{es},i};E_{\mathrm{a},j})]$ 为

语义空间中的语义相对信息。当相对信息大于 0 时，表明观察者 R 在观测工程结构系统 S 的过程中主观地增加了信息；当相对信息小于 0 时，表明观察者 R 在观测工程结构系统 S 的过程中主观地减少了信息。

当工程结构系统 S 的语法信息熵和语义信息熵完全相等时，在观察者 R 的条件下，工程结构系统 S 的相对信息为

$$I[S_{\mathrm{ns}}; \mathrm{METS}(S_{\mathrm{es},i}; E_{\mathrm{a},j})] = H(S_{\mathrm{ns}} / S_{\mathrm{ns}}) - H[(S_{\mathrm{ns}} / \mathrm{METS}(S_{\mathrm{es},i}; E_{\mathrm{a},j})] \tag{8-17}$$

8.1.5.2　信息融合

不同的 METS 路径意味着不同的观测过程。假设观察者通过 l 条 METS 路径（METS_1，METS_2，$\cdots$，METS_l）来观察拟建结构系统 S_{ns} 时（$1 \leqslant l \leqslant l_{\mathrm{METS}}$），相对信息熵为

$$\begin{cases} H_{\mathrm{i}}[S_{\mathrm{ns}} / \mathrm{METS}_1, \cdots, \mathrm{METS}_l] = \dfrac{H_{\mathrm{i}}(S_{\mathrm{ns}} / S_{\mathrm{ns}}) + u(S_{\mathrm{ns}} / \mathrm{METS}_1, \cdots, \mathrm{METS}_l) \cdot H_{\mathrm{o}}(S_{\mathrm{ns}} / S_{\mathrm{ns}})}{\sqrt{1 - u^2(S_{\mathrm{ns}} / \mathrm{METS}_1, \cdots, \mathrm{METS}_l)}} \\[4mm] H_{\mathrm{o}}[S_{\mathrm{ns}} / \mathrm{METS}_1, \cdots, \mathrm{METS}_l] = \dfrac{H_{\mathrm{o}}(S_{\mathrm{ns}} / S_{\mathrm{ns}}) + u(S_{\mathrm{ns}} / \mathrm{METS}_1, \cdots, \mathrm{METS}_l) \cdot H_{\mathrm{i}}(S_{\mathrm{ns}} / S_{\mathrm{ns}})}{\sqrt{1 - u^2(S_{\mathrm{ns}} / \mathrm{METS}_1, \cdots, \mathrm{METS}_l)}} \end{cases}$$

$$\tag{8-18}$$

根据双曲三角函数的运算公式可得

$$u(S_{\mathrm{ns}} / \mathrm{METS}_1, \cdots, \mathrm{METS}_l) = \tanh(\omega_1 + \omega_2 + \cdots + \omega_l) \tag{8-19}$$

式中，ω_1，ω_2，$\cdots$，ω_l 分别为 l 条 METS 路径的闵氏观察角。

观察者通过 l 条 METS 路径（METS_1, METS_2, $\cdots$, METS_l）来观察拟建结构 S_{ns} 时（$1 \leqslant l \leqslant l_{\mathrm{METS}}$）的相对信息为

$$\begin{cases} I_{\mathrm{i}}[S_{\mathrm{ns}} / \mathrm{METS}_1, \cdots, \mathrm{METS}_l] = H_{\mathrm{i}}(S_{\mathrm{ns}} / S_{\mathrm{ns}}) - H_{\mathrm{i}}(S_{\mathrm{ns}} / \mathrm{METS}_1, \cdots, \mathrm{METS}_l) \\ I_{\mathrm{o}}[S_{\mathrm{ns}} / \mathrm{METS}_1, \cdots, \mathrm{METS}_l] = H_{\mathrm{o}}(S_{\mathrm{ns}} / S_{\mathrm{ns}}) - H_{\mathrm{o}}(S_{\mathrm{ns}} / \mathrm{METS}_1, \cdots, \mathrm{METS}_l) \end{cases} \tag{8-20}$$

8.1.5.3　控制决策

拟建结构系统 S_{ns} 共有 m 个处于相似自然环境下的既有结构系统 $S_{\mathrm{es},1}$, $S_{\mathrm{es},2}$, $\cdots$, $S_{\mathrm{es},i}$, $\cdots$, $S_{\mathrm{es},m}$，同时有 n 种人工模拟环境 $E_{\mathrm{a},1}$, $E_{\mathrm{a},2}$, $\cdots$, $E_{\mathrm{a},i}$, $\cdots$, $E_{\mathrm{a},n}$。总共有 l_{METS} 条 METS 路径，定义第 l 条 METS 路径的效用度为

$$Q(\mathrm{METS}_l) = 1 - u^2(S_{\mathrm{ns}} / \mathrm{METS}_l) \tag{8-21}$$

式中，$0 \leqslant Q(\mathrm{METS}_l) \leqslant 1$；当 $Q(\mathrm{METS}_l) = 1$ 时，说明信息完全有效；当 $Q(\mathrm{METS}_l) = 0$ 时，说明信息完全无效。效用度函数曲线见图 8-20。

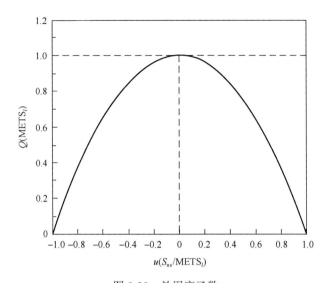

图 8-20 效用度函数

Fig. 8-20 Utility degree function

同理，l 条 METS 路径 $(\text{METS}_1, \text{METS}_2, \cdots, \text{METS}_l)$ 信息融合后，其效用度为

$$Q(\text{METS}_1, \cdots, \text{METS}_l) = 1 - u^2(S_{\text{ns}}/\text{METS}_1, \cdots, \text{METS}_l) \qquad (8\text{-}22)$$

观察者可以根据其目标条件和 METS 路径的效用度来进行决策。观察者在 l_{METS} 条 METS 路径中选择 l 条路径来进行决策的总数为

$$L_{\text{METS}} = \sum_{l=1}^{l_{\text{METS}}} C_{l_{\text{METS}}}^{l} = 2^{l_{\text{METS}}} - 1 \qquad (8\text{-}23)$$

8.2 混凝土结构耐久性设计规范系统

设计规范是一种信息源，适用于不同的工程结构、不同的自然环境，但也存在信息的相对性问题。国内外关于混凝土结构耐久性的规范，是结构工程师在没有实测数据或加速耐久性试验数据的情况下进行耐久性设计和寿命预测的重要参考依据。设计规范系统 S_{dc} 是以往的观察者 $R_1, R_2, \cdots, R_n$ 根据其知识背景和工程经验总结出的信息系统。不同观察者，其观察能力、理解能力和目的性也不相同。本节分别介绍了指定设计法、避免劣化法、基于性能和可靠度的设计方法三种混凝土结构耐久性设计或使用寿命设计方法。

8.2.1 设计规范系统

在 RI-METS 理论中，不同观察者表现为观察者效应系数和闵氏观察角的不同。结构工程师 R_{s} 在设计期内可通过观察设计规范系统 S_{dc} 来控制结构设计系统 S_{sd}（图 8-21）。

混凝土结构耐久性设计或使用寿命设计方法共分为三种：①指定设计法；②避免劣化法；③基于性能和可靠度的设计方法[35]。设计规范系统 S_{dc} 包含以下规范。

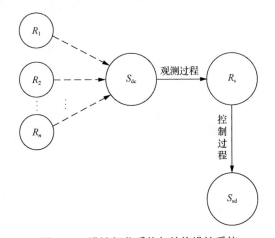

图 8-21　设计规范系统与结构设计系统

Fig. 8-21　Design code system and structure design system

我国相关规范包括：《工程结构可靠性设计统一标准》(GB 50153—2008)[36]；《建筑结构可靠性设计统一标准》(GB 50068—2018)[37]；《公路工程结构可靠度设计统一标准》(GB/T 50283—1999)[38]；《铁路工程结构可靠性设计统一标准（试行）》(Q/CR 9007—2014)[39]；《港口工程结构可靠性设计统一标准》(GB 50158—2010)[40]；《水利水电工程结构可靠性设计统一标准》(GB 50199—2013)[41]；《混凝土结构耐久性设计规范》(GB/T 50476—2008)[21]；《混凝土结构设计规范》(GB 50010—2010)[42]；《工业建筑防腐蚀设计标准》(GB/T 50046—2018)[43]；《公路钢筋混凝土及预应力混凝土桥涵设计规范》(JTG 3362—2018)[44]；《公路工程混凝土结构防腐蚀技术规范》(JTG/T B07-01—2006)[45]；《铁路混凝土结构耐久性设计规范》(TB 10005—2010)[46]；《水运工程混凝土结构设计规范》(JTS 151—2011)[47]；《水工混凝土结构设计规范》(SL 191—2008)[48]等。

国外相关规范包括：国际标准化组织规范 *General Principles on Reliability for Structures*(ISO 2394)[49]、*Durability-Service Life Design of Concrete Structures*(ISO 16204)[50]；国际结构安全度联合会规范 *JCSS Probabilistic Model Code*(JCSS)[51]；国际结构混凝土协会规范 *fib Model Code 2010*(fib)[52,53]；欧洲规范 *Basis of Structural Design*(EN 1990)[54]、*Design of Concrete Structures*(EN 1992)[55]、*Probabilistic Performance Based Durability Design of Concrete Structures*(DuraCrete)[56]、*Service Life Models, Instructions on Methodology and Application of Models for the Prediction of the Residual Service Life for Classified Environmental Loads and Types of Structures in Europe*(LIFECON)[57]；美国规范 *Building Code Requirements for Structural Concrete*(ACI 318)[58]等。

8.2.2　指定设计法

指定设计法是一种定性的设计方法，通常是在经验的基础上结合理论研究成果，根据混凝土结构设计使用年限和环境类别，采取混凝土材料及构造方面的措施进行耐久性设计，主要考虑混凝土最低强度等级、最大水胶比、最少水泥用量、最小保护层厚度、最大氯离子含量等指标[21,44,46-48,59,60]。

8.2.2.1　设计使用年限

我国国家标准《工程结构可靠性设计统一标准》(GB 50153—2008)[36]统一了房屋建筑结构、铁路桥涵结构、公路桥涵结构和港口工程结构等的设计基本原则及方法[59]，定义的工程结构的设计使用年限，是指设计规定的结构或结构构件不需要大修即可按照预定目的使用的年数[36,61]。在铁路方面我国标准仅笼统地规定了铁路桥涵设计使用年限应为 100 年，没有区分铁路桥梁各部位构件的设计使用年限。我国铁路行业标准《铁路混凝土结构耐久性设计规范》(TB 10005—2010)[46]明确规定了铁路混凝土结构(包括铁路桥梁结构)各部位构件的设计使用年限。《混凝土结构耐久性设计规范》(GB/T 50476—2008)[21]补充规定了城市桥梁结构的设计使用年限。《水利水电工程结构可靠性设计统一标准》(GB 50199—2013)[41]明确了各类水工结构的设计使用年限。上述 4 个规范对工程结构设计使用年限的规定，归类汇总于表 8-3。

表 8-3　我国标准规定的工程结构设计使用年限
Tab. 8-3　Design working life of engineering structures of Chinese codes

工程结构类别	设计使用年限	示例	标准来源
房屋建筑结构	5 年	临时性结构	GB 50153—2008
	25 年	易于替换的结构构件	
	50 年	普通房屋和构筑物	
	100 年	标志性建筑和特别重要的建筑结构	
公路桥涵结构	30 年	小桥、涵洞	GB 50153—2008
	50 年	中桥、重要小桥	
	100 年	特大桥、大桥、重要中桥	
铁路混凝土结构	30 年以上	其他铁路路基排水结构，电缆沟槽、防护砌块、栏杆等可更换小型构件	TB 10005—2010
	60 年以上	路基防护结构，200km/h 及以上铁路路基排水结构，接触网支柱等	
	100 年以上	桥梁、涵洞、隧道等主体结构，路基支挡及承载结构，无砟轨道道床板、底座板	
城市桥梁结构	不低于 50 年	城市次干道和一般道路上中小型桥梁，一般市政设施	GB/T 50476—2008
	不低于 100 年	城市快速路和主干道上的桥梁以及其他道路上的大型桥梁、隧道、重要的市政设施等	
港口工程结构	5～10 年	临时性港口建筑物	GB 50153—2008
	50 年	永久性港口建筑物	
水工结构	5～15 年	临时建筑物结构	GB 50199—2013
	50 年	除 1 级外其他的永久性建筑物结构	
	100 年	1 级建筑物结构	

8.2.2.2　环境作用

环境会对结构产生各种机械的、物理的、化学的或生物的不利影响。环境影响会引起结构材料性能的劣化，降低结构的安全性或适用性，影响结构的耐久性[59,62,63]。

《混凝土结构耐久性设计规范》（GB/T 50476—2008，以下简称 GB/T 50476），对混凝土结构所属环境类别与环境作用等级进行了具体详细的划分。其中环境类别划为五类，包括：一般环境（Ⅰ类）、冻融环境（Ⅱ类）、海洋氯化物环境（Ⅲ类）、除冰盐等其他氯化物环境（Ⅳ类）和化学腐蚀环境（Ⅴ类）。环境作用等级分为六级，从轻微到严重分别为 A 级（轻微）、B 级（轻度）、C 级（中度）、D 级（严重）、E 级（非常严重）和 F 级（极端严重）[21]。

房屋建筑工程方面，住房与城乡建设部发布的《混凝土结构设计规范》（GB 50010—2010，以下简称 GB 50010）[42]，参考了 GB/T 50476 并考虑房屋建筑的特点加以简化和调整。环境类别分为：一类、二 a 类、二 b 类、三 a 类、三 b 类、四类和五类。其中四类环境可参考水运工程相关规范，五类环境可参考《工业建筑防腐蚀设计规范》（以下简称 GB 50046）[43]。

公路工程方面，交通运输部在《公路钢筋混凝土及预应力混凝土桥涵设计规范》（JTG 3362—2018，以下简称 JTG 3362）[44]中考虑了公路桥涵的实际问题，划分了七种环境类别，比 GB/T 50476 多了盐结晶环境（Ⅴ类）和磨蚀环境（Ⅶ类），化学腐蚀环境归为Ⅵ类。盐结晶环境（Ⅴ类）是指：受混凝土孔隙中硫酸盐结晶膨胀影响的环境。磨蚀环境（Ⅶ类）是指：受风、水流或水中夹杂物的摩擦、切削、冲击等作用影响的环境。JTG 3362 中的环境作用等级与 GB/T 50476 基本相同。

铁路工程方面，2010 年铁道部发布了《铁路混凝土结构耐久性设计规范》（TB 10005—2010，以下简称 TB 10005）[46]。TB 10005 将混凝土结构所处环境分为六类，并将每类环境划分为 3～4 个作用等级，环境分别为碳化环境、氯盐环境、化学侵蚀环境、盐类结晶破坏环境、冻融破坏环境和磨蚀环境。与 GB/T 50476 相比，TB 10005 同样多了盐类结晶破坏环境和磨蚀环境，但铁路混凝土结构中通常不会使用除冰盐，因此没有 GB/T 50476 中的除冰盐环境。

港口工程方面，交通运输部发布了《水运工程混凝土结构设计规范》（JTS 151—2011，以下简称 JTS 151）[47]，根据有无掩护条件和设计水位，将海水环境划分为大气区、浪溅区、水位变动区和水下区。

水利水电工程方面，水利部发布了《水工混凝土结构设计规范》（SL 191—2008，以下简称 SL 191）[48]，将水工混凝土所处环境分为五类。从一类环境到五类环境，环境作用等级由低到高。SL 191 中并没有将冻融环境单独列为一种环境类别，只是注明：冻融比较严重的二类、三类环境下的建筑物，环境类别分别提高一级。

欧洲规范 EN 1992[55]将混凝土结构环境分为六大类，分别是 X0（无锈蚀和侵蚀环境）、XC（碳化环境）、XD（除冰盐等其他氯化物环境）、XS（海洋氯化物环境）、XF（冻融循环环境）和 XA（化学侵蚀环境）。除 X0 以外，其他五大类环境又按照环境恶劣程度各分为 3～4 个环境作用等级，数字越大，作用的程度越高。此外，*fib* Modle Code 2010[52,53] 的环境分类和环境等级也与欧洲规范 EN 1992 相同。

美国规范 ACI 318-11[58]将混凝土结构自然环境分为四类，分别是冻融环境（F 类）、硫酸盐侵蚀环境（S 类）、低透水性要求环境（P 类）和钢筋锈蚀环境（C 类）。每种环境都有一个不考虑环境作用效应的参照等级，这点与欧洲规范 EN 1992 里规定的 X0 有异曲同工之处。

综合上述 8 部中、欧、美规范对混凝土结构环境的分类与分级，这里以 GB/T 50476 中的环境条件特征描述为基准，给出 21 种自然环境条件的对照表，如表 8-4 所示。

表 8-4　中、欧、美规范环境类别对照表
Tab. 8-4　Environmental categories of Chinese, European and American（CEA）codes

环境编号	GB 50010	GB/T 50476	JTG 3362	TB 10005	JTS 151	SL 191	EN 1992	ACI 318	环境条件特征描述
1	一	I-A	I-A	T1	N/A	一	XC1	C0	室内干燥环境 永久静水浸没环境
2	二 a	I-B	I-B	T2		二	XC2	C1	长期浸润环境
3	二 b						XC3		非干湿交替室内潮湿/露天环境
4		I-C	I-C	T3		三	XC4		干湿交替环境
5	二 b	II-C	II-C	D1	N/A	二	XF3	F2	微冻无盐环境+高度饱水
6				D2			XF1	F1	寒冷严寒无盐环境+中度饱水
7		II-D	II-D	D3		三	XF2	F3	寒冷严寒有盐环境+中度饱水
8							XF3	F2	寒冷严寒无盐环境+高度饱水
9							XF4	F3	微冻有盐环境+高度饱水
10	三 a	II-E	II-E	D4		四			寒冷严寒有盐环境+高度饱水
11	四	III-C	III-C	L1	水下区	三	XS2	C2	水下区和土中区
12	三 a	III-D	III-D		大气区	四	XS1		轻度盐雾大气区
13	三 b	III-E	III-E	L2					重度盐雾大气区
14	四				浪溅区 水位变动区	五	XS3		非炎热地区+潮汐浪溅区
15		III-F	III-F	L3					炎热地区+潮汐浪溅区
16	三 a	IV-C	IV-C				XD1	C2	除冰盐盐雾轻度作用 浸没于含氯化物水 低浓度氯化物水+干湿交替
17	三 b	IV-D	IV-D	N/A	N/A	五	XD2		除冰盐水溶液轻度溅射 较高浓度氯化物水+干湿交替
18		IV-E	IV-E				XD3		直接接触除冰盐水溶液 除冰盐水溶液重度溅射或重度盐雾作用 高浓度氯化物水+干湿交替
19	五	V-C	VI-C	H1	N/A	三	XA1	S1	化学侵蚀强度较低
20		V-D	VI-D	H2		四	XA2	S2	化学侵蚀强度一般
21		V-E	VI-E	H3		五	XA3	S3	化学侵蚀强度较高

8.2.2.3　混凝土最低强度等级

在混凝土原材料保持不变的前提下，强度的高低可以在一定程度上反映混凝土的密实性。混凝土强度是工程现场检验混凝土质量的最简便方法，因此混凝土强度常作为耐久性质量控制的内容之一[22]。

中、欧、美 8 部规范均规定了不同环境等级下的混凝土最低强度。GB 50010 只规定了设计使用年限为 50 年、环境类别为一至三 b 类的混凝土最低强度。GB/T 50476 对设计使用年限为 100 年、50 年和 30 年的情况均进行了规定。JTG 3362 中也对设计使用年限为 100 年、50 年和 30 年的钢筋混凝土及预应力混凝土构件的强度进行了最低要求。TB 10005 规定了设计使用年限为 100 年、60 年和 30 年的钢筋混凝土和预应力混凝土构件的 56d 最低强度等级。JTS 151 和 SL 191 规定了设计使用年限为 50 年的混凝土最低强度等级要求。EN 1992 详细地建议了混凝土最低强度等级。ACI 318 中混凝土强度是用圆柱体抗压强度表示的，经过换算[64]可以得到 95%保证率的立方体抗压强度标准值。

表 8-5 给出了中、欧、美 8 部规范设计使用年限为 50 年（TB 10005 为 60 年）不同环境条件下混凝土最低强度等级的规定，其中 GB 50010、GB/T 50476、EN 1992 和 ACI 318 对应冻融环境下（环境编号 5～10）的单元格中，括号内为使用引气剂时的混凝土最低强度等级要求。JTS 151 对应环境编号为 14 和 15 的单元格，C35 为浪溅区的混凝土最低强度等级，括号内 C40 为水位变动区的最低强度等级。SL 191 环境编号 15 的混凝土最低强度等级应适当提高。GB 50010 对应化学腐蚀环境下（环境编号 19～21）的规定参考 GB 50046。

表 8-5　中、欧、美规范不同环境类别混凝土最低强度等级

Tab.8-5　Minimum concrete strength grades of different environmental categories from CEA codes

环境编号	GB 50010	GB/T 50476	JTG 3362	TB 10005	JTS 151	SL 191	EN 1992	ACI 318
1	C20	C25	C25	C25		C20	C25	C20
2	C25	C30	C30	C30	N/A	C25	C30	C20
3	C30					C25	C37	
4		C35	C35	C35		C25	C37	
5	C30	C45 (C_a30)	C30	C30	N/A	C25	(C_a37)	(C_a37)
6				C35			C37	(C_a37)
7	C30 (C_a25)	(C_a35)	C35	C40		C25	(C_a30)	(C_a37)
8							(C_a37)	(C_a37)
9	C30						(C_a37)	(C_a37)
10	C35 (C_a30)	(C_a40)	C40	C45		C30		
11	N/A	C40	C30	C35	C30	C25	C45	C41
12	C35	C40	C30		C30	C30	C37	
13	C40	C45	C35	C40		C35		
14	N/A				C40 (C35)		C45	
15		C50	C40	C45		>C35		
16	C35	C40	C30	N/A	N/A	C35	C37	C41
17	C40	C40	C30				C37	
18		C45	C35				C45	
19	(C30)	C40	C30	C30	N/A	C25	C37	C33
20	(C35)	C45	C35	C35		C30	C37	C37
21	(C40)	C50	C40	C40		C35	C45	C37

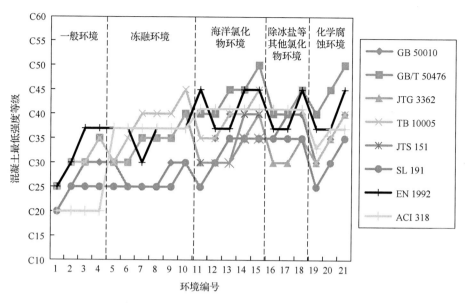

图 8-22　中、欧、美规范不同环境混凝土最低强度等级对比图

Fig. 8-22　Comparison figure of minimum concrete strength grades from CEA codes

图 8-22 给出了中、欧、美 8 部规范在 21 种自然环境下混凝土最低强度等级的对比图，由图可知：

(1) 在一般环境下(环境编号 1~4)，EN 1992 规定的最低强度等级最高，ACI 318 的规定最低，中国规范则介于 EN 1992 和 ACI 318 之间；所有中国规范里，GB/T 50476 和 JTG 3362 的规定相同且相对较高，SL 191 的规定较低。

(2) 在冻融环境下(环境编号 5~10)，TB1005、EN 1992 和 ACI 318 规定的最低强度等级最高，其次是 GB/T 50476 和 JTG 3362，最低的是 GB 50010 和 SL 191。

(3) 在海洋氯化物环境下(环境编号 11~15)，GB/T 50476 的规定是最严格的，均在 C40 以上，环境编号 15 的最低混凝土强度等级更是达到了 C50，EN 1992 和 ACI 318 规定的最低强度等级在 C37~C45，GB 50010、JTG 3362、JTS 151 与 SL 191 规定的混凝土最低强度等级在 C25~C40。

(4) 在除冰盐等其他氯化物环境下(环境编号 16~18)，GB 50010、GB/T 50476、EN 1992 和 ACI 318 的标准较高，混凝土最低强度等级在 C35~C45，而 JTG 3362 与 SL 191 的规定较低，在 C30~C35。

(5) 在化学腐蚀环境下(环境编号 19~21)，各规范规定的严格程度从高到低依次是 GB/T 50476、EN 1992、ACI 318、GB 50010、JTG 3362 和 SL 191。

8.2.2.4　最大水胶比

以往按强度设计的混凝土配合比设计方法中，首先是按混凝土强度等级计算水灰比；而现在按耐久性要求的设计方法中，要根据环境作用等级选择水胶比[22]。为了提高混凝土耐久性，需要控制混凝土的最大水胶比。EN 1992 中所用的水灰比其实是有效水胶比，其容许将粉煤灰等活性矿物掺合料乘上一个系数并限量计入水泥用量。

表 8-6 给出了中、欧、美 8 部规范设计使用年限为 50 年(TB 10005 为 60 年)时不同环境条件下混凝土最大水胶比的规定。其中 GB 50010、GB/T 50476、EN 1992 和 ACI 318 对应冻融环境下(环境编号 5~10)的单元格中，括号内为使用引气剂时的混凝土最低强度等级要求。JTS 151 对我国北方及南方钢筋混凝土结构在大气区、浪溅区、水位变动区和水下区的最大水胶比进行了规定，对应环境编号为 14 和 15 的单元格中，括号外的数值对应的是浪溅区，括号内的数值对应的是水位变动区。SL 191 环境编号 15 的混凝土最大水胶比应适当降低。GB 50010 对应化学腐蚀环境下(环境编号 19~21)的规定参考 GB 50046。

表 8-6 中、欧、美规范不同环境类别混凝土最大水胶比

Tab. 8-6 Maximumwater-binder ratios of different environmental categories from CEA codes

环境编号	GB 50010	GB/T 50476	JTG 3362	TB 10005	JTS 151	SL 191	EN 1992	ACI 318
1	0.60	0.60	0.60	0.60	N/A	0.60	0.65	N/A
2	0.55	0.55	0.55	0.55		0.55	0.60	N/A
3	0.50					0.55	0.55	
4		0.50	0.50	0.50		0.50	0.50	
5	0.50 (0.55)	0.40 (0.55)	0.50	0.55	N/A	0.55	(0.55)	(0.45)
6				0.50			0.55	(0.45)
7		(0.50)		0.45		0.50	(0.55)	(0.45)
8			0.45				(0.50)	(0.45)
9	0.45 (0.50)		0.40	0.40			(0.45)	(0.45)
10		(0.45)				0.45		
11	N/A	0.42	0.50	0.50	0.55	0.50	0.45	0.40
12	0.45	0.42	0.45		0.55	0.45	0.50	
13	0.40	0.40	0.40	0.45		0.40		
14	N/A				0.40 (0.55)		0.45	0.40
15		0.36	0.36	0.40	0.40 (0.50)	<0.40		
16	0.45	0.42	0.50	N/A	N/A	0.40	0.55	
17	0.40	0.40	0.45				0.55	
18		0.36	0.40				0.45	
19	(0.50)	0.45	0.50	0.55	N/A	0.50	0.55	0.50
20	(0.45)	0.40	0.45	0.50		0.45	0.50	0.45
21	(0.40)	0.36	0.40	0.45		0.40	0.45	0.45

图 8-23 给出了中、欧、美 8 部规范在 21 种自然环境下混凝土最大水胶比的对比图，由图 8-23 可知：

（1）在一般环境下（环境编号 1～4），中国规范的规定基本一致，均在 0.50～0.60，ACI 318 没有要求，EN 1992 的规定在 0.55～0.65。

（2）在冻融环境下（环境编号 5～10），GB 50010 的规定较为宽松，最大水胶比在 0.50～0.55；其次是 GB/T 50476、SL 191 和 EN 1992，最大水胶比在 0.45～0.55；最大水胶比最严格的是 JTG 3362、TB 10005 和 ACI 318。

（3）在海洋氯化物环境下（环境编号 11～15），JTS 151 对水胶比的规定很详细，考虑了南北方差异、水位变动区受冰冻的差异和水下区水头作用的差异等，最大水胶比范围在 0.40～0.55；TB 10005、SL 191 和 EN 1992 关于水胶比的规定相对比较宽松；JTG 3362、GB/T 50476 和 ACI 318 的规定相对比较严格。

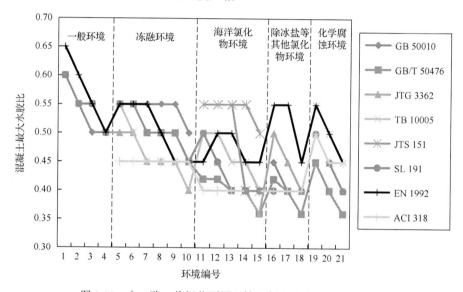

图 8-23　中、欧、美规范不同环境混凝土最大水胶比对比图

Fig. 8-23　Comparison figure of maximum water-binder ratios from CEA codes

（4）在除冰盐等其他氯化物环境下（环境编号 16～18），EN 1992 的规定最宽松，其次是 JTG 3362，规定最严格的是 GB 50010、GB/T 50476、SL 191 和 ACI 318。

（5）在化学腐蚀环境下（环境编号 19～21），TB 10005 和 EN 1992 的规定比较宽松，最大水胶比范围在 0.45～0.55；GB 50010、JTG 3362、SL 191 与 ACI 318 的规定在 0.40～0.50；规定最严格的是 GB/T 50476。

8.2.2.5　混凝土胶凝材料用量

除了混凝土的强度和水胶比两个指标作为控制指标，胶凝材料的用量也要进行控制。胶凝材料太多，会增加混凝土的收缩量，容易产生裂缝；胶凝材料太少，会降低混凝土的密实性。

GB/T 50476 给出了与混凝土强度等级所对应的胶凝材料的用量要求；JTG 3362、TB 10005、JTS 151、SL 191 和 EN 1992 均给出了与环境类别对应的混凝土强度等级；GB 50010 仅对化学腐蚀环境下胶凝材料的用量做出了限制。

表 8-7 列举了中、欧 7 部规范对最小胶凝材料用量(kg/m^3)的规定。GB/T 50476 列中括号内为引气混凝土的规定。JTS 151 列中括号内为水位变动区的规定。SL 191 环境编号 15 的混凝土最小胶凝材料用量应当增加。GB 50010 对应化学腐蚀环境下(环境编号 19～21)的规定参考 GB 50046。此外,我国的 GB/T 50476 等规范也对最大胶凝材料用量进行了限制:混凝土强度等级为 C25～C35 时,最大用量为 $400kg/m^3$;混凝土强度等级为 C40～C45 时,最大用量为 $450kg/m^3$;混凝土强度等级为 C50 时,最大用量为 $480kg/m^3$。

表 8-7　中、欧规范不同环境类别最小胶凝材料用量

Tab. 8-7　Minimumbinder dosages of different environmental categories of CEA codes

(单位：kg/m^3)

环境编号	GB 50010	GB/T 50476	JTG 3362	TB 10005	JTS 151	SL 191	EN 1992
1		260	260	260		220	260
2	N/A	280	280	280	N/A	260	280
3							280
4		300	300	300		300	300
5		340 (280)	300	280		260	320
6				300			300
7	N/A	(300)	320	320	N/A	300	300
8							320
9							340
10		(320)	340	340		340	
11		320	300	300	320	300	320
12		320	320		320	340	300
13	N/A	340	340	320	360	360	
14					400 (300)		340
15		360	360	340	400 (360)	>360	
16		320	300				300
17	N/A	320	320	N/A	N/A	360	300
18		340	340				320
19	(300)	320	300	280		300	300
20	(320)	340	320	300	N/A	340	320
21	(340)	360	340	320		360	360

图 8-24 给出了中、欧 7 部规范对混凝土最小胶凝材料用量对比图,由图可知:

(1)在一般环境下(环境编号 1～4),SL 191 最小胶凝材料的规定最低,在 220～$300kg/m^3$;GB/T 50476、JTG 3362、TB 10005 和 EN 1992 的规定值均相同,在 260～$300kg/m^3$。

(2)在冻融环境下(环境编号 5～10),SL 191 最小胶凝材料的规定相对较低,其余 4 部规范的规定均在 280～$340kg/m^3$。

(3)在海洋氯化物环境下(环境编号 11～15),JTS 151 的规定最为严格,浪溅区混凝土最小胶凝材料高达 400kg/m³；其次是 SL 191、GB/T 50476 和 JTG 3362，最小胶凝材料用量在 300～360kg/m³；规定最低的是 TB 10005 和 EN 1992，在 300～340kg/m³。

（4）在除冰盐等其他氯化物环境下（环境编号 16～18），SL 191 的规定最为严格，GB/T 50476、JTG 3362 和 EN 1992 的规定均在 300～340kg/m³。

（5）在化学腐蚀环境下（环境编号 19～21），混凝土最小胶凝材料用量规定值从高到低依次是 GB/T 50476、SL 191、EN 1992、GB 50010、JTG 3362 和 TB 10005。

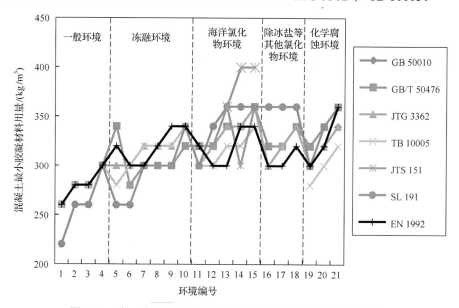

图 8-24　中、欧规范不同环境混凝土最小胶凝材料用量对比图

Fig. 8-24　Comparison figure of minimum binder dosages from CE codes

8.2.2.6　混凝土最小保护层厚度

混凝土保护层一是钢筋传力的需要；二是保护钢筋免受外界腐蚀的需要；三是耐火要求[66]。中、欧、美 8 部规范均规定了混凝土最小保护层厚度，但是保护层厚度的定义不尽相同。JTS 151 和 SL 191 均是考虑的从纵向受力钢筋到混凝土表面的距离；其余 6 部规范则考虑最外层钢筋到混凝土表面的距离。相比于梁、柱、杆件等条型构件，板、墙等面型构件不用考虑构件角部效应，因此采用各规范对板、墙等面型构件的最小保护层厚度进行对比。

表 8-8 列举了中、欧、美 8 部规范对混凝土最小保护层厚度（mm）的规定，设计使用年限取 50 年（TB 10005 取 60 年）。其中，GB/T 50476 中有盐冻融环境作用下的混凝土最小保护层厚度按照氯化物环境（环境编号 11～18）的规定执行。TB 10005 列出的是桥涵混凝土结构最小保护层厚度，隧道、路基和无砟轨道另有规定。JTS 151 对应表 8-8 中环境编号为 14 和 15 的单元格中，括号外为浪溅区的混凝土最小保护层厚度，括号内为水位变动区的混凝土最小保护层厚度。GB 50010 对应化学腐蚀环境下（环境编号 19～21）的规定，参考 GB 50046。EN 1992 对应列表为设计使用年限为 50 年（结构等级 S4）的混凝

土最小保护层厚度，对 XF（冻融环境）及 XA（化学腐蚀环境）环境下混凝土保护层厚度没有限制。ACI 318 对应列表为现浇非预应力混凝土构件的混凝土最小保护层厚度。

表 8-8 中、欧、美规范不同环境类别混凝土最小保护层厚度

Tab. 8-8 Minimumcover thicknesses of different environmental categories of CEA codes

（单位：mm）

环境编号	GB 50010	GB/T 50476	JTG 3362	TB 10005	JTS 151	SL 191	EN 1992	ACI 318
1	15	20	30	35		20	15	19.1
2	20	20	30	35	N/A	25	25	
3	25		30	35		25	25	38.1
4		25	35	45		30	30	
5		25	35	40		25		
6				45				
7	25	N/A	40	50	N/A	30	N/A	N/A
8		35						
9								
10	30	N/A	50	60		45		
11	N/A	40	45	45	40	30	40	50.8
12	30	50	50		50	45	35	
13	40	55	55	50		50		50.8
14	N/A				60（50）		45	
15		55	60	60	65（50）			
16	30	40	45				35	
17	40	45	50	N/A	N/A	50	40	50.8
18		50	55				45	
19	(30)	35	40	40		30		
20	(30)	35	45	45	N/A	45	N/A	N/A
21	(35)	40	45	50		50		

图 8-25 给出了中、欧、美 8 部规范中混凝土最小保护层厚度的对比图，由图可知：

(1) 在一般环境下（环境编号 1~4），TB 10005、JTG 3362 和 ACI 318 的规定较高，GB 50010、GB/T 50476、SL 191 和 EN 1992 的规定较低。

(2) 在冻融环境下（环境编号 5~10），各规范的规定差别较大，混凝土最小保护层厚度由大到小依次为 TB 10005、JTG 3362、GB/T 50476、SL 191 和 GB 50010。

(3) 在海洋氯化物环境下（环境编号 11~15），GB/T 50476、JTG 3362、TB 10005、JTS 151 和 ACI 318 的规定较高，均在 40mm 以上；GB 50010、SL 191 和 EN 1992 的规定较低。

(4) 在除冰盐等其他氯化物环境下（环境编号 16~18），GB/T 50476、JTG 3362、SL 191 与 ACI 318 规定的混凝土最小保护层厚度均在 40mm 以上；而 GB 50010 与 EN 1992 的规定略低。

（5）在化学腐蚀环境下（环境编号 19～21），JTG 3362、TB 10005 和 SL 191 的规定较高，大都在 40～50mm，GB/T 50476 的规定略低，在 35～40mm，GB 50010 的规定最低，在 30～35mm。

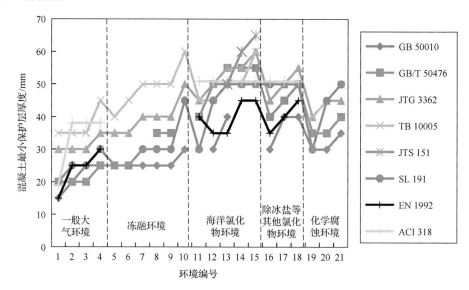

图 8-25　中、欧、美规范不同环境混凝土最小保护层厚度对比图

Fig. 8-25　Comparison figure of minimum cover thicknesses from CEA codes

8.2.2.7　混凝土最大氯离子含量

混凝土中含有氯离子时，会引发钢筋锈蚀，因此需要限制混凝土中的氯离子含量。对于混凝土中的氯离子含量，可对所有原材料的氯离子含量进行实测，然后加在一起确定；也可以从新拌混凝土和硬化混凝土中取样化验求得[21]。中、欧、美 8 部规范都对不同环境下混凝土材料中的氯离子含量进行了规定。其中，EN 1992 针对钢筋混凝土结构规定了两种氯离子含量等级，Cl 0.20 和 Cl 0.40，分别对应氯离子含量为 0.20% 和 0.40%，工程师可以根据情况选择不同的等级。

表 8-9 列举了中、欧、美 8 部规范中混凝土中氯离子含量占胶凝材料总量的最大百分比（%），表中数值均针对钢筋混凝土结构。表中 GB 50010 对应化学腐蚀环境下（环境编号 19～21）的规定参考 GB 50046。此外，对于预应力混凝土结构，EN 1992 给出了两种氯离子含量等级 Cl 0.10 和 Cl 0.20 供选择，其余 6 部中国规范及 ACI 318 规定的最大氯离子含量均为 0.06%。

图 8-26 给出了中、欧、美 8 部规范中混凝土最大氯离子含量的对比图。TB 10005 和 EN 1992 对不同环境混凝土最大氯离子含量的规定均为定值，分别为 0.10% 和 0.40%。其余的 6 部规范中有以下规定：

表 8-9　中、欧、美规范不同环境类别混凝土中最大氯离子含量

Tab. 8-9　Maximumchloride ion contents of different environmental categories of CEA codes

（单位：%）

环境编号	GB 50010	GB/T 50476	JTG 3362	TB 10005	JTS 151	SL 191	EN 1992	ACI 318
1	0.30	0.30	0.30	0.10	0.30	1.0	0.20 (0.40)	1.0
2	0.20	0.20				0.30		0.30
3	0.15							
4		0.15				0.20		
5		N/A	0.30		N/A	0.30	0.20 (0.40)	N/A
6								
7	0.15		0.10	0.10		0.20		
8								
9								
10						0.10		
11	N/A		0.10			0.20	0.20 (0.40)	0.15
12	0.15		0.15			0.10		
13	0.10	0.10		0.10	0.10			
14	N/A					0.06		
15			0.10					
16	0.15		0.15			0.06	0.20 (0.40)	0.15
17	0.10	0.10		0.10	N/A			
18								
19	(0.10)		0.10			0.20	0.20 (0.40)	N/A
20		0.15		0.10	N/A	0.10		
21	(0.08)					0.06		

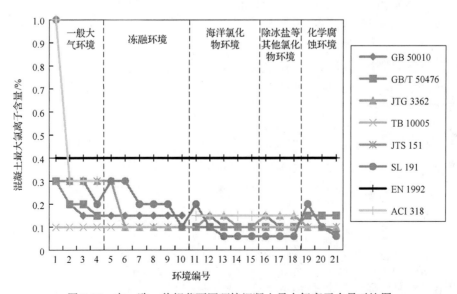

图 8-26　中、欧、美规范不同环境混凝土最大氯离子含量对比图

Fig. 8-26　Comparison figure of maximum chloride ion contents from CEA codes

(1) 在一般环境下 (环境编号 1～4), SL 191 和 ACI 318 的限值最高, 达到 1.0%; JTG 3362 和 JTS 151 的限值均为定值 0.3%; GB 50010 和 GB/T 50476 的限值在 0.15%～0.30%。

(2) 在冻融环境下 (环境编号 5～10), GB 50010 的限值为定值 0.15%, JTG 3362 和 SL 191 的限值在 0.10%～0.30%。

(3) 在海洋氯化物环境下 (环境编号 11～15), SL 191 的限值变化范围较大, 在 0.06%～0.20%; GB 50010、GB/T 50476、JTG 3362、JTS 151 和 ACI 318 均在 0.10%～0.15%变化。

(4) 在除冰盐等其他氯化物环境下 (环境编号 16～18), JTG 3362 和 ACI 318 的限值均为定值 0.15%; GB 50010 的限值在 0.10%～0.15%; GB/T 50476 的限值居中为 0.10%; SL 191 的限值最低为 0.06%。

(5) 在化学腐蚀环境下 (环境编号 19～21), SL 191 的限值变化范围较大, 在 0.06%～0.20%; GB 50010 的限制范围在 0.08%～0.10%; GB/T 50476 的限值为定值 0.15%; JTG 3362 的限值为定值 0.10%。

8.2.3　避免劣化法

指定设计法主要是通过改善混凝土密实性、增大保护层厚度等方法来提高混凝土结构的耐久性。而避免劣化法则是一种改变工程结构微观环境、阻止化学反应的设计方法。

GB/T 50476 规定可采用混凝土表面涂层、防腐蚀面层、预应力筋防护体系、环氧涂层钢筋、钢筋阻锈剂、阴极保护等方法。

房屋建筑工程方面, GB 50010 规定可采用预应力筋防护体系、引气剂、表面防护层、钢筋阻锈剂、环氧涂层钢筋、耐腐蚀钢筋、阴极保护、非碱活性骨料等方法。GB 50046 规定可采用表面涂层、防腐蚀面层、抗硫酸盐外加剂、钢筋阻锈剂等方法。

公路工程方面,《公路工程混凝土结构防腐蚀技术规范》(JTG/T B07—01—2006)[45] 规定可采用混凝土表面涂层、混凝土表面憎水处理、水泥基渗透结晶型防水剂、环氧涂层钢筋、钢筋阻锈剂、防腐蚀面层、透水模板衬里、阴极保护等方法。

铁路工程方面, TB 10005 规定可采用外包钢板、表面涂层、表面浸渍、防水卷材、涂层钢筋、钢筋阴极保护、降低地下水位、换填土等方法。

港口工程方面, JTS 151 规定可采用预应力筋防护体系、混凝土表面涂层、防腐蚀面层、涂层钢筋、钢筋阻锈剂、阴极保护等方法。

水利水电工程方面, SL 191 规定可采用非碱活性骨料、引气剂、抗侵蚀性水泥、表面涂层、耐磨护面材料、防腐材料、钢筋阻锈剂、环氧涂层钢筋、阴极保护、预应力筋防护体系等方法。

DuraCrete[56]规定可采用表面防水、表面涂层、不锈钢筋、涂层钢筋、非碱活性骨料、抗硫酸盐水泥、低碱水泥、阴极保护、引气剂等方法。

8.2.4　基于性能和可靠度的设计方法

指定设计法和避免劣化法都是一种定性的设计方法。规范编写者根据其知识背景和工程经验对工程结构系统在微观尺度下的几何形状(保护层厚度)、防护体系、加筋材料、混凝土材料等进行控制。上述两种定性的设计方法有以下三个缺点[35]：

(1)不知道工程结构寿命终止的状态；

(2)不知道工程结构所能达到的可靠性程度；

(3)工程经验所基于的工程结构一般是小于 50 年的。

基于性能和可靠度的设计方法是一种混凝土结构耐久性设计或使用寿命设计的定量设计方法。这种方法需要根据工程结构所处的自然环境类型确定耐久性极限状态，建立相应的耐久性极限状态方程，选取目标可靠度进行耐久性设计或使用寿命设计。极限状态方程应能真实准确地反映工程结构的劣化机理，并且极限状态方程中变量的统计值应真实可靠。

8.2.4.1　耐久性极限状态

通常将耐久性极限状态归为正常使用极限状态，并且不应损害到结构的承载能力和可修复性。对于混凝土结构，耐久性极限状态可分为以下三种[21,22,59]：

(1)钢筋开始发生锈蚀的极限状态；

(2)钢筋发生适量锈蚀的极限状态；

(3)混凝土表面发生轻微损伤的极限状态。

8.2.4.2　功能函数

根据结构可靠度理论[51,52,56,57,65-67]，混凝土结构的某一耐久性极限状态的功能函数随机过程可表示为

$$Z(t) = \xi(t) - \eta(t) \tag{8-24}$$

式中，$\xi(t)$ 为耐久性极限状态结构抗力随机过程；$\eta(t)$ 为耐久性极限状态作用效应随机过程。

8.2.4.3　可靠概率与失效概率

如第 4 章所述，在设计使用年限 T 内，结构的可靠概率 $P_s(T)$ 为

$$P_s(T) = P\{Z(t) > 0 \ \text{for} \ t = [0,T]\} = P\{\xi(t) > \eta(t) \ \text{for} \ t \in [0,T]\} \tag{8-25}$$

式(8-25)的含义为在时间段[0, T]内结构的可靠概率。

在设计使用年限 T 内，结构的失效概率 $P_f(T)$ 为

$$P_f(T) = 1 - P_s(T) = P\{\xi(t) \leqslant \eta(t) \ \text{for} \ t \in [0,T]\} \tag{8-26}$$

式(8-26)的含义为在时间段[0, T]内结构的失效概率，见图 8-27。图中，PDF(t)为概率密度函数；T_m 为失效概率 $P_f(T)=0.5$ 对应的年限。

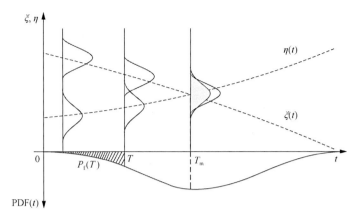

图 8-27　设计使用年限内结构的失效概率

Fig. 8-27　Failure probability of structures in design working life

8.2.4.4　目标失效概率

在对工程结构进行耐久性设计时，需要确定耐久性的目标失效概率。通常将耐久性极限状态归为正常使用极限状态。由第 4 章可知，耐久性极限状态的目标失效概率 P_f^* 与目标可靠指标 β^* 满足以下关系：

$$P_f^* = \Phi(-\beta^*) \tag{8-27}$$

《工程结构可靠性设计统一标准》（GB 50153—2008）与《建筑结构可靠性设计统一标准》（GB 50068—2018）均规定房屋建筑结构正常使用极限状态的目标可靠指标可取 0～1.5；《公路工程结构可靠度设计统一标准》（GB/T 50283—1999）规定正常使用极限状态的最小目标可靠指标为 1.0；《铁路工程结构可靠性设计统一标准（试行）》（Q/CR 9007—2014）规定桥梁正常使用极限状态的目标可靠指标为 1.5～3.0，隧道二次衬砌、明洞、路基、轨道的正常使用极限状态的目标可靠指标为 1.0～2.5；GB/T 50476 规定耐久性极限状态应满足正常使用极限状态的目标可靠度要求，相应目标失效概率为 5%～10%；国际标准化组织规范 ISO2394 与欧洲规范 EN 1990 均规定不可逆正常使用极限状态的目标可靠指标为 1.5；fib 协会规范规定耐久性极限状态的目标可靠指标为 1.5；JCSS、DuraCrete、LIFECON 均从成本的角度出发，采用风险最小成本 $C_{risk,min}$ 与维修成本 C_{repair} 的比值 P_c 将目标可靠指标分为高、中、低三级。以上规范的目标失效概率与目标可靠指标汇总于表 8-10。

表 8-10　目标失效概率与目标可靠指标

Tab. 8-10　Target failure probilities and target reliability indexes

目标失效概率 P_f^*	目标可靠指标 β^*	规范来源
$5 \times 10^{-1} \sim 6.7 \times 10^{-2}$	0～1.5	GB 50153—2008
$5 \times 10^{-1} \sim 6.7 \times 10^{-2}$	0～1.5	GB 50068—2001
1.6×10^{-1}	1.0	GB/T 50283—1999

续表

目标失效概率 P_f^*	目标可靠指标 β^*	规范来源
$6.7\times10^{-2}\sim1.4\times10^{-3}/1.6\times10^{-1}\sim$ 6.2×10^{-3}	1.5～3.0/1.0～2.5	Q/CR 9007—2004[a]
$5\times10^{-2}\sim1\times10^{-1}$	1.3～1.7	GB/T 50476
6.7×10^{-2}	1.5	ISO 2394
6.7×10^{-2}	1.5	EN 1990
1×10^{-1}	1.3	*fib*
$1\times10^{-1}/5\times10^{-2}/1\times10^{-2}$	1.3 /1.7 /2.3	JCSS[b]
$1\times10^{-1}/5.1\times10^{-3}/1\times10^{-4}$	1.28 /2.57 /3.72	DuraCrete[b]
$1.6\times10^{-1}/6.7\times10^{-2}/2.3\times10^{-2}$	1.0 /1.5 /2.0	LIFECON[b]

a. 目标失效概率与目标可靠指标从左至右分别对应桥梁和隧道二次衬砌、明洞、路基、轨道。

b. 目标失效概率与目标可靠指标从左至右依次对应高、中、低三级。

8.3　求　解　思　路

基于第 6 章的 METS 理论的基本思路和上述的基本概念与分析，本节给出 RI-METS 理论在应用时的基本求解思路和应用步骤，如图 8-28 所示。

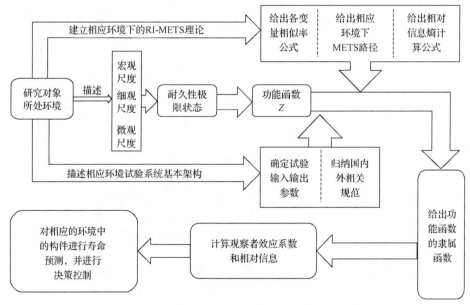

图 8-28　RI-METS 理论原理图

Fig. 8-28　Principle of RI-METS

根据图 8-28，利用 RI-METS 方法对结构/构件进行寿命预测和控制决策的基本步骤如下：

（1）分别从宏观尺度、细观尺度和微观尺度来描述研究对象环境工程结构系统的内部影响因素与外部影响因素。

(2)描述研究对象环境试验系统的基本架构,确定研究对象环境试验系统的输入参数和输出参数,归纳相应的国内外加速试验规范。

(3)建立研究对象环境下的 RI-METS 理论,给出研究对象环境下各变量的相似率公式与相似准数公式,给出研究对象环境下观察者观察拟建结构系统的 METS 路径及相对信息熵计算公式。

(4)考虑功能函数语义的模糊性,给出功能函数的隶属函数。

(5)对拟建结构系统进行寿命预测,并进行决策控制。

参 考 文 献

[1] Jin W L, Jin L B. A multi-environmental time similarity theory of life prediction on coastal concrete structural durability[J]. International Journal of Structural Engineering, 2009, 1(1): 40-58.

[2] Jin W L, Xiao Z W.Service-life predicton of RC structures on multi-enviromental time similarity and bayesian updating[C]//The 4th International Symposium on Lifetime Engineering of Civil Infrastructure, Changsha, 2009.

[3] 金立兵, 金伟良, 王海龙, 等. 多重环境时间相似理论及其应用[J]. 浙江大学学报(工学版), 2010(4): 789-797.

[4] 金伟良, 李志远, 许晨. 基于相对信息熵的混凝土结构寿命预测方法[J]. 浙江大学学报(工学版), 2012(11): 1991-1997.

[5] Jumarie G. Subjectivité, Information, Système: Synthèse Pour une Cybernétique Relativiste[M]. Montréal: L'Aurore/Univers, 1979.

[6] Jumarie G. Relative Information[M]. Berlin: Springer, 1990.

[7] 钟义信. 信息科学原理[M]. 北京: 北京邮电大学出版社, 2014.

[8] Shannon C E. A mathematical theory of communication[J]. The Bell System Technical Journal, 1948, 27: 379-423, 623-656.

[9] Cover T M, Thomas J A. Elements of Information Theory[M]. Hoboken: John Wiley&Sons, 2006.

[10] de Luca A, Termini S. A definition of a non-probabilistic entropy in the setting of fuzzy sets theory[J]. Information and Control, 1972, 20(4): 301-312.

[11] von Bertalanffy L. General System Theory: Foundations, Develpment, Applications[M]. New York: George Braziller, 1968.

[12] Schodek D L. Structures[M]. Columbus: Prentice Hall, 1998.

[13] Bontempi F, Gkoumas K, Arangio S. Systemic approach for the maintenance of complex structural systems[J]. Structure and Infrastructure Engineering, 2008, 4(2): 77-94.

[14] 钱学森. 创建系统学[M]. 太原: 山西科学技术出版社, 2001.

[15] 钱学森. 论系统工程[M]. 上海: 上海交通大学出版社, 2007.

[16] 林延江, 陆昌甫, 朱光照, 等. 水利土木工程系统分析方法[M]. 北京: 水利电力出版社, 1983.

[17] 李曙华. 从系统论到混沌学[M]. 桂林: 广西师范大学出版社, 2002.

[18] 李杰. 随机结构系统——分析与建模[M]. 北京: 科学出版社, 1996.

[19] Masters L W, Brandt E. Systematic methodology for service life prediction of building materials and components[J]. Materials and Structures, 1989, 22(5): 385-392.

[20] Jernberg P, Lacasse M A, Haagenrud S E, et al. Guide and bibliography to service life and durability research for building materials and components[R]. CIB, 2004.

[21] 中华人民共和国住房和城乡建设部. 混凝土结构耐久性设计规范: GB/T 50476—2008[S]. 北京: 中国建筑工业出版社, 2008.

[22] 中国土木工程学会. 混凝土结构耐久性设计与施工指南: CCES 01—2004[S]. 北京: 中国建筑工业出版社, 2004.

[23] 牛荻涛. 混凝土结构耐久性与寿命预测[M]. 北京: 科学出版社, 2003.

[24] Cai H, Liu X. Freeze-thaw durability of concrete: ice formation process in pores[J]. Cement and Concrete Research, 1998, 28(9): 1281-1287.

[25] 李金桂, 赵闺彦. 腐蚀和腐蚀控制手册[M]. 北京: 国防工业出版社, 1988.

[26] 中华人民共和国水利部. 混凝土重力坝设计规范: SL 319—2018[S]. 北京: 中国水利水电出版社, 2018.

[27] 中华人民共和国水利部. 混凝土拱坝设计规范: SL 282—2018[S]. 北京: 中国水利水电出版社, 2018.

[28] 颜宏亮, 闫滨. 水工建筑物[M]. 北京: 中国水利水电出版社, 2012.

[29] 陈改新. 混凝土耐久性的过程控制——以大坝混凝土为例[C]//第八届全国混凝土耐久性学术交流会, 杭州, 2012.

[30] 普利高津. 确定性的终结[M]. 上海: 上海科技教育出版社, 1998.

[31] 王丰. 相似理论及其在传热学中的应用[M]. 北京: 高等教育出版社, 1980.

[32] 金立兵. 混凝土结构耐久性的多重环境时间相似理论与试验方法[D]. 杭州: 浙江大学, 2008.

[33] Klyatis L M, Klyatis E. Accelerated Quality and Reliability Solutions[M]. Boston: Elsevier, 2006.

[34] Klyatis L M. Accelerated Reliability and Durability Testing Technology[M]. Hoboken: Wiley, 2012.

[35] Helland S. Design for service life: Implementation of fib Model Code 2010 rules in the operational code ISO 16204[J]. Structural Concrete, 2013, 14(1): 10-18.

[36] 中华人民共和国住房和城乡建设部. 工程结构可靠性设计统一标准: GB 50153—2008[S]. 北京: 中国建筑工业出版社, 2008.

[37] 中华人民共和国住房和城乡建设部. 建筑结构可靠性设计统一标准: GB 50068—2018[S]. 北京: 中国建筑工业出版社, 2018.

[38] 中华人民共和国住房和城乡建设部. 公路工程结构可靠度设计统一标准: GB/T 50283—1999[S]. 北京: 中国建筑工业出版社, 1999.

[39] 中国铁路总公司. 铁路工程结构可靠性设计统一标准(试行): Q/CR 9007—2014[S]. 北京: 中国铁道出版社, 2014.

[40] 中华人民共和国住房和城乡建设部. 港口工程结构可靠性设计统一标准: GB 50158—2010[S]. 北京: 中国计划出版社, 2010.

[41] 中华人民共和国住房和城乡建设部. 水利水电工程结构可靠性设计统一标准: GB 50199—2013[S]. 北京: 中国计划出版社, 2013.

[42] 中华人民共和国住房和城乡建设部. 混凝土结构设计规范: GB 50010—2010[S]. 北京: 中国建筑工业出版社, 2011.

[43] 中华人民共和国住房和城乡建设部. 工业建筑防腐蚀设计标准: GB/T 50046—2018[S]. 北京: 中国计划出版社, 2018.

[44] 中华人民共和国交通部. 公路钢筋混凝土及预应力混凝土桥涵设计规范: JTG 3362—2018[S]. 北京: 人民交通出版社, 2018.

[45] 中华人民共和国交通部. 公路工程混凝土结构防腐蚀技术规范: JTG/T B07—01—2006[S]. 北京: 人民交通出版社, 2006.

[46] 中华人民共和国铁道部. 铁路混凝土结构耐久性设计规范: TB 10005—2010[S]. 北京: 中国铁道出版社, 2010.

[47] 中华人民共和国交通运输部. 水运工程混凝土结构设计规范: JTS 151—2011[S]. 北京: 人民交通出版社, 2011.

[48] 中华人民共和国水利部. 水工混凝土结构设计规范: SL 191—2008[S]. 北京: 中国水利水电出版社, 2008.

[49] ISO. General principles on reliability for structures: ISO 2394[S]. Geneva: International Organization for Standardization, 1998.

[50] ISO. Durability-Service life design of concrete structures: ISO 16204[S]. Geneva: International Organization for Standardization, 2012.

[51] JCSS. JCSS probabilistic model code: JCSS-OSTL/DIA-04—10—1999[S]. Lyngby: Joint Committee on Structrual Safety, 2001.

[52] CEB-FIP. Model code for service life design: fib bulletin 34[S]. Lausanne: International Federation for Structural Concrete(fib), 2006.

[53] CEB-FIP. Model code 2010: fib bulletin 55[S]. Lausanne: International Federation for Structural Concrete(fib), 2010.

[54] CEN. Eurocode - basis of structural design: EN 1990[S]. Brussels: CEN, 2002.

[55] CEN. Eurocode2: Design of concrete structures-Part1: General rules and rules for buildings: EN 1992[S]. Brussels: CEN, 2002.

[56] DuraCrete. General guidelines for durability design and redesign: BRPR-CT95-0132- BE95-1347 [S]. Gouda:The European Union-Brite Euram Ⅲ, 2000.

[57] LIFECON. Service life models, instructions on methodology and application of models for the prediction of the residual service life for classified environmental loads and types of structures in Europe[R]. Life Cycle Management of Concrete Infrastructures for Improved Sustainability, 2003.

[58] ACI 318-11. Building code requirement for structure concrete and commentary: ACI 318-11[S]. Farmington Hills: ACI, 2011.

[59] 武海荣. 混凝土结构耐久性环境区划与耐久性设计方法[D]. 杭州: 浙江大学, 2012.

[60] 邢锋. 混凝土结构耐久性设计与应用[M]. 北京: 中国建筑工业出版社, 2011.

[61] 姚继涛. 基于不确定性推理的既有结构可靠性评定[M]. 北京: 科学出版社, 2011.

[62] 金伟良, 赵羽习. 混凝土结构耐久性[M]. 北京: 科学出版社, 2002.

[63] 金伟良, 袁迎曙, 卫军, 等. 氯盐环境下混凝土结构耐久性理论与设计方法[M]. 北京: 科学出版社, 2011.

[64] 贡金鑫, 魏巍巍, 胡家顺. 中美欧混凝土结构设计[M]. 北京: 中国建筑工业出版社, 2007.

[65] 贡金鑫. 钢筋混凝土结构基于可靠度的耐久性分析[D]. 大连: 大连理工大学, 1999.

[66] 赵国藩, 贡金鑫, 赵尚传. 工程结构生命全过程可靠度[M]. 北京: 人民铁道出版社, 2004.

[67] 李田, 刘西拉. 混凝土结构耐久性分析与设计[M]. 北京: 科学出版社, 1999.

第 9 章

RI-METS 理论与应用：
一般大气环境

本章从宏观尺度、细观尺度、微观尺度描述了一般大气环境工程结构系统的内部影响因素和外部影响因素；明确了一般大气环境下的耐久性极限状态，描述了一般大气环境试验系统的基本架构，并归纳了国内外试验规范；建立了一般大气环境下的 RI-METS 理论，给出了相关计算公式；最后给出了 RI-METS 理论在一般大气环境下混凝土结构耐久性中的应用算例。

9.1 劣化机理与过程

一般大气环境主要指混凝土碳化引起的钢筋锈蚀环境，不存在冻融和盐、酸等化学物质的作用[1-3]。虽然在一般大气环境下，影响混凝土结构耐久性的因素众多，但混凝土碳化是一般大气环境下钢筋锈蚀的主要原因，5.3.1 节分别从材料学和结构工程的角度解释了碳化的劣化机理与过程，本章先从系统论的角度对其进行补充。

从系统论的角度来看，一般大气环境下的工程结构系统是一个开放系统。混凝土的碳化过程实质上是工程结构与自然环境之间发生了物质、能量和信息的交换。一般大气环境下混凝土发生碳化反应是一种自发的趋势，工程结构系统在混凝土的碳化过程中不断地演化，从"有序"走向"无序"。随着混凝土碳化深度的增加，工程结构系统的组成单元发生质变，工程结构的混凝土构件中钢筋的锈蚀风险增大。同理，钢铁及大多数金属在一般大气环境下发生腐蚀也是一种自发的趋势[4]。

通过 5.3.1 节的讨论可知，混凝土碳化深度与碳化时间的平方根成正比。碳化系数是影响混凝土碳化深度的重要参数。因此，碳化系数的相似率是将加速碳化试验结果用于真实结构耐久性设计与评估的重要参数。不同工程结构、不同自然环境、不同加速碳化试验的碳化系数相似率表现出信息相对性。建立一般大气环境混凝土结构耐久性 RI-METS 理论，便于将加速碳化试验结果用于真实结构耐久性设计与评估。

9.2 工程结构系统

一般大气环境下，工程结构系统的自然环境用 E_n^I 表示。观察者 R 在不同的观察尺度下所关注的信息是不相同的。

9.2.1 宏观尺度

在宏观尺度下，一般大气环境工程结构系统的内部影响因素包括工程类别、设计使用年限等。一般大气环境工程结构系统的宏观环境影响因素有 CO_2 浓度、气温、相对湿度、降水量等。一般大气环境工程结构系统宏观影响因素汇总于表 9-1。

表 9-1 一般大气环境工程结构系统宏观影响因素

Tab. 9-1 Macro influence factors of engineering structure system in general atmospheric environment

内部影响因素		宏观环境影响因素
工程类别	设计使用年限	
房屋建筑工程	5 年/ 25 年/ 50 年/ 100 年	
公路工程	30 年/ 50 年/ 100 年（≥50 年/≥100 年）*	CO_2 浓度
铁路工程	>30 年/ >60 年/ >100 年	气温
港口工程	5～10 年/ 50 年	相对湿度
水利水电工程	5～15 年/ 50 年/ 100 年	降水量

*括号中对应的是城市公路桥梁的设计使用年限。

在宏观尺度下，可以认为观察者 R 在工程结构系统 S 的外部进行观察。一般大气环境 E_n^{I} 下，观察者 R 观察系统 S 的宏观尺度模型如图 9-1 所示。

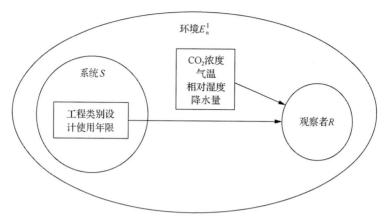

图 9-1　一般大气环境下观察者观察系统的宏观尺度模型

Fig. 9-1　Macro model of observer observing system in general atmospheric environment

9.2.2　细观尺度

在细观尺度下，一般大气环境工程结构系统的内部影响因素包括结构类型、结构体系、构件类型等。一般大气环境工程结构系统的细观环境影响因素有 CO_2 浓度、气温、相对湿度、降水量、风、波浪、潮水、尾气、积水等。一般大气环境工程结构系统细观影响因素汇总于表 9-2。

表 9-2　一般大气环境工程结构系统细观影响因素

Tab. 9-2　Meso influence factors of engineering structure system in general atmospheric environment

内部影响因素			细观环境影响因素
结构类型	结构体系	构件类型	
房屋建筑结构	排架结构	屋面板/屋架/排架柱	CO_2 浓度
	框架结构	屋面板/楼面板/梁/柱/墙	气温
	剪力墙结构	屋面板/楼面板/梁/柱/墙	相对湿度
	框-剪结构	屋面板/楼面板/梁/柱/墙	降水量
	筒体结构	屋面板/楼面板/梁/柱/墙	风
桥梁结构	梁桥	梁/桥墩(台)/墩(台)帽/承台	CO_2 浓度
	刚构桥	梁/桥墩(台)/斜柱/墩(台)帽/承台	气温
	拱桥	拱/梁/桥墩(台)/墩(台)帽/承台	相对湿度
	斜拉桥	桥塔/梁/桥墩(台)/墩(台)帽/承台	降水量/风
	悬索桥	桥塔/梁/桥墩(台)/墩(台)帽/承台/锚碇	波浪/潮水

续表

内部影响因素			细观环境影响因素
结构类型	结构体系	构件类型	
隧道结构	山岭隧道	初期支护/二次衬砌	CO_2 浓度
	水下隧道	混凝土管片	气温/相对湿度
	城市隧道	初期支护/二次衬砌	尾气/积水
港工结构	重力式码头	挡土墙/沉箱	CO_2 浓度/气温
	高桩码头	面板/纵梁/横梁/排架/靠船构件	相对湿度/降水量
	防波堤	混凝土块/混凝土墙	风/波浪/潮水
水工结构	重力坝	坝体/闸墩/导墙/工作桥/排水廊道/溢洪道	CO_2 浓度/气温
	拱坝	坝体/闸墩/导墙/工作桥/排水廊道/溢洪道	相对湿度/降水量
	土石坝	混凝土面板/工作桥/溢洪道	风/波浪/潮水/积水

在细观尺度下，可以认为观察者 R 在工程结构系统 S 与自然环境 E_n^I 的边界进行观察。一般大气环境 E_n^I 下，观察者 R 观察系统 S 的细观尺度模型如图 9-2 所示。

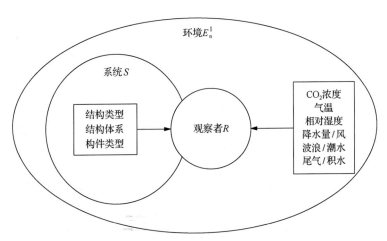

图 9-2　一般大气环境下观察者观察系统的细观尺度模型

Fig. 9-2　Meso model of observer observing system in general atmospheric environment

9.2.3　微观尺度

在微观尺度下，一般大气环境工程结构系统的内部影响因素包括几何形状、防护体系、加筋材料、混凝土材料等。一般大气环境工程结构系统的微观环境影响因素有 CO_2 浓度、气温、相对湿度、降水量、风、波浪、潮水、尾气、积水等。一般大气环境工程结构系统微观影响因素汇总于表 9-3。

表 9-3　一般大气环境工程结构系统微观影响因素

Tab. 9-3　Micro influence factors of engineering structure system in general atmospheric environment

内部影响因素				微观环境影响因素
几何形状	防护体系	加筋材料	混凝土材料	
几何尺寸	防护涂层	普通钢筋	配合比	CO_2 浓度
保护层厚度	防水层	不锈钢筋	纤维	气温/尾气
微裂纹/裂缝	隔离层	预应力筋	阻锈剂	相对湿度
表面剥落	饰面层	FRP 筋		降水量/风
角部效应		环氧树脂涂层钢筋		波浪/潮水/积水

在微观尺度下,可以认为观察者 R 在工程结构系统 S 的内部观察。一般大气环境下,观察者 R 观察系统 S 的微观尺度模型如图 9-3 所示。

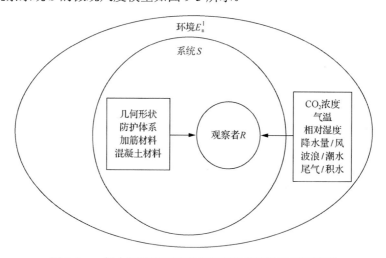

图 9-3　一般大气环境下观察者观察系统的微观尺度模型

Fig. 9-3　Micro model of observer observing system in general atmospheric environment

9.3　耐久性极限状态

由 5.3.1 节的讨论及上述分析可知,一般大气环境下混凝土结构发生碳化反应是一种自发的趋势,工程结构系统在混凝土的碳化过程中不断演化。当混凝土的碳化深度达到钢筋表面时,钢筋表面钝化膜破坏,钢筋就会发生锈蚀。此时认为工程结构系统在演化过程中越过了势垒,发生突变。

同 5.3.1 节所述,虽然不同的观察者[5-11]研究混凝土碳化的角度和考虑的影响因素不同,但是混凝土结构的碳化深度与时间的平方根成正比的关系已经得到公认:

$$x_c = k_c \sqrt{t_c} \tag{9-1}$$

式中，t_c 为碳化时间；x_c 为碳化深度；k_c 为碳化速度系数。

选择混凝土结构碳化深度达到混凝土构件保护层厚度作为一般大气环境下的耐久性极限状态：

$$Z^{\mathrm{I}} = d_{\mathrm{cover}} - x_c \tag{9-2}$$

式中，Z^{I} 为一般大气环境下混凝土碳化过程的耐久性极限状态功能函数，当 $Z^{\mathrm{I}} > 0$ 时，为可靠状态，当 $Z^{\mathrm{I}} \leqslant 0$ 时，为失效状态；d_{cover} 为混凝土构件保护层厚度。该耐久性极限状态针对成分为碳钢的普通钢筋。

9.4　环境试验系统

实验室人工模拟一般大气环境用 E_a^{I} 表示，其相应的试验系统用 S_{ex} 表示。

在一般大气环境下，混凝土结构碳化速度很慢，一般采用加速碳化试验来研究混凝土结构的抗碳化性能[12]。根据观察者需要选择观察尺度，收集一般大气环境 E_n^{I} 下工程结构系统 S_{ns} 的影响因素，分析劣化机理，确定实验室人工模拟一般大气环境 E_a^{I} 试验系统 S_{ex} 的输入参数 A_i^{I}（$i=1,2,\cdots$），设计并进行加速碳化试验，统计分析试验输出参数 B_j^{I}（$j=1,2,\cdots,\mathrm{M}$）。实验室人工模拟一般大气环境 E_a^{I} 试验系统 S_{ex} 的输入参数和输出参数见表 9-4，基本架构如图 9-4 所示。

表 9-4　实验室人工模拟一般大气环境试验系统输入参数和输出参数

Tab. 9-4　Input parameters and output parameters of test system in artificial general atmospheric environment

输入参数		输出参数	
A_1^{I}	CO_2 浓度	B_1^{I}	碳化深度
A_2^{I}	温度	B_2^{I}	pH
A_3^{I}	相对湿度	B_3^{I}	抗压强度
A_4^{I}	降水量	B_4^{I}	劈拉强度
A_5^{I}	风	B_5^{I}	裂缝宽度
A_6^{I}	波浪	B_6^{I}	黏结力
A_7^{I}	潮水	B_7^{I}	锈蚀率
A_8^{I}	尾气	B_8^{I}	承载力
A_9^{I}	积水		

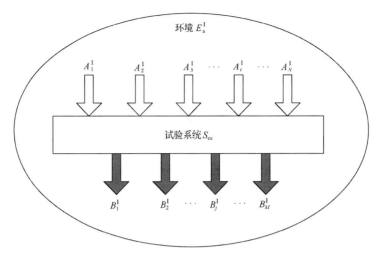

图 9-4　实验室人工模拟一般大气环境试验系统基本架构

Fig. 9-4　Basic framework of test system in artificial general atmospheric environment

　　影响混凝土结构碳化的因素有很多，根据观察者需要，选择主要的影响因素来模拟，减少次要因素的影响。目前，国内外关于混凝土加速碳化试验的规范有：①《普通混凝土长期性能和耐久性能试验方法标准》(GB/T 50082—2009)[13]；②《水运工程混凝土试验检测技术规范》(JTS/T 236—2019)[14]；③《水工混凝土试验规程(附条文说明)》(SL 352—2006)[15]；④欧洲规范 *Products and systems for the protection and repair of concrete structure test methods determination of resistance to carbonation*(BSEN 13295)[16]；⑤北欧规范 *Concrete, repairing materials and protective coating: Carbonation resistance*(NT Build357)[17]；⑥葡萄牙规范 *Concrete: Determination of carbonation resistance*(LNEC E-391)[18]；⑦国际结构混凝土协会规范 *Model Code for Service Life Design*(*fib* Bulletin 34)[19]；⑧法国规范 *Essai pour béton durci-Essai de carbonatation accélérée*(XP P18-458)[20]等。上述规范以 CO_2 浓度、气温、相对湿度作为主要的输入参数(表9-5)，以 1%酚酞酒精溶液测试的碳化深度作为主要的输出参数。

表 9-5　加速碳化试验规范

Tab. 9-5　Accelerated carbonation test codes

环境	试验规范	输入参数			输出参数
		CO_2 浓度/%	温度/℃	相对湿度/%	
$E_{a,1}^{I}$	GB/T 50082—2009	20±3	20±2	70±5	B_1^{I}
$E_{a,2}^{I}$	JTS/T 236—2019	20±3	20±5	70±5	B_1^{I}
$E_{a,3}^{I}$	SL 352—2006	20±3	20±5	70±5	B_1^{I}
$E_{a,4}^{I}$	BSEN 13295	1	21±2	60±10	B_1^{I}
$E_{a,5}^{I}$	NT Build357	3		55~65	B_1^{I}
$E_{a,6}^{I}$	LNEC E-391	5±0.1	20±3	65±5	B_1^{I}
$E_{a,7}^{I}$	*fib* Bulletin 34	2	20	65	B_1^{I}
$E_{a,8}^{I}$	XP P18-458	50±5	20±2	65	B_1^{I}

9.5　RI-METS 理论

9.5.1　METS 理论

对于在一般大气环境 E_n^I 下的工程结构系统，碳化深度与时间满足：

$$x_{c,n} = k_{c,n} \sqrt{t_{c,n}} \tag{9-3}$$

式中，变量下标 n 表示在自然环境下。

对于在实验室人工模拟一般大气环境 E_a^I 下的试验系统，碳化深度与时间满足：

$$x_{c,a} = k_{c,a} \sqrt{t_{c,a}} \tag{9-4}$$

式中，变量下标 a 表示在实验室人工模拟环境下。

定义实验室人工模拟环境的碳化速度系数 $k_{c,a}$ 与自然环境的碳化速度系数 $k_{c,n}$ 的比值为碳化速度相似率 $\lambda(k_c)$；实验室人工模拟环境的碳化深度 $x_{c,a}$ 与自然环境的碳化深度 $x_{c,n}$ 的比值为碳化深度相似率 $\lambda(x_c)$；实验室人工模拟环境的碳化时间 $t_{c,a}$ 与自然环境的碳化时间 $t_{c,n}$ 的比值为碳化时间相似率 $\lambda(t_c)$：

$$\begin{cases} \lambda(k_c) = k_{c,a}/k_{c,n} \\ \lambda(x_c) = x_{c,a}/x_{c,n} \\ \lambda(t_c) = t_{c,a}/t_{c,n} \end{cases} \tag{9-5}$$

一般大气环境下，混凝土碳化过程的相似率满足：

$$\frac{\lambda^2(x_c)}{\lambda^2(k_c) \cdot \lambda(t_c)} = 1 \tag{9-6}$$

混凝土碳化过程的相似准数为

$$\pi^I = \frac{x_c^2}{k_c^2 \cdot t_c} \tag{9-7}$$

将式(9-5)代入式(9-3)可得

$$x_{c,n} = \frac{k_{c,a}}{\lambda(k_c)} \sqrt{t_{c,n}} \tag{9-8}$$

式中，变量 $k_{c,a}$ 与相似率 $\lambda(k_c)$ 的影响因素众多，目前难以获得理想的表达式[21]。因此，需要通过 METS 路径来处理。

9.5.2　METS 路径

METS 路径包含了 METS$(1;1)$型、METS$(i;1)$型、METS$(1;j)$型和 METS$(i;j)$型四种路径。METS 路径体现了观察者 R 的观察过程和知识背景。

METS$(1;1)$型路径是指通过 1 个既有结构系统、1 种人工模拟环境的 METS 路径。以 METS$(1;1)$型路径为例，对于一般大气环境 E_n^I 拟建结构系统 S_{ns}，在其相似自然环境下有 m 个既有结构系统 $S_{es,1}$, $S_{es,2}$, $\cdots$, $S_{es,i}$, $\cdots$, $S_{es,m}$，同时有 n 种实验室人工模拟环境 $E_{a,1}^I$, $E_{a,2}^I$, $\cdots$, $E_{a,j}^I$, $\cdots$, $E_{a,n}^I$。构建实验室人工模拟环境 $E_{a,j}^I$，观察者 R 通过 1 个既有结构系统 $S_{es,i}$ 与 1 种实验室人工模拟环境 $E_{a,j}^I$ 观察拟建结构系统 S_{ns} 的 METS$(1;1)$型路径（图 9-5）为

$$\text{METS}(S_{es,i};E_{a,j}^I)=\begin{cases}\begin{pmatrix}S_{ns},E_n^I\end{pmatrix} & \begin{pmatrix}S_{es,i},E_n^I\end{pmatrix} \\ \begin{pmatrix}S_{ex},E_{a,j}^I\end{pmatrix} & \begin{pmatrix}S_{ex,i},E_{a,j}^I\end{pmatrix}\end{cases} \tag{9-9}$$

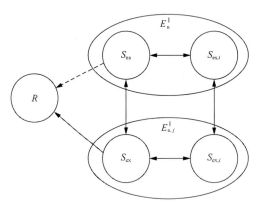

图 9-5　一般大气环境 METS$(S_{es,i};\ E_{a,j}^I)$ 路径

Fig. 9-5　METS$(S_{es,i};\ E_{a,j}^I)$ path in general atmospheric environment

9.5.3　相对信息熵

对于一般大气环境下 E_n^I 拟建结构系统 S_{ns}，S_{ns} 在信道中对观察者 R 输出的是功能函数 Z^I，见式(9-2)。观察者 R 通过 METS$(S_{es,i};E_{a,j}^I)$ 路径观察拟建结构系统 S_{ns} 在时间段[0, t]内的相对信息熵为

$$\begin{cases}H_i[S_{ns}(Z^I;t)/\text{METS}(S_{es,i};E_{a,j}^I)]=-P_s(S_{ns};t)\cdot\log_2 P_s(S_{ns};t)-P_f(S_{ns};t)\cdot\log_2 P_f(S_{ns};t)\\H_o[S_{ns}(Z^I;t)/\text{METS}(S_{es,i};E_{a,j}^I)]=-\{P_{\tilde{A}}(S_{ns};t)\cdot\log_2 P_{\tilde{A}}(S_{ns};t)+[1-P_{\tilde{A}}(S_{ns};t)]\\\qquad\qquad\times\log_2[1-P_{\tilde{A}}(S_{ns};t)]+P_{\tilde{B}}(S_{ns};t)\cdot\log_2 P_{\tilde{B}}(S_{ns};t)\\\qquad\qquad+[1-P_{\tilde{B}}(S_{ns};t)]\cdot\log_2[1-P_{\tilde{B}}(S_{ns};t)]\}/2\end{cases}$$

$$\tag{9-10}$$

语法信息熵 $H_i[S_{ns}(Z^I;t)/\text{METS}(S_{es,i};E_{a,j}^I)]$ 的计算先按照一般大气环境下耐久性极限状态方程计算 $P_s(S_{ns};t)$ 和 $P_f(S_{ns};t)$，再将 $P_s(S_{ns};t)$ 和 $P_f(S_{ns};t)$ 代入式（9-10）即可得到。

语义信息熵 $H_o[S_{ns}(Z^I;t)/\text{METS}(S_{es,i};E_{a,j}^I)]$ 反映了观察者 R 对功能函数 Z^I 语义的模糊性。功能函数 Z^I 语义的模糊性来源于：采用 1%酚酞酒精溶液测试的碳化深度尚未达到钢筋保护层厚度时，钢筋就可能发生锈蚀。对于混凝土中的钢筋，当 pH>11.5 时，钢筋处于钝化状态，不发生锈蚀；当 pH≤9 时，锈蚀速度不再受 pH 的影响。而 1%酚酞酒精溶液变色的界限 pH 是 9，那么混凝土中就存在一个 9<pH<11.5 的部分碳化区。部分碳化区长度用 x_{hc} 来表示，可采用如下计算模型[22]：

$$x_{hc} = 1.017 \times 10^4 (0.7 - \text{RH})^{1.82} \sqrt{\frac{W/c - 0.31}{c}} \tag{9-11}$$

式中，x_{hc} 为部分碳化区长度（mm）；RH 代表相对湿度，采用小数表示；W/c 代表水灰比，c 代表硅酸盐水泥用量，单位是 kg/m³。当部分碳化区长度 x_{hc} 计算值小于 0mm 时，取 0mm。

定义功能函数 Z^I 隶属于模糊集 $\tilde{A}=\{$"可靠"$\}$ 的隶属函数为 $\mu_{\tilde{A}}(Z^I)$，功能函数 Z^I 隶属于模糊集 $\tilde{B}=\{$"失效"$\}$ 的隶属函数为 $\mu_{\tilde{B}}(Z^I)$。

构建隶属函数 $\mu_{\tilde{A}}(Z^I)$ 为

$$\mu_{\tilde{A}}(Z^I) = \begin{cases} 0, & Z^I < 0 \\ \dfrac{Z^I}{x_{hc}}, & 0 \leqslant Z^I \leqslant x_{hc} \\ 1, & Z^I > x_{hc} \end{cases} \tag{9-12}$$

构建隶属函数 $\mu_{\tilde{B}}(Z^I)$ 为

$$\mu_{\tilde{B}}(Z^I) = \begin{cases} 1, & Z^I < 0 \\ 1 - \dfrac{Z^I}{x_{hc}}, & 0 \leqslant Z^I \leqslant x_{hc} \\ 0, & Z^I > x_{hc} \end{cases} \tag{9-13}$$

功能函数 Z^I 的隶属函数 $\mu_{\tilde{A}}(Z^I)$ 与 $\mu_{\tilde{B}}(Z^I)$ 的曲线如图 9-6 所示。

将式（9-12）、式（9-13）分别代入式（4-53）和式（4-54）计算"可靠"可能性 $P_{\tilde{A}}(S_{ns};t)$ 和"失效"可能性 $P_{\tilde{B}}(S_{ns};t)$，再将 $P_{\tilde{A}}(S_{ns};t)$ 和 $P_{\tilde{B}}(S_{ns};t)$ 代入式（9-10）即可得到相对信息熵。

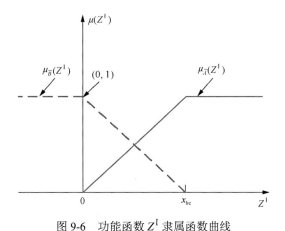

图 9-6　功能函数 Z^{I} 隶属函数曲线
Fig. 9-6　Membership function of performance function Z^{I}

9.5.4　相对信息

通过 $\mathrm{METS}(S_{es,i};E_{a,j}^{\mathrm{I}})$ 路径观察拟建结构系统 S_{ns} 的相对信息为

$$\begin{cases} I_{\mathrm{i}}[S_{ns}(Z^{\mathrm{I}};t);\mathrm{METS}(S_{es,i};E_{a,j}^{\mathrm{I}})]=H_{\mathrm{i}}[S_{ns}(Z^{\mathrm{I}};t)]-H_{\mathrm{i}}[S_{ns}(Z^{\mathrm{I}};t)/\mathrm{METS}(S_{es,i};E_{a,j}^{\mathrm{I}})] \\ I_{\mathrm{o}}[S_{ns}(Z^{\mathrm{I}};t);\mathrm{METS}(S_{es,i};E_{a,j}^{\mathrm{I}})]=H_{\mathrm{o}}[S_{ns}(Z^{\mathrm{I}};t)]-H_{\mathrm{o}}[S_{ns}(Z^{\mathrm{I}};t)/\mathrm{METS}(S_{es,i};E_{a,j}^{\mathrm{I}})] \end{cases} \quad (9\text{-}14)$$

式中，$I_{\mathrm{i}}[S_{ns}(Z^{\mathrm{I}};t);\mathrm{METS}(S_{es,i};E_{a,j}^{\mathrm{I}})]$ 表示 $\mathrm{METS}(S_{es,i};E_{a,j}^{\mathrm{I}})$ 路径在语法空间中的语法相对信息；$I_{\mathrm{o}}[S_{ns}(Z^{\mathrm{I}};t);\mathrm{METS}(S_{es,i};E_{a,j}^{\mathrm{I}})]$ 表示 $\mathrm{METS}(S_{es,i};E_{a,j}^{\mathrm{I}})$ 路径在语义空间中的语义相对信息。

9.6　RI-METS 理论的应用

9.6.1　工程概况

某拟建结构系统 S_{ns}，工程类别属于房屋建筑工程，设计使用年限为 50 年，钢筋混凝土框架结构，房屋建筑用途包含干燥房间、蓄水池、潮湿房间、阳台、室外露台等。构件类型包含屋面板、楼面板、梁、柱、雨棚等；采用混凝土材料，掺粉煤灰，无纤维，无阻锈剂，采用普通钢筋。

自然环境为一般大气环境 $E_{\mathrm{n}}^{\mathrm{I}}$，且自然环境中不存在冻融和盐、酸等化学物质的作用。自然环境中大气 CO_2 浓度为 0.038%，年平均气温为 12.5℃，年平均相对湿度为 74%，年平均降水量为 942mm，平均降水日数为 85 天；工程结构外部环境无波浪、无潮水。

9.6.2　工程结构系统

在宏观尺度下，拟建结构系统 S_{ns} 的工程类别属于房屋建筑工程，设计使用年限为 50 年。宏观环境影响因素有 CO_2 浓度、气温、相对湿度、降水量等。

在细观尺度下，拟建结构系统 S_{ns} 的结构体系为框架结构。房屋建筑用途包括干燥房间（1 号环境，室内干燥环境）、蓄水池（2 号环境，长期浸润环境）、潮湿房间（3 号环境，非干湿交替室内潮湿环境）、阳台（3 号环境，非干湿交替露天环境）、室外露台（4 号环境，干湿交替露天环境）。干燥房间、蓄水池、潮湿房间处于室内大气区，阳台、室外露台处于室外大气区。构件类型有屋面板、楼面板、梁、柱、雨棚等。细观环境影响因素有 CO_2 浓度、气温、相对湿度、降水量等。

在微观尺度下，拟建结构系统 S_{ns} 的构件的几何形状均为矩形截面。室内房间均有饰面层，蓄水池有刚性防水层。加筋材料为普通钢筋。采用掺 30%粉煤灰的混凝土，28 天立方体抗压强度标准值为 58.1MPa，水胶比为 0.46，胶凝材料为 300kg/m³，不含阻锈剂，混凝土中最大碱含量达标（无 AAR 反应）。

9.6.3　试验系统

分别选取 3 号环境下阳台的顶板（保护层厚度 25mm）和 4 号环境下室外露台挑梁（保护层厚度 35mm）为研究对象。构建实验室人工模拟一般大气环境 $E_{a,7}^{I}$（*fib* Bulletin 34）。试验系统 S_{ex} 输入参数：CO_2 浓度为 2%、温度为 20℃、相对湿度为 65%。输出参数为 1%酚酞酒精溶液测试的碳化深度。

9.6.4　METS 路径

选取与研究对象（拟建结构系统 S_{ns}）所处环境相同的参照物（既有结构系统 $S_{es,1}$），同样构建实验室人工模拟一般大气环境 $E_{a,7}^{I}$ 试验系统 $S_{ex,1}$。既有结构系统 $S_{es,1}$ 采用普通混凝土，水胶比为 0.46，胶凝材料为 300kg/m³。观察者 R 的 METS 路径（图 9-7）为

$$\text{METS}(S_{es,1};E_{a,7}^{I})=\left\{\begin{matrix}(S_{ns},E_{n}^{I}) & (S_{es,1},E_{n}^{I})\\(S_{ex},E_{a,7}^{I}) & (S_{ex,1},E_{a,7}^{I})\end{matrix}\right\} \tag{9-15}$$

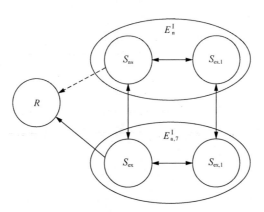

图 9-7　METS$(S_{es,1};\ E_{a,7}^{I})$ 路径

Fig. 9-7　METS$(S_{es,1};\ E_{a,7}^{I})$ path

对既有结构系统 $S_{es,1}$ 和试验系统 $S_{ex,1}$ 的碳化深度进行测试，分别通过式(9-3)和式(9-4)得到碳化系数。既有结构系统 $S_{es,1}$ 碳化系数 $k_{c,n}$ 与试验系统 $S_{ex,1}$ 碳化系数 $k_{c,a}$ 的对比图如图 9-8 所示。

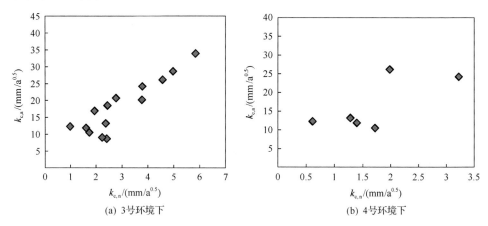

(a) 3 号环境下　　　　　　　　　　(b) 4 号环境下

图 9-8　既有结构系统 $S_{es,1}$ 与试验系统 $S_{ex,1}$ 碳化系数对比图

Fig. 9-8　Natural carbonation coefficient of $S_{es,1}$ vs. accelerated carbonation coefficient of $S_{ex,1}$

在 3 号环境(非干湿交替露天环境)和 4 号环境(干湿交替露天环境)下，既有结构系统 $S_{es,1}$ 碳化系数 $k_{c,n}$、试验系统 $S_{ex,1}$ 碳化系数 $k_{c,a}$ 及其相似率 $\lambda(k_c)$ 的平均值 μ、标准差 σ、变异系数 δ(无量纲)见表 9-6。

表 9-6　既有结构系统 $S_{es,1}$ 与试验系统 $S_{ex,1}$ 碳化系数及其相似率统计结果

Tab. 9-6　Statistical results of carbonation coefficients and their similarity ratio from $S_{es,1}$ and $S_{ex,1}$

环境编号	$k_{c,n}$ /(mm/a$^{0.5}$)			$k_{c,a}$ /(mm/a$^{0.5}$)			$\lambda(k_c)$		
	μ	σ	δ	μ	σ	δ	μ	σ	δ
3	2.96	1.41	0.48	18.21	7.87	0.43	6.56	2.18	0.33
4	1.70	0.88	0.52	16.40	6.91	0.42	10.95	5.09	0.46

采用 K-S 检验法[23]分别检验既有结构系统 $S_{es,1}$ 碳化系数 $k_{c,n}$、试验系统 $S_{ex,1}$ 碳化系数 $k_{c,a}$ 及其相似率 $\lambda(k_c)$ 是否服从正态分布(表 9-7)，显著性水平取 0.05。K-S 检验 p 值均大于 0.05，jbstat(检验)测试值均小于 critval(原假设)临界值，正态分布假设为真。

表 9-7　既有结构系统 $S_{es,1}$ 与试验系统 $S_{ex,1}$ 碳化系数及其相似率 K-S 检验

Tab. 9-7　K-S test results of carbonation coefficients and their similarity ratio from $S_{es,1}$ and $S_{ex,1}$

环境编号	$k_{c,n}$			$k_{c,a}$			$\lambda(k_c)$		
	p	jbstat	critval	p	jbstat	critval	p	jbstat	critval
3	0.467	0.216	0.349	0.775	0.167	0.349	0.712	0.177	0.349
4	0.913	0.208	0.519	0.388	0.344	0.519	0.889	0.216	0.519

对既有结构系统 $S_{es,1}$ 碳化系数 $k_{c,n}$ 和试验系统 $S_{ex,1}$ 碳化系数 $k_{c,a}$ 进行线性回归分析[23]，

线性回归曲线如图 9-9 所示，两条虚线为满足 95%保证率的范围，实线为相似率的线性回归结果。表 9-8 给出了线性回归分析结果，3 号环境与 4 号环境的弃真概率均小于 0.001，线性假设为真。

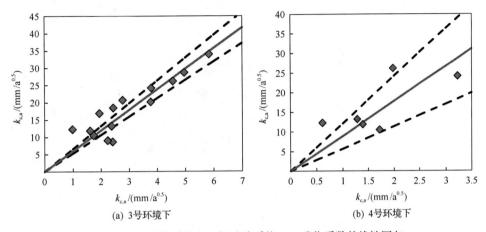

(a) 3号环境下　　　　　　　　　　　　　　　(b) 4号环境下

图 9-9　既有结构系统 $S_{es,1}$ 与试验系统 $S_{ex,1}$ 碳化系数的线性回归

Fig. 9-9　Linear regression of carbonation coefficients from $S_{es,1}$ and $S_{ex,1}$

表 9-8　既有结构系统 $S_{es,1}$ 与试验系统 $S_{ex,1}$ 碳化系数线性回归结果

Tab. 9-8　Linear regression results of carbonation coefficients from $S_{es,1}$ and $S_{ex,1}$

环境编号	斜率估计值	95%置信区间	标准误差	测定系数 R^2	弃真概率
3	5.956	[5.315, 6.597]	0.297	0.97	3.62×10^{-11}
4	8.895	[5.680, 12.110]	1.251	0.91	8.52×10^{-4}

对试验系统 S_{ex} 的碳化深度进行测试，通过式(9-4)得到碳化系数，采用 K-S 检验法检验试验系统 S_{ex} 碳化系数 $k_{c,a}$ 是否服从正态分布，显著性水平取 0.05。在人工模拟一般大气环境 $E_{a,7}^{I}$ 下，试验系统 S_{ex} 碳化系数 $k_{c,a}$ 的平均值 μ、标准差 σ、变异系数 δ（无量纲）以及 K-S 检验结果见表 9-9。K-S 检验 p 值大于 0.05，jbstat 测试值小于 critval 临界值，正态分布假设为真。

表 9-9　试验系统 S_{ex} 碳化系数统计结果与 K-S 检验

Tab. 9-9　Statistical and K-S test results of carbonation coefficient from S_{ex}

变量	$\mu/(mm/a^{0.5})$	$\sigma/(mm/a^{0.5})$	δ	p	jbstat	critval
$k_{c,a}$	20.466	6.574	0.32	0.972	0.157	0.454

9.6.5　相对信息熵

通过 METS$(S_{es,1}; E_{a,7}^{I})$ 路径，观察一般大气环境 E_{n}^{I} 下的拟建结构系统 S_{ns}。METS$(S_{es,1}; E_{a,7}^{I})$ 路径的统计参数见表 9-10。

表 9-10　METS$(S_{es,1}; E_{a,7}^I)$路径的统计参数

Tab. 9-10　Statistical parameters of METS$(S_{es,1}; E_{a,7}^I)$ path

环境编号	变量	单位	μ	σ	分布类型
3	$k_{c,a}$	mm/a$^{0.5}$	20.466	6.574	正态分布
	$\lambda(k_c)$		6.56	2.18	正态分布
	d_{cover}	mm	25	2.5	对数正态分布
4	$k_{c,a}$	mm/a$^{0.5}$	20.466	6.574	正态分布
	$\lambda(k_c)$		10.95	5.09	正态分布
	d_{cover}	mm	30	3.0	对数正态分布

通过 METS$(S_{es,1}; E_{a,7}^I)$路径，计算拟建结构系统 S_{ns} 的经时可靠概率 $P_s(S_{ns};t)$ 和经时失效概率 $P_f(S_{ns};t)$，结果见图 9-10。可靠概率 $P_s(S_{ns};t)$ 单调递减，失效概率 $P_f(S_{ns};t)$ 单调递增。在 3 号环境下：失效概率 $P_f(S_{ns};t)$ 在第 8 年超过 0.1（相应 β^* 为 1.3）；可靠概率 $P_s(S_{ns};t)$ 与失效概率 $P_f(S_{ns};t)$ 在第 16 年处为 0.5（相应 β^* 为 0）。在 4 号环境下：失效概率 $P_f(S_{ns};t)$ 在第 8 年超过 0.1；可靠概率 $P_s(S_{ns};t)$ 与失效概率 $P_f(S_{ns};t)$ 在第 22 年处均为 0.5。

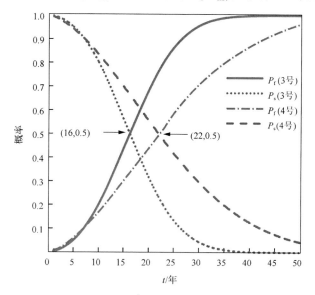

图 9-10　METS$(S_{es,1}; E_{a,7}^I)$路径的可靠概率和失效概率

Fig. 9-10　Reliable probability and failure probability of METS$(S_{es,1}; E_{a,7}^I)$ path

通过 METS$(S_{es,1}; E_{a,7}^I)$路径，计算拟建结构系统 S_{ns} 的经时相对信息熵。由于年平均相对湿度为 74%，大于 70%，根据式(9-11)计算的部分碳化区长度 x_{hc} 为 0mm，因此语法信息熵等于语义信息熵，计算结果见图 9-11，相对信息熵均为存在最大值的单峰函数，先单调递增，达到极值点后再单调递减。

在 3 号环境下：相对信息熵在第 8 年超过 0.47bit（失效概率为 0.1）；相对信息熵在第 16 年达到极大值 1.0bit（失效概率为 0.5）。在 4 号环境下：相对信息熵在第 8 年超过 0.47bit；相对信息熵在第 22 年达到极大值 1.0bit。

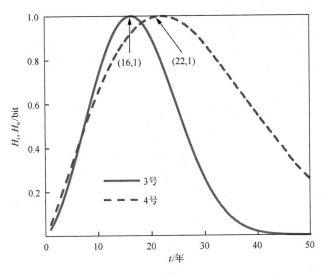

图 9-11　METS $(S_{es,1}; E_{a,7}^{I})$ 路径的相对信息熵

Fig. 9-11　Relative information entropy of METS $(S_{es,1}; E_{a,7}^{I})$ path

9.6.6　相对信息

拟建结构系统 S_{ns} 建成后，分别测试 3 号环境（非干湿交替露天环境）和 4 号环境（干湿交替露天环境）下混凝土的碳化深度 $x_{c,n}$，并用式 (9-3) 得到碳化系数。采用 K-S 检验法[23]检验拟建结构系统 S_{ns} 碳化系数 $k_{c,n}$ 是否服从正态分布，显著性水平取 0.05。在一般大气环境 E_n^I 下，拟建结构系统 S_{ns} 碳化系数 $k_{c,n}$ 的平均值 μ、标准差 σ、变异系数 δ（无量纲）以及 K-S 检验结果见表 9-11。K-S 检验 p 值大于 0.05，jbstat 测试值小于 critval 临界值，正态分布假设为真。

表 9-11　拟建结构系统 S_{ns} 碳化系数统计结果与 K-S 检验

Tab. 9-11　Statistical and K-S test results of carbonation coefficient from S_{ns}

环境编号	变量	$\mu/(mm/a^{0.5})$	$\sigma/(mm/a^{0.5})$	δ	p	jbstat	critval
3	$k_{c,n}$	4.972	1.842	0.37	0.911	0.183	0.454
4	$k_{c,n}$	4.219	2.677	0.63	0.740	0.347	0.708

一般大气环境 E_n^I 下的拟建结构系统 S_{ns} 建成后的统计参数见表 9-12。

表 9-12　一般大气环境 E_n^I 下的拟建结构系统 S_{ns} 的统计参数

Tab. 9-12　Statistical parameters of S_{ns} in E_n^I

环境编号	变量	单位	μ	σ	分布类型
3	$k_{c,n}$	mm/a^{0.5}	4.972	1.842	正态分布
	d_{cover}	mm	25	2.5	对数正态分布
4	$k_{c,n}$	mm/a^{0.5}	4.219	2.677	正态分布
	d_{cover}	mm	30	3.0	对数正态分布

　　拟建结构系统 S_{ns} 建成后，经时可靠概率 $P_s(S_{ns};t)$ 和经时失效概率 $P_f(S_{ns};t)$ 计算结果见图 9-12。在 3 号环境下：失效概率 $P_f(S_{ns};t)$ 在第 10 年超过 0.1；可靠概率 $P_s(S_{ns};t)$ 与失效概率 $P_f(S_{ns};t)$ 在第 14 年处均为 0.5。在 4 号环境下：失效概率 $P_f(S_{ns};t)$ 在第 11 年超过 0.1；可靠概率 $P_s(S_{ns};t)$ 与失效概率 $P_f(S_{ns};t)$ 在第 17 年处均为 0.5。

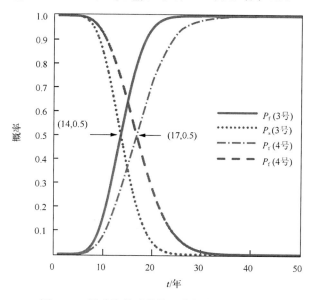

图 9-12　拟建结构系统的可靠概率和失效概率

Fig. 9-12　Reliable probability and failure probability of S_{ns}

　　拟建结构系统 S_{ns} 建成后，计算拟建结构系统 S_{ns} 经时相对信息熵。由于不存在部分碳化区，语法信息熵等于语义信息熵，计算结果见图 9-13。在 3 号环境下：相对信息熵在第 10 年超过 0.47bit；相对信息熵在第 14 年达到极大值 1.0bit。在 4 号环境下：相对信息熵在第 11 年超过 0.47bit；相对信息熵在第 17 年达到极大值 1.0bit。

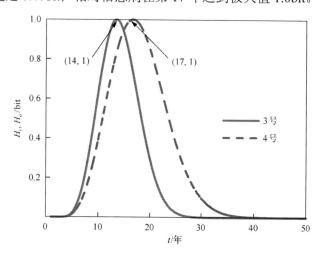

图 9-13　拟建结构系统的相对信息熵

Fig. 9-13　Relative information entropy of S_{ns}

METS$(S_{es,1}; E_{a,7}^I)$ 路径与拟建结构系统 S_{ns} 建成后的 90%保证率钢筋脱钝时间 $T_{c,0.9}$ 和平均钢筋脱钝时间 $T_{c,m}$ 汇总于表 9-13。

表 9-13　METS 路径与拟建结构系统 S_{ns} 建成后的钢筋脱钝时间

Tab. 9-13　Steel bar depassivation time from METS path and S_{ns}

观察路径与系统	环境	$T_{c,0.9}$/年	$T_{c,m}$/年
METS$(S_{es,1}; E_{a,7}^I)$	3 号环境	8	16
	4 号环境	8	22
S_{ns}	3 号环境	10	14
	4 号环境	11	17

观察者效应系数 $u[S_{ns}(Z^I;t)/\text{METS}(S_{es,1}; E_{a,7}^I)]$ 和相对信息的计算结果见图 9-14。

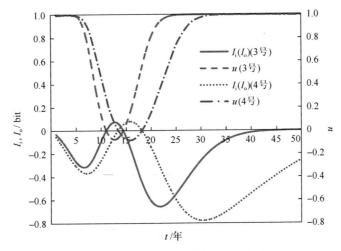

图 9-14　观察者效应系数与相对信息

Fig.9-14　Observer effect coefficient and relative information

下面寻找观察者效应系数曲线突变点和相对信息绝对值达到 0.2bit 的时间点、极值点。观察者效应系数为存在最小值的单峰函数，与横坐标轴有 2 个交点；相对信息为多峰函数，与横坐标轴有 2 个交点；而且观察者效应系数和相对信息与横坐标轴的 2 个交点均相同。在 3 号环境下，相对信息的绝对值在第 4 年达到 0.2bit；相对信息的 3 个极值点分别为 $(7,-0.31)$、$(13,0.07)$ 和 $(22,-0.66)$。在 4 号环境下，相对信息的绝对值在第 4 年达到 0.2bit；相对信息的 3 个极值点分别为 $(7,-0.37)$、$(16,0.08)$ 和 $(30,-0.78)$。相对信息反映了观察者在通过 METS$(S_{es,1}; E_{a,7}^I)$ 观察拟建结构系统 S_{ns} 过程中的信息流，其绝对值越小越接近于实际情况。因此，拟建结构系统 S_{ns} 建成后 4 年之内就应做一次检测。

9.6.7　控制决策

本节采用效用度函数来评价 METS$(S_{es,1}; E_{a,7}^I)$ 路径的效用度。计算的经时效用度 $Q[\text{METS}(S_{es,1}; E_{a,7}^I)]$ 结果见图 9-15。在 3 号环境下：效用度 $Q[\text{METS}(S_{es,1}; E_{a,7}^I)]$ 在第 9～

第 17 年均大于 0.8；在第 7 年及以前均小于 0.4。在 4 号环境下：效用度 $Q[\text{METS}(S_{es,1}; E_{a,7}^{I})]$ 在第 11～第 22 年均大于 0.8；在第 8 年及以前均小于 0.4。因此，$\text{METS}(S_{es,1}; E_{a,7}^{I})$ 路径在第 9～第 17 年的范围内效用度较高。拟建结构系统 S_{ns} 宜在建成后 7 年之内做一次检测。结合图 9-14 的结果，综合考虑，拟建结构系统 S_{ns} 宜在建成后 4 年内做一次检测。

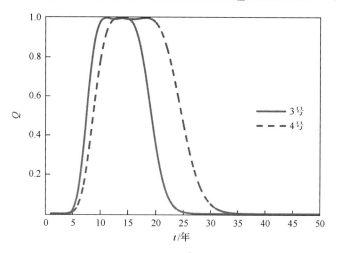

图 9-15 $\text{METS}(S_{es,1}; E_{a,7}^{I})$ 路径效用度

Fig. 9-15   Utility degree of $\text{METS}(S_{es,1}; E_{a,7}^{I})$ path

参 考 文 献

[1] 中华人民共和国住房和城乡建设部. 混凝土结构耐久性设计规范: GB/T 50876—2008[S]. 北京: 中国建筑工业出版社, 2008.

[2] 中国土木工程学会. 混凝土结构耐久性设计与施工指南: CCES 01—2004[S]. 北京: 中国建筑工业出版社, 2005.

[3] 武海荣. 混凝土结构耐久性环境区划与耐久性设计方法[D]. 杭州: 浙江大学, 2012.

[4] 冷发光, 周永祥, 王晶. 混凝土耐久性及其检验评价方法[M]. 北京: 中国建材工业出版社, 2012.

[5] 牛荻涛. 混凝土结构耐久性与寿命预测[M]. 北京: 科学出版社, 2003.

[6] Tutti K. Corrosion of steel in concrete. Swedish Cement and Concrete Institute[R]. Stockholm: CIB, 1982.

[7] 阿列克谢耶夫. 钢筋混凝土结构中钢筋腐蚀与保护[M]. 黄可信, 吴兴祖, 蒋仁敏, 等译. 北京: 中国建筑工业出版社, 1983.

[8] Papadkis V G, Vayenas C G, Fardis M N. Fundamental modeling and experimental investigation of concrete carbonation [J]. ACI Materials Journal, 1991, 88(8): 363-373.

[9] 岸谷孝一. 钢筋混凝土的耐久性[M]. 东京: 鹿岛建设技术研究所, 1963.

[10] Huang S Y, Li L. Estimation of carbonation depth of ordinary and fly as hconcrete[C]//Proceeding of International Congress on Cement and Building Materials, New Delhi, 1989.

[11] 邸小坛, 周燕. 混凝土碳化规律研究[R]. 北京: 中国建筑科学研究院, 1995.

[12] Jin L B, Xiong X L, Xiao Z R, et al. A new similarity experimental method of carbonation assessment on concrete structures[J]. Advanced Materials Research, 2011, 255: 629-633.

[13] 中华人民共和国住房和城乡建设部. 普通混凝土长期性能和耐久性能试验方法标准: GBT 50082—2009[S]. 北京: 中国建筑工业出版社, 2009.

[14] 中华人民共和国交通部. 水运工程混凝土试验检测技术规范: JTS/T 236—2019[S]. 北京: 人民交通出版社, 2019.

[15] 中华人民共和国水利部. 水工混凝土试验规程(附条文说明): SL 352—2006[S]. 北京: 中国水利水电出版社, 2006.

[16] CEN. Products and systems for the protection and repair of concrete structure test methods determination of resistance to carbonation: BS EN 13295[S]. London：British Standards Institution, 2004.

[17] NORDTEST. Concrete, repairing materials and protective coating: Carbonation resistance:NT Build 357[S]. Espoo:Nordtest, 1989.

[18] LNEC. Concrete: determination of carbonation resistance: LNEC E-391[S]. Lisbon:National Laboratory of Civil Engineering, 1993.

[19] CEB-FIP. Model Code for Service Life Design: *fib* Bulletin 34[S]. Lausanne: International Federation for Structural Concrete(*fib*), 2006.

[20] AFNOR. Essai pour béton durci – Essai de carbonatation accélérée:Norme XP P18-858[S]. Paris: AFNOR, 2008.

[21] Galan I, Andrade C. Comparison of carbonation models[C]//3nd International RILEM PhD Student Workshop on Modelling the Durability of Reinforced Concrete, Guimaraes, 2009.

[22] 张誉, 蒋利学. 基于碳化机理的混凝土碳化深度实用数学模型[J]. 工业建筑, 1998, 28(1):16-19.

[23] 周品. MATLAB 概率与数理统计[M]. 北京: 清华大学出版社, 2012.

第 10 章

RI-METS 理论与应用：
冻融环境

　　本章从宏观尺度、细观尺度、微观尺度描述了冻融环境工程结构系统的内部影响因素和外部影响因素；明确了冻融环境下的耐久性极限状态，描述了冻融环境试验系统的基本架构，并归纳了国内外加速冻融试验规范；建立了冻融环境下的 RI-METS 理论，给出了相关计算公式；最后给出了 RI-METS 理论在冻融环境下混凝土结构耐久性中的应用算例。

10.1 劣化机理与过程

冻融环境主要指混凝土可能遭受冻蚀的环境[1,2]。冻融环境下，影响混凝土结构耐久性的因素众多，冻融循环作用是引起寒冷地区混凝土损伤破坏的主要原因之一[3,4]。5.3.2节分别从材料学与结构工程的角度解释了冻融作用的劣化机理和过程，本章先从系统论的角度对其进行补充。

从系统论的角度来看，冻融环境下的工程结构系统是一个开放系统。混凝土的冻融过程实质上是工程结构与自然环境之间发生了质量、能量和信息的交换。工程结构的冻融损伤与自然环境密切相关，不同地区的气候不同，发生冻融损伤的可能性和严重程度差异性很大[5]。随着冻融循环次数的增加，工程结构系统不断演化直至破坏。

通过5.3.2节的讨论可知，目前加速冻融试验结果不能直接用于真实结构，需要建立冻融环境混凝土结构耐久性 RI-METS 理论，以便将加速冻融试验结果用于真实结构耐久性设计与评估。

10.2 工程结构系统

冻融环境下，工程结构系统的自然环境用 E_n^{II} 表示。观察者 R 在不同的观察尺度下所关注的信息是不相同的。

10.2.1 宏观尺度

在宏观尺度下，冻融环境工程结构系统的内部影响因素包括工程类别、设计使用年限等。冻融环境工程结构系统的宏观环境影响因素有年均冻融循环次数、最冷月平均气温、相对湿度、降水量等[5]。冻融环境工程结构系统宏观影响因素汇总于表 10-1。

在宏观尺度下，可以认为观察者 R 在工程结构系统 S 的外部进行观察。在冻融环境 E_n^{II} 下，观察者 R 观察系统 S 的宏观尺度模型如图 10-1 所示。

表 10-1　冻融环境工程结构系统宏观影响因素

Tab. 10-1　Macro influence factors of engineering structure system in freezing-thawing environment

内部影响因素		宏观环境影响因素
工程类别	设计使用年限	
房屋建筑工程	5 年 / 25 年 / 50 年 / 100 年	年均冻融循环次数 最冷月平均气温 相对湿度 降水量
公路工程	30 年 / 50 年 / 100 年 (≥50 年 / ≥100 年)*	
铁路工程	>30 年 / >60 年 / >100 年	
港口工程	5～10 年 / 50 年	
水利水电工程	5～15 年 / 50 年 / 100 年	

*括号中对应的是城市公路桥梁的设计使用年限。

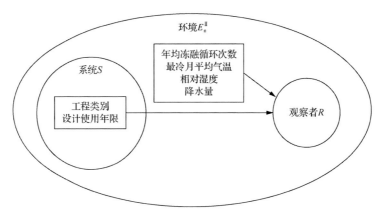

图 10-1　冻融环境下观察者观察系统的宏观尺度模型

Fig. 10-1　Macro model of observer observing system in freezing-thawing environment

10.2.2　细观尺度

在细观尺度下，冻融环境工程结构系统的内部影响因素包括结构类型、结构体系、构件类型等。冻融环境工程结构系统的细观环境影响因素有年均冻融循环次数、最冷月平均气温、相对湿度、降水量、阳光、波浪、潮水、氯盐、积水等。冻融环境工程结构系统细观影响因素汇总于表 10-2。

表 10-2　冻融环境工程结构系统细观影响因素

Tab. 10-2　Meso influence factors of engineering structure system in freezing-thawing environment

内部影响因素			细观环境影响因素
结构类型	结构体系	构件类型	
房屋建筑结构	排架结构	屋面板/屋架/排架柱	年均冻融循环次数
	框架结构	屋面板/楼面板/梁/柱/墙	最冷月平均气温
	剪力墙结构	屋面板/楼面板/梁/柱/墙	相对湿度
	框-剪结构	屋面板/楼面板/梁/柱/墙	降水量
	筒体结构	屋面板/楼面板/梁/柱/墙	阳光
桥梁结构	梁桥	梁/桥墩(台)/墩(台)帽/承台	年均冻融循环次数
	刚构桥	梁/桥墩(台)/斜柱/墩(台)帽/承台	最冷月平均气温
	拱桥	拱/梁/桥墩(台)/墩(台)帽/承台	相对湿度
	斜拉桥	桥塔/梁/桥墩(台)/墩(台)帽/承台	降水量/阳光
	悬索桥	桥塔/梁/桥墩(台)/墩(台)帽/承台/锚碇	波浪/潮水/氯盐
隧道结构	山岭隧道	初期支护/二次衬砌	年均冻融循环次数
	水下隧道	混凝土管片	最冷月平均气温
	城市隧道	初期支护/二次衬砌	相对湿度/积水
港工结构	重力式码头	挡土墙/沉箱	年均冻融循环次数
	高桩码头	面板/纵梁/横梁/排架/靠船构件	最冷月平均气温/相对湿度
	防波堤	混凝土块/混凝土墙	降水量/阳光/波浪/潮水/氯盐

续表

内部影响因素			细观环境影响因素
结构类型	结构体系	构件类型	
水工结构	重力坝	坝体/闸墩/导墙/工作桥/廊道/溢洪道	年均冻融循环次数/氯盐
	拱坝	坝体/闸墩/导墙/工作桥/廊道/溢洪道	最冷月平均气温/相对湿度
	土石坝	混凝土面板/工作桥/溢洪道	降水量/阳光/波浪/潮水/积水

在细观尺度下，可以认为观察者 R 在工程结构系统 S 与自然环境 E_n^{II} 的边界进行观察。在冻融环境 E_n^{II} 下，观察者 R 观察系统 S 的细观尺度模型如图 10-2 所示。

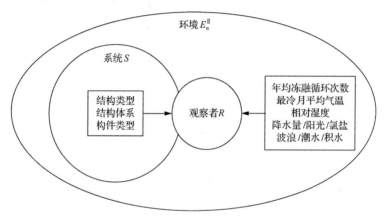

图 10-2　冻融环境下观察者观察系统的细观尺度模型

Fig. 10-2　Meso model of observer observing system in freezing-thawing environment

10.2.3　微观尺度

在微观尺度下，冻融环境工程结构系统的内部影响因素包括几何形状、防护体系、混凝土材料等。冻融环境工程结构系统的微观环境影响因素有年均冻融循环次数、最冷月平均气温、相对湿度、降水量、阳光、波浪、潮水、氯盐、积水等。冻融环境工程结构系统微观影响因素汇总于表 10-3。

表 10-3　冻融环境工程结构系统微观影响因素

Tab. 10-3　Micro influence factors of engineering structure system in freezing-thawing environment

内部影响因素			微观环境影响因素
几何形状	防护体系	混凝土材料	
几何尺寸	防护涂层	配合比	年均冻融循环次数
保护层厚度	防水层	纤维	最冷月平均气温
微裂纹/裂缝	隔离层	引气剂	相对湿度
表面剥落	饰面层		降水量/阳光/氯盐
角部效应			波浪/潮水/积水

在微观尺度下，可以认为观察者 R 在工程结构系统 S 的内部进行观察。在冻融环境 E_n^{II} 下，观察者 R 观察系统 S 的微观尺度模型如图 10-3 所示。

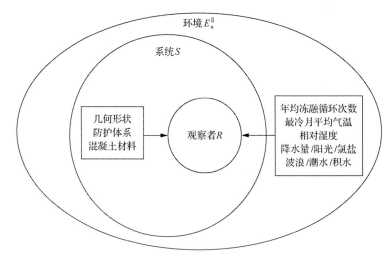

图 10-3　冻融环境 RI-METS 理论微观三要素模型
Fig. 10-3　Micro three-element model of RI-METS in freezing-thawing environment

10.3　耐久性极限状态

同 5.3.2 节所述，选择混凝土结构遭受到的冻融疲劳损伤达到临界冻融疲劳损伤作为冻融环境下的耐久性极限状态：

$$Z^{II} = D_{cr} - D_E \tag{10-1}$$

式中，Z^{II} 为冻融环境下混凝土冻融过程的耐久性极限状态功能函数，当 $Z^{II} > 0$ 时，为可靠状态，当 $Z^{II} \leqslant 0$ 时，为失效状态；D_{cr} 为临界冻融疲劳损伤；D_E 为冻融疲劳损伤。

10.4　环境试验系统

实验室人工模拟冻融环境用 E_a^{II} 表示，其相应的试验系统用 S_{ex} 表示。

在自然环境下，每年的冻融循环次数非常有限[6]，一般情况下采用加速冻融试验来研究混凝土结构的抗冻性能，根据观察者的需要选择观察尺度，收集冻融环境 E_n^{II} 下工程结构系统 S_{ns} 的影响因素，分析劣化机理，确定实验室人工模拟冻融环境 E_a^{II} 试验系统 S_{ex} 的输入参数 A_i^{II}，设计并进行加速冻融试验，统计分析试验输出参数 A_j^{II}。实验室人工模拟冻融环境 E_a^{II} 试验系统 S_{ex} 的输入参数和输出参数见表 10-4，基本架构如图 10-4 所示。

表 10-4　实验室人工模拟冻融环境试验系统输入参数和输出参数

Tab. 10-4　Input parameters and output parameters of test system in artificial freezing-thawing environment

输入参数		输出参数	
A_1^{II}	冻融循环次数	B_1^{II}	试件质量
A_2^{II}	温度	B_2^{II}	动弹性模量
A_3^{II}	相对湿度	B_3^{II}	抗压强度
A_4^{II}	降水量	B_4^{II}	长度膨胀
A_5^{II}	阳光	B_5^{II}	劈拉强度
A_6^{II}	波浪	B_6^{II}	裂缝宽度
A_7^{II}	潮水	B_7^{II}	黏结力
A_8^{II}	积水	B_8^{II}	承载力

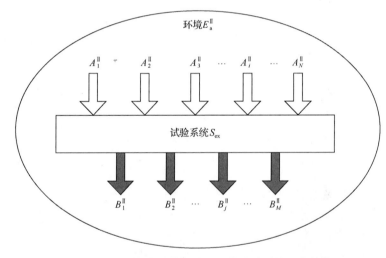

图 10-4　实验室人工模拟冻融环境试验系统基本架构

Fig. 10-4　Basic framework of test system in artificial freezing-thawing environment

　　影响混凝土抗冻性能的因素有很多，根据观察者需要，选择主要的影响因素来模拟，减少次要因素的影响。目前，国内外关于混凝土结构加速冻融试验的规范有：①《普通混凝土长期性能和耐久性能试验方法标准》(GB/T 50082—2009)[7]；②《水运工程混凝土试验检测技术规范》(JTS/T 236—2019)[8]；③《水工混凝土试验规程(附条文说明)》(SL 352—2006)[9]；④美国材料与试验协会规范 *Standard test method for resistance of concrete to rapid freezing and thawing*(ASTM C666)[10]；⑤日本规范《混凝土快速冻融试验方法》(JIS A 6204—2000)[11]等。上述规范以试件中心最高温度、试件中心最低温度、降温历时、升温历时、循环历时作为主要的输入参数(表 10-5)，以试件质量、动弹性模量、抗压强度、长度膨胀作为主要输出参数。

表 10-5 国内外加速冻融试验规范

Tab. 10-5 Accelerated freezing-thawing test codes

环境	试验规范	输入参数					输出参数
		试件中心最高温度/℃	试件中心最低温度/℃	降温历时/h	升温历时/h	循环历时/h	
$E_{a,1}^{II}$	GB/T 50082—2009	18～20	−18	＞4	＞4		B_1^{II}, B_3^{II}
$E_{a,2}^{II}$	GB/T 50082—2009	5±2	−18±2		＞0.25 循环历时	2～4	B_1^{II}, B_2^{II}
$E_{a,3}^{II}$	JTS/T 236—2019	8±2	−17～−15	1.5～2.5	1～1.5	2.5～4	B_1^{II}, B_2^{II}
$E_{a,4}^{II}$	SL 352—2006	8±2	−17±2	1.5～2.5	1～1.5	2.5～4	B_1^{II}, B_2^{II}
$E_{a,5}^{II}$	ASTM C666	4±2	−18±2		＞0.25 循环历时	2～5	B_2^{II}, B_4^{II}
$E_{a,6}^{II}$	JIS A 6204—2000	5±2	−18±2		＞0.25 循环历时	3～4	B_2^{II}

10.5 RI-METS 理论

10.5.1 METS 理论

对于在冻融环境 E_n^{II} 下的工程结构系统，随着冻融循环次数的增加，混凝土损伤逐渐增加。混凝土冻融损伤是一种疲劳损伤，根据损伤力学[12,13]的基本理论可将混凝土冻融循环后混凝土损伤度 D_E 定义为

$$D_E = 1 - E_i / E_0 \tag{10-2}$$

式中，E_0 为混凝土初始动弹性模量；E_i 为混凝土剩余动弹性模量；D_E 为动弹性模型损失率（小数表示）。对于其他指标，如剥离深度等表征的冻融损伤应采用合适的损伤模型。

冻融损伤模型可以按照指数函数形式[14-16]建模：

$$\frac{E_i}{E_0} = e^{\psi \cdot N_f} \tag{10-3}$$

式中，N_f 为冻融循环次数；ψ 为衰变常数。式(10-3)与牛顿的物质冷却定律（物质冷却的速度正比于物质的温度与外部温度的瞬时差）规律是一致的。

定义无量纲冻融损伤变量 φ_E 为

$$\varphi_E = \ln(1 - D_E) \tag{10-4}$$

式(10-3)两边取自然对数，并将式(10-4)代入式(10-3)得到

$$\varphi_E = \psi \cdot N_f \tag{10-5}$$

冻融环境下的耐久性极限状态方程，即式(10-1)可以转化为

$$Z^{\mathrm{II}} = D_{\mathrm{cr}} - D_{\mathrm{E}} = (1 - D_{\mathrm{E}}) - (1 - D_{\mathrm{cr}})$$
$$= \mathrm{e}^{\varphi_{\mathrm{E}}} - \mathrm{e}^{\varphi_{\mathrm{cr}}} \tag{10-6}$$

式中，φ_{cr} 为临界无量纲冻融损伤变量，$\varphi_{\mathrm{cr}} = \ln(1 - D_{\mathrm{cr}})$。

根据耐久性极限状态的语法定义：当 $Z^{\mathrm{II}} > 0$ 时，为可靠状态；当 $Z^{\mathrm{II}} \leqslant 0$ 时，为失效状态。式(10-6)等价于

$$Z^{\mathrm{II}}(\varphi) = \varphi_{\mathrm{E}} - \varphi_{\mathrm{cr}} \tag{10-7}$$

对于在冻融环境 $E_{\mathrm{n}}^{\mathrm{II}}$ 下的工程结构系统，式(10-5)记为

$$\varphi_{\mathrm{E,n}} = \psi_{\mathrm{n}} \cdot N_{\mathrm{f,n}} \tag{10-8}$$

式中，变量下标 n 表示在自然环境下。

对于在实验室人工模拟冻融环境 $E_{\mathrm{a}}^{\mathrm{II}}$ 下的试验系统，式(10-5)记为

$$\varphi_{\mathrm{E,a}} = \psi_{\mathrm{a}} \cdot N_{\mathrm{f,a}} \tag{10-9}$$

式中，变量下标 a 表示在实验室人工模拟环境下。

定义无量纲冻融损伤变量 φ_{E}、冻融循环次数 N_{f}、衰变常数 ψ 的相似率分别为

$$\begin{cases} \lambda(\varphi_{\mathrm{E}}) = \varphi_{\mathrm{E,a}} / \varphi_{\mathrm{E,n}} \\ \lambda(N_{\mathrm{f}}) = N_{\mathrm{f,a}} / N_{\mathrm{f,n}} \\ \lambda(\psi) = \psi_{\mathrm{a}} / \psi_{\mathrm{n}} \end{cases} \tag{10-10}$$

冻融环境下，混凝土冻融过程的相似率满足：

$$\frac{\lambda(\varphi_{\mathrm{E}})}{\lambda(\psi) \cdot \lambda(N_{\mathrm{f}})} = 1 \tag{10-11}$$

冻融环境下，混凝土冻融过程的相似准数为

$$\pi^{\mathrm{II}} = \frac{\varphi_{\mathrm{E}}}{\psi \cdot N_{\mathrm{f}}} \tag{10-12}$$

将式(10-10)代入式(10-8)可得

$$\varphi_{\mathrm{E,n}} = \frac{\psi_{\mathrm{a}}}{\lambda(\psi)} \cdot N_{\mathrm{f,n}} = \frac{\psi_{\mathrm{a}}}{\lambda(\psi)} \cdot n_{\mathrm{f,n}} \cdot t \tag{10-13}$$

式中，$n_{\mathrm{f,n}}$ 为自然环境下年均冻融循环次数。

10.5.2　METS 路径

METS 路径包含了 METS$(1;1)$ 型、METS$(i;1)$ 型、METS$(1;j)$ 型和 METS$(i;j)$ 型四

种路径。METS 路径体现了观察者 R 的观察过程和知识背景。

METS$(i;1)$ 型路径是指通过 i 个 $(i>1)$ 既有结构系统、1 种人工模拟环境的 METS 路径。以 METS$(i;1)$ 型路径为例，对于冻融环境 E_n^II 拟建结构系统 S_ns，在其相似自然环境下有 m 个既有结构系统 $S_\text{es,1}$, $S_\text{es,2}$, $\cdots$, $S_\text{es,}i$, $\cdots$, $S_\text{es,}m$，同时有 n 种人工模拟环境 $E_\text{a,1}^\text{II}$, $E_\text{a,2}^\text{II}$, $\cdots$, $E_\text{a,}j^\text{II}$, $\cdots$, $E_\text{a,}n^\text{II}$。构建实验室人工模拟环境 $E_\text{a,}j^\text{II}$，观察者 R 通过 i 个既有结构系统 $S_\text{es,1}$, $S_\text{es,2}$, $\cdots$, $S_\text{es,}i$ 与 1 种实验室人工模拟环境 $E_\text{a,}j^\text{II}$ 观察拟建结构系统 S_ns 的 METS$(i;1)$ 型路径(图 10-5)为

$$\text{METS}(S_\text{es,1}{\sim}i;E_\text{a,}j^\text{II})=\left\{\begin{matrix}\left(S_\text{ns},E_\text{n}^\text{II}\right) & \left(S_\text{es,1},E_\text{n}^\text{II}\right) & \cdots & \left(S_\text{es,}i,E_\text{n}^\text{II}\right) \\ \left(S_\text{ex},E_\text{a,}j^\text{II}\right) & \left(S_\text{ex,1},E_\text{a,}j^\text{II}\right) & \cdots & \left(S_\text{ex,}i,E_\text{a,}j^\text{II}\right)\end{matrix}\right\} \tag{10-14}$$

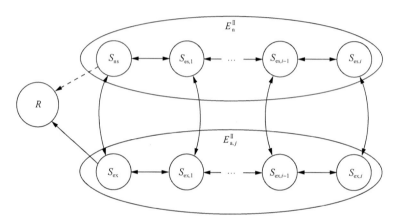

图 10-5　冻融环境 METS$(S_\text{es,1}{\sim}i; E_\text{a,}j^\text{II})$ 路径

Fig. 10-5　METS$(S_\text{es,1}{\sim}i; E_\text{a,}j^\text{II})$ path in freezing-thawing environment

10.5.3　相对信息熵

对于冻融环境下的 E_n^II 拟建结构系统 S_ns，系统 S_ns 在信道中对观察者 R 输出的是功能函数 Z^II，见式(10-1)。观察者 R 通过 METS$(S_\text{es,1}{\sim}i; E_\text{a,}j^\text{II})$ 路径观察拟建结构系统 S_ns 在时间段 $[0, t]$ 内的相对信息熵为

$$\begin{cases}H_\text{i}[S_\text{ns}(Z^\text{II};t)/\text{METS}(S_\text{es,1}{\sim}i;E_\text{a,}j^\text{II})]=-P_\text{s}(S_\text{ns};t)\cdot\log_2 P_\text{s}(S_\text{ns};t)-P_\text{f}(S_\text{ns};t)\cdot\log_2 P_\text{f}(S_\text{ns};t) \\ H_\text{o}[S_\text{ns}(Z^\text{II};t)/\text{METS}(S_\text{es,1}{\sim}i;E_\text{a,}j^\text{II})]=-\{P_{\tilde{A}}(S_\text{ns};t)\cdot\log_2 P_{\tilde{A}}(S_\text{ns};t)+[1-P_{\tilde{A}}(S_\text{ns};t)] \\ \qquad\qquad\times\log_2[1-P_{\tilde{A}}(S_\text{ns};t)]+P_{\tilde{B}}(S_\text{ns};t)\cdot\log_2 P_{\tilde{B}}(S_\text{ns};t) \\ \qquad\qquad+[1-P_{\tilde{B}}(S_\text{ns};t)]\cdot\log_2[1-P_{\tilde{B}}(S_\text{ns};t)]\}/2\end{cases}$$

$$\tag{10-15}$$

语法信息熵 $H_\text{i}[S_\text{ns}(Z^\text{II};t)/\text{METS}(S_\text{es,1}{\sim}i;E_\text{a,}j^\text{II})]$ 的计算先按照冻融环境下耐久性极限状

态方程计算 $P_s(S_{ns};t)$ 和 $P_f(S_{ns};t)$，再将 $P_s(S_{ns};t)$ 和 $P_f(S_{ns};t)$ 代入式(10-15)即可得到。

　　语义信息熵 $H_o[S_{ns}(Z^{II};t)/\mathrm{METS}(S_{es,1\sim i};E^{II}_{a,j})]$ 反映了观察者 R 对功能函数 Z^{II} 语义的模糊性。功能函数 Z^{II} 语义的模糊性来源于：当冻融疲劳损伤 D_E(如用动弹性模量损失率表示)达到临界冻融疲劳损伤 D_{cr}(一般取 0.4)时，其他控制指标(如抗压强度)可能早已超过了破坏标准[17]。目前冻融破坏采用动弹性模量下降至 60%，而混凝土抗压强度剩余百分率不到 10%；在采用动弹性模量下降至 80%，即损失 20% 的情况下，抗压强度损失了1/3 左右。因此，判断冻融疲劳损伤 D_E 是否达到临界冻融疲劳损伤 D_{cr} 存在模糊不确定性。冻融疲劳损伤 D_E 可能破坏的最小值用 D_{min} 表示，可取 0.2。

　　定义功能函数 Z^{II} 隶属于模糊集 $\tilde{A}=\{$"可靠"$\}$ 的隶属函数为 $\mu_{\tilde{A}}(Z^{II})$，功能函数 Z^{II} 隶属于模糊集 $\tilde{B}=\{$"失效"$\}$ 的隶属函数为 $\mu_{\tilde{B}}(Z^{II})$。

　　构建隶属函数 $\mu_{\tilde{A}}(Z^{II})$ 为

$$\mu_{\tilde{A}}(Z^{II})=\begin{cases}0, & Z^{II}<0 \\[2mm] \dfrac{Z^{II}}{D_{cr}-D_{min}}, & 0\leqslant Z^{II}\leqslant D_{cr}-D_{min} \\[2mm] 1, & Z^{II}>D_{cr}-D_{min}\end{cases} \tag{10-16}$$

　　构建隶属函数 $\mu_{\tilde{B}}(Z^{II})$ 为

$$\mu_{\tilde{B}}(Z^{II})=\begin{cases}1, & Z^{II}<0 \\[2mm] 1-\dfrac{Z^{II}}{D_{cr}-D_{min}}, & 0\leqslant Z^{II}\leqslant D_{cr}-D_{min} \\[2mm] 0, & Z^{II}>D_{cr}-D_{min}\end{cases} \tag{10-17}$$

　　功能函数 Z^{II} 的隶属函数 $\mu_{\tilde{A}}(Z^{II})$ 与 $\mu_{\tilde{B}}(Z^{II})$ 的曲线如图 10-6 所示。

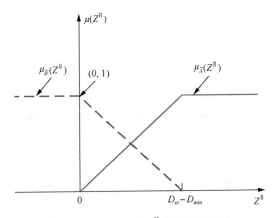

图 10-6　功能函数 Z^{II} 隶属函数曲线

Fig. 10-6　Membership function of performance function Z^{II}

将式(10-16)、式(10-17)分别代入式(4-53)和式(4-54)计算"可靠"可能性 $P_{\tilde{A}}(S_{ns};t)$ 与"失效"可能性 $P_{\tilde{B}}(S_{ns};t)$，再将 $P_{\tilde{A}}(S_{ns};t)$ 和 $P_{\tilde{B}}(S_{ns};t)$ 代入式(10-15)即可得到相对信息熵。

10.5.4　相对信息

通过 $\mathrm{METS}(S_{es,1\sim i};E_{a,j}^{\mathrm{II}})$ 路径观察拟建结构系统 S_{ns} 的相对信息为

$$\begin{cases} I_i[S_{ns}(Z^{\mathrm{II}};t);\mathrm{METS}(S_{es,1\sim i};E_{a,j}^{\mathrm{II}})]=H_i[S_{ns}(Z^{\mathrm{II}};t)]-H_i[S_{ns}(Z^{\mathrm{II}};t)/\mathrm{METS}(S_{es,1\sim i};E_{a,j}^{\mathrm{II}})] \\ I_o[S_{ns}(Z^{\mathrm{II}};t);\mathrm{METS}(S_{es,1\sim i};E_{a,j}^{\mathrm{II}})]=H_o[S_{ns}(Z^{\mathrm{II}};t)]-H_o[S_{ns}(Z^{\mathrm{II}};t)/\mathrm{METS}(S_{es,1\sim i};E_{a,j}^{\mathrm{II}})] \end{cases}$$

$$(10\text{-}18)$$

式中，$I_i[S_{ns}(Z^{\mathrm{II}};t);\mathrm{METS}(S_{es,1\sim i};E_{a,j}^{\mathrm{II}})]$ 表示 $\mathrm{METS}(S_{es,1\sim i};E_{a,j}^{\mathrm{II}})$ 路径在语法空间中的语法相对信息；$I_o[S_{ns}(Z^{\mathrm{II}};t);\mathrm{METS}(S_{es,1\sim i};E_{a,j}^{\mathrm{II}})]$ 表示 $\mathrm{METS}(S_{es,1\sim i};E_{a,j}^{\mathrm{II}})$ 路径在语义空间中的语义相对信息。

10.6　RI-METS 理论的应用

10.6.1　工程概况

某拟建结构系统 S_{ns}，工程类别属于水利水电工程，设计使用年限为 50 年。水工结构体系为混凝土面板堆石坝。组成部分包含混凝土面板、工作桥、引水隧洞等。采用混凝土材料，无纤维，掺引气剂。

自然环境为冻融环境 E_n^{II}，年平均气温为 12.2℃，年平均相对湿度为 57%，年均冻融循环次数 96 次/年，最冷月平均气温为–3.9℃，年平均降水量为 570mm，平均降水日数为 72 天。每天至少有一次水位升降过程。

10.6.2　工程结构系统

在宏观尺度下，拟建结构系统 S_{ns} 的工程类别属于水利水电工程，设计使用年限为 50 年。宏观环境影响因素有年均冻融循环次数、年平均气温、最冷月平均气温、相对湿度、降水量等。

在细观尺度下，拟建结构系统 S_{ns} 的结构体系为混凝土面板堆石坝。组成部分包含混凝土面板、工作桥、引水隧洞等。工作桥位于坝外大气区，混凝土面板处于坝外大气区、水位变动区及水下区，引水隧洞处于水下区。细观环境影响因素有年均冻融循环次数、年平均气温、最冷月平均气温、相对湿度、降水量、水位等。

在微观尺度下，拟建结构系统 S_{ns} 的混凝土面板、工作桥构件的几何形状均为矩形截面，引水隧洞为环形截面；表面均无防护层；采用普通混凝土，水胶比为 0.44，含气量为 6.5%，混凝土中最大碱含量达标(无 AAR 反应)。

10.6.3　试验系统

这里选取水位变动区(8 号环境，寒冷严寒无盐环境+高度饱水)混凝土面板为研究对象，构建实验室人工模拟冻融环境 $E_{a,4}^{II}$。试验系统 S_{ex} 输入参数：最低温度为−17℃、最高温度为 8℃、降温历时 1.5～2.5h、升温历时 1～1.5h、循环历时 2.5～4h。输出参数为混凝土动弹性模量。

10.6.4　METS 路径

这里选取与研究对象(拟建结构系统 S_{ns})所处相同环境的 2 个参照物(既有结构系统 $S_{es,1}$、$S_{es,2}$)，构建实验室人工模拟冻融环境 $E_{a,4}^{II}$ 试验系统 $S_{ex,1}$、$S_{ex,2}$。既有结构系统 $S_{es,1}$ 采用普通混凝土，水胶比为 0.44，含气量为 2%；既有结构系统 $S_{es,2}$ 采用普通混凝土，水胶比为 0.49，含气量为 5.5%。观察者 R 有 2 种 METS(1;1)型路径和 1 种 METS(i;1)型路径。

2 种 METS(1;1)型路径(图 10-7、图 10-8)分别为

$$\text{METS}(S_{es,1};E_{a,4}^{II})=\left\{\begin{matrix} \left(S_{ns},E_{n}^{II}\right) & \left(S_{es,1},E_{n}^{II}\right) \\ \left(S_{ex},E_{a,4}^{II}\right) & \left(S_{ex,1},E_{a,4}^{II}\right) \end{matrix}\right\} \tag{10-19}$$

$$\text{METS}(S_{es,2};E_{a,4}^{II})=\left\{\begin{matrix} \left(S_{ns},E_{n}^{II}\right) & \left(S_{es,2},E_{n}^{II}\right) \\ \left(S_{ex},E_{a,4}^{II}\right) & \left(S_{ex,2},E_{a,4}^{II}\right) \end{matrix}\right\} \tag{10-20}$$

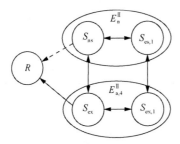
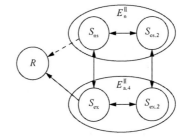

图 10-7　METS($S_{es,1}$; $E_{a,4}^{II}$)路径　　　图 10-8　METS($S_{es,2}$; $E_{a,4}^{II}$)路径

Fig. 10-7　METS($S_{es,1}$; $E_{a,4}^{II}$) path　　　Fig. 10-8　METS($S_{es,2}$; $E_{a,4}^{II}$) path

1 种 METS(i;1)型路径(图 10-9)为

$$\text{METS}(S_{es,1\sim2};E_{a,4}^{II})=\left\{\begin{matrix} \left(S_{ns},E_{n}^{II}\right) & \left(S_{es,1},E_{n}^{II}\right) & \left(S_{es,2},E_{n}^{II}\right) \\ \left(S_{ex},E_{a,4}^{II}\right) & \left(S_{ex,1},E_{a,4}^{II}\right) & \left(S_{ex,2},E_{a,4}^{II}\right) \end{matrix}\right\} \tag{10-21}$$

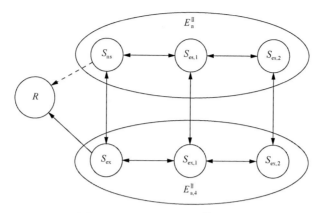

图 10-9　METS$(S_{es,1\sim2}; E_{a,4}^{II})$路径

Fig. 10-9　METS$(S_{es,1\sim2}; E_{a,4}^{II})$ path

对既有结构系统 $S_{es,1}$、$S_{es,2}$ 和试验系统 $S_{ex,1}$、$S_{ex,2}$ 的动弹性模量进行测试，分别通过式(10-8)和式(10-9)得到衰变常数。各系统衰变常数 ψ_a 的对比图见图 10-10。

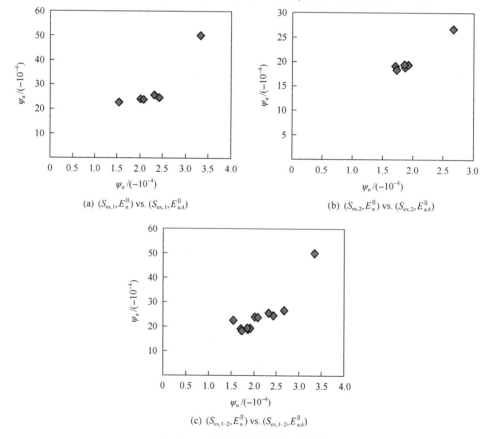

(a) $(S_{es,1}, E_n^{II})$ vs. $(S_{ex,1}, E_{a,4}^{II})$

(b) $(S_{es,2}, E_n^{II})$ vs. $(S_{ex,2}, E_{a,4}^{II})$

(c) $(S_{es,1\text{-}2}, E_n^{II})$ vs. $(S_{ex,1\text{-}2}, E_{a,4}^{II})$

图 10-10　各系统衰变常数对比图

Fig. 10-10　Comparison figure of decay constants from each pair system

在 8 号环境(寒冷严寒无盐环境+高度饱水)下,各系统衰变常数及其相似率的平均值 μ、标准差 σ、变异系数 δ(无量纲)见表 10-6。

表 10-6　各系统衰变常数及其相似率统计结果

Tab. 10-6　**Statistical results of decay constants and their similarity ratio from each pair system**

系统	ψ_n			ψ_a			$\lambda(\psi)$		
	$\mu/10^{-4}$	$\sigma/10^{-4}$	δ	$\mu/10^{-4}$	$\sigma/10^{-4}$	δ	μ	σ	δ
$S_{es,1}|S_{ex,1}$	2.29	0.60	0.26	28.47	10.66	0.37	12.33	2.01	0.16
$S_{es,2}|S_{ex,2}$	1.96	0.36	0.18	20.30	3.17	0.17	10.40	0.44	0.04
$S_{es,1\sim2}|S_{ex,1\sim2}$	2.13	0.50	0.24	24.39	8.62	0.35	11.37	1.71	0.15

采用 K-S 检验法[18]分别检验表 10-6 中各系统的衰变常数及其相似率是否服从正态分布(表 10-7),显著性水平取 0.05。K-S 检验 p 值均大于 0.05,jbstat 测试值均小于 critval 临界值,正态分布假设为真。

表 10-7　各系统衰变常数及其相似率 K-S 检验

Tab. 10-7　**K-S test results of decay constants and their similarity ratio from each pair system**

系统	ψ_n			ψ_a			$\lambda(\psi)$		
	p	jbstat	critval	p	jbstat	critval	p	jbstat	critval
$S_{es,1}|S_{ex,1}$	0.807	0.240	0.519	0.146	0.438	0.519	0.749	0.255	0.519
$S_{es,2}|S_{ex,2}$	0.277	0.380	0.519	0.140	0.441	0.519	0.753	0.254	0.519
$S_{es,1\sim2}|S_{ex,1\sim2}$	0.678	0.196	0.375	0.160	0.310	0.375	0.397	0.246	0.375

对表 10-6 中各系统的衰变常数进行线性回归分析,各系统线性回归曲线如图 10-11 所示。

表 10-8 给出了线性回归分析结果,弃真概率均小于 0.001,线性假设为真。

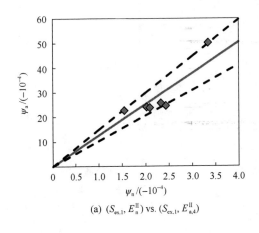

(a) $(S_{es,1}, E_n^{II})$ vs. $(S_{ex,1}, E_{a,4}^{II})$

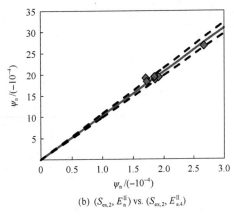

(b) $(S_{es,2}, E_n^{II})$ vs. $(S_{ex,2}, E_{a,4}^{II})$

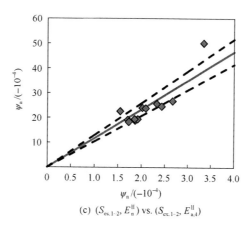

(c) $(S_{es,1-2}, E_n^{II})$ vs. $(S_{ex,1-2}, E_{a,4}^{II})$

图 10-11　各系统衰变常数的线性回归

Fig. 10-11　Linear regression of decay constants from each pair system

表 10-8　各系统衰变常数线性回归结果

Tab. 10-8　Linear regression results of decay constants from each pair system

系统	斜率估计值	95%置信区间	标准误差	测定系数 R^2	弃真概率
$S_{es,1}\|S_{ex,1}$	12.596	[10.296, 14.896]	0.895	0.98	3.25×10^{-5}
$S_{es,2}\|S_{ex,2}$	10.318	[9.876, 10.760]	0.172	0.99	2.43×10^{-8}
$S_{es,1\sim2}\|S_{ex,1\sim2}$	11.651	[10.380, 12.921]	0.577	0.97	4.83×10^{-10}

对试验系统 S_{ex} 的动弹性模量进行测试,通过式(10-9)得到衰变常数,采用 K-S 检验法检验试验系统 S_{ex} 衰变常数 ψ_a 是否服从正态分布,显著性水平取 0.05。在人工模拟冻融环境 $E_{a,4}^{II}$ 下,试验系统 S_{ex} 衰变常数 ψ_a 的平均值 μ、标准差 σ、变异系数 δ(无量纲)以及 K-S 检验结果见表 10-9。K-S 检验 p 值大于 0.05,jbstat 测试值小于 critval 临界值,正态分布假设为真。

表 10-9　试验系统 S_{ex} 衰变常数统计结果与 K-S 检验

Tab. 10-9　Statistical and K-S test results of decay constant from Sex

系统	$\mu/(-10^{-4})$	$\sigma/10^{-4}$	δ	p	jbstat	critval
S_{ex}	26.95	0.77	0.03	0.741	0.280	0.563

10.6.5　相对信息熵

这里分别通过 METS $(S_{es,1}; E_{a,4}^{II})$、METS $(S_{es,2}; E_{a,4}^{II})$、METS $(S_{es,1\sim2}; E_{a,4}^{II})$ 路径,观察冻融环境 E_n^{II} 下的拟建结构系统 S_{ns}。各路径的统计参数见表 10-10。

通过表 10-10 中 3 条 METS 路径,分别计算拟建结构系统 S_{ns} 的经时可靠概率 $P_s(S_{ns}; t)$、经时失效概率 $P_f(S_{ns}; t)$、经时"可靠"可能性 $P_{\tilde{A}}(S_{ns}; t)$ 和经时"失效"可能性 $P_{\tilde{B}}(S_{ns}; t)$,计算结果见图 10-12。可靠概率 $P_s(S_{ns}; t)$ 与"可靠"可能性 $P_{\tilde{A}}(S_{ns}; t)$ 单调递减,失效概率 $P_f(S_{ns}; t)$ 与"失效"可能性 $P_{\tilde{B}}(S_{ns}; t)$ 单调递增。

表 10-10　各路径的统计参数

Tab. 10-10　Statistical parameters of all the METS paths

路径	变量	单位	μ	σ	分布类型
METS$(S_{es,1}; E_{a,4}^{II})$	ψ_a		-26.95×10^{-4}	0.77×10^{-4}	正态分布
	$\lambda(\psi)$		12.33	2.01	正态分布
	$n_{f,n}$	次/年	96		常数
	D_{cr}		0.4		常数
	D_{min}		0.2		常数
METS$(S_{es,2}; E_{a,4}^{II})$	ψ_a		-26.95×10^{-4}	0.77×10^{-4}	正态分布
	$\lambda(\psi)$		10.40	0.44	正态分布
	$n_{f,n}$	次/年	96		常数
	D_{cr}		0.4		常数
	D_{min}		0.2		常数
METS$(S_{es,1\sim2}; E_{a,4}^{II})$	ψ_a		-26.95×10^{-4}	0.77×10^{-4}	正态分布
	$\lambda(\psi)$		11.37	1.71	正态分布
	$n_{f,n}$	次/年	96		常数
	D_{cr}		0.4		常数
	D_{min}		0.2		常数

对于 METS$(S_{es,1};\ E_{a,4}^{II})$ 路径：失效概率 $P_f(S_{ns}; t)$ 在第 18 年超过 0.1（相应可靠指标 β^* 为 1.3）；可靠概率 $P_s(S_{ns};\ t)$ 与失效概率 $P_f(S_{ns};\ t)$ 在第 21 年均为 0.5（相应 β^* 为 0）；"失效"可能性 $P_{\bar{B}}(S_{ns};t)$ 在第 11 年超过 0.1（相应 β^* 为 1.3）；"可靠"可能性 $P_{\bar{A}}(S_{ns};t)$ 与"失效"可能性 $P_{\bar{B}}(S_{ns};t)$ 在第 13 年均为 0.5（相应 β^* 为 0）。

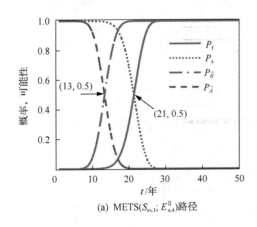

(a) METS$(S_{es,1}; E_{a,4}^{II})$路径

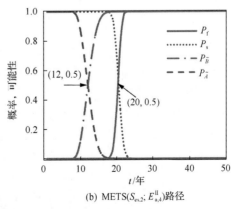

(b) METS$(S_{es,2}; E_{a,4}^{II})$路径

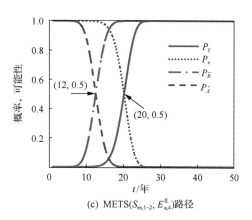

（c）METS($S_{es,1\sim2}$；$E_{a,4}^{II}$）路径

图 10-12　各路径可靠概率、失效概率、"可靠"可能性和"失效"可能性

Fig. 10-12　Reliable probability, failure probability, reliable possibility and failure possibility of all the METS paths

对于 METS($S_{es,2}$；$E_{a,4}^{II}$）路径：失效概率 $P_f(S_{ns};t)$ 在第 19 年超过 0.1（相应 β^* 为 1.3）；可靠概率 $P_s(S_{ns};t)$ 与失效概率 $P_f(S_{ns};t)$ 在第 20 年均为 0.5（相应 β^* 为 0）；"失效"可能性 $P_{\tilde{B}}(S_{ns};t)$ 在第 10 年超过 0.1（相应 β^* 为 1.3）；"可靠"可能性 $P_{\tilde{A}}(S_{ns};t)$ 与"失效"可能性 $P_{\tilde{B}}(S_{ns};t)$ 在第 12 年均为 0.5（相应 β^* 为 0）。

对于 METS($S_{es,1\sim2}$；$E_{a,4}^{II}$）路径：失效概率 $P_f(S_{ns};t)$ 在第 17 年超过 0.1（相应 β^* 为 1.3）；可靠概率 $P_s(S_{ns};t)$ 与失效概率 $P_f(S_{ns};t)$ 在第 20 年均为 0.5（相应 β^* 为 0）；"失效"可能性 $P_{\tilde{B}}(S_{ns};t)$ 在第 10 年超过 0.1（相应 β^* 为 1.3）；"可靠"可能性 $P_{\tilde{A}}(S_{ns};t)$ 与"失效"可能性 $P_{\tilde{B}}(S_{ns};t)$ 在第 12 年均为 0.5（相应 β^* 为 0）。

通过表 10-10 中 3 条 METS 路径，分别计算拟建结构系统 S_{ns} 的经时语法信息熵 $H_i[S_{ns}(Z^{II};t)/METS(S_{es,1};E_{a,4}^{II})]$、$H_i[S_{ns}(Z^{II};t)/METS(S_{es,2};E_{a,4}^{II})]$、$H_i[S_{ns}(Z^{II};t)/METS(S_{es,1\sim2};E_{a,4}^{II})]$ 和经时语义信息熵 $H_o[S_{ns}(Z^{II};t)/METS(S_{es,1};E_{a,4}^{II})]$、$H_o[S_{ns}(Z^{II};t)/METS(S_{es,2};E_{a,4}^{II})]$、$H_o[S_{ns}(Z^{II};t)/METS(S_{es,1\sim2};E_{a,4}^{II})]$，计算结果见图 10-13。语法信息熵和语义信息熵均为存在最大值的单峰函数，先单调递增，达到极值点后再单调递减。

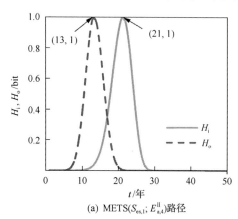

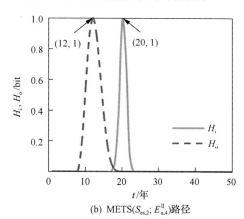

（a）METS($S_{es,1}$；$E_{a,4}^{II}$）路径　　　　　　　　　（b）METS($S_{es,2}$；$E_{a,4}^{II}$）路径

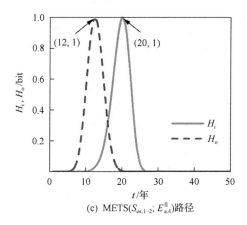

(c) METS$(S_{es,1\text{-}2}; E_{a,4}^{II})$路径

图 10-13　各路径的语法信息熵和语义信息熵

Fig. 10-13　Syntax information entropy and semantic information entropy of all the METS paths

对于 METS$(S_{es,1}; E_{a,4}^{II})$路径：语法信息熵在第 18 年超过 0.47bit，语义信息熵在第 11 年超过 0.47bit；语法信息熵在第 21 年达到极大值 1bit，语义信息熵在第 13 年达到极大值 1bit。

对于 METS$(S_{es,2}; E_{a,4}^{II})$路径：语法信息熵在第 19 年超过 0.47bit，语义信息熵在第 10 年超过 0.47bit；语法信息熵在第 20 年达到极大值 1bit，语义信息熵在第 12 年达到极大值 1bit。

对于 METS$(S_{es,1\text{-}2}; E_{a,4}^{II})$路径：语法信息熵在第 17 年超过 0.47bit，语义信息熵在第 10 年超过 0.47bit；语法信息熵在第 20 年达到极大值 1bit，语义信息熵在第 12 年达到极大值 1bit。

10.6.6　相对信息

拟建结构系统 S_{ns} 建成后，测试 8 号环境（寒冷严寒无盐环境+高度饱水）混凝土的动弹性模量，并用式(10-8)得到衰变常数。采用 K-S 检验法检验拟建结构系统 S_{ns} 衰变常数 ψ_n 是否服从正态分布，显著性水平取 0.05。在冻融环境 E_n^{II} 下，拟建结构系统 S_{ns} 衰变常数 ψ_n 的平均值 μ、标准差 σ、变异系数 δ（无量纲）以及 K-S 检验结果见表 10-11。K-S 检验 p 值大于 0.05，jbstat 测试值小于 critval 临界值，正态分布假设为真。

表 10-11　拟建结构系统 S_{ns} 衰变常数统计结果与 K-S 检验

Tab. 10-11　Statistical and K-S test results of decay constant from S_{ns}

系统	$\mu/(-10^{-4})$	$\sigma/10^{-4}$	δ	p	jbstat	critval
S_{ns}	2.04	0.18	0.09	0.821	0.257	0.563

冻融环境 E_n^{II} 下的拟建结构系统 S_{ns} 建成后的统计参数见表 10-12。拟建结构系统 S_{ns} 建成后，计算拟建结构系统 S_{ns} 的经时可靠概率 $P_s(S_{ns};t)$、经时失效概率 $P_f(S_{ns};t)$、经时"可靠"可能性 $P_{\tilde{A}}(S_{ns};t)$ 和经时"失效"可能性 $P_{\tilde{B}}(S_{ns};t)$，计算结果见图 10-14。失效概率 $P_f(S_{ns};t)$ 在第 23 年超过 0.1（相应 β^* 为 1.3）；可靠概率 $P_s(S_{ns};t)$ 与失效概率 $P_f(S_{ns};t)$ 在第 25 年均为 0.5（相应 β^* 为 0）；"失效"可能性 $P_{\tilde{B}}(S_{ns};t)$ 在第 12 年超过 0.1（相应 β^* 为 1.3）；"可靠"可能性 $P_{\tilde{A}}(S_{ns};t)$ 与"失效"可能性 $P_{\tilde{B}}(S_{ns};t)$ 在第 15 年均为 0.5（相应 β^* 为 0）。

表 10-12　冻融环境 E_n^{II} 下的拟建结构系统 S_{ns} 建成后的统计参数

Tab. 10-12　Statistical parameters of S_{ns} in E_n^{II}

系统	变量	单位	μ	σ	分布类型
S_{ns}	ψ_a		-2.04×10^{-4}	0.18×10^{-4}	正态分布
	$n_{f,n}$	次/年	96		常数
	D_{cr}		0.4		常数
	D_{min}		0.2		常数

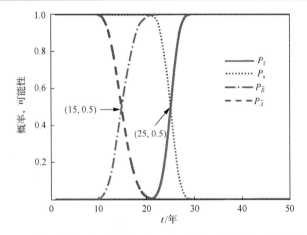

图 10-14　S_{ns} 的可靠概率、失效概率、"可靠"可能性和"失效"可能性

Fig. 10-14　Reliable probability,failure probability, reliable possibility and failure possibility of S_{ns}

拟建结构系统 S_{ns} 建成后，计算拟建结构系统 S_{ns} 经时语法信息熵 $H_i[S_{ns}(Z^{II};t)]$ 和经时语义信息熵 $H_o[S_{ns}(Z^{II};t)]$，计算结果见图 10-15。语法信息熵在第 23 年超过 0.47bit，语义信息熵在第 12 年超过 0.47bit；语法信息熵在第 25 年达到极大值 1bit，语义信息熵在第 15 年达到极大值 1bit。

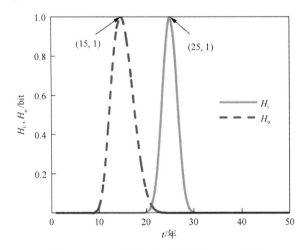

图 10-15　S_{ns} 的语法信息熵和语义信息熵

Fig. 10-15　Syntax information entropy and semantic information entropy of S_{ns}

各 METS 路径与拟建结构系统 S_{ns} 建成后的 90%保证率冻融破坏时间 $T_{f,0.9}$ 和平均冻融破坏时间 $T_{f,m}$ 汇总于表 10-13。

表 10-13　各 METS 路径与拟建结构系统 S_{ns} 建成后的冻融破坏时间
Tab. 10-13　Freezing-thawing damage time from all METS paths and S_{ns}

观察路径与系统		$T_{f,0.9}$/年	$T_{f,m}$/年
METS$_1$	语法信息熵	18	21
	语义信息熵	11	13
METS$_2$	语法信息熵	19	20
	语义信息熵	10	12
METS$_3$	语法信息熵	17	20
	语义信息熵	10	12
S_{ns}	语法信息熵	23	25
	语义信息熵	12	15

这里计算了各 METS 路径与建成后拟建结构系统 S_{ns} 的闵氏空间距离平方 $\mathrm{d}S_m^2$，计算结果如图 10-16 所示。路径 METS$_1$、METS$_2$、METS$_3$ 分别代表 METS$(S_{es,1}; E_{a,4}^{\mathrm{II}})$、METS$(S_{es,2}; E_{a,4}^{\mathrm{II}})$、METS$(S_{es,1\sim2}; E_{a,4}^{\mathrm{II}})$。图 10-16 中 4 条曲线形状基本相同，但是在时间轴上并不完全重合。其原因有：①知识背景的不同，不同 METS 路径观察者效应系数不同；②认知过程中，从语法空间 Ψ 语法信息熵映射到语义空间 Ψ' 语义信息熵的模糊性。图 10-16 中 4 条曲线分别在第 17 年、第 17 年、第 16 年和第 21 年时与横坐标轴相交，然后 4 条曲线落入横坐标轴下方。在上述 4 个交点处，语法信息熵和语义信息熵数值相等，但是语法信息和语义信息完全相反，说明认知过程(语法空间 Ψ 语法信息熵到语义空间 Ψ' 语义信息熵的映射)只在拟建结构系统 S_{ns} 建成后一定区间内有效。

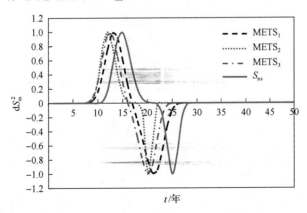

图 10-16　各 METS 路径与拟建结构系统 S_{ns} 的闵氏空间距离平方
Fig. 10-16　Minkowski distance square from all METS paths and S_{ns}

为评价 METS 路径的有效性，只考虑 METS 路径语法信息熵，计算观察者效应系数 $u[S_{ns}(Z^{\mathrm{II}};t)/\mathrm{METS}(S_{es,1}; E_{a,4}^{\mathrm{II}})]$、$u[S_{ns}(Z^{\mathrm{II}};t)/\mathrm{METS}(S_{es,2}; E_{a,4}^{\mathrm{II}})]$、$u[S_{ns}(Z^{\mathrm{II}};t)/\ \mathrm{METS}(S_{es,1\sim2};$

$E_{a,4}^{II}$）］。用式（10-18）计算语法相对信息 $I_i[S_{ns}(Z^{II};t); \text{METS}(S_{es,1};E_{a,4}^{II})]$、$I_i[S_{ns}(Z^{II};t);$
$\text{METS}(S_{es,2};E_{a,4}^{II})]$、$I_i[S_{ns}(Z^{II};t)/\text{METS}(S_{es,1\sim2};E_{a,4}^{II})]$，计算结果见图 10-17。

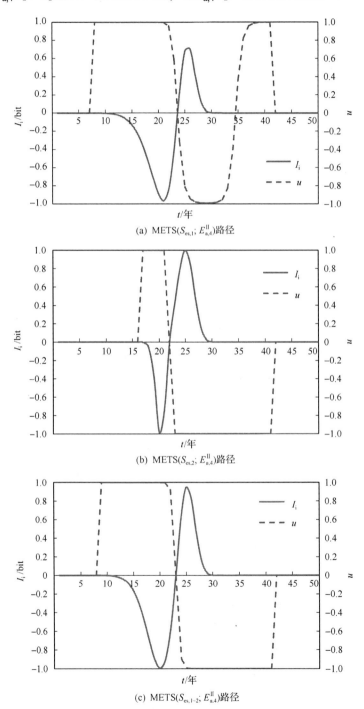

(a) $\text{METS}(S_{es,1};E_{a,4}^{II})$路径

(b) $\text{METS}(S_{es,2};E_{a,4}^{II})$路径

(c) $\text{METS}(S_{es,1\sim2};E_{a,4}^{II})$路径

图 10-17　各 METS 路径的观察者效应系数与内部相对信息

Fig. 10-17　Observer effect coefficient and relative information of all METS paths

下面寻找观察者效应系数曲线突变点和语法相对信息达到 0.2bit 的时间点、极值点。对于 $\mathrm{METS}(S_{es,1}; E_{a,4}^{II})$ 路径，在第 7 年时，观察者效应系数发生突变，语法相对信息曲线开始远离横坐标轴。对于 $\mathrm{METS}(S_{es,2}; E_{a,4}^{II})$ 路径，在第 16 年时，观察者效应系数发生突变，语法相对信息曲线开始远离横坐标轴。对于 $\mathrm{METS}(S_{es,1\sim2}; E_{a,4}^{II})$ 路径，在第 8 年时，观察者效应系数发生突变，语法相对信息曲线开始远离横坐标轴。上述观察者效应系数突变点处，语法相对信息绝对值均未达到 0.2bit，也未达到极值点。因此，对于上述 3 条 METS 路径，拟建结构系统 S_{ns} 建成后应分别在 7 年内、16 年内、8 年内就做一次检测。因此，宜在拟建结构系统 S_{ns} 建成后 7 年之内做一次检测。

10.6.7 控制决策

这里采用效用度函数来评价各 METS 路径的效用度，分别计算各 METS 路径经时效用度 $Q[\mathrm{METS}(S_{es,1}; E_{a,4}^{II})]$、$Q[\mathrm{METS}(S_{es,2}; E_{a,4}^{II})]$、$Q[\mathrm{METS}(S_{es,1\sim2}; E_{a,4}^{II})]$，结果见图 10-18。

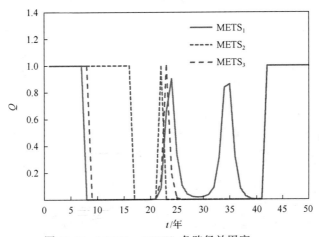

图 10-18 $\mathrm{METS}_1 \sim \mathrm{METS}_3$ 各路径效用度

Fig. 10-18 Utility degree from METS_1 path to METS_3 path

路径 METS_1、METS_2、METS_3 分别代表 $\mathrm{METS}(S_{es,1}; E_{a,4}^{II})$、$\mathrm{METS}(S_{es,2}; E_{a,4}^{II})$、$\mathrm{METS}(S_{es,1\sim2}; E_{a,4}^{II})$。效用度函数 $Q[\mathrm{METS}_1]$ 在 [0, 7] 内均等于 1，然后突降为 0；效用度函数 $Q[\mathrm{METS}_2]$ 在 [0, 16] 内均等于 1，然后突降为 0；效用度函数 $Q[\mathrm{METS}_3]$ 在 [0, 8] 内均等于 1，然后突降为 0。说明 METS_2 路径的有效区间最大。

对 $\mathrm{METS}_1 \sim \mathrm{METS}_3$ 路径进行信息融合。3 种 METS 路径的总数 l_{METS} 为 3，分别为 METS_1、METS_2、METS_3。观察者在 l_{METS} 条 METS 路径中选择 l 条路径来决策的总数 L_{METS} 为 7。令 METS_4 代表观察者通过 METS_1、METS_2 路径观察；令 METS_5 代表观察者通过 METS_1、METS_3 路径观察；令 METS_6 代表观察者通过 METS_2、METS_3 路径观察；令 METS_7 代表观察者通过 METS_1、METS_2、METS_3 路径观察。计算 $\mathrm{METS}_4 \sim \mathrm{METS}_7$ 各路径的观察者效应系数，再采用式(8-21)计算各路径的效用度，结果见图 10-19。METS_4、METS_5、METS_7 各路径的效用度均等同于 METS_1 路径的效用度。显然，$\mathrm{METS}_4 \sim \mathrm{METS}_7$

各路径的效用度也均小于 $METS_2$ 路径的效用度。$METS_2$ 路径，即 $METS(S_{es,2}, E_{a,4}^{II})$ 为最优路径。

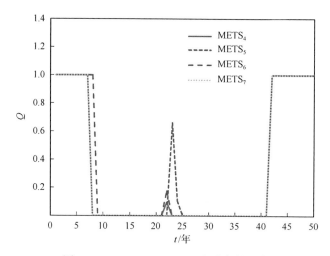

图 10-19　$METS_4 \sim METS_7$ 各路径效用度

Fig. 10-19　Utility degree from $METS_4$ path to $METS_7$ path

参 考 文 献

[1] 中华人民共和国住房和城乡建设部. 混凝土结构耐久性设计规范: GB/T 50476—2008[S]. 北京: 中国建筑工业出版社, 2008.

[2] 中国土木工程学会. 混凝土结构耐久性设计与施工指南: CCES 01—2004[S]. 北京: 中国建筑工业出版社, 2004.

[3] 金伟良. 腐蚀混凝土结构学[M]. 北京: 科学出版社, 2011.

[4] Mehta P K. Concrete durability: Fifty year's progress[C]//Proceeding of 2nd International Conference on Concrete Durability. ACI SPl26-1, 1991: 1-33.

[5] 武海荣. 混凝土结构耐久性环境区划与耐久性设计方法[D]. 杭州: 浙江大学, 2012.

[6] 武海荣, 金伟良, 延永东, 等. 混凝土冻融环境区划与抗冻性寿命预测[J]. 浙江大学学报(工学版), 2012, 46(4): 650-657.

[7] 中华人民共和国住房和城乡建设部. 普通混凝土长期性能和耐久性能试验方法标准: GBT 50082—2009[S]. 北京: 中国建筑工业出版社, 2009.

[8] 中华人民共和国交通部. 水运工程混凝土试验检测技术规范: JTS/T 236—2019[S]. 北京: 人民交通出版社, 2019.

[9] 中华人民共和国水利部. 水工混凝土试验规程(附条文说明): SL 352—2006[S]. 北京: 中国水利水电出版社, 2006.

[10] ASTM. Standard test method for resistance of concrete to rapid freezing and thawing: C 666-03/C 666M-03[S]. West Conshohocken: ASTM International, 2003.

[11] JISC. 混凝土快速冻融试验方法[S]. Tokyo: Ministry of Economy Trade and Industry, 2000.

[12] 余寿文, 冯西桥. 损伤力学[M]. 北京: 清华大学出版社, 1997.

[13] 王立久, 汪振双, 崔正龙. 基于冻融损伤抛物线模型的再生混凝土寿命预测[J]. 应用基础与工程科学学报, 2011, 19(1): 29-35.

[14] 刘崇熙, 汪在芹. 坝工混凝土耐久寿命的衰变规律[J]. 长江科学院院报, 2000, 17(2): 18-21.

[15] 刘志勇, 马立国. 高强混凝土的抗冻性与寿命预测模型[J]. 工业建筑, 2005, 35(1): 11-14.

[16] 杜鹏, 姚燕, 王玲, 等. 基于冻融损伤的混凝土寿命预测研究进展[J]. 长江科学院院报, 2014, 31(4): 77-84.

[17] 李金玉. 冻融环境下混凝土结构的耐久性设计与施工[C]//中国工程院土木水利与建筑学部工程结构安全性与耐久性研究咨询项目组. 混凝土结构耐久性设计与施工指南. 北京: 中国建筑工业出版社, 2004: 120-129.

[18] 周品. MATLAB 概率与数理统计[M]. 北京: 清华大学出版社, 2012.

第 11 章

RI-METS 理论与应用：
海洋氯化物环境

本章从宏观尺度、细观尺度、微观尺度描述了海洋氯化物环境工程结构系统的内部影响因素和外部影响因素；明确了海洋氯化物环境下的耐久性极限状态，描述了海洋氯化物环境试验系统的基本架构，并归纳了国内外加速氯离子输运试验规范；建立了海洋氯化物环境下的 RI-METS 理论，给出了相关计算公式；最后给出了 RI-METS 理论在海洋氯化物环境下混凝土结构耐久性中的应用算例。

11.1 劣化机理与过程

海洋氯化物环境主要指来自海水的氯盐引起的钢筋锈蚀的环境[1,2]。海洋氯化物环境下，影响混凝土结构耐久性的因素众多，其中主要是来自海水的氯盐引起的钢筋锈蚀。5.3.3 节中分别从材料学和结构工程的角度解释了氯盐侵蚀的劣化机理与过程，本章从系统论的角度对其进行补充。

从系统论的角度来看，海洋氯化物环境下的工程结构系统是一个开放系统。混凝土中氯离子的输运过程实质上是工程结构与自然环境之间发生了物质、能量和信息的交换。海洋氯化物环境下氯离子向混凝土中输运是一种自发的趋势，工程结构系统在氯离子的输运过程中不断演化。随着混凝土氯盐侵蚀深度的增加，工程结构系统的组成单元发生质变，工程结构的混凝土构件中钢筋的锈蚀风险增大。同理，钢铁及大多数金属在海洋氯化物环境下发生腐蚀也是一种自发的趋势。

通过 5.3.3 节的讨论可知，当钢筋表面的混凝土孔隙液中的氯离子浓度超过一定限值时，钢筋表面钝化膜破坏，钢筋就会发生锈蚀。表面氯离子浓度和扩散系数是影响氯离子输运的重要参数。表面氯离子浓度和扩散系数的相似率均是将加速氯离子输运试验结果用于真实结构耐久性设计与评估的重要参数。不同工程结构、不同自然环境、不同加速氯离子输运试验的参数相似率存在信息相对性。建立海洋氯化物环境混凝土结构耐久性 RI-METS 理论，便于将加速氯离子输运试验结果用于真实结构耐久性设计与评估。

11.2 工程结构系统

海洋氯化物环境下，工程结构系统的自然环境用 E_n^{III} 表示。观察者 R 在不同的观察尺度下所关注的信息是不相同的。

11.2.1 宏观尺度

在宏观尺度下，海洋氯化物环境工程结构系统的内部影响因素包括工程类别、设计使用年限等。海洋氯化物环境工程结构系统的宏观环境影响因素有盐雾浓度、海水盐度、气温、相对湿度、降水量等。海洋氯化物环境工程结构系统宏观影响因素汇总于表 11-1。

表 11-1 海洋氯化物环境工程结构系统宏观影响因素

Tab. 11-1 Macro influence factors of engineering structure system in marine environment

内部影响因素		宏观环境影响因素
工程类别	设计使用年限	
房屋建筑工程	5 年/25 年/50 年/100 年	盐雾浓度
公路工程	30 年/50 年/100 年(≥50 年/≥100 年)*	海水盐度
铁路工程	>30 年/>60 年/>100 年	气温
港口工程	5～10 年/50 年	相对湿度
水利水电工程	5～15 年/50 年/100 年	降水量

*括号中对应的是城市公路桥梁的设计使用年限。

在宏观尺度下，可以认为观察者 R 在工程结构系统 S 的外部进行观察。海洋氯化物环境 E_n^{III} 下，观察者 R 观察系统 S 的宏观尺度模型如图 11-1 所示。

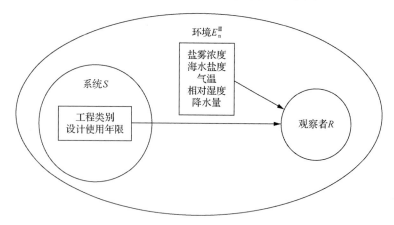

图 11-1　海洋氯化物环境下观察者观察系统的宏观尺度模型

Fig. 11-1　Macro model of observer observing system in marine environment

11.2.2　细观尺度

在细观尺度下，海洋氯化物环境工程结构系统的内部影响因素包括结构类型、结构体系、构件类型等。海洋氯化物环境工程结构系统的细观环境影响因素有盐雾浓度、海水盐度、气温、相对湿度、降水量、风、阳光、波浪、潮水、积水等。海洋氯化物环境工程结构系统细观影响因素汇总于表 11-2。

表 11-2　海洋氯化物环境工程结构系统细观影响因素

Tab. 11-2　Meso influence factors of engineering structure system in marine environment

内部影响因素			细观环境影响因素
结构类型	结构体系	构件类型	
房屋建筑结构	排架结构	屋面板/屋架/排架柱	盐雾浓度
	框架结构	屋面板/楼面板/梁/柱/墙	气温
	剪力墙结构	屋面板/楼面板/梁/柱/墙	相对湿度
	框-剪结构	屋面板/楼面板/梁/柱/墙	降水量
	筒体结构	屋面板/楼面板/梁/柱/墙	风/阳光
桥梁结构	梁桥	梁/桥墩(台)/墩(台)帽/承台	盐雾浓度
	刚构桥	梁/桥墩(台)/斜柱/墩(台)帽/承台	海水盐度
	拱桥	拱/梁/桥墩(台)/墩(台)帽/承台	气温/相对湿度
	斜拉桥	桥塔/梁/桥墩(台)/墩(台)帽/承台	降水量/风
	悬索桥	桥塔/梁/桥墩(台)/墩(台)帽/承台/锚碇	阳光/波浪/潮水
隧道结构	山岭隧道	初期支护/二次衬砌	盐雾浓度
	水下隧道	混凝土管片	海水盐度/气温
	城市隧道	初期支护/二次衬砌	相对湿度/积水

续表

内部影响因素			细观环境影响因素
结构类型	结构体系	构件类型	
港工结构	重力式码头	挡土墙/沉箱	盐雾浓度/海水盐度
	高桩码头	面板/纵梁/横梁/排架/靠船构件	气温/相对湿度/降水量
	防波堤	混凝土块/混凝土墙	风/阳光/波浪/潮水
水工结构	重力坝	坝体/闸墩/导墙/工作桥/排水廊道/溢洪道	盐雾浓度/海水盐度
	拱坝	坝体/闸墩/导墙/工作桥/排水廊道/溢洪道	气温/相对湿度/降水量
	土石坝	混凝土面板/工作桥/溢洪道	风/阳光/波浪/潮水/积水

在细观尺度下，可以认为观察者 R 在工程结构系统 S 与自然环境 E_n^{III} 的边界进行观察。海洋氯化物环境 E_n^{III} 下，观察者 R 观察系统 S 的细观尺度模型如图 11-2 所示。

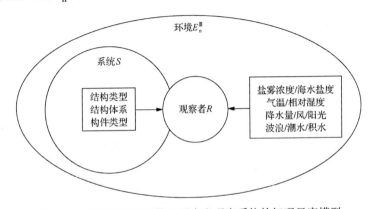

图 11-2　海洋氯化物环境下观察者观察系统的细观尺度模型

Fig. 11-2　Meso model of observer observing system in marine environment

11.2.3　微观尺度

在微观尺度下，海洋氯化物环境工程结构系统的内部影响因素包括几何形状、防护体系、加筋材料、混凝土材料等。海洋氯化物环境工程结构系统的微观环境影响因素有盐雾浓度、海水盐度、气温、相对湿度、降水量、风、阳光、波浪、潮水、积水等。海洋氯化物环境工程结构系统微观影响因素汇总于表 11-3。

表 11-3　海洋氯化物环境工程结构系统微观影响因素

Tab. 11-3　Micro influence factors of engineering structure system in marine environment

内部影响因素				微观环境影响因素
几何形状	防护体系	加筋材料	混凝土材料	
几何尺寸	防护涂层	普通钢筋	配合比	盐雾浓度
保护层厚度	防水层	不锈钢筋	纤维	海水盐度
微裂纹/裂缝	隔离层	预应力筋	阻锈剂	气温/相对湿度
表面剥落	饰面层	FRP 筋		降水量/风/阳光
角部效应		环氧树脂涂层钢筋		波浪/潮水/积水

在微观尺度下，可以认为观察者 R 在工程结构系统 S 的内部进行观察。海洋氯化物环境 E_n^{III} 下，观察者 R 观察系统 S 的微观尺度模型如图 11-3 所示。

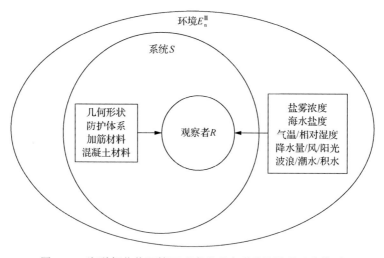

图 11-3　海洋氯化物环境下观察者观察系统的微观尺度模型

Fig. 11-3　Micro model of observer observing system in marine environment

11.3　耐久性极限状态

由 5.3.3 节的讨论及上述分析可知,海洋氯化物环境下混凝土结构中氯离子的输运是一种自发的趋势，工程结构系统在氯离子输运过程中不断演化。当钢筋表面的混凝土孔隙液中的氯离子浓度超过一定限值时，钢筋表面钝化膜破坏，钢筋就会发生锈蚀，此时认为工程结构系统在演化过程中越过了势垒，发生突变。

同 5.3.3 节所述，选择钢筋表面氯离子浓度达到临界氯离子浓度[3-6]作为海洋氯化物环境下的耐久性极限状态：

$$Z^{III} = C_{cr} - C(d_{cover}, t) \tag{11-1}$$

式中，Z^{III} 为海洋氯化物环境下氯离子输运过程的耐久性极限状态功能函数；C_{cr} 为临界氯离子浓度；d_{cover} 为混凝土构件保护层厚度；$C(d_{cover}, t)$ 为 t 时刻钢筋表面氯离子浓度。当 $Z^{III} > 0$ 时，为可靠状态，当 $Z^{III} \leqslant 0$ 时，为失效状态。当采用其他指标，如电通量等间接表征氯离子的输运过程时，应采用相应合适的耐久性极限状态。

11.4　环境试验系统

实验室人工模拟海洋氯化物环境用 E_a^{III} 表示，其相应的试验系统用 S_{ex} 表示。

在海洋氯化物环境下，混凝土结构的氯离子输运速度很慢，一般采用加速氯离子输运试验来研究混凝土结构的抗氯离子侵蚀性能。根据观察者的需要选择观察尺度，收集

海洋氯化物环境 E_n^{III} 工程结构系统 S_{ns} 的影响因素，分析劣化机理，确定实验室人工模拟海洋氯化物环境 E_a^{III} 试验系统 S_{ex} 的输入参数 A_i^{III}，设计并进行混凝土结构加速氯离子输运试验，统计分析试验输出参数 B_j^{III}。实验室人工模拟海洋氯化物环境 E_a^{III} 试验系统 S_{ex} 的输入参数和输出参数见表 11-4，基本架构如图 11-4 所示。

表 11-4　实验室人工模拟海洋氯化物环境试验系统输入参数和输出参数
Tab. 11-4　Input parameters and output parameters of test system in artificial marine environment

	输入参数		输出参数
A_1^{III}	盐雾浓度	B_1^{III}	氯离子浓度
A_2^{III}	海水盐度(氯离子浓度)	B_2^{III}	电位值
A_3^{III}	温度	B_3^{III}	$AgNO_3$ 指示剂显色深度
A_4^{III}	相对湿度	B_4^{III}	电通量
A_5^{III}	降水量	B_5^{III}	极化电阻
A_6^{III}	风	B_6^{III}	锈蚀电流密度
A_7^{III}	阳光	B_7^{III}	混凝土电阻
A_8^{III}	波浪	B_8^{III}	裂缝宽度
A_9^{III}	潮水	B_9^{III}	黏结力
A_{10}^{III}	积水	B_{10}^{III}	锈蚀率
A_{11}^{III}	电场	B_{11}^{III}	承载力

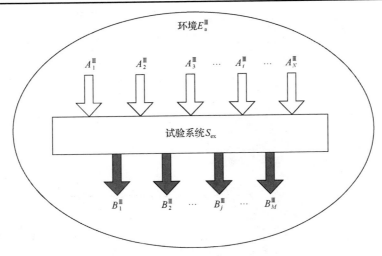

图 11-4　实验室人工模拟海洋氯化物环境试验系统基本架构
Fig. 11-4　Basic framework of test system in artificial marine environment

　　影响混凝土结构氯离子输运的因素有很多，根据观察者需要，选择主要的影响因素来模拟，减少次要因素的影响。目前，国内外关于混凝土结构加速氯离子输运试验的规范有：①《普通混凝土长期性能和耐久性能试验方法标准》(GB/T 50082—2009)[7]；
②《水运工程混凝土试验检测技术规范》(JTS/T 236—2019)[8]；③《水工混凝土试验规
程(附条文说明)》(SL 352—2006)[9]；④美国材料与试验协会规范 *Standard test method for
determining the apparent Chloride diffusion coefficient of cementitious mixtures by bulk
diffusion*(ASTM C 1556—2004)[10]；⑤美国材料与试验协会规范 *Standard test method for
electrical indication of concrete's ability to resist Chloride ion penetration*(ASTM C 1202—
2010)[11]；⑥北欧标准 *Concrete, mortar and cement based repair materials Chloride diffusion
coefficient from migration cell experiments*(NT Build355)[12]；⑦北欧标准 *Concrete, hardened:
Accelerated chloride penetration*(NT Build443)[13]；⑧北欧标准 *Concrete, mortar and
cement-based repair materials: Chloride migration coefficient from non-steady-state migration
experiments*(NT Build492)[14]。上述规范以 NaCl 浓度、温度、电场参数作为主要的输入参
数(表 11-5)，以氯离子浓度、AgNO₃ 指示剂显色深度、电通量、混凝土电阻作为主要输
出参数。

表 11-5　国内外加速氯离子输运试验规范

Tab. 11-5　Accelerated chloride ion penetration test codes

环境	试验规范	输入参数			输出参数
		NaCl 浓度/%	温度/℃	电场	
$E_{a,1}^{III}$	GB/T 50082—2009	3.0	20~25	(60 ± 0.1)V, 6h	B_4^{III}
$E_{a,2}^{III}$	GB/T 50082—2009	10	20~25	(30 ± 0.2)V*	B_3^{III}
$E_{a,3}^{III}$	JTS/T 236—2019	3	20±5	1000Hz 交流电桥	B_7^{III}
$E_{a,4}^{III}$	SL 352—2006	3	20~25	60V, 6h	B_4^{III}
$E_{a,5}^{III}$	SL 352—2006	5	20±2	(30 ± 0.2)V*	B_3^{III}
$E_{a,6}^{III}$	ASTM C 1556—2004	14.1~14.2	23±2		B_1^{III}
$E_{a,7}^{III}$	ASTM C 1202—2010	3	20~25	60V, 6h	B_4^{III}
$E_{a,8}^{III}$	NT Build355	5	≤40	(12 ± 0.1)V	B_1^{III}
$E_{a,9}^{III}$	NT Build443	14.1~14.2	21~25		B_1^{III}
$E_{a,10}^{III}$	NT Build492	10	20~25	30V**	B_3^{III}

*初始(30 ± 0.2)V，根据初始电流调整电压和持续时间。

**初始 30V，根据初始电流调整电压和持续时间。

11.5　RI-METS 理论

11.5.1　METS 理论

根据第 6 章的讨论，结合 RI-METS 理论的应用方法，对于在海洋氯化物环境 E_n^{III} 下

的工程结构系统，自然环境中的氯离子从混凝土表面逐渐向混凝土内部输运。在海洋氯化物环境中的水下区(11 号环境)和大气区(12 号环境、13 号环境)，氯离子主要依靠扩散作用侵入混凝土；在干湿交替区域(14 号环境、15 号环境)，由于干湿交替能够在混凝土表层形成氯离子浓度峰值，但在深层仍以扩散作用为主[15-17]。由 6.2.3 节的介绍可知，一般使用 Fick 第二定律[18]来描述氯离子侵蚀的扩散模型，Fick 第二定律可以表示为

$$\frac{\partial C}{\partial t} = \frac{\partial}{\partial x} \cdot \left(D \cdot \frac{\partial C}{\partial x} \right) \tag{11-2}$$

式中，C 为氯离子浓度；D 为氯离子扩散系数。式(11-2)偏微分方程的边界条件为 $C(0, t) = C_s$，$0 < t < \infty$；$C(x, 0) = C_0$，$0 < x < \infty$。

取式(11-2)两边的积分类比值，可得扩散时空变量：

$$\tau = \frac{x}{\sqrt{Dt}} \tag{11-3}$$

引入无量纲浓度变量：

$$\zeta = \frac{C - C_0}{C_s - C_0} \tag{11-4}$$

根据扩散时空变量和无量纲浓度，对式(11-2)进行相似变换：

$$\begin{aligned}
\frac{\partial C}{\partial t} &= \frac{\partial C}{\partial \tau} \cdot \frac{\partial \tau}{\partial t} = (C_s - C_0) \cdot \frac{\partial \zeta}{\partial t} \cdot \frac{\partial}{\partial t}\left(\frac{x}{\sqrt{Dt}} \right) \\
&= (C_s - C_0) \cdot \frac{\partial \zeta}{\partial t} \cdot \left(-\frac{1}{2} \cdot \frac{x}{\sqrt{Dt}} \cdot \frac{1}{t} \right) = -\frac{1}{2} \cdot (C_s - C_0) \cdot \frac{\tau}{t} \cdot \frac{\partial \zeta}{\partial t}
\end{aligned} \tag{11-5}$$

$$\frac{\partial C}{\partial x} = \frac{dC}{d\tau} \cdot \frac{d\tau}{dx} = (C_s - C_0) \cdot \frac{d\zeta}{d\tau} \cdot \frac{\partial}{\partial x}\left(\frac{x}{\sqrt{Dt}} \right) = \frac{C_s - C_0}{\sqrt{Dt}} \cdot \frac{d\zeta}{d\tau} \tag{11-6}$$

$$\frac{\partial^2 C}{\partial x^2} = \frac{\partial}{\partial x}\left(\frac{\partial C}{\partial x} \right) = \frac{C_s - C_0}{Dt} \cdot \frac{\partial^2 \zeta}{\partial \tau^2} \tag{11-7}$$

将式(11-5)～式(11-7)代入式(11-2)，二阶偏微分方程变为二阶齐次常微分方程：

$$\frac{d^2 \zeta}{d\tau^2} + \frac{1}{2} \cdot \tau \cdot \frac{d\zeta}{d\tau} = 0 \tag{11-8}$$

式(11-8)边界条件为当 $\tau = 0$ 时，$\zeta = 1$；当 $\tau \to \infty$，$\zeta \to 0$。

按二阶齐次常微分方程求解：

$$\zeta = C_1 \int_0^\tau \exp\left[-\left(\frac{\tau}{2} \right)^2 \right] \cdot d\tau + C_2 \tag{11-9}$$

由边界条件确定积分常数 C_1、C_2：当 $\tau = 0$ 时，$\zeta = 1$，$C_2 = 1$；当 $\tau \to \infty$，$\zeta \to 0$，$C_1 = -1/\sqrt{\pi}$。

代入式(11-9)得

$$\zeta = 1 - \frac{2}{\sqrt{\pi}} \int_0^{\frac{\tau}{2}} \exp\left[-\left(\frac{\tau}{2}\right)^2\right] \cdot d\left(\frac{\tau}{2}\right) = 1 - \mathrm{erf}\left(\frac{\tau}{2}\right) = \mathrm{erfc}\left(\frac{\tau}{2}\right) \tag{11-10}$$

将式(11-3)、式(11-4)代入式(11-10)可得

$$C(x,t) = C_0 + (C_s - C_0) \cdot \mathrm{erfc}\left(\frac{x}{2\sqrt{Dt}}\right) \tag{11-11}$$

与式(5-11)相同，式(11-11)便是常用的 Fick 第二定律在半无限大空间的解析解，由于式(11-11)表述简单，物理意义明确，并且与实际实验和工程数据非常吻合，其广泛应用于钢筋混凝土结构中氯离子扩散分布的计算[16,19]。在实际工程的干湿交替区等区域，由于混凝土表面区域$[0, \Delta x]$存在对流扩散层，此时 x 应扣除 Δx，表面氯离子浓度 C_s 应取 Δx 处氯离子浓度。

定义反余补误差无量纲浓度为

$$\kappa = \mathrm{erfcinv}(\zeta) \tag{11-12}$$

式中，$\mathrm{erfcinv}(\cdot)$ 为反余补误差函数。

将式(11-3)、式(11-12)代入式(11-10)得

$$\kappa = \frac{x}{2\sqrt{Dt}} \tag{11-13}$$

海洋氯化物环境下的耐久性极限状态方程，即式(11-1)可以转化为

$$\begin{aligned}
Z^{\mathrm{III}} &= C_{\mathrm{cr}} - C(d_{\mathrm{cover}}, t) \\
&= (C_{\mathrm{cr}} - C_0) - [C(d_{\mathrm{cover}}, t) - C_0] \\
&= (C_s - C_0) \cdot \left[\frac{C_{\mathrm{cr}} - C_0}{C_s - C_0} - \frac{C(d_{\mathrm{cover}}, t) - C_0}{C_s - C_0}\right] \\
&= (C_s - C_0) \cdot (\zeta_{\mathrm{cr}} - \zeta)
\end{aligned} \tag{11-14}$$

式中，ζ_{cr} 为临界无量纲浓度变量，等于 $(C_{\mathrm{cr}} - C_0)/(C_s - C_0)$。

一般情况下，表面氯离子浓度 C_s 大于初始氯离子浓度 C_0，所以根据耐久性极限状态的语法定义：当 $Z^{\mathrm{III}} > 0$ 时，为可靠状态；当 $Z^{\mathrm{III}} \leqslant 0$ 时，为失效状态。由于反余补误差函数 $\mathrm{erfcinv}(\cdot)$ 是减函数，式(11-14)等价于

$$Z^{\mathrm{III}} = \kappa - \kappa_{\mathrm{cr}} \tag{11-15}$$

式中，κ_{cr} 为临界反余补误差无量纲浓度，等于 $\mathrm{erfcinv}(\zeta_{\mathrm{cr}})$。

对于在海洋氯化物环境 E_n^{III} 下的工程结构系统，式(11-12)记为

$$\kappa_{\mathrm{n}} = \mathrm{erfcinv}(\zeta_{\mathrm{n}}) = \frac{x_{\mathrm{n}}}{2\sqrt{D_{\mathrm{n}} t_{\mathrm{n}}}} \tag{11-16}$$

式中，变量下标 n 表示在自然环境下。

对于在实验室人工模拟海洋氯化物环境 E_a^{III} 下的试验系统，式(11-12)记为

$$\kappa_a = \mathrm{erfcinv}(\zeta_a) = \frac{x_a}{2\sqrt{D_a t_a}} \tag{11-17}$$

式中，变量下标 a 表示在实验室人工模拟环境下。

定义反余补误差无量纲浓度 κ、扩散系数 D、表面氯离子浓度 C_s、距离 x、时间 t 的相似率为

$$\begin{cases} \lambda(\kappa) = \kappa_a / \kappa_n \\ \lambda(D) = D_a / D_n \\ \lambda(C_s) = C_{s,a} / C_{s,n} \\ \lambda(x) = x_a / x_n \\ \lambda(t) = t_a / t_n \end{cases} \tag{11-18}$$

海洋氯化物环境下，氯离子输运过程的相似率满足：

$$\frac{\lambda(\kappa)^2 \cdot \lambda(D) \cdot \lambda(t)}{\lambda(x)^2} = 1 \tag{11-19}$$

海洋氯化物环境下，氯离子输运过程的相似准数为

$$\pi^{\mathrm{III}} = \frac{\kappa^2 D t}{x^2} \tag{11-20}$$

将式(11-18)代入式(11-16)可得

$$\kappa_n = \frac{x_n}{2\sqrt{D_a t_n}} \cdot \sqrt{\lambda(D)} \tag{11-21}$$

式中，变量下标 n 表示在自然环境下；变量下标 a 表示在实验室人工模拟环境下。

11.5.2　METS 路径

METS 路径包含了 METS(1;1) 型、METS(i;1) 型、METS(1;j) 型和 METS(i;j) 型四种路径。METS 路径体现了观察者 R 的观察过程和知识背景。

METS(i;j) 型路径是指通过 i 个 $(i>1)$ 既有结构系统、j 种 $(j>1)$ 人工模拟环境的 METS 路径。以 METS(i;j) 型路径为例，对于海洋氯化物环境 E_n^{III} 拟建结构系统 S_{ns}，在其相似自然环境下有 m 个既有结构系统 $S_{es,1}, S_{es,2}, \cdots, S_{es,i}, \cdots, S_{es,m}$，同时有 n 种人工模拟环境 $E_{a,1}^{\mathrm{III}}, E_{a,2}^{\mathrm{III}}, \cdots, E_{a,j}^{\mathrm{III}}, \cdots, E_{a,n}^{\mathrm{III}}$。构建实验室人工模拟环境 $E_{a,1}^{\mathrm{III}}, E_{a,2}^{\mathrm{III}}, \cdots, E_{a,j}^{\mathrm{III}}$，观察者 R 通过 i 个既有结构系统 $S_{es,1}, S_{es,2}, \cdots, S_{es,i}$ 与 j 种人工模拟环境观察拟建结构系统 S_{ns} 的 METS(i;j) 型路径(图 11-5)为

$$\text{METS}(S_{\text{es},1\sim i};E_{\text{a},1\sim j}^{\text{III}}) = \left\{ \begin{matrix} \left(S_{\text{ns}},E_{\text{n}}^{\text{III}}\right) & \left(S_{\text{es},1},E_{\text{n}}^{\text{III}}\right) & \cdots & \left(S_{\text{es},i},E_{\text{n}}^{\text{III}}\right) \\ \left(S_{\text{ex}},E_{\text{a},1}^{\text{III}}\right) & \left(S_{\text{ex},1},E_{\text{a},1}^{\text{III}}\right) & \cdots & \left(S_{\text{ex},i},E_{\text{a},1}^{\text{III}}\right) \\ \vdots & \vdots & & \vdots \\ \left(S_{\text{ex}},E_{\text{a},j}^{\text{III}}\right) & \left(S_{\text{ex},1},E_{\text{a},j}^{\text{III}}\right) & \cdots & \left(S_{\text{ex},i},E_{\text{a},j}^{\text{III}}\right) \end{matrix} \right\} \qquad (11\text{-}22)$$

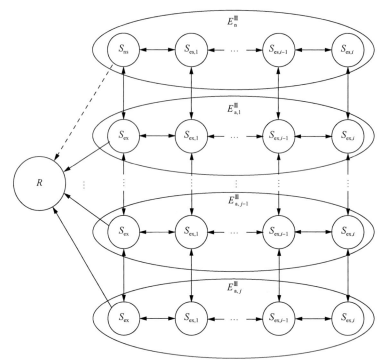

图 11-5　海洋氯化物环境 $\text{METS}(S_{\text{es},1\sim i};E_{\text{a},1\sim j}^{\text{III}})$ 路径

Fig. 11-5　$\text{METS}(S_{\text{es},1\sim i};E_{\text{a},1\sim j}^{\text{III}})$ path in marine environment

11.5.3　相对信息熵

对于海洋氯化物环境下的 $E_{\text{n}}^{\text{III}}$ 拟建结构系统 S_{ns}，系统 S_{ns} 在信道中对观察者 R 输出的是功能函数 Z^{III}，见式 (11-1)。观察者 R 通过 $\text{METS}(S_{\text{es},1\sim i};E_{\text{a},1\sim j}^{\text{III}})$ 路径观察拟建结构系统 S_{ns} 在时间段 $[0, t]$ 内的相对信息熵为

$$\left\{ \begin{aligned} &H_{\text{i}}[S_{\text{ns}}(Z^{\text{III}};t)/\text{METS}(S_{\text{es},1\sim i};E_{\text{a},1\sim j}^{\text{III}})] = -P_{\text{s}}(S_{\text{ns}};t)\cdot\log_2 P_{\text{s}}(S_{\text{ns}};t) - P_{\text{f}}(S_{\text{ns}};t)\cdot\log_2 P_{\text{f}}(S_{\text{ns}};t) \\ &H_{\text{o}}[S_{\text{ns}}(Z^{\text{III}};t)/\text{METS}(S_{\text{es},1\sim i};E_{\text{a},1\sim j}^{\text{III}})] = -\{P_{\tilde{A}}(S_{\text{ns}};t)\cdot\log_2 P_{\tilde{A}}(S_{\text{ns}};t) + [1 - P_{\tilde{A}}(S_{\text{ns}};t)] \\ &\qquad\qquad\times\log_2[1 - P_{\tilde{A}}(S_{\text{ns}};t)] + P_{\tilde{B}}(S_{\text{ns}};t)\cdot\log_2 P_{\tilde{B}}(S_{\text{ns}};t) \\ &\qquad\qquad + [1 - P_{\tilde{B}}(S_{\text{ns}};t)]\cdot\log_2[1 - P_{\tilde{B}}(S_{\text{ns}};t)]\}/2 \end{aligned} \right.$$

$$(11\text{-}23)$$

语法信息熵 $H_i[S_{ns}(Z^{\text{III}};t)/\text{METS}(S_{es,1\sim i};E_{a,1\sim j}^{\text{III}})]$ 的计算：先按照海洋氯化物环境下耐久性极限状态方程计算 $P_s(S_{ns};t)$ 和 $P_f(S_{ns};t)$，再将 $P_s(S_{ns};t)$ 和 $P_f(S_{ns};t)$ 代入式 (11-23) 即可得到。

语义信息熵 $H_o[S_{ns}(Z^{\text{III}};t)/\text{METS}(S_{es,1\sim i};\ E_{a,1\sim j}^{\text{III}})]$ 反映了观察者 R 对功能函数 Z^{III} 语义的模糊性。功能函数 Z^{III} 语义的模糊性来源于：目前对临界氯离子浓度 C_{cr} 的认识是模糊的，可以用总氯离子浓度、自由氯离子浓度、氯离子与氢氧根比值等来表示[20,21]。正如5.4.3.5 小节所述，即使钢筋表面附近的氯离子浓度达到了临界氯离子浓度，也并不意味着钢筋一定脱钝，它仅仅意味着钢筋发生脱钝具有较高可能性[15,22]。那么，临界氯离子浓度 C_{cr} 存在一个模糊区间 $[C_{cr,min},C_{cr,max}]$，最小临界氯离子浓度 $C_{cr,min}$ 代表不超过这一浓度时钢筋发生锈蚀的可能性为 0，最大临界氯离子浓度 $C_{cr,max}$ 代表达到这一浓度时必定产生锈蚀。

定义功能函数 Z^{III} 隶属于模糊集 $\tilde{A}=\{$ "可靠" $\}$ 的隶属函数为 $\mu_{\tilde{A}}(Z^{\text{III}})$，功能函数 Z^{III} 隶属于模糊集 $\tilde{B}=\{$ "失效" $\}$ 的隶属函数为 $\mu_{\tilde{B}}(Z^{\text{III}})$。

构建隶属函数 $\mu_{\tilde{A}}(Z^{\text{III}})$ 为

$$\mu_{\tilde{A}}(Z^{\text{III}})=\begin{cases}0, & Z^{\text{III}}<C_{cr}-C_{cr,max}\\[2mm]\dfrac{Z^{\text{III}}}{C_{cr,max}-C_{cr,min}}, & C_{cr}-C_{cr,max}\leqslant Z^{\text{III}}\leqslant C_{cr}-C_{cr,min}\\[2mm]1, & Z^{\text{III}}>C_{cr}-C_{cr,min}\end{cases} \tag{11-24}$$

构建隶属函数 $\mu_{\tilde{B}}(Z^{\text{III}})$ 为

$$\mu_{\tilde{B}}(Z^{\text{III}})=\begin{cases}1, & Z^{\text{III}}<C_{cr}-C_{cr,max}\\[2mm]1-\dfrac{Z^{\text{III}}}{C_{cr,max}-C_{cr,min}}, & C_{cr}-C_{cr,max}\leqslant Z^{\text{III}}\leqslant C_{cr}-C_{cr,min}\\[2mm]0, & Z^{\text{III}}>C_{cr}-C_{cr,min}\end{cases} \tag{11-25}$$

功能函数 Z^{III} 的隶属函数 $\mu_{\tilde{A}}(Z^{\text{III}})$ 与 $\mu_{\tilde{B}}(Z^{\text{III}})$ 的曲线如图 11-6 所示。

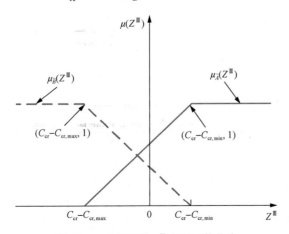

图 11-6　功能函数 Z^{III} 隶属函数曲线

Fig. 11-6　Membership function of performance function Z^{III}

将式(11-24)、式(11-25)分别代入式(4-53)和式(4-54)计算"可靠"可能性 $P_{\tilde{A}}(S_{ns};t)$ 和"失效"可能性 $P_{\tilde{B}}(S_{ns};t)$，再将 $P_{\tilde{A}}(S_{ns};t)$ 和 $P_{\tilde{B}}(S_{ns};t)$ 代入式(11-23)即可得到相对信息熵。

11.5.4 相对信息

通过 $\text{METS}(S_{es,1\sim i};E_{a,1\sim j}^{\text{III}})$ 路径观察拟建结构系统 S_{ns} 的相对信息为

$$\begin{cases} I_i[S_{ns}(Z^{\text{III}};t);\text{METS}(S_{es,1\sim i};E_{a,1\sim j}^{\text{III}})]=H_i[S_{ns}(Z^{\text{III}};t)]-H_i[S_{ns}(Z^{\text{III}};t)/\text{METS}(S_{es,1\sim i};E_{a,1\sim j}^{\text{III}})] \\ I_o[S_{ns}(Z^{\text{III}};t);\text{METS}(S_{es,1\sim i};E_{a,1\sim j}^{\text{III}})]=H_o[S_{ns}(Z^{\text{III}};t)]-H_o[S_{ns}(Z^{\text{III}};t)/\text{METS}(S_{es,1\sim i};E_{a,1\sim j}^{\text{III}})] \end{cases}$$

$$(11-26)$$

式中，$I_i[S_{ns}(Z^{\text{III}};t);\text{METS}(S_{es,1\sim i};E_{a,1\sim j}^{\text{III}})]$ 表示 $\text{METS}(S_{es,1\sim i};E_{a,1\sim j}^{\text{III}})$ 路径在语法空间中的语法相对信息；$I_o[S_{ns}(Z^{\text{III}};t);\text{METS}(S_{es,1\sim i};E_{a,1\sim j}^{\text{III}})]$ 表示 $\text{METS}(S_{es,1\sim i};E_{a,1\sim j}^{\text{III}})$ 路径在语义空间中的语义相对信息。

11.6 RI-METS 理论的应用

11.6.1 工程概况

某拟建结构系统 S_{ns}，工程类别属于公路工程，其跨海大桥设计使用年限为 100 年。桥梁结构体系主要为混凝土连续梁桥，航道桥部分为斜拉桥。组成部分包含箱梁、桥墩(台)、湿接头、承台、桩、拉索、桥塔等，采用海工混凝土材料。

自然环境为海洋氯化物环境 E_n^{III}，海水中氯离子含量在 8.9～15.4g/L，年平均气温为 15.6℃，最冷月平均气温为 3.3℃，年平均相对湿度为 82%，年平均降水量为 1220mm，平均降水日数为 140 天。历年平均潮位为 2.18m，平均高潮位为 4.40m，平均低潮位为 −0.29m，平均潮差为 4.69m(基准面为吴淞零点)。

11.6.2 工程结构系统

在宏观尺度下，拟建结构系统 S_{ns} 的工程类别属于公路工程，其桥梁结构设计使用年限为 100 年。宏观环境影响因素有盐雾浓度、海水盐度、年平均气温、相对湿度、降水量等。

在细观尺度下，拟建结构系统 S_{ns} 的结构体系为连续梁桥和斜拉桥。组成部分包含箱梁、桥墩(台)、湿接头、承台、桩、拉索、桥塔等。箱梁、拉索、部分桥塔位于大气区(13 号环境，重度盐雾区)，桥墩(台)、部分桥塔位于浪溅区(14 号环境，非炎热地区潮汐浪溅区)，湿接头、承台位于潮差区(14 号环境，非炎热地区潮汐浪溅区)，桩位于水下区(11 号环境，水下区与土中区)。细观环境影响因素有盐雾浓度、海水盐度、年平均气温、相对湿度、降水量、风、阳光、波浪、水位等。

在微观尺度下，拟建结构系统 S_{ns} 的箱梁为箱形截面，桥墩、湿接头、承台、桥塔的几何形状均为矩形截面，桩为圆形截面；全桥均采用海工混凝土，混凝土中最大碱含量达标（无 AAR 反应）。

11.6.3　试验系统

选取潮差区（14 号环境，非炎热地区潮汐浪溅区）承台为研究对象。混凝土强度等级为 C40，28 天立方体抗压强度标准值为 57.4MPa，水胶比为 0.33，掺有粉煤灰和矿渣，胶凝材料为 405kg/m³，保护层厚度为 90mm。构建 2 种实验室人工模拟环境 $E_{a,10}^{III}$（NTBuild-492）与 $E_{a,11}^{III}$。试验系统 $(S_{ex}, E_{a,10}^{III})$ 输入参数：NaCl 溶液浓度为 10%，实验室温度为 20～25℃，初始电压为 30V；输出参数为 $AgNO_3$ 指示剂显色深度。试验系统 $(S_{ex}, E_{a,11}^{III})$ 输入参数为 NaCl 溶液浓度 5.74%，每 48h 模拟一次潮差区的干湿循环，风干阶段温度为 20℃，实验系统温度曲线如图 11-7 所示；输出参数为自由氯离子浓度。

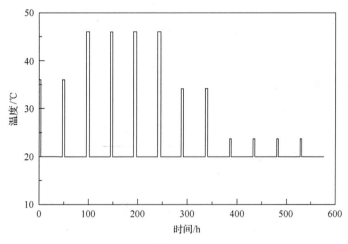

图 11-7　试验系统 $(S_{ex}, E_{a,11}^{III})$ 温度曲线

Fig. 11-7　Temperature curve of test system $(S_{ex}, E_{a,11}^{III})$

11.6.4　METS 路径

选取与研究对象（拟建结构系统 S_{ns}）所处相同环境的 2 个参照物（既有结构系统 $S_{es,1}$、$S_{es,2}$），同样分别构建实验室人工模拟环境 $E_{a,10}^{III}$ 与 $E_{a,11}^{III}$。既有结构系统 $S_{es,1}$ 强度等级 C25，水胶比 0.45；既有结构系统 $S_{es,2}$ 强度等级 C40，水胶比 0.40。观察者 R 有 4 种 METS(1;1) 型路径、2 种 METS(i;1) 型路径、2 种 METS(1;j) 型路径和 1 种 METS(i;j) 型路径。

4 种 METS(1;1) 型路径（图 11-8～图 11-11）分别为

$$\mathrm{METS}(S_{es,1}; E_{a,10}^{III}) = \left\{ \begin{array}{cc} \left(S_{ns}, E_n^{III}\right) & \left(S_{es,1}, E_n^{III}\right) \\ \left(S_{ex}, E_{a,10}^{III}\right) & \left(S_{ex,1}, E_{a,10}^{III}\right) \end{array} \right\} \tag{11-27}$$

· 318 ·

$$\mathrm{METS}(S_{\mathrm{es},2};E_{\mathrm{a},10}^{\mathrm{III}})=\left\{\begin{matrix}\left(S_{\mathrm{ns}},E_{\mathrm{n}}^{\mathrm{III}}\right) & \left(S_{\mathrm{es},2},E_{\mathrm{n}}^{\mathrm{III}}\right)\\ \left(S_{\mathrm{ex}},E_{\mathrm{a},10}^{\mathrm{III}}\right) & \left(S_{\mathrm{ex},2},E_{\mathrm{a},10}^{\mathrm{III}}\right)\end{matrix}\right\} \tag{11-28}$$

$$\mathrm{METS}(S_{\mathrm{es},1};E_{\mathrm{a},11}^{\mathrm{III}})=\left\{\begin{matrix}\left(S_{\mathrm{ns}},E_{\mathrm{n}}^{\mathrm{III}}\right) & \left(S_{\mathrm{es},1},E_{\mathrm{n}}^{\mathrm{III}}\right)\\ \left(S_{\mathrm{ex}},E_{\mathrm{a},11}^{\mathrm{III}}\right) & \left(S_{\mathrm{ex},1},E_{\mathrm{a},11}^{\mathrm{III}}\right)\end{matrix}\right\} \tag{11-29}$$

$$\mathrm{METS}(S_{\mathrm{es},2};E_{\mathrm{a},11}^{\mathrm{III}})=\left\{\begin{matrix}\left(S_{\mathrm{ns}},E_{\mathrm{n}}^{\mathrm{III}}\right) & \left(S_{\mathrm{es},2},E_{\mathrm{n}}^{\mathrm{III}}\right)\\ \left(S_{\mathrm{ex}},E_{\mathrm{a},11}^{\mathrm{III}}\right) & \left(S_{\mathrm{ex},2},E_{\mathrm{a},11}^{\mathrm{III}}\right)\end{matrix}\right\} \tag{11-30}$$

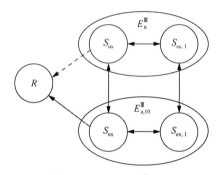

图 11-8　METS$(S_{\mathrm{es},1};E_{\mathrm{a},10}^{\mathrm{III}})$路径

Fig. 11-8　METS$(S_{\mathrm{es},1};E_{\mathrm{a},10}^{\mathrm{III}})$ path

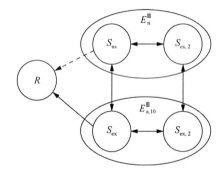

图 11-9　METS$(S_{\mathrm{es},2};E_{\mathrm{a},10}^{\mathrm{III}})$路径

Fig. 11-9　METS$(S_{\mathrm{es},2};E_{\mathrm{a},10}^{\mathrm{III}})$ path

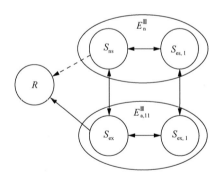

图 11-10　METS$(S_{\mathrm{es},1};E_{\mathrm{a},11}^{\mathrm{III}})$路径

Fig. 11-10　METS$(S_{\mathrm{es},1};E_{\mathrm{a},11}^{\mathrm{III}})$ path

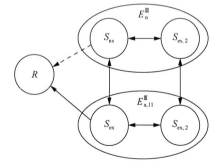

图 11-11　METS$(S_{\mathrm{es},2};E_{\mathrm{a},11}^{\mathrm{III}})$路径

Fig. 11-11　METS$(S_{\mathrm{es},2};E_{\mathrm{a},11}^{\mathrm{III}})$ path

2 种 METS$(i;1)$型路径(图 11-12、图 11-13)分别为

$$\mathrm{METS}(S_{\mathrm{es},1\sim2};E_{\mathrm{a},10}^{\mathrm{III}})=\left\{\begin{matrix}\left(S_{\mathrm{ns}},E_{\mathrm{n}}^{\mathrm{III}}\right) & \left(S_{\mathrm{es},1},E_{\mathrm{n}}^{\mathrm{III}}\right) & \left(S_{\mathrm{es},2},E_{\mathrm{n}}^{\mathrm{III}}\right)\\ \left(S_{\mathrm{ex}},E_{\mathrm{a},10}^{\mathrm{III}}\right) & \left(S_{\mathrm{ex},1},E_{\mathrm{a},10}^{\mathrm{III}}\right) & \left(S_{\mathrm{ex},2},E_{\mathrm{a},10}^{\mathrm{III}}\right)\end{matrix}\right\} \tag{11-31}$$

$$\text{METS}(S_{\text{es},1\sim2};E_{\text{a},11}^{\text{III}})=\begin{cases}(S_{\text{ns}},E_{\text{n}}^{\text{III}}) & (S_{\text{es},1},E_{\text{n}}^{\text{III}}) & (S_{\text{es},2},E_{\text{n}}^{\text{III}}) \\ (S_{\text{ex}},E_{\text{a},11}^{\text{III}}) & (S_{\text{ex},1},E_{\text{a},11}^{\text{III}}) & (S_{\text{ex},2},E_{\text{a},11}^{\text{III}})\end{cases} \tag{11-32}$$

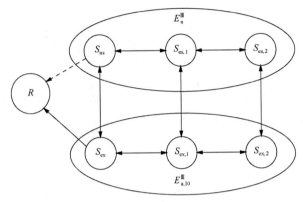

图 11-12　METS$(S_{\text{es},1\sim2};E_{\text{a},10}^{\text{III}})$ 路径

Fig. 11-12　METS$(S_{\text{es},1\sim2};E_{\text{a},10}^{\text{III}})$ path

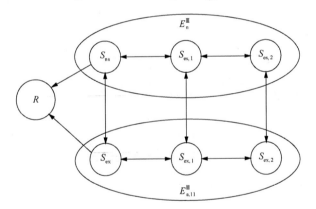

图 11-13　METS$(S_{\text{es},1\sim2};E_{\text{a},11}^{\text{III}})$ 路径

Fig. 11-13　METS$(S_{\text{es},1\sim2};E_{\text{a},11}^{\text{III}})$ path

2 种 METS$(1;j)$ 型路径（图 11-14、图 11-15）分别为

$$\text{METS}(S_{\text{es},1};E_{\text{a},10\sim11}^{\text{III}})=\begin{cases}(S_{\text{ns}},E_{\text{n}}^{\text{III}}) & (S_{\text{es},1},E_{\text{n}}^{\text{III}}) \\ (S_{\text{ex}},E_{\text{a},10}^{\text{III}}) & (S_{\text{ex},1},E_{\text{a},10}^{\text{III}}) \\ (S_{\text{ex}},E_{\text{a},11}^{\text{III}}) & (S_{\text{ex},1},E_{\text{a},11}^{\text{III}})\end{cases} \tag{11-33}$$

$$\text{METS}(S_{\text{es},2};E_{\text{a},10\sim11}^{\text{III}})=\begin{cases}(S_{\text{ns}},E_{\text{n}}^{\text{III}}) & (S_{\text{es},2},E_{\text{n}}^{\text{III}}) \\ (S_{\text{ex}},E_{\text{a},10}^{\text{III}}) & (S_{\text{ex},2},E_{\text{a},10}^{\text{III}}) \\ (S_{\text{ex}},E_{\text{a},11}^{\text{III}}) & (S_{\text{ex},2},E_{\text{a},11}^{\text{III}})\end{cases} \tag{11-34}$$

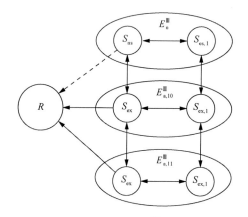

图 11-14　METS$(S_{es,1}\,; E_{a,10\sim11}^{\text{III}})$路径

Fig. 11-14　METS$(S_{es,1}\,; E_{a,10\sim11}^{\text{III}})$ path

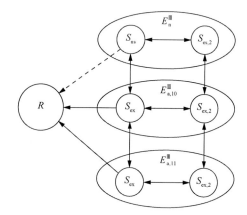

图 11-15　METS$(S_{es,2}\,; E_{a,10\sim11}^{\text{III}})$路径

Fig. 11-15　METS$(S_{es,2}\,; E_{a,10\sim11}^{\text{III}})$ path

1 种 METS$(i;j)$型路径(图 11-16)分别为

$$\text{METS}(S_{es,1\sim2};E_{a,10\sim11}^{\text{III}})=\begin{Bmatrix}\left(S_{ns},E_{n}^{\text{III}}\right) & \left(S_{es,1},E_{n}^{\text{III}}\right) & \left(S_{es,2},E_{n}^{\text{III}}\right)\\\left(S_{ex},E_{a,10}^{\text{III}}\right) & \left(S_{ex,1},E_{a,10}^{\text{III}}\right) & \left(S_{ex,2},E_{a,10}^{\text{III}}\right)\\\left(S_{ex},E_{a,11}^{\text{III}}\right) & \left(S_{ex,1},E_{a,11}^{\text{III}}\right) & \left(S_{ex,2},E_{a,11}^{\text{III}}\right)\end{Bmatrix}\qquad(11\text{-}35)$$

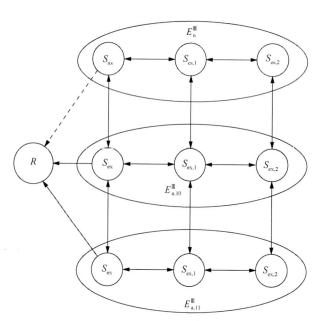

图 11-16　METS$(S_{es,1\sim2};E_{a,10\sim11}^{\text{III}})$路径

Fig. 11-16　METS$(S_{es,1\sim2};E_{a,10\sim11}^{\text{III}})$ path

下面对既有结构系统 $(S_{es,1}, E_n^{\text{III}})$、$(S_{es,2}, E_n^{\text{III}})$ 和试验系统 $(S_{ex,1}, E_{a,11}^{\text{III}})$、$(S_{ex,2}, E_{a,11}^{\text{III}})$ 的氯离子浓度进行测试，分别通过式(11-16)和式(11-17)得到表面氯离子浓度 C_s 和扩散系数 D，对试验系统 $(S_{ex,1}, E_{a,10}^{\text{III}})$、$(S_{ex,2}, E_{a,10}^{\text{III}})$ 的扩散系数 D 进行测试。各系统表面氯离子浓度 C_s 的对比图见图 11-17，各系统扩散系数 D 的对比图见图 11-18。

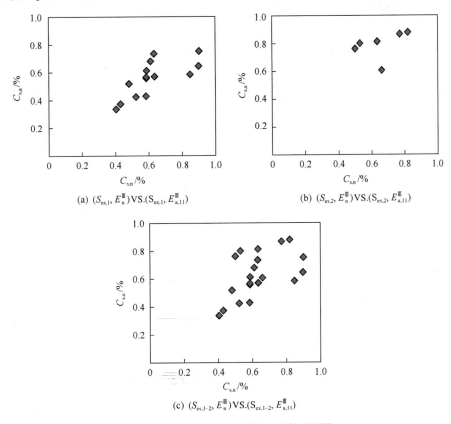

图 11-17　各系统表面氯离子浓度对比图

Fig. 11-17　Comparison figure of surface chloride ion content from each pair system

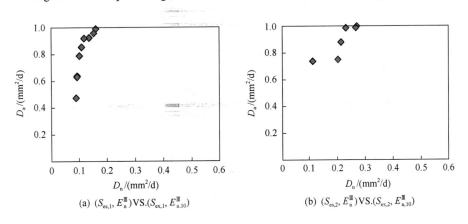

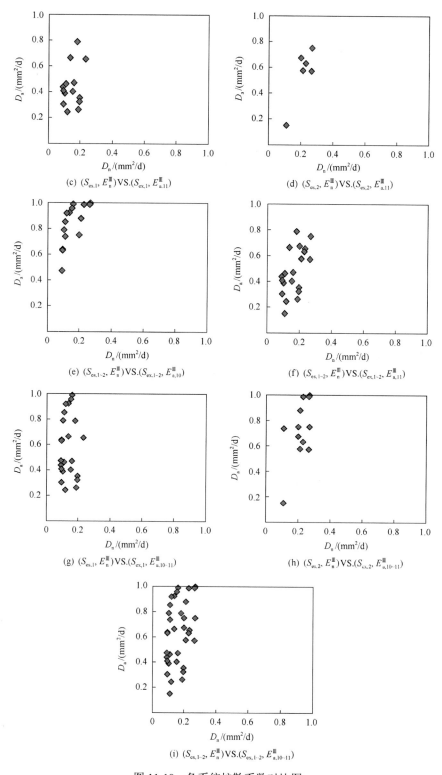

图 11-18　各系统扩散系数对比图

Fig. 11-18　Comparison figure of diffusion coefficient from each pair system

各系统表面氯离子浓度 C_s 及其相似率的平均值 μ、标准差 σ、变异系数 δ(无量纲)见表 11-6。各系统扩散系数 D 及其相似率的平均值 μ、标准差 σ、变异系数 δ(无量纲)见表 11-7。

表 11-6　各系统表面氯离子浓度及其相似率统计结果

Tab. 11-6　Statistical results of surface chloride ion contents and their similarity ratio from each pair system

系统	$C_{s,n}$			$C_{s,a}$			$\lambda(C_s)$		
	$\mu/\%$	$\sigma/\%$	δ	$\mu/\%$	$\sigma/\%$	δ	μ	σ	δ
$(S_{es,1},\ E_n^{III})\,\|\,(S_{ex,1},\ E_{a,11}^{III})$	0.62	0.16	0.25	0.56	0.13	0.23	0.91	0.15	0.17
$(S_{es,2},\ E_n^{III})\,\|\,(S_{ex,2},\ E_{a,11}^{III})$	0.65	0.13	0.19	0.79	0.10	0.13	1.24	0.24	0.20
$(S_{es,1\sim2},\ E_n^{III})\,\|\,(S_{ex,1\sim2},\ E_{a,11}^{III})$	0.63	0.15	0.23	0.63	0.16	0.26	1.01	0.24	0.23

表 11-7　各系统扩散系数及其相似率统计结果

Tab. 11-7　Statistical results of diffusion coefficients and their similarity ratio from each pair system

系统	D_n			D_a			$\lambda(D)$		
	$\mu/(mm^2/d)$	$\sigma/(mm^2/d)$	δ	$\mu/(mm^2/d)$	$\sigma/(mm^2/d)$	δ	μ	σ	δ
$(S_{es,1},\ E_n^{III})\,\|\,(S_{ex,1},\ E_{a,10}^{III})$	0.15	0.05	0.32	0.97	0.30	0.31	6.66	0.76	0.11
$(S_{es,2},\ E_n^{III})\,\|\,(S_{ex,2},\ E_{a,10}^{III})$	0.21	0.06	0.27	0.89	0.12	0.14	4.40	1.15	0.26
$(S_{es,1},\ E_n^{III})\,\|\,(S_{ex,1},\ E_{a,11}^{III})$	0.15	0.05	0.32	0.44	0.16	0.36	3.21	1.21	0.38
$(S_{es,2},\ E_n^{III})\,\|\,(S_{ex,2},\ E_{a,11}^{III})$	0.21	0.06	0.27	0.56	0.21	0.38	2.53	0.69	0.27
$(S_{es,1\sim2},\ E_n^{III})\,\|\,(S_{ex,1\sim2},\ E_{a,10}^{III})$	0.17	0.06	0.35	0.94	0.26	0.27	5.98	1.37	0.22
$(S_{es,1\sim2},\ E_n^{III})\,\|\,(S_{ex,1\sim2},\ E_{a,11}^{III})$	0.17	0.06	0.35	0.48	0.18	0.38	3.01	1.11	0.37
$(S_{es,1},\ E_n^{III})\,\|\,(S_{ex,1},\ E_{a,10\sim11}^{III})$	0.15	0.05	0.32	0.70	0.36	0.50	4.93	2.02	0.41
$(S_{es,2},\ E_n^{III})\,\|\,(S_{ex,2},\ E_{a,10\sim11}^{III})$	0.21	0.06	0.26	0.72	0.24	0.33	3.46	1.33	0.38
$(S_{es,1\sim2},\ E_n^{III})\,\|\,(S_{ex,1\sim2},\ E_{a,10\sim11}^{III})$	0.17	0.06	0.34	0.71	0.32	0.45	4.49	1.94	0.43

这里采用 K-S 检验法[23]检验表 11-6 的表面氯离子浓度及其相似率是否服从正态分布(表 11-8)，检验表 11-7 中各系统的扩散系数及其相似率是否服从正态分布(表 11-9)，显著性水平取 0.05。K-S 检验 p 值均大于 0.05，jbstat 测试值均小于 critval 临界值，正态分布假设为真。

表 11-8　各系统表面氯离子浓度及其相似率 K-S 检验

Tab. 11-8　K-S test results of surface chloride ion contents and their similarity ratio from each pair system

系统	$C_{s,n}$			$C_{s,a}$			$\lambda(C_s)$		
	p	jbstat	critval	p	jbstat	critval	p	jbstat	critval
$(S_{es,1},\ E_n^{III})\mid(S_{ex,1},\ E_{a,11}^{III})$	0.28	0.25	0.35	0.87	0.15	0.35	0.98	0.11	0.35
$(S_{es,2},\ E_n^{III})\mid(S_{ex,2},\ E_{a,11}^{III})$	0.98	0.16	0.52	0.85	0.23	0.52	0.93	0.20	0.52
$(S_{es,1\sim2},\ E_n^{III})\mid(S_{ex,1\sim2},\ E_{a,11}^{III})$	0.42	0.19	0.29	0.97	0.10	0.29	0.91	0.12	0.29

表 11-9　各系统扩散系数及其相似率 K-S 检验

Tab. 11-9　K-S test results of diffusion coefficients and their similarity ratio from each pair system

系统	D_n			D_a			$\lambda(D)$		
	p	jbstat	critval	p	jbstat	critval	p	jbstat	critval
$(S_{es,1},\ E_n^{III})\mid(S_{ex,1},\ E_{a,10}^{III})$	0.86	0.15	0.35	0.83	0.16	0.35	0.94	0.13	0.35
$(S_{es,2},\ E_n^{III})\mid(S_{ex,2},\ E_{a,10}^{III})$	0.82	0.24	0.52	0.61	0.29	0.52	0.32	0.36	0.52
$(S_{es,1},\ E_n^{III})\mid(S_{ex,1},\ E_{a,11}^{III})$	0.86	0.15	0.35	0.87	0.15	0.35	0.85	0.15	0.35
$(S_{es,2},\ E_n^{III})\mid(S_{ex,2},\ E_{a,11}^{III})$	0.82	0.24	0.52	0.34	0.36	0.52	0.64	0.28	0.52
$(S_{es,1\sim2},\ E_n^{III})\mid(S_{ex,1\sim2},\ E_{a,10}^{III})$	0.74	0.14	0.29	0.37	0.20	0.29	0.36	0.20	0.29
$(S_{es,1\sim2},\ E_n^{III})\mid(S_{ex,1\sim2},\ E_{a,11}^{III})$	0.74	0.14	0.29	0.94	0.11	0.29	0.85	0.13	0.29
$(S_{es,1},\ E_n^{III})\mid(S_{ex,1},\ E_{a,10\sim11}^{III})$	0.46	0.16	0.25	0.35	0.17	0.25	0.46	0.16	0.25
$(S_{es,2},\ E_n^{III})\mid(S_{ex,2},\ E_{a,10\sim11}^{III})$	0.47	0.23	0.38	0.78	0.18	0.38	0.77	0.18	0.38
$(S_{es,1\sim2},\ E_n^{III})\mid(S_{ex,1\sim2},\ E_{a,10\sim11}^{III})$	0.31	0.15	0.21	0.84	0.09	0.21	0.49	0.13	0.21

　　对表 11-6、表 11-7 中各系统的表面氯离子浓度、扩散系数进行线性回归分析，线性回归曲线如图 11-19、图 11-20 所示。表 11-10、表 11-11 分别给出了表面氯离子浓度、扩散系数的线性回归分析结果，弃真概率均小于 0.001，线性假设为真。

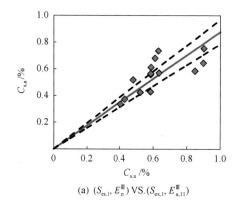

(a) $(S_{es,1},\ E_n^{III})$ VS. $(S_{ex,1},\ E_{a,11}^{III})$

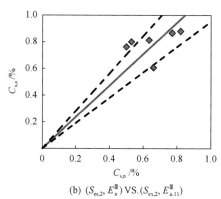

(b) $(S_{es,2},\ E_n^{III})$ VS. $(S_{ex,2},\ E_{a,11}^{III})$

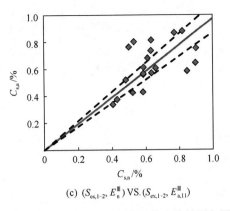

(c) $(S_{es,1-2}, E_n^{\text{III}})$ VS. $(S_{ex,1-2}, E_{a,11}^{\text{III}})$

图 11-19　各系统表面氯离子浓度线性回归图

Fig. 11-19　Linear regression of surface chloride ion contents from each pair system

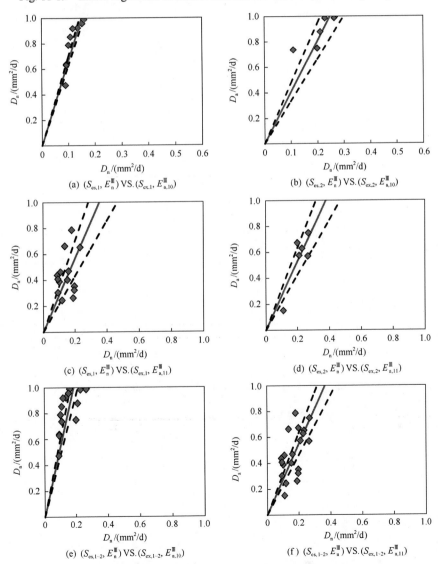

(a) $(S_{es,1}, E_n^{\text{III}})$ VS. $(S_{ex,1}, E_{a,10}^{\text{III}})$

(b) $(S_{es,2}, E_n^{\text{III}})$ VS. $(S_{ex,2}, E_{a,10}^{\text{III}})$

(c) $(S_{es,1}, E_n^{\text{III}})$ VS. $(S_{ex,1}, E_{a,11}^{\text{III}})$

(d) $(S_{es,2}, E_n^{\text{III}})$ VS. $(S_{ex,2}, E_{a,11}^{\text{III}})$

(e) $(S_{es,1-2}, E_n^{\text{III}})$ VS. $(S_{ex,1-2}, E_{a,10}^{\text{III}})$

(f) $(S_{es,1-2}, E_n^{\text{III}})$ VS. $(S_{ex,1-2}, E_{a,11}^{\text{III}})$

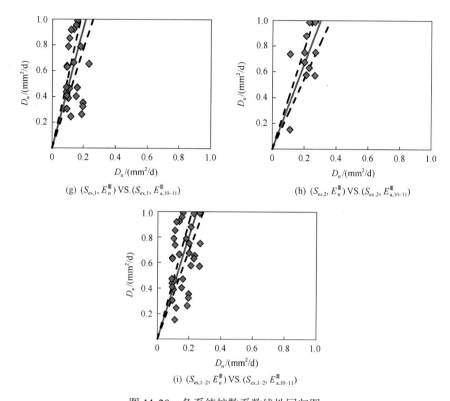

(g) $(S_{es,1},\ E_n^{III})$ VS. $(S_{ex,1},\ E_{a,10-11}^{III})$ 　　　　(h) $(S_{es,2},\ E_n^{III})$ VS. $(S_{ex,2},\ E_{a,10-11}^{III})$

(i) $(S_{es,1-2},\ E_n^{III})$ VS. $(S_{ex,1-2},\ E_{a,10-11}^{III})$

图 11-20　各系统扩散系数线性回归图

Fig. 11-20　Linear regression of diffusion coefficients from each pair system

表 11-10　各系统表面氯离子浓度线性回归结果
Tab. 11-10　Linear regression results of surface chloride ion contents from each pair system

系统	斜率估计值	95%置信区间	标准误差	测定系数 R^2	弃真概率
$(S_{es,1},\ E_n^{III}) \mid (S_{ex,1},\ E_{a,11}^{III})$	0.876	[0.785, 0.968]	0.042	0.97	2.37×10^{-11}
$(S_{es,2},\ E_n^{III}) \mid (S_{ex,2},\ E_{a,11}^{III})$	1.180	[0.952, 1.408]	0.089	0.97	4.29×10^{-5}
$(S_{es,1\sim2},\ E_n^{III}) \mid (S_{ex,1\sim2},\ E_{a,11}^{III})$	0.972	[0.867, 1.078]	0.050	0.95	6.10×10^{-14}

表 11-11　各系统扩散系数线性回归结果
Tab. 11-11　Linear regression results of diffusion coefficients from each pair system

系统	斜率估计值	95%置信区间	标准误差	测定系数 R^2	弃真概率
$(S_{es,1},\ E_n^{III}) \mid (S_{ex,1},\ E_{a,10}^{III})$	6.545	[6.183, 6.908]	0.168	0.99	7.50×10^{-15}
$(S_{es,2},\ E_n^{III}) \mid (S_{ex,2},\ E_{a,10}^{III})$	4.025	[3.327, 4.724]	0.272	0.98	2.54×10^{-5}
$(S_{es,1},\ E_n^{III}) \mid (S_{ex,1},\ E_{a,11}^{III})$	2.817	[2.141, 3.493]	0.313	0.86	6.01×10^{-7}
$(S_{es,2},\ E_n^{III}) \mid (S_{ex,2},\ E_{a,11}^{III})$	2.646	[2.124, 3.168]	0.203	0.97	4.75×10^{-5}
$(S_{es,1\sim2},\ E_n^{III}) \mid (S_{ex,1\sim2},\ E_{a,10}^{III})$	5.368	[4.697, 6.038]	0.320	0.94	7.70×10^{-13}

续表

系统	斜率估计值	95%置信区间	标准误差	测定系数 R^2	弃真概率
$(S_{es,1\sim2},\ E_n^{\mathrm{III}})\mid(S_{ex,1\sim2},\ E_{a,11}^{\mathrm{III}})$	2.737	[2.312, 3.162]	0.203	0.90	3.48×10^{-11}
$(S_{es,1},\ E_n^{\mathrm{III}})\mid(S_{ex,1},\ E_{a,10\sim11}^{\mathrm{III}})$	4.681	[3.863, 5.500]	0.400	0.84	4.11×10^{-12}
$(S_{es,2},\ E_n^{\mathrm{III}})\mid(S_{ex,2},\ E_{a,10\sim11}^{\mathrm{III}})$	3.336	[2.756, 3.916]	0.263	0.94	6.69×10^{-8}
$(S_{es,1\sim2},\ E_n^{\mathrm{III}})\mid(S_{ex,1\sim2},\ E_{a,10\sim11}^{\mathrm{III}})$	4.05	[3.482, 4.622]	0.282	0.84	3.50×10^{-17}

下面对试验系统 $(S_{ex}, E_{a,11}^{\mathrm{III}})$ 的氯离子浓度进行测试，通过式 (11-17) 得到表面氯离子浓度和扩散系数；对试验系统 $(S_{ex}, E_{a,10}^{\mathrm{III}})$ 的扩散系数进行测试。采用 K-S 检验法检验各试验系统表面氯离子浓度、扩散系数是否服从正态分布，显著性水平取 0.05。试验系统 $(S_{ex}, E_{a,11}^{\mathrm{III}})$ 氯离子浓度的平均值 μ、标准差 σ、变异系数 δ（无量纲）以及 K-S 检验结果见表 11-12，K-S 检验 p 值大于 0.05，jbstat 测试值小于 critval 临界值，正态分布假设为真。各系统扩散系数的平均值 μ、标准差 σ、变异系数 δ（无量纲）以及 K-S 检验结果见表 11-13，K-S 检验 p 值大于 0.05，jbstat 测试值小于 critval 临界值，正态分布假设为真。

表 11-12　试验系统 $(S_{ex}, E_{a,11}^{\mathrm{III}})$ 表面氯离子浓度统计结果与 K-S 检验

Tab. 11-12　Statistical and K-S test results of surface chloride ion contents from $(S_{ex},\ E_{a,11}^{\mathrm{III}})$

系统	μ/%	σ/%	δ	p	jbstat	critval
$(S_{ex},\ E_{a,11}^{\mathrm{III}})$	0.472	0.076	0.03	0.431	0.290	0.454

表 11-13　各试验系统扩散系数统计结果与 K-S 检验

Tab. 11-13　Statistical and K-S test results of diffusion coefficients from all test systems

系统	μ/(mm²/d)	σ/(mm²/d)	δ	p	jbstat	critval
$(S_{ex},\ E_{a,10}^{\mathrm{III}})$	0.071	0.022	0.314	0.962	0.146	0.409
$(S_{ex},\ E_{a,11}^{\mathrm{III}})$	0.030	0.008	0.281	0.550	0.264	0.454
$(S_{ex},\ E_{a,10\sim11}^{\mathrm{III}})$	0.053	0.027	0.510	0.440	0.196	0.309

11.6.5　相对信息熵

下面分别通过 METS $(S_{es,1};\ E_{a,10}^{\mathrm{III}})$、METS $(S_{es,2};\ E_{a,10}^{\mathrm{III}})$、METS $(S_{es,1};\ E_{a,11}^{\mathrm{III}})$、METS $(S_{es,2};\ E_{a,11}^{\mathrm{III}})$、METS $(S_{es,1\sim2};\ E_{a,10}^{\mathrm{III}})$、METS $(S_{es,1\sim2};\ E_{a,11}^{\mathrm{III}})$、METS $(S_{es,1};\ E_{a,10\sim11}^{\mathrm{III}})$、METS $(S_{es,2};\ E_{a,10\sim11}^{\mathrm{III}})$、METS $(S_{es,1\sim2};\ E_{a,10\sim11}^{\mathrm{III}})$ 共 9 条 METS 路径，观察海洋氯化物环境 E_n^{III} 下的拟建结构系统 S_{ns}。对上述 9 条 METS 路径编号，依次为路径 METS$_1$, METS$_2$, $\cdots$, METS$_9$。各 METS 路径的统计参数见表 11-14。

表 11-14　各路径的统计参数
Tab. 11-14　Statistical parameters of all the METS paths

路径	变量	单位	μ	σ	分布类型
METS $(S_{es,1};\ E_{a,10}^{\text{III}})$ METS$_1$	C_s	%	0.62	0.16	正态分布
	D	mm^2/d	0.071	0.022	正态分布
	$\lambda(D)$		6.66	0.76	正态分布
	d_{cover}	mm	90	9	对数正态分布
	C_{cr}	%	0.05	0.01	正态分布
METS $(S_{es,2};\ E_{a,10}^{\text{III}})$ METS$_2$	C_s	%	0.65	0.13	正态分布
	D	mm^2/d	0.071	0.022	正态分布
	$\lambda(D)$		4.40	1.15	正态分布
	d_{cover}	mm	90	9	对数正态分布
	C_{cr}	%	0.05	0.01	正态分布
METS $(S_{es,1};\ E_{a,11}^{\text{III}})$ METS$_3$	C_s	%	0.472	0.076	正态分布
	$\lambda(C_s)$		0.91	0.15	正态分布
	D	mm^2/d	0.030	0.008	正态分布
	$\lambda(D)$		3.21	1.21	正态分布
	d_{cover}	mm	90	9	对数正态分布
	C_{cr}	%	0.05	0.01	正态分布
METS $(S_{es,2};\ E_{a,11}^{\text{III}})$ METS$_4$	C_s	%	0.472	0.076	正态分布
	$\lambda(C_s)$		1.24	0.24	正态分布
	D	mm^2/d	0.030	0.008	正态分布
	$\lambda(D)$		2.53	0.69	正态分布
	d_{cover}	mm	90	9	对数正态分布
	C_{cr}	%	0.05	0.01	正态分布
METS $(S_{es,1\sim2};\ E_{a,10}^{\text{III}})$ METS$_5$	C_s	%	0.63	0.15	正态分布
	D	mm^2/d	0.071	0.022	正态分布
	$\lambda(D)$		5.98	1.37	正态分布
	d_{cover}	mm	90	9	对数正态分布
	C_{cr}	%	0.05	0.01	正态分布
METS $(S_{es,1\sim2};\ E_{a,11}^{\text{III}})$ METS$_6$	C_s	%	0.472	0.076	正态分布
	$\lambda(C_s)$		1.01	0.24	正态分布
	D	mm^2/d	0.030	0.008	正态分布
	$\lambda(D)$		3.01	1.11	正态分布
	d_{cover}	mm	90	9	对数正态分布
	C_{cr}	%	0.05	0.01	正态分布

续表

路径	变量	单位	μ	σ	分布类型
METS$(S_{es,1};\ E_{a,10\sim11}^{\rm III})$ METS$_7$	C_s	%	0.472	0.076	正态分布
	$\lambda(C_s)$		0.91	0.15	正态分布
	D	mm^2/d	0.053	0.027	正态分布
	$\lambda(D)$		4.93	2.02	正态分布
	d_{cover}	mm	90	9	对数正态分布
	C_{cr}	%	0.05	0.01	正态分布
METS$(S_{es,2};\ E_{a,10\sim11}^{\rm III})$ METS$_8$	C_s	%	0.472	0.076	正态分布
	$\lambda(C_s)$		1.24	0.24	正态分布
	D	mm^2/d	0.053	0.027	正态分布
	$\lambda(D)$		3.46	1.33	正态分布
	d_{cover}	mm	90	9	对数正态分布
	C_{cr}	%	0.05	0.01	正态分布
METS$(S_{es,1\sim2};\ E_{a,10\sim11}^{\rm III})$ METS$_9$	C_s	%	0.472	0.076	正态分布
	$\lambda(C_s)$		1.01	0.24	正态分布
	D	mm^2/d	0.053	0.027	正态分布
	$\lambda(D)$		4.49	1.94	正态分布
	d_{cover}	mm	90	9	对数正态分布
	C_{cr}	%	0.05	0.01	正态分布

　　通过表 11-14 中 9 条 METS 路径，可分别计算拟建结构系统 S_{ns} 的经时可靠概率 $P_s(S_{ns};t)$、经时失效概率 $P_f(S_{ns};t)$，计算结果见图 11-21。可靠概率 $P_s(S_{ns};t)$ 单调递减，失效概率 $P_f(S_{ns};t)$ 单调递增。对于 METS$_1$ 路径：失效概率 $P_f(S_{ns};t)$ 在第 135 年超过 0.1（相应 β^* 为 1.3）；可靠概率 $P_s(S_{ns};t)$ 与失效概率 $P_f(S_{ns};t)$ 在第 168 年处均为 0.5（相应 β^* 为 0）。对于 METS$_2$ 路径：失效概率 $P_f(S_{ns};t)$ 在第 62 年超过 0.1；可靠概率 $P_s(S_{ns};t)$ 与失效概率 $P_f(S_{ns};t)$ 在第 90 年处均为 0.5。对于 METS$_3$ 路径：失效概率 $P_f(S_{ns};t)$ 在第 45 年超过 0.1；可靠概率 $P_s(S_{ns};t)$ 与失效概率 $P_f(S_{ns};t)$ 在第 94 年处均为 0.5。对于 METS$_4$ 路径：失效概率 $P_f(S_{ns};t)$ 在第 94 年超过 0.1；可靠概率 $P_s(S_{ns};t)$ 与失效概率 $P_f(S_{ns};t)$ 在第 140 年处均为 0.5。对于 METS$_5$ 路径：失效概率 $P_f(S_{ns};t)$ 在第 93 年超过 0.1；可靠概率 $P_s(S_{ns};t)$ 与失效概率 $P_f(S_{ns};t)$ 在第 128 年处均为 0.5。对于 METS$_6$ 路径：失效概率 $P_f(S_{ns};t)$ 在第 48 年超过 0.1；可靠概率 $P_s(S_{ns};t)$ 与失效概率 $P_f(S_{ns};t)$ 在第 99 年处均为 0.5。对于 METS$_7$ 路径：失效概率 $P_f(S_{ns};t)$ 在第 34 年超过 0.1；可靠概率 $P_s(S_{ns};t)$ 与失效概率 $P_f(S_{ns};t)$ 在第 73 年处均为 0.5。对于 METS$_8$ 路径：失效概率 $P_f(S_{ns};t)$ 在第 34 年超过 0.1；可靠概率 $P_s(S_{ns};t)$ 与失效概率 $P_f(S_{ns};t)$ 在第 71 年处均为 0.5。对于 METS$_9$ 路径：失效概率 $P_f(S_{ns};t)$ 在第 29 年超过 0.1；可靠概率 $P_s(S_{ns};t)$ 与失效概率 $P_f(S_{ns};t)$ 在第 65 年处均为 0.5。

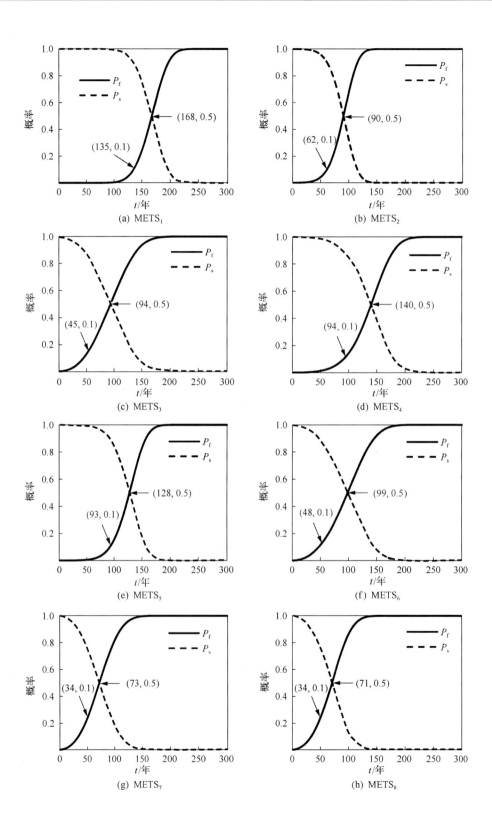

(a) METS₁

(b) METS₂

(c) METS₃

(d) METS₄

(e) METS₅

(f) METS₆

(g) METS₇

(h) METS₈

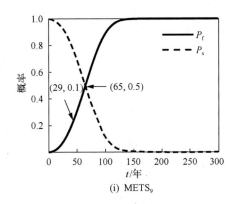

(i) METS₉

图 11-21　各 METS 路径的可靠概率与失效概率

Fig. 11-21　Reliable probability and failure probability of all the METS paths

　　下面通过表 11-14 中 9 条 METS 路径，不考虑观察者功能函数 Z^{III} 语义的模糊性，计算拟建结构系统 S_{ns} 的经时语法信息熵与经时语义信息熵，计算结果见图 11-22。语法信息熵与经时语义信息熵相等，均为存在最大值的单峰函数，先单调递增，达到极值点后再单调递减。对于 METS₁ 路径：相对信息熵在第 135 年超过 0.47bit（相应二元信源随机变量输出的概率为 0.1）；相对信息熵在第 168 年达到极大值 1bit（相应二元信源随机变量输出的概率为 0.5）。对于 METS₂ 路径：相对信息熵在第 62 年超过 0.47bit；相对信息熵在第 90 年达到极大值 1bit。对于 METS₃ 路径：相对信息熵在第 45 年超过 0.47bit；相对信息熵在第 94 年达到极大值 1bit。对于 METS₄ 路径：相对信息熵在第 94 年超过 0.47bit；相对信息熵在第 140 年达到极大值 1bit。对于 METS₅ 路径：相对信息熵在第 93 年超过

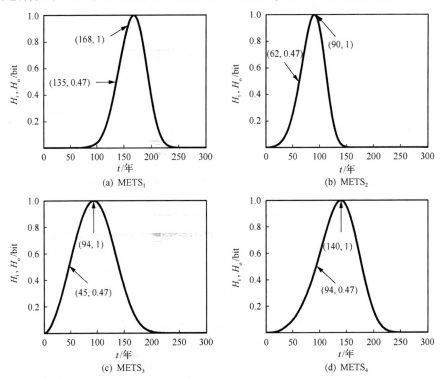

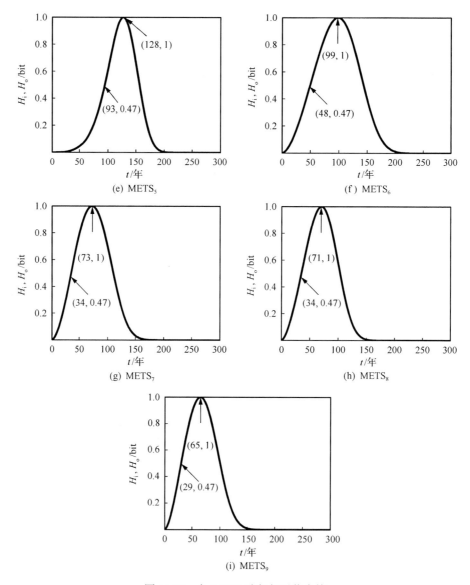

图 11-22 各 METS 路径相对信息熵

Fig. 11-22 Relative information entropy of all the METS paths

0.47bit；相对信息熵在第 128 年达到极大值 1bit。对于 METS₆ 路径：相对信息熵在第 48 年超过 0.47bit；相对信息熵在第 99 年达到极大值 1bit。对于 METS₇ 路径：相对信息熵在第 34 年超过 0.47bit；相对信息熵在第 73 年达到极大值 1bit。对于 METS₈ 路径：相对信息熵在第 34 年超过 0.47bit；相对信息熵在第 71 年达到极大值 1bit。对于 METS₉ 路径：相对信息熵在第 29 年超过 0.47bit；相对信息熵在第 65 年达到极大值 1bit。

11.6.6 相对信息

拟建结构系统 S_{ns} 建成后，测试潮差区(14 号环境，非炎热地区潮汐浪溅区)承台的氯离子浓度，并用式(11-16)得到表面氯离子浓度和扩散系数。在海洋氯化物环境 E_n^{III} 下，拟建结构系统 S_{ns} 表面氯离子浓度 C_s 和扩散系数 D 的平均值 μ、标准差 σ、变异系数 δ(无量纲) 见表 11-15。采用 K-S 检验法[23]检验拟建结构系统 S_{ns} 表面氯离子浓度、扩散系数是否服从正态分布，显著性水平取 0.05。K-S 检验结果见表 11-16，表面氯离子浓度 C_s 的 p 值大于 0.05，jbstat 测试值小于 critval 临界值，正态分布假设为真；假设扩散系数 D 服从正态分布时，p 值小于 0.05，jbstat 测试值大于 critval 临界值，正态分布假设为假；假设扩散系数 D 服从对数正态分布时，p 值大于 0.05，jbstat 测试值小于 critval 临界值，对数正态分布假设为真。

表 11-15　拟建结构系统 S_{ns} 表面氯离子浓度及扩散系数统计结果

Tab. 11-15　Statistical results of surface chloride ion content and diffusion coefficient from S_{ns}

系统	C_s			D		
	μ /%	σ /%	δ	μ /(mm²/d)	σ /(mm²/d)	δ
$(S_{ns},\ E_n^{III})$	0.173	0.063	0.361	0.018	0.012	0.689

表 11-16　拟建结构系统 S_{ns} 表面氯离子浓度及扩散系数 K-S 检验

Tab. 11-16　K-S test results of surface chloride ion content and diffusion coefficient from S_{ns}

变量	p	jbstat	critval	分布类型
C_s	0.918	0.091	0.227	正态分布
D	0.016	0.260	0.227	正态分布
D	0.504	0.137	0.227	对数正态分布

拟建结构系统 S_{ns} 建成后，计算拟建结构系统 S_{ns} 的经时可靠概率 $P_s(S_{ns};t)$ 与经时失效概率 $P_f(S_{ns};t)$，计算结果见图 11-23。失效概率 $P_f(S_{ns};t)$ 在第 101 年超过 0.1；可靠概率 $P_s(S_{ns};t)$ 与失效概率 $P_f(S_{ns};t)$ 在第 147 年均为 0.5。

拟建结构系统 S_{ns} 建成后，计算拟建结构系统 S_{ns} 经时相对信息熵，计算结果见图 11-24。相对信息熵在第 101 年超过 0.47bit；相对信息熵在第 147 年达到极大值 1bit。

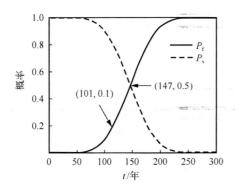

图 11-23　拟建结构系统的可靠概率与失效概率

Fig. 11-23　Reliable probability and failure probability of S_{ns}

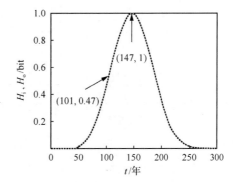

图 11-24　拟建结构系统的相对信息熵

Fig. 11-24　Relative information entropy of S_{ns}

　　各 METS 路径与拟建结构系统 S_{ns} 建成后的 90%保证率钢筋脱钝时间 $T_{c,0.9}$ 和平均脱钝时间 $T_{c,m}$ 汇总于表 11-17。

表 11-17　各路径与建成后拟建结构系统 S_{ns} 的钢筋脱钝时间

Tab. 11-17　Steel bar depassivation time from all METS paths and S_{ns}

观察路径与系统	$T_{c,0.9}$/年	$T_{c,m}$/年
$METS_1$	135	168
$METS_2$	62	90
$METS_3$	45	94
$METS_4$	94	140
$METS_5$	93	128
$METS_6$	48	99
$METS_7$	34	73
$METS_8$	34	71
$METS_9$	29	65
S_{ns}	101	147

　　计算各 METS 路径的观察者效应系数与相对信息，计算结果见图 11-25。

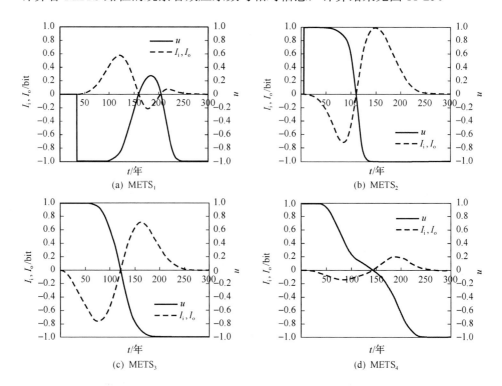

(a) $METS_1$　　　　　　　　　　(b) $METS_2$

(c) $METS_3$　　　　　　　　　　(d) $METS_4$

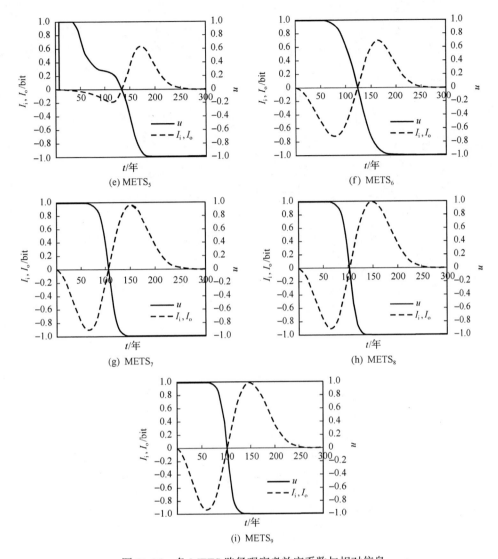

图 11-25　各 METS 路径观察者效应系数与相对信息

Fig. 11-25　Observer effect coefficient and relative information of all METS paths

　　寻找观察者效应系数曲线突变点，结合内部相对信息与外部相对信息的绝对值达到 0.2bit 的时间点和极值点，拟建结构系统 S_{ns} 在分别应在建成后 34 年内、6 年内、28 年内、81 年内、7 年内、28 年内、20 年内、20 年内、17 年内做一次检测。因此，宜在拟建结构系统 S_{ns} 建成后 6 年之内做一次检测。

11.6.7　控制决策

　　可采用效用度函数来评价各 METS 路径的效用度。本节分别计算各 METS 路径经时效用度，结果见图 11-26 和图 11-27。

　　效用度函数 $Q[METS_1]$ 在 $[0, 34] \cup [142, 215]$ 区间内均大于 0.8；效用度函数 $Q[METS_2]$

在[0, 6]∪[104, 115]区间内均大于 0.8；效用度函数 $Q[\text{METS}_3]$在[108, 134]区间内均大于 0.8；效用度函数 $Q[\text{METS}_4]$在[84, 188]区间内均大于 0.8；效用度函数 $Q[\text{METS}_5]$在[0, 7]∪[67, 151]区间内均大于 0.8；效用度函数 $Q[\text{METS}_6]$在[109, 137]区间内均大于 0.8；效用度函数 $Q[\text{METS}_7]$在[99, 113]区间内均大于 0.8；效用度函数 $Q[\text{METS}_8]$在[97, 109]区间内均大于 0.8；效用度函数 $Q[\text{METS}_9]$在[95, 107]区间内均大于 0.8。METS_1 路径的大于 0.8 有效区间最大，因此 METS_1 路径为最优路径。

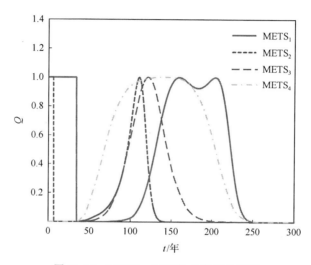

图 11-26　METS_1～METS_4各路径效用度

Fig. 11-26　Utility degree from METS_1 path to METS_4 path

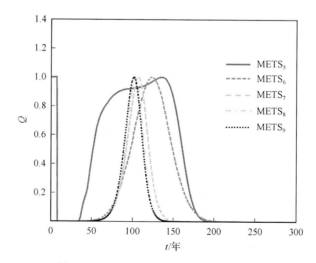

图 11-27　METS_5～METS_9各路径效用度

Fig. 11-27　Utility degree from METS_5 path to METS_9 path

参 考 文 献

[1] 中华人民共和国住房和城乡建设部. 混凝土结构耐久性设计规范: GB/T 50476—2008[S]. 北京: 中国建筑工业出版社, 2008.

[2] 中国土木工程学会. 混凝土结构耐久性设计与施工指南: CCES 01—2004[S]. 北京: 中国建筑工业出版社, 2004.

[3] DuraCrete. General Guidelines for Durability Design and Redesign: BRPR-CT95-0132- BE95-1347 [S]. Gouda:The European Union-Brite Euram III, 2000.

[4] LIFECON. Service life models, instructions on methodology and application of models for the prediction of the residual service life for classified environmental loads and types of structures in Europe[R]. Life Cycle Management of Concrete Infrastructures for Improved Sustainability, 2003.

[5] CEB-FIP. Model code for service life design: *fib* Bulletin 34 [S]. Switzerland: Lausanne, 2006.

[6] Thomas MDA, Bentz EC.Life 365:Computer program for predicting the service life and life cycle costs of RC exposed to chloride[DB/CD]. American Concrete Institute, Committee 365, Service Life Prediction, Version 2.2.1, Detroit: 2013.

[7] 中华人民共和国住房和城乡建设部. 普通混凝土长期性能和耐久性能试验方法标准: GB/T 50082—2009[S]. 北京: 中国建筑工业出版社, 2009.

[8] 中华人民共和国交通部. 水运工程混凝土试验检测技术规范: JTS/T 236—2019[S]. 北京: 人民交通出版社, 2019.

[9] 中华人民共和国水利部. 水工混凝土试验规程(附条文说明): SL 352—2006[S]. 北京: 中国水利水电出版社, 2006.

[10] ASTM. Standard test method for determining the apparent chloride diffusion coefficient of cementitious mixtures by bulk diffusion: ASTM C 1556-2004[S]. West Conshohocken:ASTM International, 2004.

[11] ASTM. Standard test method for electrical indication of concrete's ability to resist Chloride ion penetration: ASTM C 1202-2010[S]. West Conshohocken: ASTM International, 2010.

[12] NORDTEST. Concrete, mortar and cement based repair materials chloride diffusion coefficient from migration cell experiments: NT Build 355[S]. Espoo: Nordtest, 1997.

[13] NORDTEST. Concrete, hardened: Accelerated chloride penetration: NT Build 443[S]. Espoo: Nordtest, 1995.

[14] NORDTEST. Concrete, mortar and cement-based repair materials: Chloride Migration coefficient from non-steady-state migration experiments: NT Build 492[S]. Espoo: Nordtest, 1999.

[15] 金立兵. 多重环境时间相似理论及其在沿海混凝土结构耐久性中的应用[D]. 杭州: 浙江大学, 2008.

[16] 金伟良, 李志远, 许晨. 基于相对信息熵的混凝土结构寿命预测方法[J]. 浙江大学学报(工学版), 2012, 46(11): 1991-1997.

[17] CEB-FIP. *fib* Model code 2010: *fib* Bulletin 66[S]. Switzerland: Lausanne, 2010.

[18] Collepardi M, Marcialis A, Turriziani R. Penetration of chloride ions into cement pastes and concretes[J]. Journal of the American Ceramic Society, 1972, 55(10):534-535.

[19] 宋峰. 基于混凝土结构耐久性能的环境区划研究[D]. 杭州: 浙江大学, 2010.

[20] Alonso C, Andrade C, Castellote M, et al. Chloride threshold values to depassivate reinforcing bars embedded in a standardized OPC mortar[J]. Cement and Concrete Research, 2000, 30(7): 1047-1055.

[21] Glass G K, Buenfeld N R. The presentation of the chloride threshold level for corrosion of steel in concrete[J]. Corrosion Science, 1997, 39(5): 1001-1013.

[22] Glass G K, Buenfeld N R. Chloride-induced corrosion of steel in concrete[J]. Progress in Structural Engineering and Materials, 2000, 2(4): 448-458.

[23] 周品. MATLAB 概率与数理统计[M]. 北京: 清华大学出版社, 2012.

第 12 章

在其他领域中的应用

根据前面对 METS 方法的原理介绍和在实际工程问题中的案例分析，METS 方法可以应用在很多领域中用以指导工程实践与科学实验研究，如输电线路覆冰后的安全性、结构在地震作用下的动力响应、卫星在发射阶段的动力特性分析以及桥梁结构的疲劳可靠性分析等方面。以下介绍 METS 方法在上述几种不同领域和结构问题中的工程应用，便于读者对 METS 方法的应用性有进一步的了解。

12.1　输电线路覆冰后安全性的 METS 方法

中国受大气候和微地形、微气象条件的影响，冰灾事故频繁发生，在许多地区因冻雨覆冰而使输电线路的荷重增加，造成断线、倒杆(塔)等事故，给社会造成了巨大的经济损失[1-4]。

线路覆冰有：雨凇、雾凇(晶状、粒状)、湿雪、混合覆冰。它的形成与很多因素有关，但必要条件只有两个[5]：一是低温(气温必须降至 0℃以下)；二是湿度(空气相对湿度必须在 90%以上)，两者缺一不可。

利用 METS 方法可以对输电线路覆冰后的安全性进行相似性研究。根据 METS 方法实现的基本步骤，对输电线路覆冰问题研究的基本过程如下：

(1)分析并确定影响输电线路覆冰后安全性的主要指标。

(2)选取与研究对象具有同类环境且便于现场检测安全性影响指标的输电线路为参照对象(即参照物)。

(3)收集参照对象曾经经历的覆冰后的安全性影响指标的检测结果，根据理论模型对历年最大厚度覆冰作用下输电线路的安全性指标进行分析。

(4)收集研究对象的气象、环境资料，分析实际环境输电线路发生覆冰的气象条件，主要是低温和湿度条件。

(5)根据发生覆冰现象的机理，利用环境模拟技术对恶劣自然条件进行人工室内再现。

(6)制作研究对象和参照对象的模型，并进行室内人工气候模拟试验。

(7)通过对参照对象在实际环境和参照对象模型在室内模拟环境中测得的输电线路覆冰后各影响指标的分析研究，对输电线路覆冰后实际环境与模拟环境各影响指标的相似关系进行分析。

(8)根据研究对象模型的室内模拟结果，利用步骤(7)中得到的相似关系，定量分析研究对象在实际环境覆冰后安全性的各影响指标，并对其安全性进行评价。

12.2　结构在地震作用下的动力响应的 METS 方法

地震是一种破坏性极大的突发性自然灾害，具有极大的不可预见性，但其发生的概率又很小、影响时间也很短，然而强烈地震往往会造成结构的严重破坏和垮塌，给人们的生命和财产造成巨大的损失。据统计，地球上每年大约发生 500 万次地震，其中有震感的地震(里氏 2~4 级)大约 15 万次，造成严重破坏的地震(里氏 5 级以上)近 20 万次，毁灭性的地震约 2 次[6]。

利用 METS 方法可以对结构在地震作用下的动力响应进行相似性研究，以分析结构的抗震性能，并对结构抗震设计和减震方法提供依据。根据 METS 方法的实现步骤，对结构在地震作用下的动力响应进行相似性研究的基本过程如下：

(1)分析并确定影响结构在地震作用下动力响应的主要指标。

(2)根据 METS 参照物的要求选取与研究对象同类环境便于现场检测地震作用动力响应指标的参照结构。

(3)收集参照结构曾经经历的地震作用动力响应指标的检测结果,或者根据理论模型对地震作用下结构的动力响应指标进行数值分析。

(4)收集研究对象的地形资料、结构形式、结构设计图、竣工验收图、抗震烈度及偶遇的地震等级等环境资料。

(5)根据地震作用的激励,设计实验室震动台的控制参数。

(6)制作研究对象和参照结构的结构模型,并在室内震动台上进行模拟试验。

(7)通过对参照结构在实际环境和参照结构模型在室内模拟试验中的动力响应指标的试验结果进行分析研究,对结构在实际地震作用与室内震动台作用的各动力响应指标进行相似性分析。

(8)根据研究对象模型的室内震动台模拟试验结果,利用步骤(7)中得到的相似关系,定量分析研究对象在实际地震作用的动力响应指标,并对结构在地震作用时的安全性进行评价。

12.3　卫星发射阶段的动力特性分析的 METS 方法

动力学环境试验是卫星环境工程的重要组成部分[7]。动力学环境试验主要发生在卫星发射阶段,卫星对严酷的动力学环境的适应能力直接关系到飞行任务的成败,因而动力学环境试验对卫星的可靠性起着很大作用。

利用 METS 方法可以对卫星发射阶段的动力特性进行相似性研究,以分析卫星在严酷的动力学环境中的安全性和可靠性,对卫星的再设计提供技术支持。根据 METS 方法的实现步骤,对卫星发射时的动力特性进行相似性研究的基本过程如下:

(1)分析并确定影响卫星发射时动力特性的主要指标。

(2)根据 METS 参照物的要求选取研究对象自身为参照物,并对卫星进行试验设计以对影响卫星发射时动力特性的各指标进行数据采集。

(3)收集卫星发射时的动力控制参数。

(4)采集卫星发射时动力特性的各指标。

(5)根据卫星发射时的动力控制参数,进行卫星动力环境试验的参数设计。

(6)制作卫星模型,并进行不同动力环境的模拟试验,采集各模拟试验的动力特性指标。

(7)对卫星在实际发射及模型在对应动力模拟试验中动力特性各指标的试验结果进行分析研究,对卫星在实际发射与动力模拟环境中的各动力特性指标进行相似性分析。

(8)根据卫星模型在不同动力模拟环境中的试验结果,利用步骤(7)中得到的相似关系,对卫星在不同发射速度条件下的动力特性进行定量分析,进而对卫星发射的安全性和可靠性进行评价。

12.4 桥梁结构的疲劳可靠性分析的 METS 方法

随着我国经济的高速发展，公路桥梁的交通量及负荷日益增加，混凝土结构设计逐步采用高强混凝土和高强钢筋，并采用充分利用材料强度的极限状态设计理论，导致结构中的许多部位处于高应力工作状态；同时随着结构自重减轻，桥梁结构因疲劳荷载长期作用而导致的疲劳断裂失效问题越来越突出，已成为引起结构和构件失效的主要原因，备受工程界的关注[8,9]。

疲劳破坏是日常各种荷重的车辆的反复作用造成累积损伤，导致裂纹萌生和扩展，进而致使构件或结构失效[10,11]。而桥梁在设计使用寿命期间承受的循环动载可分为两类：低幅高频与高幅低频。高幅低频动载指的是那些在设计中考虑到并允许出现有限次，但幅度可能超过屈服强度的载荷，如地震、强风、船桥相撞等。本书主要考虑常见的由车辆引起的低幅高频动载，也称为应力控制的高周疲劳[11]。

与耐久性的研究相似，疲劳性能的研究应以得到结构的疲劳寿命为目标。经典疲劳寿命评估方法有两种：基于线性损伤累积的疲劳寿命评估方法与基于断裂力学的疲劳寿命评估方法。前者将材料的疲劳过程笼统地归为材料的损伤，不区分实际情况中材料裂纹发展过程；后者仅能分析裂纹发展的第二阶段——裂纹扩展阶段，没有考虑裂纹的萌生[12]。本书基于第 4 章可靠度的概念，将可靠指标 β 作为衡量桥梁结构可靠性相对统一的数量化指标[13]，同时考虑到结构材料固有的离散性和荷载的随机性，导致结构在一定反复荷载作用下发生的疲劳破坏具有不确定性，用疲劳可靠度理论[14]进行分析。陈志为和徐幼麟[15]考虑了荷载的随机性和疲劳裂纹扩展速率的不均匀性导致的非线性疲劳累积损伤，利用连续损伤模型对构件进行疲劳可靠度的评估。尽管 Miner 理论是线性的，不能准确反映实际的非线性累积损伤过程，结果较为保守[16]，但它是疲劳累积损伤理论中最简单的，也得到了工程技术人员的广泛应用[17]。

虽然试验研究结果表明，钢筋混凝土桥梁的疲劳寿命主要受钢筋疲劳控制，但基于断裂力学的疲劳剩余寿命评估方法并没有考虑腐蚀对疲劳寿命的影响[9]。考虑到环境侵蚀造成的钢筋锈蚀等因素对疲劳作用的影响[18]，基于 Miner 线性疲劳损伤累积准则，可根据文献[19]的极限损伤度法进行疲劳时变可靠度的计算。

根据上述分析可知，由于桥梁构件本身材料内在因素的不确定性和所承受的外部交变荷载存在很大的随机性[20]，从而造成疲劳可靠度分析中的信息的相对性问题，给钢筋混凝土桥梁结构的疲劳分析与评价带来了阻碍。采用 METS 方法对桥梁的疲劳可靠性问题进行相似性研究，以分析桥梁在环境侵蚀作用与循环往复荷载作用下的疲劳性能，对开展既有混凝土桥梁疲劳寿命和使用安全评估方法的研究具有重要意义。

根据 METS 方法的实现步骤，基于文献[19]对桥梁疲劳可靠度进行相似性研究的基本过程如下：

(1)分析并确定影响桥梁疲劳可靠性的主要指标，如疲劳典型荷载谱、年平均车流密度、相应于各级应力幅的重复次数、疲劳强度系数及其时变关系[21]（疲劳强度初始值、钢筋锈蚀深度）、疲劳强度及其时变关系、钢筋有效面积及其时变关系（如钢筋初始有效面积、钢筋锈蚀速度)、冲击系数、内力偶臂长度、疲劳强度指数,从而确定材料或者构造细节的累积损伤度。

(2)选取与研究对象具有相同或相似环境条件的已服役多年的公路桥梁作为第三方参照物,收集研究对象与第三方参照物在评估时刻(即现场暴露时间 $t=t_0$)影响疲劳可靠性的各因素的相关参数资料(车辆荷载谱、钢筋有效面积、钢筋锈蚀开裂时间及锈蚀速率、冲击系数、疲劳强度指数等)。

(3)收集研究对象的现场环境、气象资料,并利用桥梁健康监测系统得到名义应力幅谱[22],根据疲劳作用的损伤机理[23]与疲劳试验研究方法[24,25],确定室内试验的控制参数,对桥梁的实际服役环境进行人工室内再现。

(4)确定钢筋的尺寸与分布,设计并制作与研究对象、第三方参照物具有相同配合比的钢筋混凝土试件模型,并置于实验室模拟环境下进行疲劳试验。

(5)通过对参照物在实际环境和参照结构模型在室内模拟疲劳试验中测得的疲劳可靠性影响指标的试验结果进行分析研究,对桥梁结构在实际环境与室内环境中各影响指标的相似关系进行分析。

(6)根据研究对象模型的室内模拟环境下的疲劳试验结果,利用步骤(5)中得到的相似关系,定量分析研究对象在实际服役环境中的疲劳可靠性的各影响指标,并对桥梁在日常车辆反复荷载和腐蚀环境作用下的疲劳可靠性进行评价。

经过前面的讨论,可以知道 METS 方法区别于其他方法的特点在于选取了与研究对象具有相同或相似环境且具有一定服役时间的同类结构物作为参照物,为研究对象现场环境和室内模拟环境提供了桥梁。参照物的选取扩大了相似性试验方法的应用范围,从通常对不同结构的单独研究转变为对同类结构进行相似性研究,这样避免了不必要的重复的试验工作,提高了试验工作效率,节约了试验经费,并且对研究对象进行定量的时间评定。研究对象性能的影响参数的分析是利用 METS 方法进行试验研究的基础,只有对影响研究对象的主要指标要素进行准确的分析,才能根据影响要素进行试验设计与数据采集,进而实现对研究对象的性能进行定量评定。

虽然 METS 方法解决了实际环境与模拟环境之间结构性能劣化的相似性问题,为通过模型在实验室模拟环境的试验结果评价实际结构在实际环境中的性能预测奠定了理论基础,但是 METS 方法仍然存在着一些问题急需解决,而且 METS 方法目前仅仅在基本环境中的混凝土结构耐久性评价方面有较多应用,在更多自然环境和更加广泛的重要领域,如工业化建筑中的应用还有待挖掘[26]。

参 考 文 献

[1] 蒋兴良, 易辉. 输电线路覆冰及防护[M]. 北京: 中国电力出版社, 2002.

[2] 任丽佳, 盛戈皞, 李力学, 等. 动态确定输电线路输送容量[J]. 电力系统自动化, 2006, 30(17): 45-49.

[3] 张占龙, 李冰, 杨霁, 等. 微波感应式电力线防盗在线监测系统[J]. 电力系统自动化, 2006, 30(25): 93-95.

[4] 黄新波, 孙钦东, 程荣贵, 等. 导线覆冰的力学分析与覆冰在线监测系统[J]. 电力系统自动化, 2007, 31(14): 98-101.

[5] 阎同喜. 导线覆冰气象参数的分析研究[J]. 机械管理开发, 2006(5): 51-52.

[6] 叶列平. 土木工程科学前沿[M]. 北京: 清华大学出版社, 2006.

[7] 杨松, 李声远, 王晓耕. 卫星动力学环境模拟试验技术展望[J]. 航天器环境工程, 2002, 19(2): 19-23.

[8] 周泳涛, 翟辉, 鲍卫刚, 等. 公路桥梁标准疲劳车辆荷载研究[J]. 公路, 2009(12): 21-25.

[9] 王春生, 周江, 吴全有, 等. 既有混凝土桥梁疲劳寿命与使用安全评估[J]. 中国公路学报, 2012, 25(6): 101-107.

[10] 童乐为, 沈祖炎. 城市道路桥梁的疲劳荷载谱[J]. 土木工程学报, 1997(5): 20-27.

[11] 郝苏. 国际现行钢结构公、铁路桥梁疲劳设计规范综述[J]. 世界桥梁, 2012, 40(6): 29-37.

[12] 白伦华. 预应力及钢筋混凝土桥梁疲劳寿命分析方法研究[D]. 天津: 天津大学, 2014.

[13] 穆祥纯. 城市桥梁结构安全度和耐久性问题的研究[J]. 城市道桥与防洪, 2004(2): 1-5.

[14] Melchers R E. Structural Reliability: Analysis and Prediction[M]. New Work: John Wiley & Sons, 1989.

[15] 陈志为, 徐幼麟. 考虑非线性累积损伤的大跨多荷载桥梁的疲劳可靠度评估[J]. 西南交通大学学报, 2014, 49(2): 213-219.

[16] 王会利, 秦泗凤, 谭岩斌. 考虑非线性累积损伤的桥梁疲劳寿命分析[J]. 大连理工大学学报, 2016, 56(4): 362-366.

[17] 项海帆. 高等桥梁结构理论[M]. 北京: 人民交通出版社, 2013.

[18] 朱劲松, 朱先存. 钢筋混凝土桥梁疲劳累积损伤失效过程简化分析方法[J]. 工程力学, 2012, 29(5): 107-114.

[19] 李星新, 汪正兴, 任伟新. 钢筋混凝土桥梁疲劳时变可靠度分析[J]. 中国铁道科学, 2009, 30(2): 49-53.

[20] 姚健聪. 钢筋混凝土桥梁构件疲劳累积损伤理论分析[J]. 工程技术(全文版), 2016(6): 75.

[21] 彭修宁. 锈损后钢筋混凝土疲劳耐久性若干问题的研究[D]. 南宁: 广西大学, 2005.

[22] 郑蕊, 李兆霞. 基于结构健康监测系统的桥梁疲劳寿命可靠性评估[J]. 东南大学学报(自然科学版), 2001, 31(6): 71-73.

[23] 许金泉, 郭凤明. 疲劳损伤演化的机理及损伤演化律[J]. 机械工程学报, 2010, 46(2): 40-46.

[24] 欧进萍, 林燕清. 混凝土高周疲劳损伤的性能劣化试验研究[J]. 土木工程学报, 1999, 32(5): 15-22.

[25] Liang J, Nie X, Masud M, et al. A study on the simulation method for fatigue damage behavior of reinforced concrete structures[J]. Engineering Structures, 2017, 150: 25-38.

[26] 李志远. 基于相对信息多重环境时间相似理论及混凝土耐久性应用[D]. 杭州: 浙江大学, 2016.

名 词 索 引

注：页码后跟 "f" 或 "t" 分别代表参考 "图" 或 "表"。